学び直しのための実用情報数学

AI，情報数理，誤り訂正符号，暗号

三谷 政昭 [著]

CQ出版社

実用情報数学のココロを感じてもらいたい

　高度情報ネットワーク社会にあふれかえる，膨大な情報にどっぷり浸かって生きているみなさん！　そのネットワーク基盤を支えている**情報数学**の果たしている役割を，一度だって考えてみたことがおありでしょうか？　おそらくは情報数学をとくに意識することなく，生きておられる方がほとんどではないかと思います．

　本書では現代において，空気や水のようになくてはならない情報数学にスポットライトを当てます．情報数学というものを表舞台に華々しく登場させて白日の下にさらし，その存在感をしっかりと意識し活用してもらおうとの趣旨から，『**学び直しのための実用情報数学**』と題して，

第1部「人工知能（AI）」
第2部「情報数理」
第3部「誤り訂正符号」
第4部「暗号」

と4部に分けて多種多彩な応用を取り上げていきます．

　「情報数学が（なんとなく）わかる」だけでは不十分で，「情報数学のもつ本質をキチンと見きわめることができる」ことが最重要になってきています．そんなわけで，少々手前味噌ですが，
　「**情報数学って，じつは こんなにおもしろかったのか！**」
と気付いてもらえるよう，勘所をフォーカスしてお示しするように心掛けたつもりです．本書によって情報数学をキチンと自分の力で理解し，活用できるようになることを期待しています．

　ところで，情報数学が本当にしみじみと「おもしろい，役に立つな」と思える瞬間というのは，やはり「（基礎）知識」を実際に応用してみて，「知恵（使える知識）」に変えることができたときであると思います．「知識」は応用できて初めて身に付くものであると言えましょう．「知識」を応用してみることで，はじめて「知識」のもつ本当の意味が浮き彫りになり，その「知識」を自由自在に使いこなすことができるようになるのです．

　このようなコンセプトに基づき，"難しいこと"を最大限わかりやすく示すことに心掛けました．本書によって情報数学の"真のおもしろさ，楽しさ"が伝えられると確信しています．多くの読者の知的好奇心を刺激し，「情報数学から見た情報処理応用技術の真髄」に，目を向けてもらえるきっかけになれば大変うれしく，筆者冥利につきます．

　本書の原稿は，佐藤伸一先生（東京電機大学・工学部・情報通信工学科）には，すべてを読んでもらい，数式や数値例のチェックとともに，多くの貴重な助言をいただきました．本当にありがとうございました．

　終わりに，CQ出版社の蒲生良治氏には原稿編集など多岐にわたって大変お世話になりましたこと，ここに特記して感謝の意を表します．

2018年11月　　　三谷 政昭

本書は「やり直しのための工業数学」（三谷政昭著，2001年1月CQ出版社刊），「改訂新版 やり直しのための工業数学 情報通信編」（三谷政昭著，2011年5月CQ出版社刊），「改訂新版 やり直しのための工業数学 信号処理＆解析編」（三谷政昭著，2012年5月CQ出版社刊）の一部を流用し，4部構成とした加筆改訂版です．人工知能（AI）を解説した第1部は，近年の機械学習の話題につながる基礎理論と計算アルゴリズムの説明を追加しました．

　加筆改訂にともない，書名を『学び直しのための実用情報数学』とし，年々複雑化する高度ネットワーク社会を下支えする数学的取り扱いを解説しています．数学的な基礎の部分をおざなりにして前に進むことはできません．本書がこれらの分野を学ぶ方々の第一歩を後押しする役割を果たすことを期待しています．

学び直しのための実用情報数学

本書をお読みになる前に…まえがきに代えて　実用情報数学のココロを感じてもらいたい …………………… 2
プロローグ　情報数学で広がる多彩な信号処理応用 ……………………………………………………………… 9
  1 情報数学で何ができるのか？ —— 9
  2 信号処理応用を支える六大機能 —— 11
  3 信号処理応用の基本テクニックは相関計算と整数演算にある —— 14
  4 信号処理応用の未来は人工知能（AI）にある —— 16

第1部　人工知能（AI）

第1章　準備…人工知能（AI）の基礎数学 …………………………………………………………………… 18
  1.1 AIと機械学習 —— 18
  1.2 反復計算して最小値を探索する —— 20
  1.3 最小値を探索するための勾配降下法 —— 21
  1.4 データを数式にフィットさせる回帰関数と最小2乗法 —— 24
  1.5 類似性を定量化するには相関関数 —— 27
  1.6 未来の値を予測するには線形予測 —— 29
  column1 ボランティアサイト「デジらくだ」運用中 —— 32

第2章　適応フィルタと適応処理アルゴリズム ………………………………………………………………… 33
  2.1 システムが自動学習する適応フィルタ —— 33
  2.2 適応処理アルゴリズム（LMS法） —— 35
  2.3 最小2乗平均（LMS）法の原理 —— 37

第3章　機械学習とニューラル・ネットワーク ………………………………………………………………… 41
  3.1 学習して賢くなるデータ分類と識別関数 —— 41
  3.2 機械学習の基本アルゴリズム —— 42
  3.3 機械学習を体感してみよう —— 44
  3.4 データを識別する活性化関数 —— 47
  3.5 一般化した識別関数と学習アルゴリズム —— 48
  3.6 脳を模擬するニューラル・ネットワークとは —— 50
  3.7 単純パーセプトロンによる機械学習 —— 51
  column2 人間の脳からヒントを得たスゴ技…脳細胞（ニューロン）を模擬する基本処理関数 —— 53
  column3 ディープなニューラル・ネットワークとは　無数のニューロンが近似する複雑な関数 —— 54

第4章　進化する深層学習 ………………………………………………………………………………………… 57
  4.1 ニューラル・ネットワークを賢くする多層パーセプトロンとは —— 57
  4.2 多層パーセプトロンにおける機械学習の基本アルゴリズム —— 59
  4.3 深層学習アルゴリズム（誤差逆伝搬法） —— 62

第2部　情報数理

第5章　情報数学の基礎 …………………………………………………………………………………………… 70
  5.1 2進数の演算ルール　論理回路を知ろう —— 70
  5.2 がぜん重要になってきた暗号とセキュリティ —— 73
  5.3 情報量の内包する意味 —— 74
  5.4 時間関数としてのふるまい　確率過程と情報量 —— 77

CONTENTS

  5.5 次に起こる確率を考える シャノン線図と遷移確率 —— 77

第6章 情報エントロピーの基礎 ……………………………………………………………… 81
  6.1 平均情報量とエントロピー —— 81
  6.2 エントロピーのいろいろな性質 —— 82
  6.3 冗長度とエントロピー —— 84
  6.4 自己情報量，条件付き情報量，相互情報量 —— 84
  6.5 結合エントロピーと条件付きエントロピー —— 86
  column4 無限個の通報のエントロピーは∞か0か?? —— 87

第7章 電気通信とエントロピー ……………………………………………………………… 89
  7.1 電気通信とは —— 89
  7.2 通信モデル —— 90
  7.3 情報と周波数 —— 90
  7.4 通信による情報量 —— 91
  7.5 通信誤りとエントロピー —— 92
  7.6 正味の情報伝送量とエントロピー —— 94
  7.7 通信路と通信容量 —— 95
  column5 シャノンの限界と符号理論 —— 91
  column6 '情報'って，おいしいものなの?! —— 94

第8章 符号化の基礎 …………………………………………………………………………… 97
  8.1 エントロピーから見た符号化とは —— 97
  8.2 情報源と通信路から見た符号化とは —— 98
  8.3 情報源符号化とは —— 100
  8.4 符号を作る（シャノンの符号化法）—— 100
  8.5 符号を作る（ハフマンの符号化法）—— 101
  8.6 符号化効率の評価 —— 102

第9章 雑音に対する符号化の基礎 ………………………………………………………… 105
  9.1 符号化と復号化 —— 105
  9.2 雑音に対する符号化/復号化の概念 —— 106
  9.3 誤りの検出と訂正 —— 107
  9.4 ハミング距離 —— 108
  9.5 簡単な誤り検出/訂正符号を作る —— 108
  9.6 ハミング距離と誤り検出/訂正の能力 —— 109
  9.7 データ圧縮と誤り検出/訂正の関係 —— 110

第3部 誤り訂正符号

第10章 誤り訂正符号の基礎 ………………………………………………………………… 114
  10.1 誤り検出/訂正のしくみ —— 114
  10.2 ハミング符号を作ってみよう —— 115
  10.3 ハミング符号で誤りを訂正してみよう —— 116
  10.4 線形符号の構成法とその復号化 —— 118
  10.5 誤り検出/訂正の計算の意味をザックリ理解する —— 119

学び直しのための実用情報数学

第11章　巡回符号（CRC符号） 121
- 11.1　巡回符号とは —— 121
- 11.2　巡回符号による誤り訂正/検出とは —— 122
- 11.3　巡回符号の多項式表現 —— 123
- 11.4　巡回符号の一般的な性質 —— 124
- 11.5　巡回符号の作り方 —— 125
- 11.6　符号化/復号化の基本回路 —— 126
- 11.7　巡回符号の符号化回路 —— 128
- 11.8　巡回符号の復号化回路 —— 130
- 11.9　CRC方式とは —— 131

第12章　BCH符号 133
- 12.1　BCH符号の基礎数学 —— 133
- 12.2　符号多項式と体 —— 134
- 12.3　原始多項式と最小多項式 —— 135
- 12.4　最小多項式と誤り訂正符号との関係 —— 137
- 12.5　BCH符号の生成法 —— 138
- 12.6　BCH符号の復号化 —— 140

第13章　RS符号（リードソロモン符号） 143
- 13.1　多項式表現による誤り訂正符号化/復号化のしくみ —— 143
- 13.2　バースト誤り訂正（RS符号）を体感してみよう —— 144
- 13.3　RS符号（リードソロモン符号）とは —— 146
- 13.4　RS符号の生成法 —— 148
- 13.5　RS符号の復号化 —— 149

第14章　畳み込み符号 153
- 14.1　畳み込み符号とは —— 153
- 14.2　畳み込み符号の生成法 —— 155
- 14.3　畳み込み符号の表現法 —— 156
- 14.4　最尤復号とは —— 157
- 14.5　ビタビ復号法 —— 158

第15章　誤り訂正符号のまとめ 163
- 15.1　誤り訂正/検出符号の基礎 —— 163
- 15.2　誤りの種類 —— 165
- 15.3　符号の種類 —— 166
- 15.4　ハミング距離と誤り訂正/検出能力 —— 167
- 15.5　巡回符号と多項式計算 —— 169
- 15.6　ガロア体 GF(2) —— 169
- 15.7　ガロア拡大体 $GF(2^p)$ —— 170
- 15.8　簡単な線形符号 —— 171
- 15.9　線形符号の行列表現 —— 171
- 15.10　線形符号の復号化（シンドローム） —— 173
- 15.11　画像記録における誤り訂正/修整 —— 174
- 15.12　画像記録用リードソロモン符号器の設計 —— 175

15.13　画像記録用リードソロモン復号器の設計 —— 177

第4部　暗号

第16章　暗号とは何か？ …… 180
16.1　暗号の役割 —— 180
16.2　暗号系のモデル —— 181
16.3　簡単な暗号例 —— 182
16.4　暗号の安全性 —— 183
16.5　暗号系の種類 —— 184

第17章　公開鍵暗号 —— RSA暗号 …… 187
17.1　公開鍵の秘密 —— 187
17.2　RSA暗号で使う数学（整数論）—— 187
17.3　RSA暗号の鍵作成 —— 190
17.4　RSA暗号文の生成 —— 191
17.5　RSA暗号文の復号 —— 192
17.6　RSA暗号による秘匿処理 —— 192
17.7　RSA暗号による認証（署名）処理 —— 193

第18章　共通鍵暗号 —— DES暗号 …… 195
18.1　共通鍵の秘密 —— 195
18.2　DES暗号文の生成 —— 196
18.3　DES暗号文の復号 —— 199
18.4　DES暗号の鍵生成 —— 201
18.5　DES暗号の基本構成 —— 204
18.6　初期転置（IP）と最終転置（IP^{-1}）—— 205
18.7　DES暗号の基本単位と非線形変換f —— 206
18.8　鍵の生成 —— 207
18.9　DES暗号の復号（インボルーション）—— 208
18.10　連鎖式ブロック暗号 —— 209
18.11　ストリーム暗号 —— 210

第19章　暗号応用 —— ゼロ知識対話証明，認証，ディジタル署名 …… 211
19.1　ゼロ（零）知識対話証明 —— 211
19.2　個人（相手）の認証 —— 215
19.3　メッセージ認証 —— 217
19.4　ディジタル署名 —— 217
column7　暗号の最新動向…仮想通貨（ビットコイン）とブロックチェーン —— 219

参考文献 …… 8
索　引 …… 221

[参考文献]

[1] 熊沢逸夫；『学習とニューラルネットワーク』，森北出版，1998年．
[2] 清水亮；『はじめての深層学習』，技術評論社，2017年．
[3] 岡谷貴之；『深層学習』，講談社，2015年．
[4] 伊庭斉志；『進化計算と深層学習』，オーム社，2015年．
[5] 涌井良幸ほか；『ディープラーニングがわかる数学入門』，技術評論社，2017年．
[6] クロード・E．シャノンほか，植松友彦（翻訳）；『通信の数学的理論』，筑摩書房，2009年．
[7] 三谷政昭；『やり直しのための工業数学　情報通信編』，CQ出版社，2011年．
[8] 南敏；『情報理論』，産業図書，1988年．
[9] 嵩忠雄ほか；『符号理論』，コロナ社，1975年．
[10] 福村晃夫；『情報理論』，コロナ社，1970年．
[11] 萩原春生ほか；『情報通信理論』，森北出版，1997年．
[12] 江藤良純，金子敏信監修，テレビジョン学会；『誤り訂正符号とその応用』，オーム社，1996年．
[13] 西村芳一；『ディジタル・エラー訂正技術入門』，CQ出版社，2004年．
[14] 今井秀樹；『情報・符号・暗号の理論』，コロナ社，2004年．
[15] 笠原正雄ほか；『誤り訂正符号と暗号の基礎数理』，コロナ社，2004年．
[16] 岡本龍明ほか；『現代暗号』，産業図書，1997年．
[17] 三谷政昭；『マンガでわかる暗号』，オーム社，2007年．
[18] 辻井重男；『暗号〜ポストモダンの情報セキュリティ』，講談社，1996年．

プロローグ 情報数学で広がる多彩な信号処理応用

● **はじめに**

近年,「情報通信技術(ICT：Information and Communication Technology)」,「マルチメディア情報ネットワーク」,「プライバシー情報」,「情報セキュリティ」……などなど,"情報"という2文字を含んだ言葉が世の中をとびかっている.よく耳にする"情報"は,コンピュータ通信ネットワークの世界にどっぷりと浸って生きていく私たち,とくに技術者にとって必要不可欠のものであり,その本質をしっかりと見据えておかなければならない.

また,画像や音声などのマルチメディア情報やビッグデータを処理・解析するための製品開発,ソフト作成などの仕事面では,情報理論的な思考方法やセンスが要求されていることも事実である.さらには,広範な分野(ゲーム,経済,自動運転,ロボットなど)で利活用されつつある知的な情報処理手法として**人工知能**(AI：Artificial Intelligence)技術が脚光を浴びており,人材育成が急務である.

情報理論的な側面(確率,統計など)をもう一度基礎からやり直したい人,**情報数学**(符号,暗号,データ圧縮などの基礎理論)をしっかりと理解しておきたい人,新しいインテリジェントな情報処理(人工知能)の基本を知りたい人……,第1部『人工知能(AI)』は,そういったみなさんにとって大いなる知識,知恵を提供するものである.

ところで,わたしたちの身の周りには,インターネットを基軸に据える「**IoT**(Internet of Things)」,電子メール/SNS/スマホ,デジカメやAIを搭載した家電製品,4K/8K超高精細ディジタルテレビ放送などの多種多様な利用シーンにおいて,文書,画像,音声などのさまざまなマルチメディア情報が氾濫している.

一般にマルチメディア情報は,ディジタル信号(0と1の数字並び)として一元化されることが大前提であり,これまでのテキスト処理とは異なり,画像を中心とした大容量情報処理が主体となっている.

こうしたマルチメディア情報ネットワーク時代に必要とされる数学的な基礎をしっかりと理解しておくことは,ディジタル情報処理全般にわたる総合的な理解を深める際に大いに役に立つことに疑問の余地はない.

プロローグでは,おもに情報数学が根幹をなす広範かつ多彩な信号処理の代表的な活用事例とともに,整数的な処理,知的な情報処理応用の概要などについて説明する.その際,"数学"的な難しい説明はほどほどに,情報数学のもつ"とっつきにくさ"を解消してもらうことを最大の目標にして,ていねいに解説する.とくにプロローグは,みなさんに情報理論的なセンスを身に付けてもらううえでのウォーミングアップになるものなので,しっかりと読み進めていってもらいたい.

1 情報数学で何ができるのか？

情報数学といえば,確率,統計という実用的ではない数学だというイメージがつきまとうようである.実生活の場面では,せいぜい天気予報で「今日は雨が降る確率が高いから,傘をもっていこう」とか,競輪競馬などのギャンブルや宝くじなどでの当たり/はずれで「○△という馬が勝つ確率が高い」,「宝くじは当たらないね」,という言い方がされるぐらいであろう(図1).

ところが,情報数学に土台をなす情報理論となると,さまざまな実生活の場面で登場してくるのであ

図1 情報数学の利用される分野

る．たとえば，スマホ（高機能携帯電話）などを使って友達と話をしたり，CDやUSBメモリで音楽を聴いたり，DVDやブルーレイ，ネットワーク経由でビデオ映画を観たり……など，ほとんどの日常場面で，知らず知らずのうちに**情報理論**の恩恵にあずかっているといっても過言ではない．無線，有線が入り乱れたディジタル通信ネットワークシステムにしても情報理論のかたまりであるし，CDやUSBメモリではディジタル信号の**誤り訂正**機能を利用して少々の傷ぐらいでは，ガリガリと耳障りな雑音が入らずクリアな音楽を再生できるようになっている（**図2**）．

こうした現在のディジタル社会情報化を実現する基盤が情報数学に根差しているわけで，基本的な考え方や数学的表現に精通していることは，21世紀に生きる技術者にとっては絶対に必要な知識であると言い切れよう．

まずは，情報数学の適用例をたとえ話にして，そのイメージの具体的な解説を行う．なお，情報数学は従来はアナログ信号をおもな対象としていたが，現在は画像や音声を一元化したマルチメディア情報でディジタル信号である．「ディジタル情報数学」，あるいは「ディジタル情報理論」と言い換えるのも妥当な感じがする．

● データ圧縮（図3）

わかりやすい例をあげると，「トラギ」（3文字）といえば，賢明なる本書の読者のみなさんなら「トランジスタギジュツ」（10文字で，トランジスタ技術のこと）だと理解されるであろう．ここに，データ圧縮の基本的なコンセプトが眠っているというわけである．正確にいうと10文字かかるところが，たったの3文字でわかるというわけで，データ量が3/10で済むことが理解される．

また，「勉強する」という動詞の活用形は，「勉強しよう（未然形），勉強します（連用形），勉強する（終止形），勉強すること（連体形），勉強すれば（仮定形），勉強しろ（命令形）」となるが，「運動する」や「処理する」なども同様で，変化したところだけ，つまり活用語尾「しよう，します，する，すること，すれば，しろ」を記憶すると，他の類似した動詞にも適用できるのである．こうした変化した部分のみを情報として浮きだたせる処理も，データ圧縮の一手法であるといえる．

● 符号化/復号化

何人かが順に，限られた時間内で話を伝えていって最後の人が理解した内容と原文との違い，すなわち最初の人の話をどれだけ正確に伝えられたかという伝言ゲームは，符号化/復号化の概念に近いものがある（**図4**）．

まず，かなり長い話を限られた時間にまとめるという作業（符号化）を行って次の人に伝達し，話を聞いた人は頭の中で原文の内容を再構築するという作業（復号化）を行い，また次の人に伝えていくという処理（情報伝送）を繰り返す．こうした繰り返しの作業では情報が失われるという**情報誤り**がつきもので，原文とは似ても似つかぬ内容が伝達されることが往々にして起きる．伝言ゲームは，内容変化のプロセスを楽しむのである．

ところが，スマホでの通信，インターネットなどのデータ伝送では，こうした情報誤りは絶対に避けなければならないわけで，誤りが発生しにくい仕組みを組み込む必要性（**誤り検出**，**誤り訂正**）が出てくる．

たとえば「トラギ」という言葉を誤りなく正確に相手に伝えるためには，「トラギトラギトラギトラギ」と同じことを繰り返して言うとか，「とまとのト」，「らいおんのラ」，「ぎんこうのギ」と言うとか，みなさんもごく自然に誤りが起きにくいような工夫をして

図2　ディジタル化による利点

図4　符号化/復号化－悪い例

	データ圧縮	略語
Internet of Things	→	IoT
Integrated Circuit	→	IC
パワーステアリング	→	パワステ

図3　データ圧縮の基本的な考え方

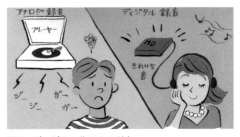

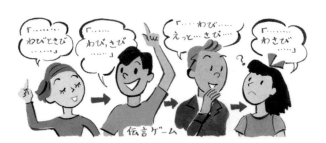

図5 データ伝送誤りを防止するには

図6 暗号の基本…符丁

いるのである（図5）．

● 暗号

　私事で恐縮だが，家では椅子に腰掛けて，「おーい」と言うとお茶が，「おい」と言えば新聞紙が運ばれてくるという夢のような生活をしている（実際は大きく違っていて，みなさんのご想像どおりではあるが）．「お茶をもってきてほしい」とか「新聞紙をもってきてほしい」と言わなくても，仲の良い意思疎通の完全な夫婦であれば，「おーい」とか「おい」という二人の間だけで通じる会話が成立するのである．これは，まさしく暗号で，心が安らぐ感じ，安心できる符合（符号）という気がする（図6）．

　こうした他の人にはわからない言葉で，当該者同士がお互いに話ができるという仕組みが「安号（暗号）システム」という感じであり，情報が外に漏れないようにすることの重要性が認識され，驚くべきことに暗号を商売にする会社までも出現している．

2 信号処理応用を支える六大機能

　信号処理応用を支える機能は，信号を「知る」，「見る」，「作る」，「送る」，「小さくする」，「守る」のおおむね六つの要素に大別されるといってよい（図7）．身近な例をいくつか示して，これら6大機能をわかりやすく紹介しておこう．

● 知る（分析・認識機能）

　「毎日使っている料理用ミキサの調子がいつもと違うわ，何だか妙な音が混じってる気がするんだけど」
　こんなとき，あなたが経験豊富なベテラン主婦であるなら，この異音からミキサの不具合の発生要因をきちっと特定できるだろう．
　たとえば，「ウ～ン，ウ～ン」となるような低い音ならミキサの回転シャフトの軸受け部分にガタがきている可能性が高いと推測するだろうし，「シャカシャカ，キーキー」と高い音なら，潤滑油が切れているか，

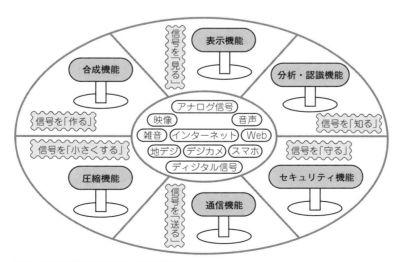

図7 信号処理応用を支える六つの機能

回転シャフト部分が摩耗して摩擦抵抗が増えているなどと推定できるかもしれない．

こんなふうにミキサが発生する音の信号の中には，**"ミキサの状態を知る情報"**が含まれている．そこで，ベテラン主婦のもつ経験則（暗黙知），すなわち「音によるミキサの状態診断の知識」を具現化して，ミキサにマイコン（コンピュータ処理）を組み込んで異常判定を任せることだって可能だ．

最近では，ミキサをはじめとして多くの家電製品（エアコン，洗濯機など）には人工知能（AI）が組み込まれていて，家電製品が発生する音や洗濯水の濁り度，室内温度／湿度などの信号情報に基づき，故障箇所の検知から部品（ゴミ取り用フィルタ，駆動モータなど）の交換時期までも，AIが自動的に判断してくれるようになっているものが珍しくない．このように，**"対象から発せられるさまざまな信号情報を使って，対象の状態を知ろう"**とするときに，信号処理が必要になるという図式である．

また，防犯カメラやディジタル・カメラでは，顔認識機能を搭載したものが一般的になりつつあり，売れ筋商品となっているらしい．そのほか，自動車の運転支援システムとして，ステレオ・カメラを用いて前方に対して画像計測を行い，歩行者や自転車などの動きを検知して未然に衝突事故を防止する，さらには自動運転機能だって実現されている．

● 見る／作る（表示／合成機能）

次に，お見合い用に自分自身の顔写真（画像）を撮るときのようすを再現してみよう（**図8**）．

まず，従来のカメラで撮るときなら，自分以外の誰かに頼むことになるが，明るさをチェックしてレンズの絞り，シャッタ速度を設定し，被写体の自分（顔の中心）にピントを合わせ，手ぶれが発生しないようにカメラをしっかりと両手で固定して，シャッタを切ってもらう必要がある．その後，ネガを写真店に持ち込んで現像する．この一連の流れを経て，やっと顔写真の完成となる．

これに対して最先端のディジタル・カメラでは，手を伸ばして自撮りすればおしまい．一人で自分の顔写真を撮ることができる．なぜなら，カメラのほうが自動調整してくれるからだ．顔がボヤけて写らないかどうかを調べてピントを合わせ，手ぶれの有無をカメラに内蔵された加速度センサからの信号で自動判断して防止し，撮影時の明るさ（晴れ，曇り，夜，逆光など）は照度センサで検知して，絞りやシャッタ速度を瞬時に自動調整してくれる．高度な撮影テクニックにも，多種多様な信号処理が組み込まれている．

また，写真屋さんに出向くこともなく，自宅のプリンタでカラー印刷するだけで顔写真は手にできる．さらには，不細工に撮れた顔をイケメン（美男）に仕上げることも"超"簡単である．目鼻立ちをすっきりさせて，切れ長の目，たくましく日焼けした顔色に変えることも立ち所にできてしまう．

こうした顔画像の修整だって，四則計算による信号処理（ディジタル信号処理と総称）が深く関与している．お見合い写真などは一昔前までは，現像した写真を手作業で少しずつ修整して，作っていたものなのだが……隔世の感あり．

最近よく見かける"しゃべる機械"も信号の合成処理を使って実現している．これは，音声の成り立ち（例：時間波形，周波数スペクトル成分）を知ることが大いに役立つ．音声の成り立ちがわかれば，それを利用して音声合成できるわけで，ここにも信号処理の考え方が生かされる．

● 小さくする／送る（圧縮／通信機能）

近年，インターネットや高機能携帯電話（スマホ）など，"いつでも，どこでも，だれとでも，どんな情報（音声／画像／制御などの各種信号）でも送受信して利用できる"通信がもてはやされている．

情報通信の歴史をさかのぼれば，古くは太鼓の音や，時代劇に出てくる忍者が利用したのろし（情報の発生），伝書鳩や飛脚（情報の伝達）などを巧みに使って，届けたい情報を伝達してきた（**図9**）．

時が進んで19世紀には，発明家エジソンやベルの電話の発明によって，送りたい情報を電気的信号に変換して情報通信を実現するという一大変革がもたらされた．すなわち，21世紀の高度情報化社会を形づくっている基礎となる技術のおおもとのアイデアが創造されている．

現在ではテレビ映像も，電話音声も，ロボット制御も……，なんでもかんでもディジタル（数値）データ

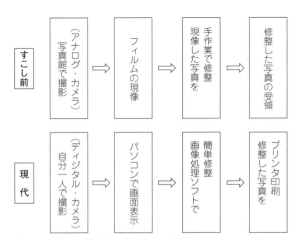

図8 お見合い写真を手にするまでの今と昔

図9　情報通信の歴史

に置き換えられて送受信されるというディジタル通信の世界が，世の中を席巻している．こうしたディジタル通信の強みは，

- 通信時の劣化（信号歪み）を回復できる（雑音に強い）
- コンピュータとの相性が非常によく，音声や画像などの大量データを圧縮する処理が簡単に実現できる
- 秘密裏に情報を送受信する秘匿通信がしやすい
- データの超大容量化への対応（多重伝送，データ圧縮など）に優れている

などが代表的である．

このなかで，データを圧縮する技術は，画像などの大容量データを小さくして，インターネット上で高速通信ができるようにしたり，ディジタル・カメラで記録できる写真の枚数を増やしたり，といった効率性を実現する上で非常に重要かつ有用な信号処理と言える．これは自動車にたとえてみれば，（日本のように）道路幅や駐車場スペースが非常に小さい場合には，車の大きさを圧縮して小型化する必要があることに似た考え方であろう．

● 守る（セキュリティ機能）

最後は，信号を守る（情報セキュリティ），すなわち情報通信システムの正当な利用者に"安心"を与えるという信号処理である．つまり，さまざまな脅威（盗聴，改ざん，偽造，不正アクセス）から，信号が表す情報を守ることである．

セキュリティの代表格として"暗号"（詳細は，第4部を参照）が知られているので，ここでは視点を変え，生体的な特徴を利用するセキュリティ処理を紹介しておく．

みなさんは"バイオメトリクス"という言葉（一度ぐらい見聞きされているとは想像されるのだが）をご存じだろうか．「バイオメトリクス（Biometrics）」という言葉は「biology（生物学）」と「metrics（測定）」の合成語である．「生物測定学」などと訳され，「他人と異

図10　バイオメトリクスとは

なる，自分だけの特徴」を見い出すことによって「本人である」ということを証明するための計測信号処理を意味する．

つまり，他人と異なり，自分だけしか持っていない特徴，たとえば「顔」，「指紋」，「網膜」，「虹彩(瞳孔の周囲で色のついた部分，いわゆる"黒目")」，「静脈」，「掌紋(手のひらの模様)」，「声」，「DNA(遺伝情報)」などが典型的なものである(図10)．余談だが，ウシやウマなどの動物には指紋ならぬ「鼻紋」があるらしい．

これらの身体的な特徴のうち「声(1次元の音圧信号)」以外の生体に関わる情報は，すべて2次元信号，すなわち画像なのである．多くの場合，バイオメトリクスは画像の信号処理そのものであり，画像の計測・分類・認識処理が必要不可欠なのだ．

このような個人の身体的な特徴を使うセキュリティが本人確認の手段として，もっとも大がかりに導入されているのは，諸外国からの旅客が集まる空港などである．実際，空港の搭乗ゲートでは，虹彩の模様や，顔の輪郭，目鼻の位置などの顔のデータによって本人を確認するシステムが稼働している．

3 信号処理応用の基本テクニックは相関計算と整数演算にある

● 信号処理応用とは

信号処理応用における最大の目的は，私たちの身の周りにあふれる多種多様な信号(映像，音響，電圧・電流，血圧，気温・気圧，…)を利用して，豊かで魅力的な暮らしを実現することに尽きる．

具体的には，デジカメ，インターネット通信，地上波デジタルTV放送，介護ロボット，病気診断，自動車のエンジン制御，天気予報，防犯カメラ，暗号，人工知能，……が該当し，枚挙にいとまがない(図11)．

このような応用例における基本的な信号処理の目的は，

(1) 信号から意味のある情報を取り出して利用できないか？
(2) 信号にはどんな情報が含まれているか？
(3) 未来の信号を予測できないか？
(4) 情報を表す信号が思い通りに作れないか？
(5) 情報を遠くまで送り届けられないか？

の五つに大別されよう．これら五つの目的に対応する信号処理技術の基本テクニックをまとめると，

① 信号・情報抽出
② 信号・情報解析
③ 予測・推定・認識
④ 変換・加工・合成
⑤ 通信

となる．

たとえば，音声信号に含まれる音韻性や個人情報などの特徴を抽出／解析(①，②)して，言葉を認識したり(③)，話者を特定することができる(③)．また，音声の特徴を利用して，音声を作り出すこと(④)も可能である．さらには，遠く離れた人との会話，そして写真を送ることだってお茶の子さいさいだ(⑤)．

ここでは，ディジタル信号に対する多彩な応用例を実現するための重要な"基本テクニック"として，相関計算と整数演算の二つを取り上げる．

● すべての信号処理応用は相関計算に通ず

「すべての道は，ローマに通ず」というフランスの詩人ラ・フォンティーヌが書き記した『寓話』の中に

図11 信号処理応用の主な分野

ある言葉をもじったものである．手段は違っても，目的は同じであることのたとえであり，世の中の多種多彩な信号処理応用のすべてが「相関計算」につながっているのである（ちょっと言い過ぎか…）．

「相関計算で何ができるのか」という問いに答えるなら，「みなさんの周りのありとあらゆることが何でもできる」ということだ．信号解析処理の基本テクニックからして，相関計算が出発点である．いくつか例示してみよう．

- フーリエ変換，フーリエ級数（基本波形のcos波，sin波との相関）
- 周波数選択フィルタ（インパルス応答との相関）
- 信号の一致位置の検出（部分波形と全体波形との相関）
- 信号のもつ周期の検出（波形それ自身との相関）

こうした信号解析処理から生まれる，おびただしい数の応用事例も，またしかりだ．思いつくままに，相関計算と関わり合いのあるものを挙げてみると…

- インターネット・セキュリティ
- マーケティング
- 病気診断
- 天気予報
- クーラーの温度・湿度・風量調整の自動化
- 犯人の特定
- 指紋や虹彩による認証
- 音声合成
- ロボット制御
- エンジン制御
- 線形予測
- 人工知能

いずれも，基本パターン（侵入の特徴，商品の売れ行き，病気の基本症状，気圧変動，制御/稼働の条件，顔画像や声の特徴など）との相関計算が基本になる．

● **インターネット・セキュリティでは**

上記の中から，インターネット・セキュリティを考えてみよう．攻撃（不正アクセス）者は，ドメイン名を変えるなどして自身が特定されないように工夫をして，複数のサーバに複数の攻撃手段でやってくる．

防御者はそれに対して，攻撃者の身元（ウィルスや迷惑メールの送信元）情報や攻撃内容（ウィルスや迷惑メールの送信内容）などの手に入る情報から，可能な限り多面的に対応する必要があるわけだ．複数のセキュリティ機器の**ログ・データ**（コンピュータや通信機器が一定の処理を実行したこと，または実行できなかったことを記録したもの）に対する相関計算が有用と認識されている．

たとえば，不正請求・不正利用などの発見では，繰り返し起こるユーザの利用パターンを見い出すことで，このパターンから外れた利用を不正請求・不正利用として突き止め追及する．これも相関計算で実現できる処理であり，クレジットカード，保険などの不正請求摘発に適用される．

もう一つ，マーケット戦略でも相関計算が重要な役割を果たしている．

小売店の販売データやICカード，クレジットカードの利用履歴，電話の通話履歴，企業に大量に蓄積される生データ（**ビッグ・データ**という）の中に潜む項目間の相関計算を実行する．その結果から，個人の購買パターンなどをつかんで，潜在的な顧客ニーズを採掘（mining）できるようになった（**データ・マイニング**，data miningという）．

● **不思議な整数演算…余りを計算する**

誤りを訂正/検出したり，暗号で秘密を守る「からくり」を実現する不思議な整数演算がある．

暗号に用いる数としては，複雑な計算ができることが暗号のもつ秘匿性を高めることにつながっていくわけだから，＋，－，×，÷という，いわゆる加減乗除の四則演算が自由にできる数の世界（**数体系**）を有していることが望ましい．

この四則演算が成立する数の世界は，**体**と呼ばれ，とくに限られた整数のみで四則演算が自由にできる数の世界を**有限体**という．誤り訂正/検出符号や暗号を取り扱ううえでもっとも重要な数体系である（詳細は，12.1を参照）．

簡単な例を示してみよう．

いま，0，1，2，3，4の5種類の整数（**元**という）しかなく，

$$5 = 0 \quad \cdots\cdots\cdots\cdots\cdots\cdots\cdots\cdots (1)$$

の関係，すなわち「5を0とみなす」数体系，つまり，

「ある整数を5で割った余り」 ………………… (2)

に着目するのである．式(2)は，

「モジュロ5で計算する(mod 5と表記)」 …… (3)

とか，

「5を法とする数体系（**剰余演算，モジュロ演算**）」
　　　　　　　　　　　………………… (4)

などともいう．

このような数体系は，たとえば七曜日（日，月，火，…，土）に見られる．すなわち，

日曜→0，月曜→1，火曜→2，…，土曜→6

と各曜日を整数の(0，1，2，3，4，5，6)に対応づけることにより，周期性を有する「7を法とする」数体系が形作られている．他にも，時刻表示(60進法)，四季(春夏秋冬)などが同じである．

▎**例題1**

「2を法とする」モジュロ演算(mod 2)において，次の加算結果を求めよ．

① 0 + 0 　② 0 + 1 　③ 1 + 0 　④ 1 + 1

解答1

モジュロ2の計算なので，2で割ったときの余りであるから，答えは'0'か'1'になる．まず，①，②，③は，通常の10進数の加算で簡単である．問題は④で，通常の10進数の加算においては1+1=2となるわけだが，2で割った余りを求める必要がある．つまり，2を2で割った結果は，

　　2÷2＝商1　余り0

となる．以下に加算結果を示す．

　　① 0+0=0　② 0+1=1　③ 1+0=1
　　④ 1+1=0 ……………………………… (5)

この四つの中で，1+1=0となる加算が通常の結果と異なっていることに注意してほしい．つまり，1+1=0の加算が，通常の減算1-1=0という計算に相当するので，

　　-1=+1 ……………………………………… (6)

であり，「2を法とする」数体系では加算（+）と減算（-）が同じ結果をもたらす演算であることがわかる．別の見方として，加算を論理演算に置き換えてみると，

　　式(5)の加算＝排他的論理和（XOR, ⊕）…… (7)

であり，「一致・不一致演算」とも呼ばれる．一致しているときは0，不一致のときは1になる．

このような整数上の数体系が，誤り訂正符号化/復号化をはじめ，暗号などの信号処理応用で大活躍するのである（詳細は，**第3部**，**第4部**を参照）．

4 信号処理応用の未来は人工知能（AI）にある

ところで，学習機能をもつ線形予測を柱とする適応信号処理，脳の情報処理を模擬しようとするニューラルネットワークにおける**機械学習**においては，最小2乗法と呼ばれる実験データから直線を求めるときなどに使用する予測手法を拡張利用する．

こうした手法では，相関計算を巧みに取り入れ，一歩も二歩も進んだ信号処理応用として，具体的には「人工知能（AI）」の実現にこぎつけている．この「人工知能」というキーワードがさまざまな分野で飛び交い，信号処理におけるキラーアプリケーションであり，その利用シーンは以下に示すような5タイプに大別される．

▶タイプ1　「言語」を扱うAI
- 文章を読み込み，構文を解析する（自然言語解析，形態素解析）
- 意味のある文章を生成する

▶タイプ2　「画像」を扱うAI
- 画像や映像内に存在するものを認識する（コンピュータ・ビジョン，例：ジェスチャや顔画像認識）
- 画像や映像を加工，生成する

▶タイプ3　「音声」を扱うAI
- 音声を認識して文章に変換する
- 音楽や音声を認識してアクションをする
- 音楽や音声を加工・出力する

▶タイプ4　「制御」を扱うAI
- 自動車や機械の制御
- 家電や設備の制御（IoT）

▶タイプ5　「最適化や推論」を扱うAI
- 検索エンジンの結果やネット掲載広告の最適化
- 囲碁や将棋の戦術，コンピュータゲームの攻略
- 複雑な最適化問題の解決

　　　　　　　　　　＊

これらAIの核となるテクニックは，

　「**推論**：知識をもとに，新しい結論を得ること」
　「**学習**：情報から，将来使えそうな知識を見つけること」

の二つに大別され，**ディープ・ラーニング（深層学習）**と呼ばれる新しい適応計算処理が大きな役割を果たしている（詳細は，**第1部**を参照）．

第1部
人工知能（AI）

　AIがプロ棋士を打ち負かしたというビッグニュースは，世間をあっと驚かすできごとであった．囲碁や将棋の世界では，コンピュータが人間に勝利するには何年もかかるだろうといわれていたのだが….
　これまで人間にしかできなかった複雑なことを，機械（コンピュータ）を利用して行わせようとする技術を人工知能（**AI**；**Artificial Intelligence**）という．AIに関する技術は近年，飛躍的な進化を遂げ，未来社会が大きく変革すると期待されていることに疑問を挟む余地はない．
　急激な進展を見せるAI技術は，今後の私たちの生活が一変するほどのインパクトを与えるものだと確信できる．たとえば，
・私たちの生活を手助けしてくれる「介護ロボット」や自由に自然な会話が楽しめる「いやしロボット」など
・人が運転しなくても，目的地まで勝手に連れて行ってくれる「自動運転の車」は，おそらく数年以内には実現されそうな勢いがある気がする．
　一方，「AIは私たちには無縁で難解なもの，遠い世界の夢物語」と高をくくっている人は多いかもしれない．
　ところがどっこい，案外そうではない．AIは，基本的には現在あるコンピュータで実行可能なソフトウェア技術の延長線上に位置している．ノートパソコンでも，**ラズベリーパイ**（**Raspberry Pi**）などのマイコンでだって簡単に動かして試すことができる．コンパクトで高機能なマイコンにAIを組み込んで，未来の生活を先取りし，エンジョイするというのもおもしろい．
　プロローグでは，情報数学のもつポテンシャルを実感してもらえるよう，広範かつ多彩な信号処理の代表的な活用事例とともに，知的な情報処理応用の概要を説明したが，「人工知能（AI）」では，脳における情報処理を模擬するニューラル・ネットワークにおける「機械学習」がキーテクノロジだ．とくに今，世間をにぎわせているAIの正体が，「ディープ・ラーニング（深層学習とも呼ばれる）」という計算アルゴリズムであることも知られている．
　第1部では，まずAIで必要となる基礎数学や適応処理アルゴリズムを取りあげる．続いて「機械学習」，その進化形の「ディープ・ラーニング」の具体的な計算アルゴリズムや利用方法のイメージを中心に解説する．

第1章 人工知能(AI)の基礎数学

　第1章では，AIの基本知識と必要最小限の数理的な取り扱いについて説明するので，気楽に読み進めていってもらいたい．

1.1 AIと機械学習

● さまざまな分野との関係性

　AIは「知能」というキーワードをもとに，心理学，工学，情報科学，数学，哲学，脳科学など，さまざまな分野と関係をもっている．じつはこれらの関係性こそが，AIそのものなのである．

　AIの歴史は，「第一世代」においては人の知的作業を支援することから始まり，「第二世代」では，主としてルールベース(if～then形式という)に基づき，第五世代コンピュータとかエキスパート(専門家)システムと称するAIとして盛んに研究された．これは，プログラミングでいうところの「if～then～else」のように，専門家の知識をルールで記述して専門家と同様のことを行えるようにするという設計思想である．しかし，専門家の知識を抽出するのは困難であった．何よりもメンテナンスが大変だったため実用化に至らず，AI研究はしぼんでいったのである．

　ところが現在は，脳モデルや学習モデルに基づき知識処理を飛躍的に向上させる「第三世代」のAI大ブームとなっている．if～then形式のルールを超越し，人の脳の再現(エミュレート)によって，はるかに汎用的で柔軟性の高い「電子頭脳」の実現を目ざしている．

● どのような意味でAIが使われているか

　AIがどういう意味の使われ方をされているのか，一般的な言い方で整理すると，

(1) 人手では処理しきれない大量のデータを使って，これまで発見できていなかったような相互関係を見い出す

(2) 定義が一様ではないデータをカテゴリ分類して，ラベル付けし，そのルールを獲得する

(3) 既存データからルールを獲得して，未知のデータを予測する

となる．つまるところ，「単なる1対1，あるいは場合分け，if～then形式ではないルールで出力を返す．また，単なる経験および訓練データからの事実抽出だけではなく，先読みに適用できるようなツールがAIである」と言い換えることもできる．

　このようなAIブームの先駆けとなった計算手法は，複数の技術を組み合わせて実現されているが，昨今，一世をふうびしている気になるワードは，"機械学習(マシンラーニング)"あたりだろう．

　じつは機械学習においては，人が複雑で面倒なルールを記述することなく，楽できるのである．たとえば猫の画像認識では，猫というタグを画像に付け，機械学習アルゴリズムに流し込みさえすれば，自動的に猫を識別・判断して分類するルールを見いだしてくれる．

　それでは，機械学習で実現できる身近にある例を，いくつか紹介しておこう(図1.1)．

● 機械学習で実現できる例

[1] 届いたメールがスパムか否かを自動判定するルールを導き出す
[2] 過去の購買履歴から類似する購入者を探して，購入してもらえそうな商品を予測して推奨する
[3] 車載カメラの映像から歩行者を検出して，車の事故防止に役立てる
[4] コンピュータに，囲碁や将棋などのゲームを行わせる
[5] アップル社の「Siri(しりと読む)」やNTTドコモの「しゃべってコンシェル」などの対話インターフェースを作ってコンピュータと会話する
[6] 医療用CT画像を解析して病気の原因をコンピュータに探させる

　ザックリいうと，"機械学習"とは「経験(データ)によって学習して賢くなる**進化処理アルゴリズム**で，コンピュータが知識やルールを自動的に獲得する手法」となる．つまり，訓練データから**ルール**，**パターン**，**規則性**などを発見し，それに基づいて新たなデータのカテゴリ分類や認識，さらには予測をコンピュータに行わせる学習計算アルゴリズムであり，データ分析手法の一つである．

　なお，最先端のAI研究成果として，「必ずしも経験

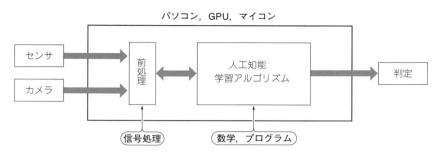

（a）人工知能を実現するハードウェア構成の例

（b）コンピュータと棋士（囲碁）が対局している

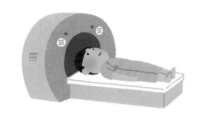

（c）医療用CT画像を取り込み診断結果を示す判定

（d）車載カメラの映像，歩行者を認識して事故を防止する

図1.1　人工知能（AI）の世界

および訓練データを必要としない機械学習アルゴリズム」が提案されており，注目を浴びている．

● **機械学習のやり方**

機械学習のやり方にもいくつかの種類があり，以下の三つに大別される．

　　［1］教師あり学習
　　［2］教師なし学習
　　［3］強化学習

「教師」というのは，お手本，正解例のことである．たとえば，お母さんが子供に猫の絵や本物を見せて，「これはネコ，猫ですよ」と何度も繰り返しているうちに，子供は絵を見たり，言葉を聞いたり，あるいは口の動きを見て，少しずつ'ネコ'という言葉と，'猫'という動物を結びつけていく（知識を獲得する）学習プロセスにそっくりなのである．お母さんがまさしく「教師」役で「お手本」というわけだ．このように「お手本あり」が「教師あり学習」である．

一方，「お手本なし」で多数の入力データ間の相互関係やつながりから，似たものをまとめるモデル（データ間の相互関係）やルール（データのカテゴリ分類）を作るのが「教師なし学習」と呼ばれる．

そして，とりあえず導き出した粗っぽいモデルやルールをもとに，徐々に正解へと近づけていくという**改善学習プロセス**と言える手法が，"**強化学習**"である．ちょうど，子供が正解を言い当てたらお母さんがご褒美のお菓子を与え，学習を進めていくような感じである．

● **ディープ・ラーニングとは**

一方，AIブームを牽引し，ディープ・ラーニング（Deep Learning；**深層学習**）と称される"機械学習"を支えるアルゴリズムのアプローチの一つが「ニューラルネットワーク」である（詳細は，**第3章**と**第4章**を参照）．

ニューラル・ネットワークは，人間の脳の生物学的な仕組みから着想を得たものである．ただ，ニューラル・ネットワーク学習に際して最大のネックは，きわめて高速な計算処理能力を要することであった．

ところが近年，高速で比較的安価に，しかも強力な並列処理ができる「**GPU**（Graphics Processing Unit）コンピューティング」の普及，**ビッグ・データ技術**の進展，そして「実質的に無限にデータ蓄積できる**ストレージ技術**」の進歩と相まって，AI技術の進化を阻害していた課題が一挙に解決されたのである．その結果，2016年以降のAI技術の急速な盛り上がりにつながっていった．

現在では，たとえばディープ・ラーニングを利用して機械学習したコンピュータシステムによる画像認識性能が，専門家（例：MRIスキャン画像を用いた癌の兆候の発見/診断，防犯カメラの顔画像による犯人特定など）の域を超えるまでに進歩を遂げている．

また，IT企業グーグルは，膨大な棋譜データを何度も学習させて囲碁の「強さ」を高めて強化学習（最適化）したニューラル・ネットワーク「AlphaGo（アルファ碁）」，さらに人間による棋譜の入力を行わずまったくの独学で自学学習する「アルファ碁ゼロ」を開発し，プロ棋士顔負けの最強囲碁ソフトとして認知されている．このようにAI技術の台頭にともない，いずれ人間を脅かす，さらに人間を超える存在になるのはそんなに遠くない日かもしれない．

1.2 反復計算して最小値を探索する

● 1変数の2次関数

手始めに機械学習アルゴリズムの土台となる反復計算手法の説明から始めよう．

いま，1変数の2次関数 $y = 2x^2 - 12x + 19$ が最小となる値はいくらか，について考えてみよう（図1.2）．中学数学によれば，2次関数を平方完成して，

$$y = f(x) = 2x^2 - 12x + 19$$
$$= 2(x - 3)^2 + 1$$

と表されることから，最小値1を採るxが3であることは容易に求められる．しかし，ここではあえて反復計算による別の手法で算出してみよう．

最初にxの値を初期値として適当に設定する（たとえば，2とする）．このとき，2次関数を変数xで微分した導関数$f'(x)$は，

$$f'(x) = \frac{dy}{dx} = 4x - 12 \cdots\cdots(1)$$

となり，2次関数の接線の『傾き』を与える．

初期値$x = 2$（図中の△）における『傾き』は，式(1)の導関数$f'(x)$に代入して$f'(2) = -4$となる．負（マイナス）なので，$f(x)$の最小値を与えるxは2より大きいことが推定される．そこで，$f'(2)$に$α = 0.3$を掛けた値$Δx$，すなわち，

$$Δx = α × f'(2) = 0.3 × (-4) = -1.2$$

を更新前の値$x = 2$から引いてみることにする．その結果，更新後のxの値は，

$$x - Δx = 2 - (-1.2) = 2 + 1.2 = 3.2（図中の○）$$

となる．別の見方では，1.2を加えて大きくするわけだ．ここで，$α$は変数xの値をあまり大きく動かさないためのものであり，一般に0.01〜0.1程度の正の値が選ばれる．この例では0.3とした．

続いて，$x = 3.2$における『傾き』は，$f'(3.2) = +0.8$正（プラス）なので，$f(x)$の最小値を与えるxは，3.2より小さくなる．したがって，$f'(3.2)$に$α = 0.3$を乗じた値$Δx$，すなわち，

$$Δx = α × f'(3.2) = 0.3 × (+0.8) = +0.24$$

を更新前の値$x = 3.2$から引くと，

$$x - Δx = 3.2 - 0.24 = 2.96（図中の□）$$

と更新される．

このように，『傾き』が正の場合はxの値を減らし，逆に負の場合は増やして逐次更新すれば，xの値は次第に最小となる3（図中の●）に近づいていく．言い換えれば，『傾き』に基づく**最小値探索計算アルゴリズム**である．

以上の反復計算の流れを整理すると，以下のようになる．

① 適当な初期値を与える
② 関数$f(x)$の接線の『傾き』（微分値）$f'(x)$を求める．
③ $f(x)$の値が減少する方向にxの値を更新する．更新の基本は，『傾き』が正（プラス）に対してはxの値を小さくし，負（マイナス）に対しては大きくする
④ ②と③の処理を繰り返して近似値を求める．最終的に『傾き』が0になれば，計算は終了となる

● 2変数の2次関数では

こんどは，一例として次の2変数関数，

$$z = f(x, y) = 2x^2 + y^2 - 4x - 6y + 16 \cdots\cdots(2)$$

では，最小値を反復計算で求めるにはどうすればいいのだろうか？

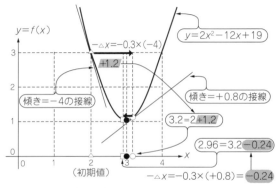

図1.2　2次関数（1変数）の最小値探索

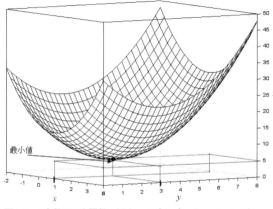

図1.3　2変数の2次関数の例（$z = 2x^2 + y^2 - 4x - 6y + 16$）

一般に，$z=f(x, y)$は図1.3に示すような3次元グラフとなる．したがって，2変数xとyに対する接線の傾き（微分）を考えて，1変数と同様に前述の①〜④の反復計算を実行すればよいことが容易に想像される．

まず接線の『傾き』は，zをx, yでそれぞれ偏微分して算出される．偏微分は∂（ラウンド・ディーと呼ぶ）を使い，$\partial z/\partial x$, $\partial z/\partial y$のように表して，分子にある関数zを分母の変数xまたはyで偏微分したことを示す．ただし，偏微分においては，偏微分する変数以外の変数は定数とみなして微分するため，それぞれの偏導関数は以下のようになる．

$$f_x'(x, y) = \frac{\partial z}{\partial x} = 4x - 4 \cdots\cdots\cdots(3)$$

$$f_y'(x, y) = \frac{\partial z}{\partial y} = 2y - 6 \cdots\cdots\cdots(4)$$

たとえば式(3)は，x軸とz軸から作る平面に平行な任意の平面で3次元グラフを切断した場合の，x軸とz軸から成る2次元グラフの接線の『傾き』を意味する．つまり，偏導関数には他の変数も残っているため，実際には他の変数の値（どの位置で切断するか）によって，『傾き』は変わってくる．

1変数の場合と同じく，xとyの初期値を適当に設定し，そこから反復計算を開始する．式(3)と式(4)の偏導関数に代入して『傾き』を求め，正なら減らし，負なら増やせばよい．

例題1

式(2)の2変数関数の最小値を与えるxとyを，接線の『傾き』を利用して反復計算により求めよ．ただし，xとyの初期値をそれぞれ0と4に設定し，『正の定数』$\alpha = 0.3$とする．

解答1

最初に，式(3)と式(4)の偏導関数にそれぞれ$x = 0$, $y = 4$を代入して接線の『傾き』を計算する．

$$\begin{cases} f_x'(0, 4) = 4 \times 0 - 4 = -4 \\ f_y'(0, 4) = 2 \times 4 - 6 = +2 \end{cases}$$

よって，算出された『傾き』に$\alpha = 0.3$を乗じると，

$\Delta x = \alpha \times f_x'(0, 4) = 0.3 \times (-4) = -1.2$
$\Delta y = \alpha \times f_y'(0, 4) = 0.3 \times (+2) = +0.6$

となることから，更新後の値は更新前の値から引けばよいので，次の通り．

$$\begin{cases} x - \Delta x = 0 - (-1.2) = 0 + 1.2 = 1.2 \\ y - \Delta y = 4 - (+0.6) = 4 - 0.6 = 3.4 \end{cases}$$

続けて，接線の『傾き』は，式(3)と式(4)より，

$f_x'(1.2, 3.4) = 4 \times 1.2 - 4 = +0.8$
$f_y'(1.2, 3.4) = 2 \times 3.4 - 6 = +0.8$

と算出される．さらに$\alpha = 0.3$を乗じると，

$$\begin{cases} \Delta x = \alpha \times f_x'(1.2, 3.4) = 0.3 \times (+0.8) = +0.24 \\ \Delta y = \alpha \times f_y'(1.2, 3.4) = 0.3 \times (+0.8) = +0.24 \end{cases}$$

となり，更新後の値は更新前の値から引けばよいので，次の通り．

$$\begin{cases} x - \Delta x = 1.2 - (+0.24) = 1.2 - 0.24 = 0.96 \\ y - \Delta y = 3.4 - (+0.24) = 3.4 - 0.24 = 3.16 \end{cases}$$

このような計算を順次繰り返していくことによって，xとyの値は次第に最小となる1と3に近づいていく．この後の反復計算は省略するが，検証していただきたい．なお，理論値は式(2)を平方完成して，

$$z = 2(x-1)^2 + (y-3)^2 + 5$$

となるので，$x = 1$, $y = 3$で最小値5を採る．

1.3 最小値を探索するための勾配降下法

● 山中でふもとに到達するには

唐突であるが，みなさんが深い霧の山中で道に迷い，途方に暮れたとしよう．どうするかな？

おそらくは何とかして山のふもとにたどり着くことを目指して歩き始めるだろう．そんなとき，たとえば自分の周りの傾斜を見て，より低くなっているほうに進んでいけば，理屈としてはいずれ，ふもとに到達できるはずである．

この理屈は山下り法であり，逆により高くなっているほうに進んでいって山頂を目指すときは山登り法という．計算アルゴリズムの世界では，『傾き』（勾配）に基づく最小値探索手法なので，一般に**勾配降下法**という．なお，接線の『傾き』は関数の変化率がもっとも大きい方向であり，とくに接線の『傾き』を利用する勾配降下法は，**最急降下法**と呼ばれることも多い．

● 下に凸の関数の最小値を探索する

図1.4は，関数$E(x)$が変数xに関して"下に凸"の関数例である．求めたいのは，関数$E(x)$の凹みの頂点を与える最適値（図中の**最小値**，あるいは**極小値**）である．この例では，複数個の凹みの頂点（極小値）があり，その中でもっとも小さいものが最小値と呼ばれる．なお，図中の縦軸に記載の$E(x)$は，最適値の妥当性を調べるための関数で，一般に**評価関数**，あるいは**誤差関数**と呼ばれている．とくに$E(x)$が最適値になると，そのときの接続の『傾き』（微分）は0に等しい．

じつは，前節で説明した数値例が勾配降下法の計算イメージであるが，もう少し詳しく見てみよう．

最初に，適当な初期値$x = x[0]$を設定し，このときの評価関数$E(x)$の傾き$E'(x)$を調べ，$E(x)$の値が減少する方向に変数xの値を変化させる．

仮に変化させた結果，1回目の更新後の値が$x = x[1]$になったとすると，さらにそのときの$E(x)$の傾きを調べる．$E(x)$が減少する方向にxの値を$x[2]$, $x[3]$, …と次々と変化させることにより，最適値に到達するという理屈の計算手法である．最適値にたどり着けば，評価関数$E(x)$の傾き$E'(x)$は0であり，xの値を

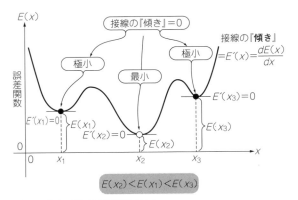

図1.4 "下に凸"の評価関数 $E(x)$

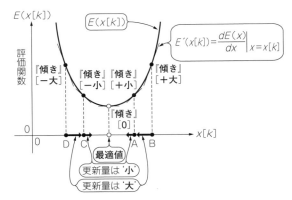

図1.5 勾配降下法の計算イメージ

左右どちらの方向にずらしても $E(x)$ の値は増加することになるわけだから，これによって反復計算は終了する．ただし，初期値 $x[0]$ の与え方によっては，他の極小値に収束する可能性があり，必ずしも最小値が求まらないこともあるので注意が必要である．

このような反復計算の手順において，最適値を探し出す原理のキーポイントは，評価関数 $E(x)$ が減少する方向へ導くという一点に絞られる．図1.5を見てもらいたい．

● 勾配降下法における反復計算の流れ

たとえば，k 回更新後の値 $x[k]$ が最適値よりも少し大きい，A点の位置にあるとしよう．最適値に近づけるためには，$x[k]$ の値を少し減らさなければならない．ここでA点における $E(x)$ の微分値 $E'(x[k])$，つまり接線の『傾き』に着目してみる．この場合，『傾き』は小さなプラス（正の値）となるので，$x[k]$ の更新後の値を $x[k+1]$ として，更新前の値 $x[k]$ から『傾き』の値に正の定数をかけた値を差し引けばよいわけだ．つまりは，『傾き』とは逆方向に更新前の値 $x[k]$ を変化させて得られる更新後の値 $x[k+1]$ を，最適値に近づける更新計算である．

$x[k+1] = x[k] - $ 『正の定数』 $\times$ 『傾き』 ……(5)

ただし，『正の定数』は更新する度合いを制御するためのもので，適切な値に設定する必要があり，**学習率**（あるいは，**ステップ・サイズ**）と呼ばれる．

式(5)は接線の『傾き』の値を利用することにより，以下のように繰り返しによる効率的な最適化計算を可能としている．$x[k]$ がB点のように，最適値より大きくずれている場合には，B点における『傾き』はA点より大きな正の値となる．そうなると，式(5)から明らかなように，大きな値が差し引かれることになる．

一方，$x[k]$ が最適値より小さい場合も『傾き』の符号が逆（マイナス，負の値）になるだけで，同様である．たとえば，$x[k]$ がC点にある場合は『傾き』の値の符号を逆にして『正の定数』との積を加えていけば最適値に近づけることができる．最適値より大きくずれているD点の場合は，その点での『傾き』の絶対値が大きいわけで，C点に比べて，より大きな値が加算されることになる．

このように，最適値から離れているほど，着目する点における『傾き』の値は大きくなるため，より大きな値が加算され，効率的な計算が可能となる．

以上の計算手順をまとめると，勾配降下法の反復処理は次の通り．

① 適当な初期値 $x[0]$ を与える．$k = 0$ とする．
② $x[k]$ における $E(x)$ の傾き（微分値）を計算する．

$$微分値 = E'(x[k]) = \left.\frac{dE(x)}{dx}\right|_{x=x[k]} \cdots\cdots(6)$$

③ $E(x)$ の値が減少する方向に $x[k]$ の値を更新する．更新後の値 $x[k+1]$ は，次式で表される．

$$x[k+1] = x[k] \underbrace{- \alpha E'(x[k])}_{\Delta x[k]} \cdots\cdots(7)$$

ただし，α は『正の定数』

なお，$\Delta x[k]$ は $x[k]$ の値の更新量を表し，
$\Delta x[k] = x[k+1] - x[k]$
$\quad\quad = -\alpha E'(x[k])$ ……………(8)

である．また，式(8)の更新量 $\Delta x[k]$ を用いて表せば，式(7)は，

$x[k+1] = x[k] + \Delta x[k]$ ……………(9)

となる．

④ k を1ずつ増やして②と③の処理を繰り返し，式(6)の微分値 $E'(x[k])$ が0になれば，反復計算は終了となる．

ここで，勾配降下法の基本式［式(7)～式(9)］をわかりやすく翻訳すると次のようになる．

$\begin{cases} 『更新量』 = -『正の定数』 \times 『傾き』 \cdots\cdots(10) \\ x[k+1] = x[k] + 『更新量』 \cdots\cdots(11) \end{cases}$

$f(x) = \cos(x) + x = 0$ を解く

勾配降下法は，ある関数の最適値を算出するための逐次計算アルゴリズムとして知られる．方程式の解計算，適応フィルタ，ニューラルネットワークの機械学習など，最適化計算のさまざまな応用場面で登場するので，基本原理を十分に理解しておいていただきたい．

一例として，$f(x) = \cos(x) + x = 0$ の解を，勾配降下法の利用により算出してみよう．はじめに，評価関数 $E(x)$ を，

$$E(x) = \frac{1}{2}f^2(x) = \frac{1}{2}\{\cos(x) + x\}^2 \cdots\cdots(12)$$

と定義する．$f(x)$ を2乗して，さらに $(1/2)$ を掛けているのは，後の計算で都合がいいからである．

この評価関数 $E(x)$ の値を0に近づけていくことによって，最終的に0になれば，$f(x) = \cos(x) + x = 0$ の解が得られることになる．だから，$E(x)$ を0に近づけていく反復計算に勾配降下法を適用すればよいわけだ．なお，式(12)の微分計算に際し，「y が u の関数で，u が x の関数であるとき，y を x で微分したものは，

$$\frac{dy}{dx} = \frac{dy}{du}\frac{du}{dx} \quad \text{[微分の連鎖律]} \cdots\cdots(13)$$

で与えられる」という合成関数の微分公式を利用する．以下の計算例を参考に体得していただきたい．

[計算例] $y = (x^3 + 2x - 2)^2$ を微分せよ

$u = x^3 + 2x - 2$ と置くと，$y = u^2$ である．このとき，

$$\frac{dy}{du} = \frac{d(u^2)}{du} = 2u,$$

$$\frac{du}{dx} = \frac{d(x^3 + 2x - 2)}{du} = 3x^2 + 2$$

で，式(13)の「微分の連鎖律」を適用して，

$$\frac{dy}{dx} = 2u(3x^2 + 2) = 2(x^3 + 2x - 2)(3x^2 + 2)$$

となる．よって，式(13)を適用し，式(12)の評価関数 $E(x)$ の微分した結果は，

$$E'(x) = \frac{dE(x)}{dx} = \frac{1}{2}\frac{d\{\cos(x) + x\}^2}{dx}$$

$$= \frac{1}{2} \times 2\{\cos(x) + x\}\frac{d\{\cos(x) + x\}}{dx}$$

$$= \{\cos(x) + x\}\{-\sin(x) + 1\} \cdots\cdots(14)$$

と求められる．

反復計算で体感してみよう

いよいよ反復計算の開始である．たとえば初期値 $x[0] = -1$，更新量の度合いを制御する『正の定数』を $\alpha = 0.25$ として，計算のようすを数値例で体感してみよう．なお，反復計算に入る前の評価関数値 $E(x[0])$ は，式(12)より，

$$E(x[0]) = E(-1) = \frac{1}{2}\{\cos(-1) + (-1)\}^2 = 0.10566\cdots$$

であり，この値を最適化（最小化）すればよい．

まず，1回目の更新計算（$k = 0$）のときを考える．このときの微分値は，式(14)に基づき，

$$E'(x[0]) = E'(-1)$$
$$= \{\cos(-1) + (-1)\}\{-\sin(-1) + 1\} = -0.84652\cdots$$

となる．よって式(10)と式(11)より，解の値が，

$$x[1] = x[0] - 0.25 \times E'(x[0])$$
$$= -1 - 0.25 \times (-0.84652) = -0.78837\cdots$$

と更新され，式(12)の評価関数値は，

$$E(x[1]) = \frac{1}{2}\{\cos(x[1]) + x[1]\}^2 = 0.00347\cdots$$

と計算される．

次に，2回目の更新計算（$k = 1$）の場合を考える．1回目と同様にして，微分値 $E'(x[1]) = -0.14249\cdots$ より，

$$x[2] = x[1] - 0.25 \times E'(x[1])$$
$$= -0.78837 - 0.25 \times (-0.14249) = -0.75274\cdots$$

と更新され，式(12)の評価関数値は，

$$E(x[2]) = \frac{1}{2}\{\cos(x[2]) + x[2]\}^2 = 0.00026$$

と0に近づく．

続けて，3回目の更新計算（$k = 2$）では，微分値 $E'(x[2]) = -0.03861\cdots$ であり，解の値が，

$$x[3] = x[2] - 0.25 \times E'(x[2])$$
$$= -0.75274 - 0.25 \times (-0.0386) = -0.74309\cdots$$

と更新され，式(12)の評価関数は，

$$E(x[3]) = \frac{1}{2}\{\cos(x[3]) + x[3]\}^2 = 0.00002\cdots$$

と計算される．

さらに続けていけば，評価関数 $E(x)$ が徐々に0に収束し，方程式 $f(x) = \cos(x) + x = 0$ の解として -0.739085 が得られる．

反復計算はコンピュータ処理に向いている

このように，勾配降下法は計算手順①～④に基づき，式(7)～式(9)に示す更新式を繰り返して最適計算する手法である．同時に，勾配降下法の考え方は Newton-Raphson 法（ニュートン・ラフソン法，もしくは単にニュートン法）と称する「方程式の解を数値計算によって算出するための反復法による求根アルゴリズムの原理」にも一脈通じるところがある．

一方，反復計算法では一般的にはいつまで経っても終わらなくなるので，評価関数 $E(x)$ がある設定値を下回ったら計算終了とみなすことにする必要が出てくる．じつにコンピュータ処理にうってつけの最適計算アルゴリズムと言える．ただ，最適値の探索能力，収束速度は，初期値や更新の度合いを制御する『正の定

数a」に強く依存しており，大きすぎると最適値が得られない恐れがあり，小さすぎると最適化が遅くなる．

そのため，反復計算の初期段階では大きな値に設定し，ある程度進んだら小さくするといった方法も採られる．また，計算終了の判定基準を適切に設定する必要性に加えて，いつまで経っても判定基準を満たさないため計算終了に至らず，振動状態になってしまう場合があることにも注意しなければならない．こうした収束しない状態を避けるために，繰り返し計算回数に上限を設定したりすることもある．

|例題2|

次の2変数の連立方程式の解を，勾配降下法を用いて算出せよ．

$$\begin{cases} x + y = 0 \\ x + 3y - 4 = 0 \end{cases}$$

|解答2|

前述した1変数関数の例を参考に，2変数関数に拡張するだけでよい．つまり評価関数$E(x, y)$を，

$$E(x, y) = \frac{1}{2}\{(x+y)^2 + (x+3y-4)^2\}$$
$$= x^2 + 4xy + 5y^2 - 4x - 12y + 8 \cdots\cdots(15)$$

とすればよい．その際，多変数関数では特定文字以外は定数とみなす偏微分計算になるので，$E(x, y)$の変数x，およびyに関する微分はそれぞれ，

$$E'_x(x, y) = \frac{\partial E(x, y)}{\partial x} = 2x + 4y - 4 \cdots\cdots(16)$$

$$E'_y(x, y) = \frac{\partial E(x, y)}{\partial y} = 4x + 10y - 12 \cdots\cdots(17)$$

と表される．

この結果から，変数$x[k]$，$y[k]$の更新量$\Delta x[k]$，$\Delta y[k]$はそれぞれ，式(10)より，

$$\Delta x[k] = -\alpha E'_x(x, y)|_{x=x[k], y=y[k]}$$
$$= -\alpha \times (2x[k] + 4y[k] - 4) \cdots\cdots(18)$$

$$\Delta y[k] = -\alpha E'_y(x, y)|_{x=x[k], y=y[k]}$$
$$= -\alpha \times (4x[k] + 10y[k] - 12) \cdots\cdots(19)$$

となり，式(11)を適用して，

$$x[k+1] = x[k] + \Delta x[k]；\Delta x[k] = -\alpha E'_x(x, y) \cdots(20)$$
$$y[k+1] = y[k] + \Delta y[k]；\Delta y[k] = -\alpha E'_y(x, y) \cdots(21)$$

の更新式に基づき，最適値に近づけるように更新する．

● 連立方程式の解を反復計算する

試しに，初期値$x[0] = -1$，$y[0] = 3$，『正の定数』$\alpha = 0.1$に設定した計算結果を，以下に示しておく．ぜひとも検算・確認をお勧めする．

ここで初期値に対する評価関数値は，$E(x[0], y[0]) = E(-1, 3) = 10$である．

1回目の更新 ($k = 0$)

$$\begin{cases} E'_x(x[0], y[0]) = 6, \ \Delta x[0] = -0.1 \times 6 = -0.6 \\ E'_y(x[0], y[0]) = 14, \ \Delta y[0] = -0.1 \times 14 = -1.4 \\ x[1] = x[0] + \Delta x[0] = -1.6 \\ y[1] = y[0] + \Delta y[0] = 1.6 \\ E(x[1], y[1]) = 0.32 \end{cases}$$

2回目の更新 ($k = 1$)

$$\begin{cases} E'_x(x[1], y[1]) = -0.8, \ \Delta x[1] = -0.1 \times (-0.8) = 0.08 \\ E'_y(x[1], y[1]) = -2.4, \ \Delta y[1] = -0.1 \times (-2.4) = 0.24 \\ x[2] = x[1] + \Delta x[1] = -1.52 \\ y[2] = y[1] + \Delta y[1] = 1.84 \\ E(x[2], y[2]) = 0.0512 \end{cases}$$

3回目の更新 ($k = 2$)

$$\begin{cases} E'_x(x[2], y[2]) = 0.32, \ \Delta x[2] = -0.1 \times 0.32 = -0.032 \\ E'_y(x[2], y[2]) = 0.32, \ \Delta y[2] = -0.1 \times 0.32 = -0.032 \\ x[3] = x[2] + \Delta x[2] = -1.552 \\ y[3] = y[2] + \Delta y[2] = 1.808 \\ E(x[3], y[3]) = 0.04096 \end{cases}$$

以上の反復計算を何回か繰り返していけば，連立方程式の解として，$x = -2$，$y = 2$が得られる．

1.4 データを数式にフィットさせる回帰関数と最小2乗法

● 予測とは…関数形に当てはめる

『最小2乗法』のもともとの始まりは，天体運動を予測する必要から生まれたもので，実験データに数式をフィットさせるオーソドックスな手法として知られている．近年はビジネスの場面でも活用されており，代表例としては広告の視聴率予測，マーケティング戦略などが挙げられる．

たとえば視聴率というのは実データであるが，そのデータに『最小2乗法』を適用することにより，今後の視聴率や売り上げ，購買指向などを予測したりするわけだ．経済指標に関するデータがあれば，景気予測だって可能となる．

『予測』というのは，ザックリいえば，"ある関数形の数式にフィットさせる"ことである．1次式のこともあれば，より複雑な式のときもある．

一般に，Web広告ページの視聴率予測では，『反応関数』というものを用いる．要するに，広告費をいくら使えば，どれぐらい売り上げが伸びるか，という関係式である．典型的な反応関数を図1.6に示す．1次関数をはじめ，べき乗の形，指数関数や対数などもある．

反応関数は，1次関数に限定する必要はなく，図1.6に例示した他の関数形を当てはめることも可能だ．

「ビジネスの場面で，データ分析者の最大の腕の見

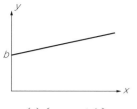 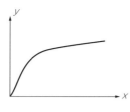 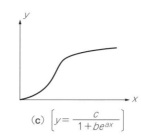 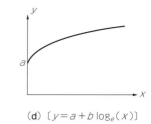

(a)〔$y = ax + b$〕　　(b)〔$y = ax^b (0 < b < 1)$〕　　(c)〔$y = \dfrac{c}{1 + be^{ax}}$〕　　(d)〔$y = a + b\log_e(x)$〕

図1.6 典型的な反応関数の例

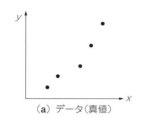 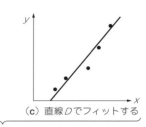

(a) データ（真値）　　(b) 直線 C でフィットする　　(c) 直線 D でフィットする

C と D のどちらがよく当てはまるか？
↓
［直線 D である（真値との誤差が小さいから）
　誤差を最小にするのが**最小2乗法**　　　　　］

図1.7 最小2乗法による数式フィットのイメージ

せ所は？」と言うと，売り上げ予測にしろ，Web視聴率の予測にしろ，じつはその状況を適確に表す『反応関数』の選択がポイントである．反応関数の選択を一歩でも間違えると，最終の予測分析結果が的外れで無意味になってしまう．

なお，反応関数は経済分野での呼称，工学分野でいう回帰関数に同義と考えてよいので，以後は『**回帰関数**』と呼ぶことにする．

● **最小2乗法の反復計算の流れ**

では，「$y = Ax + B$」というもっとも単純な1次関数の例で『最小2乗法』の考え方を説明し，実感してもらいたい．

最小2乗法では，基本的にパラメータの数よりデータ数のほうが多い．「$y = Ax + B$」という1次関数の場合，フィットさせたいパラメータは『傾き A』と『y 切片 B』の二つで，データ (x, y) が2個あれば1次関数の A と B は決められるはずである．しかし，現実のビジネス場面では，データは50個，100個，1000個，……と数多くある．その数多くのデータに対して1次関数をフィットさせるには，「どの二つのデータを取り出して使えばいいのか？」という話になり，途方にくれてしまう．

だからこそ，データ全体がもつ傾向をあぶり出すためには収集データすべてを活用して，パラメータ A と B を最適予測しなければならないのである．まさしく世間を賑わす**ビッグ・データ解析**と相成るわけだ．

つまり，たくさんあるデータをすべて活用して，未知数が二つしかない，"もっともらしい" 1次関数をいかにして見つけ出すのか，どうしたらいいのか？と非常に気になるところである．

いま，(x_1, y_1), (x_2, y_2), …, (x_N, y_N) のように，2個のデータの対が N 個与えられたとき，"もっともらしい" 直線を求めることを考えてみよう（**図1.7**）．

これは1次関数（直線），すなわち，
$$y \cong Ax + B \quad \cdots\cdots(22)$$
によるフィッティング（**回帰分析**）で，$\{(x_i, y_i)\}_{i=1}^{i=N}$ と式(22)の回帰直線との y 方向の誤差（ズレ）は，
$$|y_i - (Ax_i + B)| \quad \cdots\cdots(23)$$
である．この誤差の2乗和を $C (>0)$ 倍したもの，すなわち，
$$S = C\sum_{i=1}^{N}|y_i - (Ax_i + B)|^2$$
$$ = C\sum_{i=1}^{N}(y_i - Ax_i - B)^2 \quad \cdots\cdots(24)$$
が最小になるとき，"もっともらしい" 直線と見なせるという考え方こそがデータ解析の本流，『**最小2乗法**』と命名された流儀である．

なお，最適化したフィッティング結果は正の定数 C の値に依存しないので，後の計算で都合がいいという理由から，通常 $C = 1/2$ が選ばれている．そのため，フィッティング時の最適性（最小になること）を評価する尺度は，式(24)より，
$$S = \frac{1}{2}\sum_{i=1}^{N}(y_i - Ax_i - B)^2 \quad \cdots\cdots(25)$$
で与えられる．

● 2乗和の最小化

図1.8を見ていただきたい．この図では3個のデータ (P, Q, R) を直線C，および直線Dで近似すると，これらの誤差の2乗和S_C，S_Dはそれぞれ式(25)より，

$$S_C = \frac{1}{2} \times \{(+1)^2 + (+1)^2 + (+4)^2\} = 9 \cdots(26)$$

$$S_D = \frac{1}{2} \times \{0^2 + (-1)^2 + (+1)^2\} = 1 \cdots(27)$$

となる．この結果から，いずれの直線が3個のデータにフィットしているかと聞けば，直線Dであることは自明の理であろう．誤差の2乗和を比較して，$S_C > S_D$なのだから当然である．

このように，「$y = Ax + B$」という式を仮定し，実際のデータとの差をすべて2乗して総和を計算する．この2乗和が最小になるような『傾きA』と『y切片B』を求めればいいということになる．

2乗する理由は，そうしないとプラスとマイナスで誤差が打ち消し合ったりして変な結果になることが容易に想像できるからだ．よって，2乗することによって，誤差が全部プラスとして足し合わされることになり，この2乗誤差の総和を最小にすれば，実際のデータにもっともフィットする直線の数式表現を導き出せることになる．

以上から，式(25)の2乗和の最小化は，『傾きA』と『y切片B』に対する偏微分値が0となる値を求める問題に帰着される．

例題3

式(25)の2乗和が最小となる『傾きA』と『y切片B』を求める式を示せ．

解答3

勾配降下法の考え方を適用する．式(25)において，変数AとBで偏微分した値が同時に0になる条件が，2乗和の最小を与えるわけだから，微分の連鎖律より，

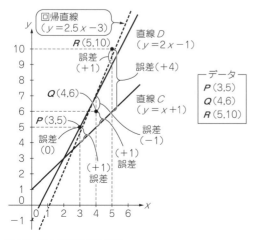

図1.8　最小2乗法の数値例

$$\frac{\partial S}{\partial A} = \frac{1}{2} \sum_{i=1}^{N} 2(y_i - Ax_i - B) \frac{\partial (y_i - Ax_i - B)}{\partial A}$$

$$= \sum_{i=1}^{N} (y_i - Ax_i - B)(-x_i)$$

$$= A \sum_{i=1}^{N} x_i^2 + B \sum_{i=1}^{N} x_i - \sum_{i=1}^{N} x_i y_i = 0 \cdots(28)$$

$$\frac{\partial S}{\partial B} = \frac{1}{2} \sum_{i=1}^{N} 2(y_i - Ax_i - B) \frac{\partial (y_i - Ax_i - B)}{\partial B}$$

$$= \sum_{i=1}^{N} (y_i - Ax_i - B) \times (-1)$$

$$= A \sum_{i=1}^{N} x_i + NB - \sum_{i=1}^{N} y_i = 0 \cdots(29)$$

となり，AとBの二元一次連立方程式なので容易に解くことができる．さらに，式(28)と式(29)の両辺をNで割って整理すると，

$$A \left\{ \frac{1}{N} \sum_{i=1}^{N} x_i^2 \right\} + B \left\{ \frac{1}{N} \sum_{i=1}^{N} x_i \right\} = \left\{ \frac{1}{N} \sum_{i=1}^{N} x_i y_i \right\} \cdots(30)$$

$$A \left\{ \frac{1}{N} \sum_{i=1}^{N} x_i \right\} + B = \left\{ \frac{1}{N} \sum_{i=1}^{N} y_i \right\} \cdots(31)$$

となる関係が導かれる．なお，式(30)と式(31)において，{…}内はそれぞれ，以下のような統計量を表す．ここで，$x = \{x_i\}_{i=1}^{i=N}$，$y = \{y_i\}_{i=1}^{i=N}$とする．

$$\frac{1}{N} \sum_{i=1}^{N} x_i \quad ; x\text{の平均}\mu_x \cdots(32)$$

$$\frac{1}{N} \sum_{i=1}^{N} y_i \quad ; y\text{の平均}\mu_y \cdots(33)$$

$$\frac{1}{N} \sum_{i=1}^{N} x_i^2 \quad ; x\text{の2乗平均}\overline{x^2} \cdots(34)$$

$$\frac{1}{N} \sum_{i=1}^{N} (x_i - \mu_x)^2 \quad ; x\text{の分散}\sigma_x^2 \cdots(35)$$

$$\frac{1}{N} \sum_{i=1}^{N} x_i y_i \quad ; x\text{と}y\text{の相互相関}R_{xy} \cdots(36)$$

これらの統計量を用いて，式(30)と式(31)は，

$$\begin{cases} \overline{x^2} A + \mu_x B = R_{xy} \cdots(37) \\ \mu_x A + B = \mu_y \cdots(38) \end{cases}$$

のように簡略表現できる．この連立方程式の解は，

$$A = \frac{R_{xy} - \mu_x \mu_y}{\overline{x^2} - \mu_x^2} \cdots(39)$$

$$B = \mu_y - \mu_x A \cdots(40)$$

と求められる．ここで，式(39)の分子項は，

$$R_{xy} - \mu_x \mu_y$$

$$= R_{xy} - \mu_x \mu_y - \mu_y \mu_x + \mu_x \mu_y$$

$$= \left\{ \frac{1}{N} \sum_{i=1}^{N} x_i y_i \right\} - \mu_x \left\{ \frac{1}{N} \sum_{i=1}^{N} y_i \right\} - \mu_y \left\{ \frac{1}{N} \sum_{i=1}^{N} x_i \right\} + \mu_x \mu_y$$

$$= \left\{ \frac{1}{N} \sum_{i=1}^{N} x_i y_i \right\} - \mu_x \left\{ \frac{1}{N} \sum_{i=1}^{N} y_i \right\} - \mu_y \left\{ \frac{1}{N} \sum_{i=1}^{N} x_i \right\} + \frac{1}{N} \sum_{i=1}^{N} \mu_x \mu_y$$

$$= \frac{1}{N} \sum_{i=1}^{N} (x_i y_i - \mu_x y_i - \mu_y x_i + \mu_x \mu_y)$$

$$= \frac{1}{N} \sum_{i=1}^{N} (x_i - \mu_x)(y_i - \mu_y) \cdots\cdots\cdots\cdots (41)$$

と変形され，xとyの**共分散**σ_{xy}^2と呼ばれている．

一方，式(39)の分母項は，

$$\overline{x^2} - \mu_x^2 = \overline{x^2} - 2\mu_x^2 + \mu_x^2$$

$$= \frac{1}{N}\sum_{i=1}^{N} x_i^2 - 2\mu_x\left\{\frac{1}{N}\sum_{i=1}^{N}x_i\right\} + \frac{1}{N}\sum_{i=1}^{N}\mu_x^2$$

$$= \frac{1}{N}\sum_{i=1}^{N}(x_i^2 - 2\mu_x x_i + \mu_x^2)$$

$$= \frac{1}{N}\sum_{i=1}^{N}(x_i - \mu_x)^2 \cdots\cdots\cdots\cdots (42)$$

と変形できるので，xの分散σ_x^2に等しい．

つまり，式(41)と式(42)はそれぞれ，

『xとyの共分散』

 = 『xとyの相互相関』-『xの平均』×『yの平均』…(43)

『xの分散』

 = 『xの2乗平均』-(『xの平均』)² $\cdots\cdots\cdots\cdots$ (44)

と言い換えられる．

以上より，"もっともらしい"直線の『傾きA』は，式(39)に式(41)～式(44)の関係を用いると，

$$A = \frac{\sigma_{xy}}{\sigma_x^2} = \frac{『x と y の共分散』}{『x の分散』} \cdots\cdots\cdots\cdots (45)$$

のようにシンプルな形式で表される．同様に，『y切片B』は式(40)より，

$$B = 『y の平均』 - 『x の平均』 × 『傾き A』 \cdots\cdots (46)$$

となる．

例題4

いま，3個のデータ（通常はもっと多くのデータがある）が，

(3, 5), (4, 6), (5, 10)

で与えられたとき，最小2乗法を利用して"もっともらしい"1次関数を示せ．

解答4

式(45)と式(46)を適用するために，平均μ_xとμ_y，分散σ_x^2，相互相関R_{xy}そして共分散σ_{xy}^2を，式(32)～式(36)を利用して算出する．

$$\mu_x = \frac{1}{3}(3+4+5) = 4$$

$$\mu_y = \frac{1}{3}(5+6+10) = 7$$

$$\sigma_x^2 = \frac{1}{3}\{(3-4)^2 + (4-4)^2 + (5-4)^2\} = \frac{2}{3}$$

$$R_{xy} = \frac{1}{3}(3\times 5 + 4\times 6 + 5\times 10) = \frac{89}{3}$$

$$\sigma_{xy}^2 = R_{xy} - \mu_x\mu_y = \frac{89}{3} - 4\times 7 = \frac{5}{3}$$

$$\sigma_{xy}^2 = \frac{1}{3}\times\{(3-4)\times(5-7) + (4-4)\times(6-7)$$

$$+ (5-4)\times(10-7)\} = \frac{5}{3}$$

以上の結果から，"もっともらしい"1次関数，すなわち回帰直線の『傾きA』と『y切片B』は，

$$A = \frac{\frac{5}{3}}{\frac{2}{3}} = \frac{5}{2} = 2.5$$

$$B = 7 - 4\times 2.5 = -3$$

となるので，

$$y = 2.5x - 3 \cdots\cdots\cdots\cdots (47)$$

と導かれる．このときの誤差の2乗和は，

$$S = \frac{1}{2}\times\{(5-4.5)^2 + (6-7)^2 + (10-9.5)^2\} = 0.75$$

で最小．回帰直線を図1.8の太い点線で示している．

なお，図1.8の二つの太い実線はそれぞれ，

直線$C : y = x + 1$

直線$D : y = 2x - 1$

で表される1次関数を回帰直線と仮定したもので，誤差の2乗和は式(26)，式(27)である．

1.5 類似性を定量化するには相関関数

● 経済，気象のデータでは類似性が多い

予測は，AIをはじめ，工学のみならず経済での株価や気象など，さまざまな分野で重要テーマである．予測の説明に入る前に，おさらいとして必須知識の「相関関数」の基本をしっかり学び直しておこう．

似た顔とそうでない顔，あるいは似た声とそうでない声があるように，複数の信号間の'類似性'を表す定量的な評価指標を定義することができる．それが相関関数である．相関は信号処理だけでなく，通信やパターン認識などの幅広い分野で用いられる重要な考え方である．

いま，M個のサンプルからなる2種類の周期信号（1次元データ）として，

$$\begin{cases}\{x[k]\}_{k=0}^{k=M-1} ; x[k+M] = x[k] \\ \{y[k]\}_{k=0}^{k=M-1} ; y[k+M] = y[k]\end{cases} \cdots\cdots (48)$$

を考える．この二つの信号の類似性を定量的に与えるのが，次式で示す**相互相関関数**である（図1.9）．

$$R_{xy}(\ell) = \frac{1}{M}\sum_{k=0}^{M-1} x[k]y[k+\ell] \cdots\cdots\cdots\cdots (49)$$

ただし，周期性を仮定しているので，1周期分であれば，どこでも連続するM個のサンプル値を計算の対象信号としてよい．この場合の相互相関関数$R_{xy}(\ell)$は，任意の整数pに対して，

$$R_{xy}(\ell) = \frac{1}{M}\sum_{k=0}^{M-1} x[k+p]y[k+p+\ell] \cdots\cdots (50)$$

で定義されるが．一般性を損なうことなく，これ以降

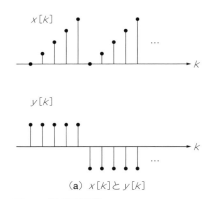
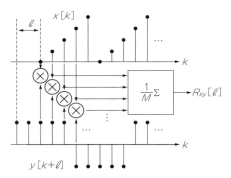

(a) $x[k]$ と $y[k]$ 　　(b) $x[k]$ と $y[k]$ の相互相関数 $R_{xy}[\ell]$ の計算

図1.9　相互相関関数

は $p=0$ として説明する．

さて，式(49)は，次のように計算される．
① $x[k]$ に対して，$y[k]$ を一定の ℓ サンプルだけずらして $y[k+\ell]$ を用意する
② $x[k]$ と $y[k+\ell]$ の積を求める
③ 得られた積を加算して，1サンプルあたりの平均値を算出する

● $y[k]$，$x[k]$ が同じなら自己相関関数

式(49)において $y[k]$ を $x[k]$ と同じとすると，同じ信号に関しての相関関数を定義することができる．

$$R_{xx}(\ell) = \frac{1}{M}\sum_{k=0}^{M-1} x[k]x[k+\ell] \cdots\cdots (51)$$

これを**自己相関関数**という．なお $\ell=0$ に対する自己相関関数，すなわち，

$$R_{xx}(0) = \frac{1}{M}\sum_{k=0}^{M-1} x^2[k] \cdots\cdots (52)$$

は1サンプルあたりの平均電力（パワー）に相当する．

とくに，統計的な性質（平均や分散など）が時間とともに変化しない信号（**定常信号**という）の場合，**自己相関関数は偶関数**となる．言い換えると，式(51)はサンプル数のずれ ℓ のみに依存し，

$$R_{xx}(-\ell) = R_{xx}(\ell) \cdots\cdots (53)$$

で表される関係が成立する．併せて，式(48)より，相互相関関数，および自己相関関数も周期性（周期 M）を有するわけで，次式の関係が成立する．

$$R_{xy}(\ell) = R_{xy}(\ell+M) \cdots\cdots (54)$$
$$R_{xx}(\ell) = R_{xx}(\ell+M) \cdots\cdots (55)$$

例題5

アナログ信号 $x(t)=\cos(2\pi t)$ を $T=0.125$［秒］ごとに等間隔でサンプリングしたディジタル信号 $t=kT$ ($k=0,1,2,\cdots,7$) の自己相関関数を求めよ．

解答5

題意より，ディジタル信号 $\{x[k]\}_{k=0}^{k=7}$ はアナログ信号の時間変数 $t=0.125k\,(=k/8)$ を代入して，

$$x[k] = x(t)|_{t=0.125k} = \cos\left(\frac{\pi}{4}k\right) \cdots\cdots (56)$$

で与えられる．次に，定義式(51)を適用すればよい．

まず，$\ell=0$ の場合は，

$$R_{xx}(0) = \frac{1}{8}\left\{\begin{array}{l}\cos^2 0 + \cos^2\frac{\pi}{4} + \cos^2\frac{2\pi}{4} \\ + \cos^2\frac{3\pi}{4} + \cdots + \cos^2\frac{7\pi}{4}\end{array}\right\}$$

$$= \frac{1}{8}\left\{\begin{array}{l}1^2 + \left(\frac{\sqrt{2}}{2}\right)^2 + 0^2 \\ +\left(-\frac{\sqrt{2}}{2}\right)^2 + \cdots + \left(\frac{\sqrt{2}}{2}\right)^2\end{array}\right\} = \frac{1}{2}$$

となる．また，$\ell=1$ の場合は，

$$R_{xx}(1) = \frac{1}{8}\left\{\begin{array}{l}\cos 0 \times \cos\frac{\pi}{4} + \cos\frac{\pi}{4}\times\cos\frac{2\pi}{4} \\ + \cos\frac{2\pi}{4}\times\cos\frac{3\pi}{4} + \cdots + \cos\frac{7\pi}{4}\times\cos\frac{8\pi}{4}\end{array}\right\}$$

$$= \frac{1}{8}\left\{\begin{array}{l}1\times\frac{\sqrt{2}}{2} + \frac{\sqrt{2}}{2}\times 0 \\ + 0\times\left(-\frac{\sqrt{2}}{2}\right) + \cdots + \frac{\sqrt{2}}{2}\times 1\end{array}\right\} = \frac{\sqrt{2}}{4}$$

となる．

同様にして，求めた結果をずれ ℓ に対する変化として描けば，**図1.10**に示すような繰り返し波形になる．

$\ell=0,8$ の場合は最大値 $1/2$ となり，$\cos$波の平均電力（パワー）に相当する．$\ell=2$ であると，

$$\begin{cases} x[k] = \cos\left(\frac{\pi}{4}k\right) \\ x[k+2] = \cos\left\{\frac{\pi}{4}(k+2)\right\} = \cos\left(\frac{\pi}{4}k+\frac{\pi}{2}\right) \end{cases}$$

となり，両者の位相差が $\pi/2$ に相当し，自己相関関数の値は0になる．$\ell=4$ であると，位相差は π なので，自己相関関数の値は最小値（$-1/2$）になる．このように，自己相関関数の値には $x[k]$ とずれ ℓ の $x[k+\ell]$ との位相差が現れる．

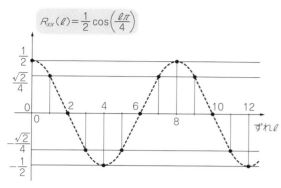

図1.10　例題5の相互相関関数

例題6

自己相関関数$R_{xx}(\ell)$の最大値は，$\ell=0$のときの$R_{xx}(0)$であることを示せ．

解答6

式(51)と式(52)に基づき，$R_{xx}(0)-R_{xx}(\ell)$，すなわち，

$$R_{xx}(0)-R_{xx}(\ell)=\frac{1}{M}\sum_{k=0}^{M-1}x^2[k]-\frac{1}{M}\sum_{k=0}^{M-1}x[k]x[k+\ell] \quad \cdots(57)$$

を計算してみる．ここで，式(48)の周期性を有する信号に対して，

$$\sum_{k=0}^{M-1}x^2[k]=\sum_{k=0}^{M-1}x^2[k+\ell]$$

の関係が成り立つことから，式(57)の右辺の第1項に適用すれば，

$$\frac{1}{M}\sum_{k=0}^{M-1}x^2[k]=\frac{1}{M}\sum_{k=0}^{M-1}\left(\frac{x^2[k]+x^2[k]}{2}\right)$$
$$=\frac{1}{M}\sum_{k=0}^{M-1}\left(\frac{x^2[k]+x^2[k+\ell]}{2}\right)\cdots(58)$$

と表される．式(58)を式(57)に代入して整理すると，次のように式変形できる．

$$R_{xx}(0)-R_{xx}(\ell)$$
$$=\frac{1}{2M}\sum_{k=0}^{M-1}(x^2[k]-2x[k]x[k+\ell]+x^2[k+\ell])$$
$$=\frac{1}{2M}\sum_{k=0}^{M-1}(x[k]-x[k+\ell])^2\geq 0$$

よって，
$$R_{xx}(0)\geq R_{xx}(\ell) \quad \cdots\cdots(59)$$

となる関係より，自己相関関数が最大になるのは$\ell=0$であることがわかる．

1.6 未来の値を予測するには 線形予測

● 過去のサンプルを使用する

では，AIにおける学習アルゴリズムの基礎につながる「有限個の過去のサンプル値から未来の値を予測する」ことを考えてみよう．

いま，M個の過去のサンプル値$\{x[k-m]\}_{m=1}^{m=M}$から，これらの値の重み付け総和として，未来（次のサンプル値）の値$x[k]$を予測することを考えてみよう（図1.11）．このとき予測値$\tilde{x}[k]$は，

$$\tilde{x}[k]=w_1 x[k-1]+w_2 x[k-2]+\cdots+w_M x[k-M]$$
$$=\sum_{m=1}^{M}w_m x[k-m] \quad \cdots\cdots(60)$$

と表すことができる．ここで，$\{w_m\}_{m=1}^{m=M}$は**線形予測係数**と呼ばれるM個の乗算係数（重み）である．

予測するとは，予測値$\tilde{x}[k]$を実際の値（真値）$x[k]$に限りなく近づけることを意味するわけで，予測値$\tilde{x}[k]$と実際の値$x[k]$との誤差，すなわち，

$$\varepsilon[k]=x[k]-\tilde{x}[k]$$
$$=x[k]-\sum_{m=1}^{M}w_m x[k-m] \quad \cdots\cdots(61)$$

を0に近づけることに等価である．

線形予測係数はM個あることを考慮し，M個の誤差の2乗和Eとして，

$$E=\frac{1}{2}\sum_{k=1}^{M}\varepsilon^2[k] \quad \cdots\cdots(62)$$

を考える．定数$1/2$を除いた総和をE_0と置いて，式(61)を代入すると，

$$E_0=\sum_{k=1}^{M}\left\{x[k]-\sum_{m=1}^{M}w_m x[k-m]\right\}^2$$
$$=\sum_{k=1}^{M}\left(\sum_{m=1}^{M}w_m x[k-m]\right)^2$$
$$-2\sum_{k=1}^{M}\sum_{m=1}^{M}w_m x[k]x[k-m]+\sum_{k=1}^{M}x^2[k]$$

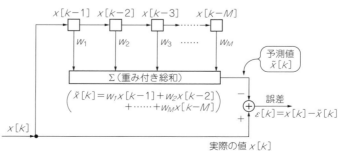

図1.11　線形予測システムのブロック図
[(注)$\tilde{x}$の読み…エックス・チルダ]

$$= \sum_{k=1}^{M}\sum_{m=1}^{M}\sum_{n=1}^{M} w_m w_n x[k-m]x[k-n]$$
$$- 2\sum_{k=1}^{M}\sum_{m=1}^{M} w_m x[k]x[k-m] + \sum_{k=1}^{M} x^2[k]$$

となる．そこで，右辺の第1項と第2項の総和を採る順序を入れ替えると，

$$E_0 = \sum_{m=1}^{M}\sum_{n=1}^{M}\left(\sum_{k=1}^{M} x[k-m]x[k-n]\right)w_m w_n$$
$$- 2\sum_{m=1}^{M}\left(\sum_{k=1}^{M} x[k]x[k-m]\right)w_m + \sum_{k=1}^{M} x^2[k]$$
$$\cdots\cdots\cdots\cdots (63)$$

であり，右辺の第1項について$n=m$と$n \neq m$の場合に分けて示す．すなわち，

$$\sum_{m=1}^{M}\sum_{n=1}^{M}\left(\sum_{k=1}^{M} x[k-m]x[k-n]\right)w_m w_n$$
$$= \sum_{m=1}^{M}\left(\sum_{k=1}^{M} x^2[k-m]\right)w_m^2$$
$$+ \sum_{m=1}^{M}\left\{2\sum_{\substack{n=1\\n \neq m}}^{M}\left(\sum_{k=1}^{M} x[k-m]x[k-n]\right)w_n\right\}w_m$$

と表されるので，式(63)は，

$$E = \frac{1}{2}E_0 = \frac{1}{2}\sum_{m=1}^{M}\left\{\alpha_m w_m^2 + (2\beta_m - 2\gamma)w_m\right\} + \frac{1}{2}\delta \cdots (64)$$

ただし，$\alpha_m = \sum_{k=1}^{M} x^2[k-m]$

$$\beta_m = \sum_{\substack{n=1\\n \neq m}}^{M}\left(\sum_{k=1}^{M} x[k-m]x[k-n]\right)w_n$$

$$\gamma = \sum_{k=1}^{M} x[k]x[k-m]$$

$$\delta = \sum_{k=1}^{M} x^2[k]$$

となる．式(64)は，M個の線形予測係数$\{w_m\}_{m=1}^{m=M}$に関して，$\alpha_m > 0$なので下に凸の2次関数であることから，最小値を採る．

この誤差の2乗和Eを，線形予測係数$\{w_m\}_{m=1}^{m=M}$を変化させて最小化することにより，最適な予測が可能であり，所望の目的が達成されるわけだ．よって，$m = 1, 2, \cdots, M$に対して線形予測係数w_mに対する偏微分値を算出し，0とすればよい．式(64)を偏微分すると，

$$\frac{\partial E}{\partial w_m} = \frac{1}{2}(2\alpha_m w_m + 2\beta_m - 2\gamma)$$
$$= \alpha_m w_m + \beta_m - \gamma$$

となり，α_m, β_m, γを代入して書き換えれば，

$$\frac{\partial E}{\partial w_m} = \left(\sum_{k=1}^{M} x^2[k-m]\right)w_m$$
$$+ \sum_{\substack{n=1\\n \neq m}}^{M}\left(\sum_{k=1}^{M} x[k-m]x[k-n]\right)w_n$$
$$- \left(\sum_{k=1}^{M} x[k]x[k-m]\right) \cdots\cdots\cdots\cdots (65)$$

となる．ここで，第1項は第2項の$n=m$に相当するので，第1項と第2項をまとめると，

$$\frac{\partial E}{\partial w_m} = \sum_{n=1}^{M}\left(\sum_{k=1}^{M} x[k-m]x[k-n]\right)w_n - \left(\sum_{k=1}^{M} x[k]x[k-m]\right)$$
$$\cdots\cdots\cdots\cdots (66)$$

と表される．

よって，誤差の2乗和Eが最小となる条件は，$m = 1, 2, \cdots, M$に対して，すべての偏微分値が0，すなわち，

$$\frac{\partial E}{\partial w_m} = 0 \quad ; m = 1, 2, \cdots, M \cdots\cdots\cdots (67)$$

であることを考慮すれば，

$$\sum_{n=1}^{M}\left(\sum_{k=1}^{M} x[k-m]x[k-n]\right)w_n = \left(\sum_{k=1}^{M} x[k]x[k-m]\right)$$

と書き換えられる．

さらに，両辺をサンプル数M個で割り算すれば，

$$\sum_{n=1}^{M}\left(\frac{1}{M}\sum_{k=1}^{M} x[k-m]x[k-n]\right)w_n = \left(\frac{1}{M}\sum_{k=1}^{M} x[k]x[k-m]\right)$$

となる関係と，($\cdots$)の中が式(51)の自己相関関数に相当するので，$m = 1, 2, \cdots, M$に対して，式(53)の関係を考慮すれば以下のように表される．

$$\sum_{n=1}^{M} R_{xx}(|m-n|)w_n = R_{xx}(m) \cdots\cdots\cdots\cdots (68)$$

ここで，式(68)を行列表示すると，

$$\begin{bmatrix} R_{xx}(0) & R_{xx}(1) & \cdots & R_{xx}(M-1) \\ R_{xx}(1) & R_{xx}(0) & \cdots & R_{xx}(M-2) \\ \vdots & \vdots & \ddots & \vdots \\ R_{xx}(M-1) & R_{xx}(M-2) & \cdots & R_{xx}(0) \end{bmatrix}\begin{bmatrix} w_1 \\ w_2 \\ \vdots \\ w_M \end{bmatrix} = \begin{bmatrix} R_{xx}(1) \\ R_{xx}(2) \\ \vdots \\ R_{xx}(0) \end{bmatrix}$$
$$\cdots\cdots\cdots\cdots (69)$$

となり，線形予測係数$\{w_m\}_{m=1}^{m=M}$に関するM個の連立方程式が得られる．なお式(68)，および式(69)の導出に際して，自己相関関数$R_{xx}(m)$は偶関数で時間差のみに依存し，式(55)の周期性を有するという性質($R_{xx}(m) = R_{xx}(m+M)$)を用いている．

また，自己相関関数$\{R_{xx}(m)\}_{m=0}^{m=M-1}$は，式(51)より入力信号$\{x[k]\}_{k=0}^{k=M-1}$から算出でき，式(69)の連立方程式の解として，線形予測係数$\{w_m\}_{m=1}^{m=M}$が求められる．

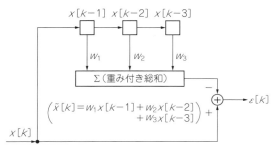

図1.12 [例題7] 三つの予測係数の線形予測システム

例題7

いま，三つの予測係数をもつ線形予測システム（図1.12）に関し，$k = 3, 4, 5$の場合について以下の問いに答えよ．

① 予測システムの出力$\tilde{x}[3], \tilde{x}[4], \tilde{x}[5]$は？
② 予測誤差$\varepsilon[3], \varepsilon[4], \varepsilon[5]$は？
③ 予測誤差の2乗和，すなわち，
$$E = \frac{1}{2}(\varepsilon^2[3] + \varepsilon^2[4] + \varepsilon^2[5])$$
を最小化する係数w_1, w_2, w_3に対する条件は？

解答7

3個の係数で線形予測するシステムなので，$M = 3$として，式(60)，式(61)，式(65)〜式(69)を書き直せばよい．

① $\tilde{x}[3] = w_1 x[2] + w_2 x[1] + w_3 x[0]$
　$\tilde{x}[4] = w_1 x[3] + w_2 x[2] + w_3 x[1]$
　$\tilde{x}[5] = w_1 x[4] + w_2 x[3] + w_3 x[2]$

② $\varepsilon[3] = x[3] - \tilde{x}[3] = x[3] - w_1 x[2] - w_2 x[1] - w_3 x[0]$
　$\varepsilon[4] = x[4] - \tilde{x}[4] = x[4] - w_1 x[3] - w_2 x[2] - w_3 x[1]$
　$\varepsilon[5] = x[5] - \tilde{x}[5] = x[5] - w_1 x[4] - w_2 x[3] - w_3 x[2]$

③ 誤差の2乗和Eを線形予測係数$w_1, w_2,$およびw_3に関して偏微分して，それぞれ0とすればよい．たとえばw_1に関する偏微分は，式(13)の合成関数の微分公式[微分の連鎖律]を適用して，

$$\frac{\partial E}{\partial w_n} = \frac{1}{2} \times \left\{ 2\varepsilon[3]\frac{\partial E}{\partial w_1} + 2\varepsilon[4]\frac{\partial E}{\partial w_1} + 2\varepsilon[5]\frac{\partial E}{\partial w_1} \right\}$$

$$= \varepsilon[3]\frac{\partial E}{\partial w_1} + \varepsilon[4]\frac{\partial E}{\partial w_1} + \varepsilon[5]\frac{\partial E}{\partial w_1}$$

$$= (x[3] - w_1 x[2] - w_2 x[1] - w_3 x[0]) \times (-x[2])$$
$$+ (x[4] - w_1 x[3] - w_2 x[2] - w_3 x[1]) \times (-x[3])$$
$$+ (x[5] - w_1 x[4] - w_2 x[3] - w_3 x[2]) \times (-x[4])$$

$$= (x^2[2] + x^2[3] + x^2[4]) w_1$$
$$+ (x[1]x[2] + x[2]x[3] + x[3]x[4]) w_2$$
$$+ (x[0]x[2] + x[1]x[3] + x[2]x[4]) w_3$$

$$- (x[3]x[2] + x[4]x[3] + x[5]x[4])$$
$$\quad\quad\quad\quad\quad\quad\quad\quad\quad\quad\cdots\cdots(70)$$

となる．残りの偏微分計算も同様であり，各偏微分値がすべて0となる関係，すなわち，

$$\frac{\partial E}{\partial w_1} = 0, \quad \frac{\partial E}{\partial w_2} = 0, \quad \frac{\partial E}{\partial w_3} = 0$$

が最小条件であることに基づき，同時に両辺を$3(= M)$で割ると順に，

$$\left(\frac{x^2[2] + x^2[3] + x^2[4]}{3}\right) w_1$$
$$+ \left(\frac{x[1]x[2] + x[2]x[3] + x[3]x[4]}{3}\right) w_2$$
$$+ \left(\frac{x[0]x[2] + x[1]x[3] + x[2]x[4]}{3}\right) w_3$$
$$- \left(\frac{x[3]x[2] + x[4]x[3] + x[5]x[4]}{3}\right) = 0$$

$$\left(\frac{x[2]x[1] + x[3]x[2] + x[4]x[3]}{3}\right) w_1$$
$$+ \left(\frac{x^2[1] + x^2[2] + x^2[3]}{3}\right) w_2$$
$$+ \left(\frac{x[0]x[1] + x[1]x[2] + x[2]x[3]}{3}\right) w_3$$
$$- \left(\frac{x[3]x[1] + x[4]x[2] + x[5]x[3]}{3}\right) = 0$$

$$\left(\frac{x[2]x[0] + x[3]x[1] + x[4]x[2]}{3}\right) w_1$$
$$+ \left(\frac{x[1]x[0] + x[2]x[1] + x[3]x[2]}{3}\right) w_2$$
$$+ \left(\frac{x^2[0] + x^2[1] + x^2[2]}{3}\right) w_3$$
$$- \left(\frac{x[3]x[0] + x[4]x[1] + x[5]x[2]}{3}\right) = 0$$

と表される．そして式(48)の周期性より，

$$x[3] = x[0], \quad x[4] = x[1], \quad x[5] = x[2]$$

であることを考慮し，（　…　）をそれぞれ式(51)の自己相関関数で置き換えて整理すれば，式(68)の関係（$M = 3$）と同じく，

$$\begin{cases} R_{xx}(0) w_1 + R_{xx}(1) w_2 + R_{xx}(2) w_3 = R_{xx}(1) \\ R_{xx}(1) w_1 + R_{xx}(0) w_2 + R_{xx}(1) w_3 = R_{xx}(2) \\ R_{xx}(2) w_1 + R_{xx}(1) w_2 + R_{xx}(0) w_3 = R_{xx}(0) \end{cases}$$
$$\quad\quad\quad\quad\quad\quad\quad\quad\quad\quad\cdots\cdots(71)$$

のように簡略表現でき，最終的に連立方程式の解として線形予測係数w_1, w_2, w_3が求められる．

Column1　ボランティアサイト「デジらくだ」運用中

2017年9月1日（大安吉日）より，東京電機大学・工学部・情報通信工学科・三谷研究室所属の卒業生を主要メンバーとして，信号処理教育支援のためのボランティアサイトを立ち上げ，ほそぼそとだが活動を始めている（図1.A）．サイト名は《デジらくだ》．

このサイトはあらゆるディジタル信号を対象に，「信号解析・変換・認識等の信号数学の基礎から効果的な活用法」にフォーカスし，（微力ながら）インターネットによる実践的教育をお手伝いする目的で開設したものである．

サイトは，①プログラミング入門，②人工知能（AI），③ラズパイ（Raspberry Pi），④C言語／信号数学／シミュレータ，⑤ものづくり小学校，⑥LabViewの六つのフィールドで構成されている．

とくにシミュレータでは，マイクロネット株式会社と共同開発した教育用ソフト（URLは，http://micronet.jp/product/）をはじめ，各種シミュレータ（『Circuit Viewer』，『DSP Analyzer』，『InterSim』）やシミュレータ内蔵の参考書ソフト（評価版）がダウンロードできる．ぜひ使ってみていただきたい．

また，主として教育機関（小・中・高向け）を対象にした，多種多彩な信号処理機能（カメラ，画像認識，防犯，顔画像など）に関わるものづくりの情報提供をはじめ，フーリエ変換，ウェーブレット変換，ラプラス変換，z変換などの各種積分変換の数学的な取り扱い，さらには物理的イメージをわかりやすく解説するコンテンツを多数用意してある．Q＆A形式でお答えしつつ，ホームページを充実していく予定である．

《デジらくだ》は創造性豊かな，考える力を養成する手助けを中心に，ボランティアとして協力させていただく．ご希望の方は遠慮なくご連絡を．

より詳しいことは《デジらくだ》のホームページをご覧いただきたい．

（URLは，http://digirakuda.org/）．

図1.A　《デジらくだ》のTOPページ画像

第2章 適応フィルタと適応処理アルゴリズム

第1章では，AIにつながる「機械学習」アルゴリズムの基本になる数理的な取り扱いにフォーカスして，「勾配（最急）降下法」，「最小2乗法」，「線形予測」などの物理的な意味，考え方や計算処理の流れを説明した．

本章では，AIの基本的な機能「学習して賢くなるコンピュータ」の前準備として，**システムがその利用環境に合わせて自動的に特性を変えることのできる適応信号処理**について解説する．

じつは，脳の情報処理方式を模擬しようとするニューラル・ネットワークにおける「機械学習」は，適応信号処理の最適化計算アルゴリズムを拡張したもので，「勾配（最急）降下法」を利用する．

2.1 システムが自動学習する適応フィルタ

● 適応って，なんだろう？

もともと生物学の用語であって，「外界や周囲環境の変化に応じて，自己の特性をそれに順応できるよう，自動的に再調整していく機能」を指している．

外界の変化にすばやく対応して変身する'擬態'生物のようでもある．たとえば，カメレオンが外界の色に応じて皮膚の色を変えていくがごとくに．

生物系に見られるこの優れた機能を，工学システムに導入しようとする試みは，身近なところではエアコンの温度や湿度の自動制御，ロボットのインテリジェント化と称される適応制御など，多種多彩である．

さて，「学習して賢くなるコンピュータ，そんなのあるわけないよ」と思われるかもしれない．でも，知る人ぞ知る『**適応フィルタ（ADF：adaptive digital filter）**』と呼ばれる**ディジタル信号処理**がある．

適応フィルタ（別名，学習フィルタ）とは，信号の性質が時間的に変動するような場合に，フィルタ係数を自動更新し，その変動に追従させながら適応的・自律的な信号処理を行うものである．従来の時間的に特性が変化しない固定的なしくみより，一歩進んだ信号処理形態といえる．

昨今スマホなどの無線機器を，ビルの狭間や，移動する列車や自動車で使用することも多い．このようなとき電波の伝搬特性はさまざま変動しているが，明瞭な音声通信や正確なデータ通信が可能であるのは，電波環境に適切に応じて，最適な送受信技術が確立されているからである．こんなことが保証されているのも，適応的な信号処理形態が支えているというわけだ．

● 適応システムの基本構成

一般的な適応フィルタを用いたシステムの基本的な構成要素のブロック図を，図2.1に示す．「適応フィルタ」という用語は，図中の適応処理アルゴリズムに基づいて自動的に係数更新する機能を有するブロックを指す．

図2.1の適応システムには，適応フィルタの入力$x[k]$以外にもう一つの入力端子がある．所望（目標）の信号$d[k]$として，別のシステムから出力された信号が入力される．

所望の信号$d[k]$と適応フィルタからの出力$y[k]$の差が適応システムの出力，すなわち，
$$\varepsilon[k] = d[k] - y[k] \cdots\cdots(1)$$
となり，これは誤差と呼ばれる．ただし，通常，適応フィルタの出力$y[k]$は，入力$x[k]$に対して，
$$y[k] = w_0[k]x[k] + w_1[k]x[k-1] + \cdots + w_M[k]x[k-M] \cdots\cdots(2)$$
で表される重み付け総和（積和計算）として計算される．式(2)の$\{w_m[k]\}_{m=0}^{m=M}$は，乗算するときの係数で，自動更新されて時々刻々と変化する．

一般的に，適応システムでは実際の適応フィルタの

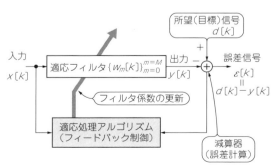

図2.1 適応システムの基本構成

出力$y[k]$を所望の出力$d[k]$に近づけていく計算処理が行われる．すなわち誤差の2乗値$\varepsilon^2[k]$が最小になるよう，適応フィルタの係数を何回も自動更新する仕掛けが組み込まれている．そうして，$\varepsilon^2[k] \fallingdotseq 0$になるように係数が収束すれば，$y[k] \fallingdotseq d[k]$となる．原理的に，適応処理アルゴリズムは誤差$\varepsilon^2[k]$の値が最小になるように収束動作を行う．

適応処理アルゴリズム（係数の自動更新）の中身は後回しにすることにして，まずは適応フィルタを用いて具体的にどのようなアプリケーションが実現可能なのか，代表的な4種類の応用例を紹介しよう．

● [例1] システム同定

図2.2は，システム同定（**システム推定**ともいう．**未知システムの動的モデルを構築**）するための適応システムである．

この適応システムでは，ある信号$x[k]$を周波数特性$H(\omega)$の未知システムに入力したときの出力が，所望の信号$d[k]$となる．

すなわち，式(1)の誤差$\varepsilon[k]$の2乗値$\varepsilon^2[k]$を最小化するように適応処理アルゴリズムを動作させたとき，信号$y[k]$を出力する適応フィルタの周波数特性$W(\omega)$は未知システムに一致し，$W(\omega) = H(\omega)$となる．つまり，**図2.2**のシステムは，同一入力に対して同一出力が得られるよう係数更新を繰り返す処理で，未知システムの信号処理の中身が解明できて，周波数特性$H(\omega)$が推定されるというわけだ．

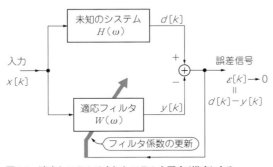

図2.2 適応システムは未知システムを同定（推定）する

● [例2] 予測器

図2.3は，信号予測する適応システムである．システムの入力$x[k]$は，遅延回路でnサンプル前に入力された$x[k-n]$が適応フィルタの入力になる．

適応フィルタは，過去の信号$x[k-n]$から未来の信号$x[k]$を予測して，適応フィルタの出力$y[k]$が$x[k]$を近似するように動作する．「未来の信号を予測することは不可能だ，こんなことできない」と思われるかもしれない．しかし，入力$x[k]$が**周期的に変動する性質**をもっていれば，過去の値から未来の値を求めることは可能である．

この予測器に，ランダム雑音が混じった周期性を有する信号を入力すると，適応フィルタは周期性信号に対してだけ予測動作が機能することになる．結果，適応フィルタからはランダム雑音が取り除かれた'きれいな信号$y[k]$'が出力され，誤差$\varepsilon[k]$の端子にはランダム雑音が得られる．

● [例3] 等化器（イコライザ）

図2.4は，等化器の機能をもつ適応システムであり，任意の周波数特性$H(\omega)$をもつシステムと周波数特性$W(\omega)$の適応フィルタが直列接続されている．

また，遅延回路は直列接続した二つのシステムの処理遅延の影響をキャンセルするためのものである．このとき，所望の信号$d[k]$は，入力$x[k]$をnサンプル遅延された信号$x[k-n]$なので，入力$x[k]$と同じ周波数特性をもつことになる．

適応フィルタは，任意のシステムの周波数特性$H(\omega)$を補正して得られる出力$y[k]$と遅延させた$x[k-n]$との誤差$\varepsilon[k]$，すなわち，

$$\varepsilon[k] = x[k-n] - y[k] \quad \cdots\cdots\cdots(3)$$

の2乗値$\varepsilon^2[k]$を最小化するように動作する．このとき，

$$\begin{pmatrix}遅延回路の\\周波数特性\end{pmatrix} = \begin{pmatrix}直列接続した二つの\\システムの周波数特性\end{pmatrix}$$

となり，遅延回路の周波数特性（振幅）は1なので，

$$|H(\omega)||W(\omega)| = 1 \quad \cdots\cdots\cdots(4)$$

で表される関係が成立し，等化器の働きをする．この結果に基づき，

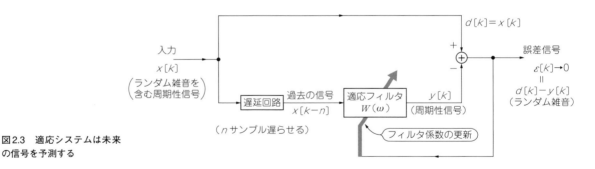

図2.3 適応システムは未来の信号を予測する

第2章 適応フィルタと適応処理アルゴリズム

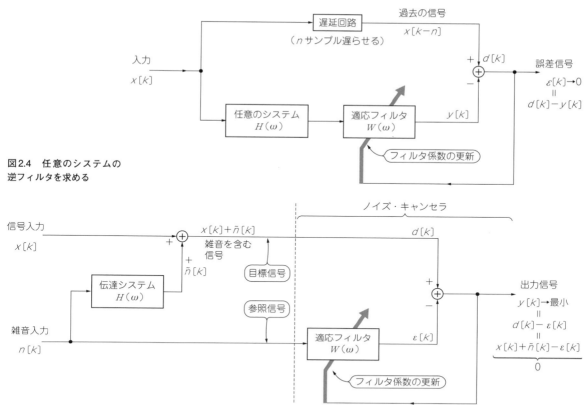

図2.4 任意のシステムの逆フィルタを求める

図2.5 ノイズ・キャンセラのシステム構成

$$|W(\omega)| = \frac{1}{|H(\omega)|} \quad \cdots\cdots\cdots\cdots\cdots\cdots(5)$$

となるので，任意の周波数特性をもつ**システムの逆フィルタを設計**できることがわかる．

なお，図2.4の逆フィルタは図2.3の予測器に類似したシステム構成であるが，遅延回路が入る位置に注意してもらいたい．

● [例4] ノイズ・キャンセラ

図2.5は，適応フィルタを用いたノイズ(雑音)・キャンセラのシステム構成である．このシステムは，入力$x[k]$に混入した雑音$\tilde{n}[k]$の除去(フィルタリング)処理を行う．ノイズ・キャンセラには，目標信号$x[k]+\tilde{n}[k]$と参照信号$n[k]$が入力される．ここで，雑音$n[k]$が周波数特性$H(\omega)$の伝達システムで処理されて雑音$\tilde{n}[k]$が生成されるモデルを仮定している．

図2.5の周波数特性$W(\omega)$の適応フィルタは，参照信号$n[k]$から生成した$\tilde{n}[k]$を近似する信号$\varepsilon[k]$を出力し，目標信号$d[k]$と雑音の測定値$\varepsilon[k]$との差の2乗値$y^2[k]$を最小化するように動作する．ちょうど，システム同定の適応計算に類似している．正確な近似ができれば，$\varepsilon[k] \fallingdotseq \tilde{n}[k]$となって，ノイズ・キャン

セラからの出力として，ノイズが除去された所望の信号$y[k] \fallingdotseq x[k]$が得られる．

以上の例示した四つの適応フィルタは，係数の自動更新によって，実際の出力と所望の出力との差を最小化する機能を実現している．

2.2 適応処理アルゴリズム(LMS法)

● 未知システムを同定する

適応フィルタにおける係数の自動更新の仕組みが大いに気になるところだろう．いよいよ適応処理の基本アルゴリズムの中身がどうなっているのかを説明するわけだが，まずは簡単な適応処理を例に，ざっとイメージをつかんでもらいたい．

図2.6に示す，もっとも単純な未知システムを同定する例を取り上げて説明する．

未知システムは，入力$x[k]$を定数h倍した値を出力$d[k]$とする，すなわち，

$$d[k] = hx[k] \quad \cdots\cdots\cdots\cdots\cdots\cdots(6)$$

で表される信号処理を考える．

図2.6の適応システムは，1個の乗算係数$w[k]$をもち，

$$y[k] = w[k]x[k] \quad \cdots\cdots\cdots\cdots\cdots\cdots(7)$$

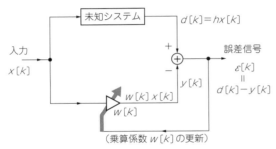

図2.6　もっとも単純なシステムの同定

となる信号が出力される．係数$w[k]$に時間を表す変数kがついているのは，係数が時間とともに変化すること（時変であること）を表している．

システム同定は，未知システムの出力$d[k]$と適応システムの出力$y[k]$を同じ値になるように係数$w[k]$を変化させていく適応処理アルゴリズムによって実行される．ここで，システム誤差$\varepsilon[k]$は，

$$\varepsilon[k] = d[k] - y[k] = d[k] - w[k]x[k] \cdots\cdots(8)$$

で表される．

適応処理アルゴリズムは，第1章の1.3で示した「勾配降下法」と同様に，誤差$\varepsilon[k]$の2乗値に1/2を掛けた値$E[k]$，すなわち，

$$E[k] = \frac{1}{2}\varepsilon^2[k] \cdots\cdots\cdots\cdots\cdots(9)$$

が最小となるように係数$w[k]$を逐次変化させる計算である．

式(9)に式(8)を代入すると，誤差の2乗値は，

$$\begin{aligned}E[k] &= \frac{1}{2}(d[k] - w[k]x[k])^2 \\ &= \frac{1}{2}\{x^2[k]w^2[k] - 2d[k]x[k]w[k] + d^2[k]\} \\ & \cdots\cdots\cdots\cdots\cdots(10)\end{aligned}$$

となる．この結果から，誤差の2乗値$E[k]$は係数$w[k]$に関して『下に凸』の2次関数で，その頂点が最小値を与えることがわかる．

反復計算による最小値探索は，$E[k]$の係数$w[k]$に対する微分値を算出し，その点における接線の『傾き』を求めて，最小点を探索していく．微分値は，式(8)と式(9)より，

$$\begin{aligned}\frac{\partial E[k]}{\partial w[k]} &= \frac{\partial\{1/2 \times \varepsilon^2[k]\}}{\partial w[k]} = \frac{1}{2} \times \left\{2\varepsilon[k]\frac{\partial \varepsilon[k]}{\partial w[k]}\right\} \\ &= \varepsilon[k]\frac{\partial\{d[k]-y[k]\}}{\partial w[k]} = -\varepsilon[k]\frac{\partial y[k]}{\partial w[k]} \\ &= -\varepsilon[k]\frac{\partial(w[k]x[k])}{\partial w[k]} = -\varepsilon[k]x[k] \\ & \cdots\cdots\cdots\cdots\cdots(11)\end{aligned}$$

となる．よって，接線の『傾き』は，

$$\frac{\partial E[k]}{\partial w[k]} = -\varepsilon[k]x[k] \cdots\cdots\cdots\cdots\cdots(12)$$

と求められる．この『傾き』を第1章で説明した「勾配降下法」の場合と同様に，係数の更新計算に適用すると，1.3で示した式(6)〜式(11)の繰り返し計算と同様に考えて，

$$\begin{aligned}w[k+1] &= w[k] - \alpha \times \frac{\partial E[k]}{\partial w[k]} \\ &= w[k] - \alpha \times (-\varepsilon[k]x[k]) \\ &= w[k] + \alpha \times \varepsilon[k] \times x[k] \cdots\cdots(13)\end{aligned}$$

となる．ここで，αは『正の定数』で係数$w[k]$の値をあまり大きく動かさないためのものであり，収束が安定して動作するよう適切な値に設定する必要がある．

● LMS法の適応計算イメージ

ところで，1回の反復計算における更新量$\Delta w[k]$は，式(13)より，

$$\Delta w[k] = w[k+1] - w[k] = \alpha \times \varepsilon[k] \times x[k] \cdots\cdots\cdots\cdots\cdots(14)$$

であるが，わかりやすく翻訳すると，次のようになる．

$$\begin{cases}『更新量』= 『正の定数』\times 『誤差』\times 『入力』\cdots(15) \\ w[k+1] = w[k] + 『更新量』\cdots\cdots\cdots\cdots(16)\end{cases}$$

これが適応計算処理であり，一般に**最小2乗平均**（LMS：Least Mean Square，これ以降LMSと略す）**法**と呼ばれるアルゴリズムで，ニューラル・ネットワークにおける『機械学習』の基本原理と言えるものである．LMS法を用いて適応システムの係数$w[k]$を逐次更新していけば，徐々に誤差の2乗値$E[k]$は減少し，$w[k]$は最適値に収束する．その結果として得られた係数$w[k]$が，未知システムの係数hに一致することになるので，システム同定できるという考え方である．

例題1

いま，未知システムの式(6)に相当する入出力関係が，$h=2$として，

$$d[k] = 2x[k] \cdots\cdots\cdots\cdots\cdots(17)$$

で表されるとする．このとき，入力$x[0]=1$，$x[1]=0.8$，$x[2]=-0.5$，…に対して，適応システムの出力$y[k]=w[k]x[k]$との誤差に基づき，LMS法で未知システムを同定したい．反復計算のようすを実感してもらうために，$k=0$，1，2について処理の流れを示せ．ただし，係数の初期値は$w[0]=3$とし，学習率$\alpha = 0.5$とする．

解答1

式(13)〜式(16)に基づき，係数$w[k]$を更新する．

① $k=0$の場合

$x[0]=1$，$d[0]=2x[0]=2\times 1=2$より，

出力$y[0] = w[0]x[0] = 3 \times 1 = 3$

誤差$\varepsilon[0] = d[0] - y[0] = 2 - 3 = -1$

となる．よって，係数の更新量は，

$\Delta w[0] = \alpha \varepsilon[0] x[0] = 0.5 \times (-1) \times 1 = -0.5$
であり，更新後の係数は次のようになる．
$w[1] = w[0] + \Delta w[0] = 3 - 0.5 = 2.5$

② $k=1$ の場合
$x[1] = 0.8,\ d[1] = 2x[1] = 2 \times 0.8 = 1.6$ より，
出力 $y[1] = w[1] x[1] = 2.5 \times 0.8 = 2$
誤差 $\varepsilon[1] = d[1] - y[1] = 1.6 - 2 = -0.4$
となる．よって，係数の更新量は，
$\Delta w[1] = \alpha \varepsilon[1] x[1] = 0.5 \times (-0.4) \times 0.8 = -0.16$
であり，更新後の係数は次のようになる．
$w[2] = w[1] + \Delta w[1] = 2.5 - 0.16 = 2.34$

③ $k=2$ の場合
$x[2] = -0.5,\ d[2] = 2x[2] = 2 \times (-0.5) = -1$ より，
出力 $y[2] = w[2] x[2] = 2.34 \times (-0.5) = -1.17$
誤差 $\varepsilon[2] = d[2] - y[2] = -1 - (-1.17) = 0.17$
となる．よって，係数の更新量は，
$\Delta w[2] = \alpha \varepsilon[2] x[2] = 0.5 \times 0.17 \times (-0.5) = -0.0425$
であり，更新後の係数は次のようになる．
$w[3] = w[2] + \Delta w[2] = 2.34 - 0.0425 = 2.2975$

引き続きランダムな値を入力して，同様の計算を繰り返すことによって，未知システムの係数 $h=2$ に近づいていくことがわかる．つまり，未知システムの処理を入出力データから見いだせるというわけだ．表計算ソフトやプログラム作成して，確かめていただきたい．

2.3 最小2乗平均（LMS）法の原理

LMS法のイメージを，おおまかに理解していただけただろうか．LMS法は，最適化の一手法である最急降下法を簡易化したものであり，適応計算の処理速度が大きく向上し，適応信号処理の分野が急速に発展するようになり，本格的なAI時代の幕開けの土台をなしている．

ここでは，本格的に適応信号処理の基本アルゴリズム（LMS法）を説明するが，式(2)の係数 $\{w_m[k]\}_{m=0}^{m=M}$ は一度決めたら，たとえ信号の性質が変化しても処理は変えない（**時不変システム**），という古典的な信号処理形態が一般的である．

これに対して，信号の性質を時々刻々調べて，その性質の変動を追従する柔軟な信号処理形態（**時変システム**）を実現するのがLMS法の最大の狙いである．つまり，係数を信号の性質に応じて適切な値に自動的に設定し直すという順応性の高い信号処理形態である．

図2.7に示すように，ある時刻 k における入力 $x[k]$ と，M個の過去の入力，すなわち，
$$\begin{cases} x[k-1] & ;1\text{サンプル前（過去）の入力} \\ x[k-2] & ;2\text{サンプル前（過去）の入力} \\ \quad\vdots \\ x[k-M] & ;M\text{サンプル前（過去）の入力} \end{cases}$$
を合わせた $(M+1)$ 個の入力 $\{x[k-m]\}_{m=0}^{m=M}$ に対し，$\{w_m[k]\}_{m=0}^{m=M}$ との積和（重み付け総和）として，
$$y[k] = w_0[k] x[k] + w_1[k] x[k-1] + \cdots + w_M[k] x[k-M]$$
$$= \sum_{m=0}^{M} w_m[k] x[k-m] \quad \text{［式(2)の再掲］}$$
で表される信号処理形態を考える．$\{w_m[k]\}_{m=0}^{m=M}$ は乗算係数で，時間とともに変化することに注目してもらいたい．なお，**図2.7**は，ディジタル信号処理で登場する**FIRフィルタ**と呼ばれる構成法である．

また，入力は定常でランダムな時系列データとし，その自己相関関数は，1.5で示した式(53)のように，時間差のみに依存するものとする．

さて，ある信号処理における所望の出力を $d[k]$ とするとき，**図2.7**の実際の出力 $y[k]$ との誤差は，
$$\varepsilon[k] = d[k] - y[k]$$
$$= d[k] - \sum_{m=0}^{M} w_m[k] x[k-m] \quad \cdots\cdots(18)$$
と表すことができる．

1.3で示した「勾配降下法」の場合と同様に，誤差の2乗値 $E[k]$ として，
$$E[k] = \frac{1}{2}\varepsilon^2[k] = \frac{1}{2}\{d[k] - y[k]\}^2 \quad \cdots\cdots(19)$$

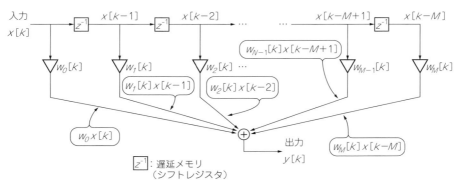

図2.7　FIRフィルタによる適応フィルタの構成

を最小になるように係数$\{w_m[k]\}_{m=0}^{m=M}$を時間とともに変化させることを目標にする．この時間とともに係数を自動更新して誤差の2乗値$\varepsilon^2[k]$を最小化する（所望の出力に近づける）という点が，『**適応**』と称される理由である．

式(19)に式(18)の関係を代入すると，誤差の2乗値は，

$$E[k] = \frac{1}{2}\left(d[k] - \sum_{m=0}^{M} w_m[k] x[k-m]\right)^2$$

$$= \frac{1}{2}\left\{\left(\sum_{m=0}^{M} w_m[k] x[k-m]\right)^2 - 2d[k]\sum_{m=0}^{M} w_m x[k-m] + d^2[k]\right\}$$

$$= \frac{1}{2}\left\{\sum_{m=0}^{M}\sum_{n=0}^{M} w_m[k] w_n[k] x[k-m] x[k-n] - 2d[k]\sum_{m=0}^{M} w_m[k] x[k-m] + d^2[k]\right\} \quad \cdots (20)$$

となる．

よって，右辺$\{\cdot\}$内の中の第1項を$n=m$と$n \neq m$の場合に分けて示せば，

$$\sum_{m=0}^{M}\sum_{n=0}^{M} w_m[k] w_n[k] x[k-m] x[k-n]$$
$$= \left(\sum_{m=0}^{M} w_m^2[k] x^2[k-m]\right) + 2\sum_{m=0}^{M}\sum_{\substack{n=0 \\ n \neq m}}^{M} w_m[k] w_n[k] x[k-m] x[k-n]$$

と表されるので，式(20)は，

$$E[k] = \frac{1}{2}\left\{\sum_{m=0}^{M} x^2[k-m] w_m^2[k] + 2\sum_{m=0}^{M}\left(\sum_{\substack{n=0 \\ n \neq m}}^{M} w_n[k] x[k-m] x[k-n]\right) w_m[k] - 2d[k]\sum_{m=0}^{M} w_m[k] x[k-m] + d^2[k]\right\} \quad \cdots (21)$$

と変形できる．この結果から，誤差の2乗値の性質として，以下のことがわかる．

① 係数$w_m[k]$の2次関数である
② その形状は，『下に凸』である
③ 頂点が関数の最小値を与える
④ 正確に言えば，係数$\{w_m[k]\}_{m=0}^{m=M}$は複数個で，$(M+1)$個の多変数関数となる

「勾配降下法」における最小値探索の計算において，多変数関数の極値は，すべての変数に対する偏微分値が0のときであったことを思い起こしてもらうとわかりやすい．

誤差の2乗和$E[k]$の偏微分値に応じて，係数$\{w_m[k]\}_{m=0}^{m=M}$を変化させて最小化することにより，所望の目的が達成されるわけだ．$m=0, 1, 2, \cdots, M$として，係数$w_m[k]$に対する偏微分値を算出することで，その点における接線の『傾き』を求めて，最小点を探索していく．

そこで，式(19)より直接，$(M+1)$個の変数のうち$w_m[k]$のみに着目して偏微分すると，

$$\frac{\partial E[k]}{\partial w_m[k]} = \frac{\partial\{1/2 \times \varepsilon^2[k]\}}{\partial w_m[k]} = \frac{1}{2} \times \left\{2\varepsilon[k] \frac{\partial \varepsilon[k]}{\partial w_m[k]}\right\}$$

$$= \varepsilon[k] \frac{\partial\{d[k] - y[k]\}}{\partial w_m[k]}$$

$$= -\varepsilon[k] \frac{\partial y[k]}{\partial w_m[k]}$$

となる．ここで$y[k]$は，式(2)より，

$$y[k] = w_0[k] x[k] + w_1[k] x[k-1] + \cdots + \underline{w_m[k] x[k-m]} + \cdots + w_M[k] x[k-M]$$

と書き下せることから，$w_m[k]$が出現するのは太い下線で示す一カ所のみであることがわかる．つまり，$y[k]$を$w_m[k]$で偏微分すると，$w_m[k]$以外の変数はすべて定数と見なすので，$w_m[k]$を含まない項は消えてしまい，結果として$x[k-m]$の項だけが残る．よって，接線の『傾き』は

$$\frac{\partial E[k]}{\partial w_m[k]} = -\varepsilon[k] x[k-m] \quad \cdots (22)$$

と求められる．これを「勾配降下法」の反復計算と同様に，係数の更新計算に適用すると，1.3の式(6)〜式(11)の繰り返し計算として，

$$w_m[k+1] = w_m[k] - \alpha \times \frac{\partial E[k]}{\partial w_m[k]}$$
$$= w_m[k] - \alpha \times (-\varepsilon[k] x[k-m])$$
$$= w_m[k] + \alpha \times \varepsilon[k] \times x[k-m] \quad \cdots (23)$$

となる．ここで，αは『正の定数』で，**学習率**（あるいは，**ステップ・サイズ**）と呼ばれたりする．

学習率$\alpha(>0)$は，1回の繰り返し計算でどれくらい係数値を更新するかを制御するための小さな正の定数で，経験的に決めることが一般的である．その際，収束が安定して動作するように実際上は0.01や0.001などの小さな値が選ばれる．

ところで，1回の反復計算における更新量$\Delta w_m[k]$は，式(23)より，

$$\Delta w_m[k] = w_m[k+1] - w_m[k]$$
$$= \alpha \times \varepsilon[k] \times x[k-m] \quad \cdots (24)$$

で算出される．ここで，LMSの基本式[式(23)，式(24)]をわかりやすく翻訳すると，次のようになる．

$$\begin{cases} 『更新量』 \\ = 『正の定数』 \times 『誤差』 \times 『mサンプル前の入力』 \\ \quad \cdots (25) \\ w_m[k+1] = w_m[k] + 『更新量』 \quad \cdots (26) \end{cases}$$

このような反復計算による最小値探索のようすを，図

2.7を参照しながら理解していこう．

まず，$m=0$の場合．これは図2.7の一番左の係数$w_0[k]$に着目している．このとき，式(18)の誤差$\varepsilon[k]$は，出力における現在の誤差に相当し，入力は$x[k]$で，係数$w_0[k]$を通過する値であることがわかる．

次に，$m=1$の場合を考える．こんどは，図2.7の左から2番目の係数$w_1[k]$に着目してみる．式(18)の誤差は同じで，入力は1サンプル前（過去）の入力$x[k-1]$で係数$w_1[k]$を通過する値である．

mがさらに大きい場合も同様であり，式(26)は次のようにより詳しく言い換えられる．

　　『着目する重みの更新量』
　　＝『正の定数』×『現在の出力誤差』
　　　×『着目する重みを通過する（過去の入力）値』
　　　　　　　　　　　　……………………(27)

これが，LMS法の計算アルゴリズムであり，ニューラル・ネットワークにおける『機械学習』の基本原理と言えるものである．

● 係数更新計算の流れ

簡単な適応フィルタとして，2個の係数$w_0[k]$と$w_1[k]$をもつ図2.8の構成を例に，LMS法をまとめておく．図2.8において，実線は適応フィルタの計算処理がなされる信号の流れを示し，点線は係数を更新処理するための制御信号の流れを表す．

この適応フィルタの出力$y[k]$は，
$$y[k] = w_0[k]x[k] + w_1[k]x[k-1] \quad \cdots\cdots(28)$$
のように積和形式で与えられる．また，誤差信号$\varepsilon[k]$は，

$$\varepsilon[k] = d[k] - y[k] \quad \cdots\cdots\cdots\cdots\cdots\cdots\cdots(29)$$

であり，誤差の2乗値$\varepsilon^2[k]$を最小化するように2個の係数を，次式に基づいて逐次更新する．

$$\begin{cases} w_0[k+1] = w_0[k] + \alpha\varepsilon[k]x[k] \quad \cdots\cdots\cdots(30) \\ w_1[k+1] = w_1[k] + \alpha\varepsilon[k]x[k-1] \quad \cdots\cdots(31) \end{cases}$$

例題2

図2.8の2個の係数$w_0[k]$と$w_1[k]$をもつ適応フィルタを考える．入力$x[0]=1$，$x[1]=0.8$，$x[2]=-0.5$，……に対して，希望出力$d[k]=2x[k-1]$が得られるように2個の係数をLMS法で最適化したい．反復計算のようすを実感してもらうために，$k=0$，1，2について計算処理の流れを示せ．ただし，
$$x[k]=0，y[k]=0 ; k<0$$
とし，係数の初期値は$w_0[0]=1$，$w_1[0]=3$，学習率$\alpha=0.5$とする．

解答2

式(23)～式(27)に基づき，係数$w_0[k]$，$w_1[k]$を更新する．

① $k=0$の場合

$x[0]=1$，$d[0]=2x[-1]=2\times0=0$より，
出力$y[0]=w_0[0]x[0]+w_1[0]x[-1]=1\times1+3\times0=1$
誤差$\varepsilon[0]=d[0]-y[0]=0-1=-1$

となる．よって，係数の更新量は，

$\Delta w_0[0]=\alpha\varepsilon[0]x[0]=0.5\times(-1)\times1=-0.5$
$\Delta w_1[0]=\alpha\varepsilon[0]x[-1]=0.5\times1\times0=0$

であり，更新後の係数は次のようになる．

$w_0[1]=w_0[0]+\Delta w_0[0]=1-0.5=0.5$
$w_1[1]=w_1[0]+\Delta w_1[0]=3+0=3$

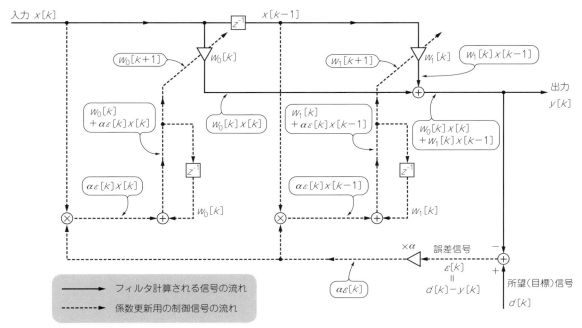

図2.8 適応フィルタにおける係数更新計算（$M=1$の場合）

② $k=1$ の場合
　$x[1]=0.8$, $d[1]=2x[0]=2\times 1=2$ より,
　　出力 $y_1=w_0[1]x[1]+w_1[1]x[0]$
　　　　　　$=0.5\times 0.8+3\times 1=3.4$
　　誤差 $\varepsilon[1]=d[1]-y[1]=2-3.4=-1.4$
となる.よって,係数の更新量は,
　　$\Delta w_0[1]=\alpha\varepsilon[1]x[1]=0.5\times(-1.4)\times 0.8=-0.56$
　　$\Delta w_1[0]=\alpha\varepsilon[1]x[0]=0.5\times(-1.4)\times 1=-0.7$
であり,更新後の係数は次のようになる.
　　$w_0[2]=w_0[1]+\Delta w_0[1]=0.5-0.56=-0.06$
　　$w_1[2]=w_1[1]+\Delta w_1[1]=3-0.7=2.3$

③ $k=2$ の場合
　$x[2]=-0.5$, $d[2]=2x[1]=2\times 0.8=1.6$ より,
　　出力 $y[2]=w_0[2]x[2]+w_1[2]x[1]$
　　　　　　$=(-0.06)\times(-0.5)+2.3\times 0.8=1.87$
　　誤差 $\varepsilon[2]=d[2]-y[2]=1.6-1.87=-0.27$
となる.よって,係数の更新量は,
　　$\Delta w_0[2]=\alpha\varepsilon[2]x[2]=0.5\times(-0.27)\times(-0.5)$
　　　　　　$=0.0675$
　　$\Delta w_1[2]=\alpha\varepsilon[2]x[1]=0.5\times(-0.27)\times 0.8$
　　　　　　$=-0.108$
であり,更新後の係数は次のようになる.
　　$w_0[3]=w_0[2]+\Delta w_0[2]=-0.06+0.0675$
　　　　　　$=-0.0075$
　　$w_1[3]=w_1[2]+\Delta w_1[2]=2.3-0.108=2.192$

　入力を定常でランダムな時系列データとすれば,以上のような計算を繰り返すことによって,二つの係数は,$w_0=0$,$w_1=2$ に近づいていくことがわかる.表計算ソフトで試したり,プログラムを作成して,ぜひとも検証・確認していただきたい.

● **学習率の適切な選び方**

　LMS法における適応処理アルゴリズムの計算の流れについて,具体的計算例で実感してもらえたところで,LMS法で注意しなければならないことがある.
　それは学習率 $\alpha(>0)$ の選び方で,適切な値を設定することが重要となる.**図2.9**に係数更新の繰り返し(反復)回数と誤差の2乗値 $\varepsilon^2[k]$ の関係を模式的に示す.これより,学習率が大きい場合は誤差の2乗値が一定の値に収束するまでの更新回数が少なく,収束誤差が大きくなるようすがわかる.逆に,学習率が小さい場合は誤差の2乗値が収束するまでの更新回数が多くなり,時間がかかることになるが,収束誤差は小さくなる.
　まとめると,学習率 α は安定性と収束性の兼ね合い

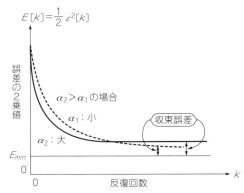

図2.9　学習率 α に対する反復回数と誤差の2乗値の関係

で与えることになるが,一般的に次のような性質をもっている.
・学習率 α が小さいと安定性は良好となる代わりに,収束が遅くなる
・学習率 α が大きいと収束が速くなる代わりに,安定性が悪くなって出力が発散したりする
　なお,紹介した適応フィルタは,「機械学習」と呼ばれる学習アルゴリズムに類似し,ニューラル・ネットワークにおける計算アルゴリズムのヒントになるものである.

例題3
　式(24)の更新量 $\Delta w_m[k]$ を算出する際,
　　$\Delta w_m[k]=\alpha\times\varepsilon[k]\times x[k-m]$
のように,学習率,誤差,入力の三つの値の積を計算することになるが,演算量を増加させることなく,入力 $x[k]$ の振幅変動による影響を少なくする適応計算アルゴリズムを考えてみよ.

解答3
　入力振幅が積の計算に入ってこないようにすればいいわけだから,入力 $x[k-m]$ に対して,
・正のときは,+1に置き換える
・負のときは,-1に置き換える
という前処理を行えばいい.つまり,入力の符号(正か負か)のみを考慮する符号関数 $\mathrm{sgn}(x)$ を用いて,更新量 $\Delta w_m[k]$ を,
　　$\Delta w_m[k]=\alpha\times\varepsilon[k]\times\mathrm{sgn}(x[k-m])$ ……(32)
ただし,
$$\mathrm{sgn}(x)=\begin{cases}+1 & (x\geq 0)\\-1 & (x<0)\end{cases}$$ ……(33)
とする.

第3章 機械学習とニューラル・ネットワーク

第2章では，人工知能（AI）学習アルゴリズムのウォーミングアップとして，適応信号処理の最適化計算アルゴリズムを取り上げ，数値例とともに説明した．

本章では，脳の情報処理方式を模擬しようとするニューラル・ネットワークにおける「機械学習」の基本的な考え方を，数式表現にフォーカスして解説する．「**学習して賢くなるコンピュータ**」の具現化であり，計算アルゴリズムの基礎は「**勾配（最急）降下法**」にあり，その物理的な意味についてもていねいに説明する．

3.1 学習して賢くなる データ分類と識別関数

● 大人と子供の分類？

いよいよ，AIにおける本格的な『機械学習』の世界に突入する．ガチガチの数式を用いる説明ではなく，簡単な例を示して，AIの雰囲気を味わってもらう．

いま，男性を対象に身長と体重のデータに基づき，年齢（たとえば，15歳）で大人と子供に分類することを考える．このとき，体重x[kg]を横軸に，身長y[cm]を縦軸に採って，大人を'◆'，子供は'□'でプロットしてみる（図3.1）．

そしてグラフの中に実線でいろいろな直線を引いてみると，この直線を境にして，何となく「大人か子供か」が判断できそうな気がする．ざっくり言えば，直線が，未判定の身長と体重から「大人か子供か」を分類・識別する判定基準を与えることになる．回帰関数（1.4を参照）に基づく，**教師あり学習**の基本である．

● 教師あり学習の基本

教師あり学習では，教師データと呼ばれるデータ（身長，体重，年齢）を大量に用意して，機械（コンピュータ）に学習させる．

教師データというのは「パラメータと**正解ラベル**の組」で，この例でいくとパラメータは「身長と体重」，正解ラベルは大人か子供かのフラグ（年齢）を指すことになる．「身長が○○cm，体重が△△kgだったら，大人だよ/子供だね」ということを教えてくれる教師と見なせるというわけだ．

身長と体重のみのデータから，年齢を推定して大人か子供を識別し，分類をする．ポイントは，「身長が150cm以上だと，まあ大人だよね」とか，「体重が太っていて70kg，身長は130cmでまだ子供のような気がするけど」など，という感じである．

さて，大人か子供かを見分ける直線の式を，三つの定数A, B, Cを使って，

$$u(x, y) = Ax + By + C \quad \cdots\cdots(1)$$

で表し，多数のデータ(x_i, y_i)からこれら三つの定数を決定する処理をコンピュータにやらせようとするのが，いわゆる『機械学習』と呼ばれる手法である（図3.2）．ここで，三つの定数A, B, Cは重み，とくに定数Cはバイアスと呼ばれる．

また，式(1)の両辺を，$B(>0)$で割り算して整理すると，

$$y = -\frac{A}{B}x - \frac{C}{B} \quad \cdots\cdots(2)$$

のように，『傾き$(-A/B)$』と『y切片$(-C/B)$』で表される1次関数の見慣れた直線の式が現れる．このように，A, B, Cの三つの値が決まれば直線の傾きや位置が決まるので理解できる．

この直線で分割された上側の領域では，

$$u(x, y) = Ax + By + C > 0 \quad \cdots\cdots(3)$$

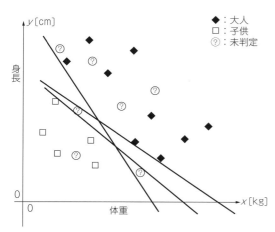

図3.1 「体重」と「身長」の二つのパラメータによる分類

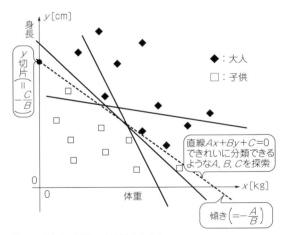

図3.2 「大人か子供か」分類の考え方

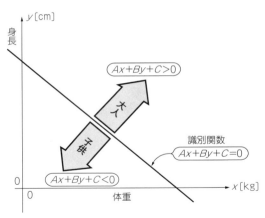

図3.3 識別関数と分類

となって「大人」，もう一方の下側の領域では，

$$u(x, y) = Ax + By + C < 0 \cdots\cdots(4)$$

となって「子供」に分類される（**図3.3**）．つまり，グラフ中の直線を上下左右に動かし（重みを調整し），教師データ中のほとんど（理想的には，すべて）の大人が式(3)を満たす一方，ほとんど（理想的には，すべて）の子供が式(4)を満たすようにできれば，学習が完了する．『機械学習』はおしまいとなる．

学習完了後に，『$Ax+By+C$』の変数 x と y に，未判定のデータ（身長と体重）を入力すると，その計算結果が0より大きいか小さいか（グラフで言えば，直線の上側，下側のどちらの領域に含まれるか）で，目的とする「大人か子供か」の識別が可能となる．なお，0より大きいか小さいかを調べる関数，すなわち，

$$u(x, y) = Ax + By + C \cdots\cdots(5)$$

は，『**識別関数**』あるいは『**分離関数**』と呼ばれる．この識別関数 $u(x, y)$ の符号を見て，

　　『正（プラス）なら「大人」，
　　　負（マイナス）なら「子供」』

と分類する処理である．

もう少し詳細をいえば，識別関数の絶対値を採った値 $|u(x, y)|$ が大きいほど，「絶対の自信がある，大人だ，あるいは子供だ」と判定できる．逆に，小さくなれば，「ひょっとしたら大人かもしれない？，子供かもね？」となって，「判断が不確かで誤る危険性も少々あるよね，自信がないよ」という感じになる．なお，識別関数は1.4の最小2乗法で説明した『**回帰関数**』とほぼ同じようなものと考えてもらえればイメージしやすい．

例題1

いま，身長と体重から「大人か子供か」を分類するための教師あり学習が終了して仮に，式(5)における重みとして，

$$A = -0.375,\ B = 1.25,\ C = -150 \cdots\cdots(6)$$

が得られたとしよう．このとき，以下の未判定データ①〜③の分類結果を示せ．

　① 身長150cm，体重50kg
　② 身長50cm，体重10kg
　③ 身長180cm，体重80kg

解答1

題意より，「大人か子供か」を識別する直線は，

$$u(x, y) = -0.375x + 1.25y - 150 = 0 \cdots\cdots(7)$$

で，両辺を $B = 1.25$ で割れば，

$$y = 0.3x + 120 \cdots\cdots(8)$$

と表される．

① 式(8)によれば，身長150cmは，

　　$y = 0.3 \times 50\text{kg} + 120\text{cm} = 145\text{cm}$

より大きいので『大人』と分類できる．このことを式(3)あるいは式(4)の形式で言い換えると，識別関数 $u(x, y)$ の値，すなわち，

$$u(50, 150) = -0.375 \times 50\text{kg} + 1.25 \times 145\text{cm} - 150$$
$$= +12.5 > 0$$

で正（プラス）なので『大人』と分類できる．

② $u(10, 50) = -0.375 \times 10\text{kg} + 1.25 \times 50\text{cm} - 150$
　　　　　 $= -3.75 + 62.5 - 150 = -91.25 < 0$

となり，符号が負（マイナス）なので『子供』であるし，マイナス部分の絶対値が91.25と非常に大きいので『おそらくは，赤ちゃん』だね．

③ $u(80, 180) = -0.375 \times 80\text{kg} + 1.25 \times 180\text{cm} - 150$
　　　　　　 $= -30 + 225 - 150 = +45 > 0$

となり，符号が正（プラス）なので『大人』であるし，①の大人に対する識別関数 $u(50, 150) = +12.5$ より，さらに大きい値なので，『がっしりした体格の大男』かも．

3.2　機械学習の基本アルゴリズム

前述の"識別関数"の重み（A, B, C）を決定する処理の流れが『機械学習』であることは，言葉ではわかった

けれど，どのようにしてコンピュータに学ばせるのか？
このような素朴な疑問にお答えすることから，『機械学習』における学習計算の話を始めよう．

一般に，機械学習の基本は繰り返し計算による最適値探索であり，1.3で示した**勾配降下法**の考え方が基礎となる．おさらいも兼ねて，「大人か子供か」の識別関数$u(x, y)$［式(5)］を例に説明する．

繰り返し計算の中で，式(5)の重みを「正しそうな方向」に更新する処理はいたって簡単で，勾配降下法（あるいは，接線の『傾き』を利用する最急降下法）を適用するだけである．その際，重要なポイントは，「出力が正しい結果（教師データ）からどの程度ずれているのか」を数値で返す関数$E(x, y)$をどう決めるかという点にある．

この関数は**誤差関数**，あるいは**損失関数**と呼ばれ，「正しい教師データからの『ずれ』の度合い」を表すので，それを最小にできれば学習完了と見なせる．このような性質を有する誤差関数$E(x, y)$は，いろいろ提案されているが，ひとまず，教師データに相当する正解ラベルを変数dで表し，

$$d = \begin{cases} +1 : 大人 \\ -1 : 子供 \end{cases} \cdots\cdots(9)$$

と定義し，次式を考えてみよう．

$$E(x, y) = \max\{0, -d \times u(x, y)\} \cdots\cdots(10)$$

ただし，$\max\{a, b\}$は，aとbのうち大きいほうの値を返す$\max$（マックス，最大値）関数で，

$$\max\{a, b\} = \begin{cases} a : a \geq b \\ b : a < b \end{cases} \cdots\cdots(11)$$

となる．

以上に基づき，式(10)の誤差関数の妥当性を説明しておく．くどいようだが，式(5)の識別関数$u(x, y)$の値は，$u(x, y) = 0$の直線上では当然0，直線で分割された片方の領域（大人）では正の値，もう一方の領域（子供）では負の値になる．そうして，学習に使用した教師データの正解ラベルdに関して，'+1'の点（◆のマーク，「大人」に分類）はすべて正の領域に，子供に分類される正解ラベルdが'-1'の点（□のマーク）はすべて負の領域に入ると，学習完了になるわけである．

図3.4は，学習が完了していない状態のグラフである．実線で示す識別関数$[u(x, y) = 0]$を境にQ男とS男の二人が誤って分類されているようすを表している．

まずは，P男に注目してみよう．P男は「大人」なので，正解ラベルdが（+1）であり，現状の識別関数$u(x, y) > 0$で正しく分類されている．このとき，

$$-d \times u(x, y) = -(+1) \times u(x, y) = -u(x, y) < 0$$

となる負の値で，式(10)の誤差関数$E(x, y)$は，

$$E(x, y) = \max\{0, -d \times u(x, y)\} = 0$$

で与えられる．

一方，Q男は「子供」なのに$u(x, y) > 0$で，「大人」と誤って判定・分類されている．正しくは「子供」だから，式(9)より正解ラベルdは（-1）のはずであり，

$$-d \times u(x, y) = -(-1) \times u(x, y) = u(x, y) > 0$$

となる．したがって式(10)の誤差関数$E(x, y)$は，

$$E(x, y) = \max\{0, -d \times u(x, y)\}$$
$$= -d \times u(x, y) = u(x, y)$$

で与えられる．

同様に計算して，P男〜S男についてまとめたものを表3.1に示す．これより，ある点(x_0, y_0)が正しく分類されていれば'0'を返し，誤って分類されていれば「識別関数の絶対値$|u(x_0, y_0)|$」を返すことがわかる．

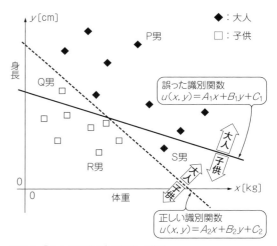

図3.4 「大人か子供か」の判定・識別

表3.1 識別関数$u(x, y)$と誤差関数$E(x, y)$

	大人/子供の判定	現状の識別関数$u(x, y)$の正負	正解ラベル	現状の重み(A, B, C)で正しく判定されているか	誤差関数$E(x, y)$
P男	大人	$u(x, y) > 0$	大人$(d = +1)$	「正しい」	0
Q男	大人	$u(x, y) > 0$	子供$(d = -1)$	「間違い」	$-d \times u(x, y)$
R男	子供	$u(x, y) < 0$	子供$(d = -1)$	「正しい」	0
S男	子供	$u(x, y) < 0$	大人$(d = +1)$	「間違い」	$-d \times u(x, y)$

（Q男は「子供なのに，間違って大人と判定」
S男は「大人なのに，間違って子供と判定」）

（間違いのときの誤差関数の値を一つにまとめると，$|u(x, y)|$と書ける）

この $|u(x_0, y_0)|$ は，ある点 (x_0, y_0) から $u(x, y) = 0$ の直線までの（垂直）距離に比例する値であり，直感的にも「直線に近い点ほど $|u(x_0, y_0)|$ の値も 0 に近い」となる（**例題2**を参照）．一方，誤って分類されていれば，直線からの距離が大きいほど誤差も大きくなるし，距離が小さければ誤差も小さくなるわけだから，式 (10) の妥当性が理解できる．

したがって，**図3.4**の誤分類されたQ男とS男の二人を正しく分類するためには，識別関数 $u(x, y)$ の重み (A, B, C) を「誤差関数 $E(x, y)$ が小さくなるように」調整して，子供のQ男は $u(x, y) < 0$，大人のS男は $u(x, y) > 0$ となるようにすればよい．その結果，点線で示す直線を引けば，すべての男性が「大人か子供か」正しく分類されるので学習完了となる．この「誤差関数 $E(x, y)$ が小さくなるように」調整する処理では，勾配降下法を適用する．すなわち，

$$\begin{cases} A \leftarrow A - \alpha \dfrac{\partial E(x, y)}{\partial A} & \cdots\cdots(12) \\ B \leftarrow B - \alpha \dfrac{\partial E(x, y)}{\partial B} & \cdots\cdots(13) \\ C \leftarrow C - \alpha \dfrac{\partial E(x, y)}{\partial C} & \cdots\cdots(14) \end{cases}$$

で，重みの更新処理を実行する．ここで，α は学習率であり，式 (12) 〜式 (14) は重みの更新量 $(\Delta A, \Delta B, \Delta C)$ を用いて書き換えると次のように表される．

$$\begin{cases} \Delta A = -\alpha \dfrac{\partial E(x, y)}{\partial A} & \cdots\cdots(15) \\ \Delta B = -\alpha \dfrac{\partial E(x, y)}{\partial B} & \cdots\cdots(16) \\ \Delta C = -\alpha \dfrac{\partial E(x, y)}{\partial C} & \cdots\cdots(17) \end{cases}$$

$$\begin{cases} A \leftarrow A + \Delta A & \cdots\cdots(18) \\ B \leftarrow B + \Delta B & \cdots\cdots(19) \\ C \leftarrow C + \Delta C & \cdots\cdots(20) \end{cases}$$

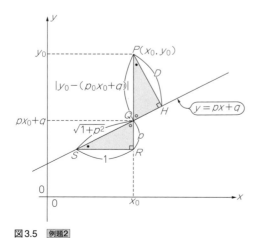

図3.5 例題2

例題2

ある点 $P(x_0, y_0)$ から，式 (5) の識別関数の直線 $[u(x, y) = Ax + By + C = 0]$ までの距離 D が，

$$D = \frac{|Ax_0 + By_0 + C|}{\sqrt{A^2 + B^2}} \cdots\cdots(21)$$

と表されることを検証せよ．

解答2

いろいろな算出方法があるが，ここでは，相似形の性質を利用する（**図3.5**）．**図3.5**において，$\triangle PQH$ と $\triangle SQR$ は相似関係なので，$PQ : PH = SQ : SR$ となる．また，$QR = p$ より，

$$|y_0 - (px_0 + q)| : D = \sqrt{1 + p^2} : 1$$

の比例関係が成立する．よって，

$$D = \frac{|y_0 - px_0 - q|}{\sqrt{1 + p^2}} \cdots\cdots(22)$$

であり，$Ax + By + C = 0$，すなわち $y = (-A/B)x - C/B$ と対比すれば，

$$p = -\frac{A}{B}, \quad q = -\frac{C}{B} \cdots\cdots(23)$$

である．式 (22) に式 (23) の関係を代入して計算すれば直ちに，

$$D = \frac{\left|y_0 + \dfrac{A}{B}x_0 + \dfrac{C}{B}\right|}{\sqrt{1 + \left(-\dfrac{A}{B}\right)^2}} = \frac{|Ax_0 + By_0 + C|}{\sqrt{A^2 + B^2}}$$

が得られる．得られた結果の分子項は，ある点 P の座標 (x_0, y_0) を識別関数 $u(x, y)$ に代入したものに等しく，

$$D = \frac{|u(x_0, y_0)|}{\sqrt{A^2 + B^2}} \cdots\cdots(24)$$

と表される．つまり，識別関数の絶対値 $|u(x_0, y_0)|$ は，

$$|u(x_0, y_0)| = D \times \sqrt{A^2 + B^2} \cdots\cdots(25)$$

となり，ある点 (x_0, y_0) から分類するための境界に相当する直線までの距離に比例する量であることがわかる．

3.3 機械学習を体感してみよう

では，機械学習を利用して，いろいろな論理演算（後述，5.1 を参照）を実現することを考えてみよう．

たとえば，論理積（AND）をターゲットとし，二つの入力を x, y で表すとき，AND の真理値表は**表3.2**となる．また，入力 x を横軸，y を縦軸に採ってグラフ化すれば，**図3.6**のようになる．ここで，'○' は論理値が '0'，'●' は '1' を表す．

これ以降，説明の便宜上，式 (5) の識別関数 $u(x, y)$ を，各項の順序を入れ替え，

$$u(x, y) = C + Ax + By \cdots\cdots(26)$$

表3.2 AND（論理積）演算

入力		出力
x	y	z
0	0	0
0	1	0
1	0	0
1	1	1

($z = x \cdot y$)

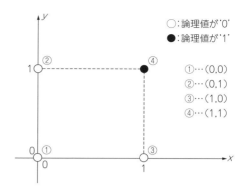

図3.6 AND（論理積）の2次元表示

と表すことにする．このとき，AND演算の実現は，図3.6の論理値が'0'と'1'（'○'と'●'に該当）の二つのグループに正しく分類する直線 $[u(x, y) = 0]$ として，識別関数 $u(x, y)$ を見い出す問題に帰着される．識別関数は，

$$\begin{cases} u(x, y) > 0 のとき，論理値が '1' \\ u(x, y) < 0 のとき，論理値が '0' \end{cases} \cdots (27)$$

と判定する．

また，正解ラベル d は，

$$d = \begin{cases} +1 ; 論理値が '1' \\ -1 ; 論理値が '0' \end{cases} \cdots (28)$$

と定義し，誤差関数 $E(x, y)$ は式(10)と同じで，

$$E(x, y) = \max\{0, -d \times u(x, y)\} \cdots (29)$$

である．なお，式(28)の定義で，正解ラベル d を論理値らしく'1'と'0'にしたいと思われるかもしれないが，'+1'と'-1'とするのが重要である．

式(29)の誤差関数は，表3.2より，具体的には，
「正しい結果」では，$E(x, y) = 0$
「誤った結果」では，

$$E(x, y) = -d \times (C + Ax + By) \cdots (30)$$

で与えられる．

勾配降下法では，得られた偏微分値に学習率 α をかけて，更新量が計算されることから，式(30)の誤差関数を三つの重み(C, A, B)に関して偏微分する．それらの値はそれぞれ，

$$\begin{cases} \dfrac{\partial E(x, y)}{\partial C} = -d \times \dfrac{\partial(C + Ax + By)}{\partial C} = -d \cdots (31) \\ \dfrac{\partial E(x, y)}{\partial A} = -d \times \dfrac{\partial(C + Ax + By)}{\partial A} = -d \times x \cdots (32) \\ \dfrac{\partial E(x, y)}{\partial B} = -d \times \dfrac{\partial(C + Ax + By)}{\partial B} = -d \times y \cdots (33) \end{cases}$$

となる．よって，三つの重み(C, A, B)の更新量は，式(15)～式(17)および式(31)～式(33)より，

$$\begin{cases} \Delta C = \alpha \times d \cdots (34) \\ \Delta A = \alpha \times d \times x \cdots (35) \\ \Delta B = \alpha \times d \times y \cdots (36) \end{cases}$$

で与えられる．ここで，勾配降下法の基本式[式(34)～式(36)]をわかりやすく翻訳すると，次のようになる．

『更新量』=『学習率』×『正解ラベル』×『入力』
$\cdots (37)$

いま，教師データで何回か学習計算（重みの調整）

して重みを更新した結果，

$$C = -0.6, \quad A = 1.3, \quad B = 1.6 \cdots (38)$$

の数値が得られたとすれば，ここでの識別関数は，

$$u(x, y) = -0.6 + 1.3x + 1.6y \cdots (39)$$

となる．

重みの更新計算に向けては，現状の重み[式(38)]を有する，式(39)の識別関数 $u(x, y)$ に基づき，AND演算の論理値の状態を調べる必要がある．すなわち，表3.2の4組の入力に対する識別関数の値は，以下のように計算される．

① $(x, y) = (0, 0)$ の場合
- AND演算は'0'で，正解ラベル $d = -1$
- $u(0, 0) = -0.6 + 1.3 \times 0 + 1.6 \times 0 = -0.6 < 0$ で論理値は'0'，「正しい」結果が得られる
- $E(0, 0) = \max\{0, -(-1) \times u(0, 0)\}$
  $= \max\{0, -0.6\} = 0$ で，誤差は0である

② $(x, y) = (0, 1)$ の場合
- AND演算は'0'で，正解ラベルは $d = -1$
- $u(0, 1) = -0.6 + 1.3 \times 0 + 1.6 \times 1 = 1.0 > 0$ で論理値は'1'，「誤った」結果が得られる
- $E(0, 1) = \max\{0, -(-1) \times u(0, 1)\}$
  $= \max\{0, 1.0\} = 1.0$ の誤差である

③ $(x, y) = (1, 0)$ の場合
- AND演算は'0'で，正解ラベルは $d = -1$
- $u(1, 0) = -0.6 + 1.3 \times 1 + 1.6 \times 0 = 0.7 > 0$ で論理値は'1'，「誤った」結果が得られる
- $E(1, 0) = \max\{0, -(-1) \times u(1, 0)\}$
  $= \max\{0, 0.7\} = 0.7$ の誤差である

④ $(x, y) = (1, 1)$ の場合
- AND演算は'1'で，正解ラベルは $d = +1$
- $u(1, 1) = -0.6 + 1.3 \times 1 + 1.6 \times 1 = 2.3 > 0$ で論理値は'1'，「正しい」結果が得られる
- $E(1, 1) = \max\{0, -(+1) \times u(1, 1)\}$
  $= \max\{0, -2.3\} = 0$ で，誤差は0である

以上の検証結果に基づき，「誤った」結果の②と③の場合についてのみ，三つの重み(C, A, B)を「正し

そうな方向」に更新処理するわけだ．この処理に関しては，勾配降下法を利用すればよいわけだから，式(34)～式(36)の更新量によって式(18)～式(20)の重みを更新する．ここでは，学習率$\alpha = 0.3$として，具体的な計算処理例を示しておこう．

● [更新1回目]

現状の重みは，式(38)より，$C = -0.6$，$A = 1.3$，$B = 1.6$である．まず，②の「誤った」結果による更新処理は，式(34)～式(36)に，$d = -1$，$x = 0$，$y = 1$を代入して，

$$\begin{cases} \Delta C = \alpha \times d = 0.3 \times (-1) = -0.3 \\ \Delta A = \alpha \times d \times x = 0.3 \times (-1) \times 0 = 0 \\ \Delta B = \alpha \times d \times y = 0.3 \times (-1) \times 1 = -0.3 \end{cases}$$

$$\begin{cases} C \leftarrow C + \Delta C = -0.6 - 0.3 = -0.9 \\ A \leftarrow A + \Delta A = 1.3 - 0 = 1.3 \\ B \leftarrow B + \Delta B = 1.6 - 0.3 = 1.3 \end{cases}$$

となるので，更新後の重みは次の通り．
$$C = -0.9, \ A = 1.3, \ B = 1.3$$

続いて，③の「誤った」結果による更新処理は，$d = -1$，$x = 1$，$y = 0$を代入して，

$$\begin{cases} \Delta C = \alpha \times d = 0.3 \times (-1) = -0.3 \\ \Delta A = \alpha \times d \times x = 0.3 \times (-1) \times 1 = -0.3 \\ \Delta B = \alpha \times d \times y = 0.3 \times (-1) \times 0 = 0 \end{cases}$$

$$\begin{cases} C \leftarrow C + \Delta C = -0.9 - 0.3 = -1.2 \\ A \leftarrow A + \Delta A = 1.3 - 0.3 = 1.0 \\ B \leftarrow B + \Delta B = 1.3 - 0 = 1.3 \end{cases}$$

となるので，更新後の重みは次の通り．
$$C = -1.2, \ A = 1.0, \ B = 1.3 \quad \cdots\cdots(40)$$

更新後の識別関数，すなわち，
$$u(x, y) = -1.2 + 1.0x + 1.3y \quad \cdots\cdots(41)$$

に基づき，AND演算の論理値の状態を調べる．

① $(x, y) = (0, 0)$の場合
$u(0, 0) = -1.2 + 1.0 \times 0 + 1.3 \times 0 = -1.2 < 0$
で論理値は'0'，「正しい」結果が得られる

② $(x, y) = (0, 1)$の場合
$u(0, 1) = -1.2 + 1.0 \times 0 + 1.3 \times 1 = 0.1 > 0$
で論理値は'1'，「誤った」結果が得られる

③ $(x, y) = (1, 0)$の場合
$u(1, 0) = -1.2 + 1.0 \times 1 + 1.3 \times 0 = -0.2 < 0$
で論理値は'0'，「正しい」結果が得られる

④ $(x, y) = (1, 1)$の場合
$u(1, 1) = -1.2 + 1.0 \times 1 + 1.3 \times 1 = 1.1 > 0$
で論理値は'1'，「正しい」結果が得られる

● [更新2回目]

現状の重みは，式(40)より$C = -1.2$，$A = 1.0$，$B = 1.3$である．したがって，②の「誤った」結果による更新処理は，式(34)～式(36)に$d = -1$，$x = 0$，$y = 1$を代入して，

$$\begin{cases} \Delta C = \alpha \times d = 0.3 \times (-1) = -0.3 \\ \Delta A = \alpha \times d \times x = 0.3 \times (-1) \times 0 = 0 \\ \Delta B = \alpha \times d \times y = 0.3 \times (-1) \times 1 = -0.3 \end{cases}$$

$$\begin{cases} C \leftarrow C + \Delta C = -1.2 - 0.3 = -1.5 \\ A \leftarrow A + \Delta A = 1.0 - 0 = 1.0 \\ B \leftarrow B + \Delta B = 1.3 - 0.3 = 1.0 \end{cases}$$

となるので，更新後の重みは次の通り．
$$C = -1.5, \ A = 1.0, \ B = 1.0 \quad \cdots\cdots(42)$$

更新後の識別関数，すなわち，
$$u(x, y) = -1.5 + 1.0x + 1.0y \quad \cdots\cdots(43)$$

に基づき，AND演算の論理値の状態を調べる．

① $(x, y) = (0, 0)$の場合
$u(0, 0) = -1.5 + 1.0 \times 0 + 1.0 \times 0 = -1.5 < 0$
で論理値は'0'，「正しい」結果が得られる

② $(x, y) = (0, 1)$の場合
$u(0, 1) = -1.5 + 1.0 \times 0 + 1.0 \times 1 = -0.5 < 0$
で論理値は'0'，「正しい」結果が得られる

③ $(x, y) = (1, 0)$の場合
$u(1, 0) = -1.5 + 1.0 \times 1 + 1.0 \times 0 = -0.5 < 0$
で論理値は'0'，「正しい」結果が得られる

④ $(x, y) = (1, 1)$の場合
$u(1, 1) = -1.5 + 1.0 \times 1 + 1.0 \times 1 = 0.5 > 0$
で論理値は'1'，「正しい」結果が得られる

以上の検証結果より，式(43)の識別関数を用いて，①～④のAND演算がすべて「正しい」という結果になったので，学習終了である．

● **機械学習のビジュアル・イメージ**

以上の『機械学習』によって，AND演算を実現できたことになるわけだが，識別関数の視点から学習計算のようすをビジュアル化してみよう（**図3.7**）．重みの更新処理によって，識別関数$u(x, y)$は式(39)，式(41)，式(43)と変化しており，以下に再掲する．

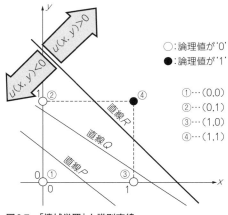

図3.7 「機械学習」と識別直線

$$\begin{cases} u(x, y) = -0.6 + 1.3x + 1.6y\,[直線P,\ 式(39)] \\ u(x, y) = -1.2 + 1.0x + 1.3y\,[直線Q,\ 式(41)] \\ u(x, y) = -1.5 + 1.0x + 1.0y\,[直線R,\ 式(43)] \end{cases}$$

ここで,AND演算における論理値'0'と'1'を分離して識別する境界$u(x, y) = 0$は,

$$\begin{cases} 直線P:-0.6 + 1.3x + 1.6y = 0 \\ 直線Q:-1.2 + 1.0x + 1.3y = 0 \\ 直線R:-1.5 + 1.0x + 1.0y = 0 \end{cases}$$

であり,1次関数の見慣れた表現形式に変形すると,

$$\begin{cases} 直線P:y = -\dfrac{1.3}{1.6}x + \dfrac{0.6}{1.6} \fallingdotseq -0.81x + 0.37 \\ 直線Q:y = -\dfrac{1.0}{1.3}x + \dfrac{1.2}{1.3} \fallingdotseq -0.76x + 0.92 \\ 直線R:y = -x + 1.5 \end{cases}$$

となる.これより,直線Pでは②と③のAND演算が「誤った」結果となるが,1回目の重み更新で直線Qが得られる.すると,③は「正しい」結果になるが,②は「誤った」まま.さらに,2回目の重み更新を経て,直線Rを境に,AND演算の論理値'0'と'1'の二つのグループに「正しく」分離・識別されるようすがグラフから読み取れる.この結果をもって,AND演算の学習が正常終了となるわけだ.

このように,三つの重み(C, B, A)を更新することで,直線の『傾き』や位置が変化する.その結果として,分離・識別する直線を上下左右に動かし,論理値'0'と'1'の二つのグループに分ける境界線を見い出すというのが,『機械学習』の物理的な計算イメージである.

例題3

式(43)のAND演算の識別関数,すなわち,

$$u(x, y) = -1.5 + 1.0x + 1.0y$$

を利用して,NAND演算の識別関数を求め,正しい結果が得られることを示せ.

解答3

NAND演算はAND演算の否定であり,演算後の論理値'0'と'1'が逆になるので,重みの符号を反転すればよい.よって,識別関数は,

$$u(x, y) = 1.5 - 1.0x - 1.0y \cdots\cdots(44)$$

となり,AND演算と同じ直線Rで分離できるが,直線で分離された二つの領域の不等号の向きが逆になる.このとき,式(44)を計算し,**表3.3**の真理値表が成立することを確認してもらいたい.

3.4 データを識別する活性化関数

論理演算では,識別関数$u(x, y)$が「0より大きいか小さいか」に応じて,論理値'1'あるいは'0'が得られる処理であった.

$$\begin{cases} u(x, y) > 0\text{のとき,論理値'1'} \\ u(x, y) < 0\text{のとき,論理値'0'} \end{cases} \cdots\cdots(45)$$

となる処理が必要であった.そこで,式(45)の処理として,**図3.8**に示す単位ステップ関数(Unit-step),すなわち,

$$\varsigma(u) = Us(u) = \begin{cases} 1\,;u \geq 0 \\ 0\,;u < 0 \end{cases} \cdots\cdots(46)$$

がシンプルであり,活性化関数という.正解ラベルは,式(28)の'+1'と'-1'だったので,それに合わせて次の符号関数にしたほうがわかりやすいかもしれない(**図3.9**).

$$\varsigma(u) = \mathrm{sgn}(u) = \begin{cases} +1\,;u \geq 0 \\ -1\,;u < 0 \end{cases} \cdots\cdots(47)$$

(注)ςはファイナルシグマと呼ばれる.詳しくはp.53のColumn2で述べる.

これら二つの関数グラフの形は,後述するが「入力がある値を超えたら急激に発火する」という人間の神経細胞(ニューロン)の働きに似ている(詳細は後述,3.6を参照).

さて,三つの重み(C, A, B)を有する式(26)の識別関数$u(x, y)$を変数uと置けば,活性化関数による処理は,

$$\begin{cases} u = C + Ax + By \cdots\cdots(48) \\ z = \varsigma(u) \cdots\cdots(49) \end{cases}$$

表3.3 NAND(否定論理積)演算

入力		出力
x	y	z
0	0	1
0	1	1
1	0	1
1	1	0

($z = \overline{x \cdot y}$)

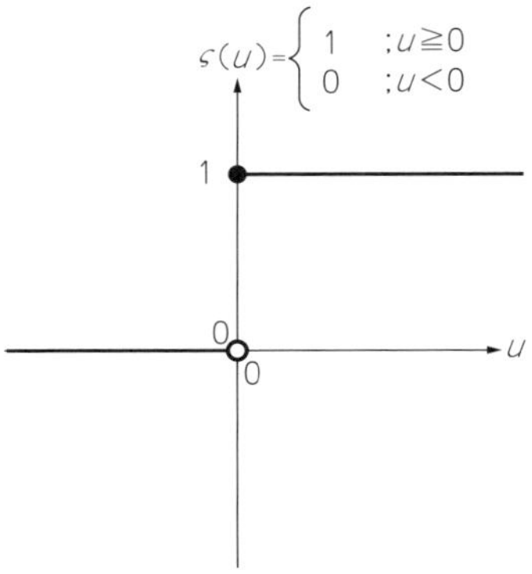

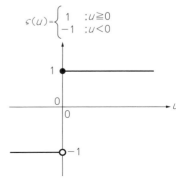

図3.8 活性化関数の例(1)ステップ関数

図3.9 活性化関数の例(2)符号関数

で，図3.10のブロック図で表すことにする．図3.10で，○の中に数字の「1」が書かれた記号は，出力値が常に'1'であることを示す．また，図中の矢印（→）に付された変数や値は，重み（乗算する定数）を表す．

[例題4]

[例題3]のNAND演算をブロック図で示せ．併せて，活性化関数として単位ステップ関数（図3.8）を用いるとき，表3.3の真理値表が得られることを確認せよ．

[解答4]

図3.11にブロック図を示す．真理値表は二つの入力 (x, y) として，① $(0, 0)$，② $(0, 1)$，③ $(1, 0)$，④ $(1, 1)$ の場合について，式(46)，式(48)と式(49)に基づき，

$$z = \varsigma(1.5 \times 1 - 1.0 \times x - 1.0 \times y) \cdots (50)$$

を計算する．

① $z = \varsigma(1.5 - 0 - 0) = \varsigma(1.5) = 1$
② $z = \varsigma(1.5 - 0 - 1) = \varsigma(0.5) = 1$
③ $z = \varsigma(1.5 - 1 - 0) = \varsigma(0.5) = 1$
④ $z = \varsigma(1.5 - 1 - 1) = \varsigma(-0.5) = 0$

3.5 一般化した識別関数と学習アルゴリズム

● 識別関数の一般式

これまでは2変数の識別関数を例にとって説明してきたが，同様な考え方で一般式を導き出してみよう．

いま，識別する際に使用する M 個の多種多様なデータ $(x_1, x_2, x_3, \cdots, x_M)$ に対して，式(5)を多変数関数に拡張すると識別関数 u は，

$$u = w_0 + w_1 x_1 + \cdots + w_M x_M \cdots (51)$$

と表される．

ここで，$(w_0, w_1, w_2, \cdots, x_M)$ は重みで，その絶対値が大きいほど識別関数 u に及ぼす影響は大きくなる．とくに，定数 w_0 は『バイアス』と呼ばれ，入力データと直接的に結びつかない値であるが，ここではこのバイアスもまとめて重みに含めて取り扱うことにする．

そこで，常に'1'を採るデータ「$x_0 = 1$」と表せば，式(51)の識別関数 u は，

$$u = w_0 x_0 + w_1 x_1 + \cdots + w_M x_M \cdots (52)$$

で与えられる．

また，ベクトル表示に書き換えると，

$$u = W \cdot X \cdots (53)$$

ただし，$W = (w_0, w_1, w_2, \cdots, x_M)$
$X = (x_0 = 1, x_1, x_2, \cdots, x_M)$

のように内積で表すこともでき，式(53)は M 個のデータを入力として受け取り，「これら入力の重み付き総和が一定値以上に達すると信号を出力する」と，難しそうなことを書いたけれど，ざっくり絵にすると図3.12に示すようになる．活性化関数の出力 z は，

$$z = \varsigma(u) \cdots (54)$$
$$= \varsigma(w_0 x_0 + w_1 x_1 + \cdots + w_M x_M) \cdots (55)$$

で表される．

一例として，前述の「体重，身長」による「大人か子供か」の分類に当てはめると，データの個数 $M = 2$ で，変数 x（体重）は x_1，変数 y（身長）は x_2 に，重みは $w_0 = C$，$w_1 = A$，$w_2 = B$ に対応する．

このとき，式(52)あるいは式(53)の識別関数で分けられる二つの領域はそれぞれ，

- $u = W \cdot X = w_0 x_0 + w_1 x_1 + \cdots + w_M x_M > 0$
- $u = W \cdot X = w_0 x_0 + w_1 x_1 + \cdots + w_M x_M < 0$

となり，『線形分離可能』なデータ分類という．ただ，このような識別関数で分割できないデータもあり，これは『線形分離不可能』と呼ばれる．

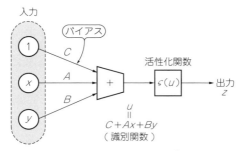

図3.10　識別関数と活性化関数によるブロック図

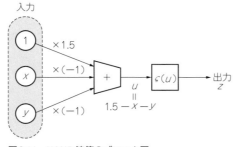

図3.11　NAND演算のブロック図

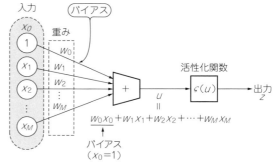

図3.12　ニューロンの基本ユニット構成

以上より，データ分類するための学習計算が，式(52)の識別関数uを最適化する問題に帰着される．最適化計算では，重み$\{w_m\}_{m=0}^{m=M}$を少しずつ動かして，適切に定義した誤差関数Eの値を最小にすることを考え，定番テクニックの『勾配降下法』を適用することになる．以下に，学習アルゴリズムにおける反復計算の流れを簡単にまとめておこう．

［ステップ1］重み$(w_0,\ w_1,\ w_2,\ \cdots,\ x_M)$に，適切にランダムな値を初期値として設定する

［ステップ2］以下の計算処理を繰り返す

① 教師データと比較して，出力が「誤って」いれば，重みの値を「正しそうな方向」に少しずつ更新する

② すべての教師データについて，「正しい」出力が得られたら学習が終了となる

まず，繰り返し計算の中で重みを「正しそうな方向」に更新する『勾配降下法』の肝となる学習ステップにおける計算を，詳しくみておこう．

その前に，「出力が正しい結果（教師データ）からどれくらい外れているのか，すなわち『ずれ』の度合い」を数値で返す誤差関数Eを，どう定義するかが最大のポイントになることをしっかりと記憶に留めておいてもらいたい．

一般に，誤差関数Eは重み$\{w_m\}_{m=0}^{m=M}$の多変数関数であり，0以上の値を返すように定義する．この関数は「出力が正しい結果からの『ずれ』が大きいほど，大きな値を返す」ものであれば，何でもいいと言えばいいのであるが，定義次第で学習計算での扱いやすさや効率が異なってくる．

ところで，『勾配降下法』の基本操作は，

［1］誤差関数Eの傾きが正（右上がりの変化）の場合，重みを小さくする（減らす）方向に動かす

［2］誤差関数Eの傾きが負（右下がりの変化）の場合，重みを大きくする（増やす）方向に動かす

である（1.3を参照）．ここでいう『傾き』は誤差関数Eの重みに対する偏微分値であり，着目する重みw_m（$m = 0,\ 1,\ 2,\ \cdots,\ M$）に対して，

$$\frac{\partial E}{\partial w_m} \cdots\cdots(56)$$

で与えられる．このとき，重みの更新式は，

$$w_m \leftarrow\ ;\ \Delta w_m = -\alpha \frac{\partial E}{\partial w_m} \cdots\cdots(57)$$

で表され，前述の「［1］傾きが正のときはw_mが減る方向」に，「［2］傾きが負のときはw_mが増える方向」に動かすようにできる．また，傾きの絶対値が大きいときは大きく変化し，小さいときは小さく変化することになるが，更新量が大きくなりすぎると収束しない現象も起きうる．そのため，小さな正の定数として学習率αを決めて，偏微分値に掛けて更新量Δw_mを調整する．ただ，あまりにも小さい値だと更新量が非常に小さくなって収束するまでの重みの更新回数が増えてしまうので，なかなか学習が終わらない事態に注意が必要である．

以上より，誤差関数Eは，式(55)からわかるように，重みで偏微分したときの計算自体が簡単な式になることが望ましい．

一例として，教師データの正解ラベルdと活性化関数の出力z［式(55)］との誤差ε，すなわち，

$$\varepsilon = d - z$$
$$= d - \varsigma(w_0 x_0 + w_1 x_1 + \cdots + w_M x_M) \cdots\cdots(58)$$

を考えて，誤差関数Eを2乗誤差として，

$$E = \frac{1}{2}\varepsilon^2 = \frac{1}{2}(d-z)^2 \cdots\cdots(59)$$
$$= \frac{1}{2}\{d - \varsigma(w_0 x_0 + w_1 x_1 + \cdots + w_M x_M)\}^2 \cdots\cdots(60)$$

で定義する．このとき，式(56)の偏微分値を求めてみると，

$$\frac{\partial E}{\partial w_m} = \frac{\partial}{\partial w_m}\left\{\frac{1}{2}\varepsilon^2\right\} = \left\{\frac{1}{2} \times 2\varepsilon\right\}\frac{\partial \varepsilon}{\partial w_m} = \varepsilon\frac{\partial \varepsilon}{\partial w_m}$$

であり，

$$\frac{\partial \varepsilon}{\partial w_m} = \frac{\partial (d-z)}{\partial w_m} = \underbrace{\frac{\partial d}{\partial w_m}}_{0} - \frac{\partial z}{\partial w_m}$$

$$= -\frac{\partial z}{\partial w_m} = -\frac{\partial z}{\partial u}\frac{\partial u}{\partial w_m} \cdots\cdots(61)$$

と表される（1.3の「微分の連鎖律（式(13)）」を適用．ここで，

$$\frac{\partial u}{\partial w_m} = \frac{\partial}{\partial w_m}\{w_0 x_0 + w_1 x_1 + \cdots + \underline{w_m x_m} + \cdots + w_M x_M\}$$

と書き下せることから，w_mが現れるのは太い下線で示す一カ所のみであることがわかる．よって，重み付き総和uをw_mで偏微分するとx_mの項だけが残り，

$$\frac{\partial u}{\partial w_m} = x_m \cdots\cdots(62)$$

となる．また，式(61)の第1項は，式(54)より，

$$\frac{\partial z}{\partial u} = \frac{\partial \varsigma(u)}{\partial u} = \varsigma'(u) \cdots\cdots(63)$$

となるので活性化関数の微分に等しく，最終的に誤差関数Eの『傾き』として，

$$\frac{\partial E}{\partial w_m} = -\varepsilon \times \varsigma'(u) \times x_m \cdots\cdots(64)$$

が得られる．よって，式(64)を式(57)に代入すれば，重みの更新式は，

$$w_m \leftarrow w_m + \alpha \times \varepsilon \times \varsigma'(u) \times x_m \cdots\cdots(65)$$

で与えられる．つまり，1回の学習計算における更新量Δw_mは，

$$\Delta w_m = \alpha \times \varepsilon \times \varsigma'(u) \times x_m \cdots\cdots(66)$$

であり，わかりやすく翻訳すると，次のようになる．

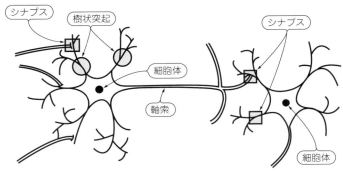

図3.13 ニューロンの形状

$$\begin{cases} 『更新量』\\ =『学習率』\times『誤差』\times『活性化関数の微分値』\\ \quad\times『入力』\cdots\cdots\cdots\cdots\cdots\cdots\cdots(67)\\ w_m \leftarrow w_m + 『更新量』\cdots\cdots\cdots\cdots\cdots\cdots(68) \end{cases}$$

3.6 脳を模擬するニューラル・ネットワークとは

ニューラル・ネットワーク（NN：Neural Network，神経回路網）は，人間の脳の神経回路のしくみにヒントを得た数理的な情報処理モデルであり，機械学習に基づき，コンピュータに学習する能力を与えてくれる．

人間の脳は，ニューロン（neuron）と呼ばれる情報伝達を担う膨大な数（一説には，100億とも140億ともいわれる）の神経細胞が相互に連結し，巨大なネットワークを形成している．

では，脳の基本構成要素にあたるニューロンの構造を見ていこう．ニューロンは大きく分けて，細胞体，樹状突起，軸索，シナプスから構成されている（図3.13）．

細胞体がニューロンの本体で，その細胞体から樹状突起と軸索が伸びている．樹状突起は，他の複数ニューロンからの情報を受け取って，軸索は他のニューロンに情報を送り出す役割を担っている．単純に，

$$\begin{cases} 樹状突起＝入力端子\\ 軸索＝出力端子 \end{cases}$$

とみなして構わない．

なお，ニューロン同士はつながっているといっても，物理的に結合しているわけではない．ニューロンは他のニューロンからの情報入力による刺激を受けて，細胞体の電位が次第に上がっていき，一定値（しきい値）を超えたところで，パルス信号を出力する（**発火**という）．この信号変化（出力）が軸索を通って伝搬され，さらに別のニューロンへの入力として刺激が伝達される．

このような一連の刺激の伝達プロセスに基づいて，1940年代に Mccullo，Pitts らが提案したニューロンの数理的な基本モデルを**図3.14**に示す．

ニューロンの基本的な働きは，情報刺激（入力）$\{x_m\}_{m=0}^{M}$ から出力 z へと信号伝達を行うのだが，その伝達効率は一様ではないことから，個々の入力に対して重み（結合加重）$\{w_m\}_{m=0}^{M}$ を設定する．そうして，各入力に重み付けした総和がしきい値を超えたとき，発火したものとみなし，出力 z を別のニューロンに信号として送り出す．

このときの入出力関係は，バイアス w_0（入力 x_0 は，常に'1'）も含めて，

$$\begin{cases} u = w_0 x_0 + w_1 x_1 + w_2 x_2 + \cdots + w_M x_M \cdots(69)\\ z = \varsigma(u) \cdots\cdots\cdots\cdots\cdots\cdots\cdots\cdots\cdots\cdots\cdots(70) \end{cases}$$

と表される［式(51)～式(55)の再掲］．ただし，$\varsigma(u)$ は活性化関数である．

このような入力と出力のみからなるモデルで表現できる学習機械を，**単純パーセプトロン**と呼ぶ．これがニューラル・ネットワークの基本単位になる．

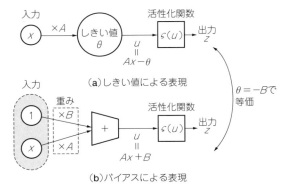

図3.14 1個のニューロンの基本モデル

表3.4 OR（論理和）演算

入力		出力
x	y	z
0	0	0
0	1	1
1	0	1
1	1	1

$(z = x + y)$

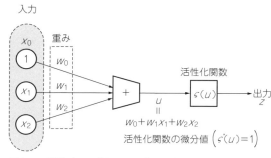

図3.15　単純パーセプトロンのブロック図

3.7 単純パーセプトロンによる機械学習

ここで表3.4のOR演算（論理和）を，図3.15に示す「3入力1出力」の単純パーセプトロンで実現する計算プロセスを具体的に体験してみよう．

このとき，バイアスw_0の入力x_0は常に'1'，二つの論理値入力x_1とx_2で表し，正解ラベルd，識別関数（重み付き総和）uと誤差関数Eは，式(58)～式(60)に準じて，

$$\begin{cases} u = w_0 x_0 + w_1 x_1 + w_2 x_2 & \cdots\cdots(71) \\ z = \varsigma(u) = Us(u) & \cdots\cdots(72) \\ \varepsilon = d - z & \cdots\cdots(73) \\ E = \frac{1}{2}\varepsilon^2 & \cdots\cdots(74) \end{cases}$$

で定義する．

なお，活性化関数$\varsigma(u)$は式(46)の単位ステップ関数として，説明の便宜上，$\varsigma(u)$の微分値を$\varsigma'(u)=1$とする．

4通りの教師データ

①(0, 0)，②(0, 1)，③(1, 0)，④(1, 1)

に対して，それぞれの正解ラベルはOR演算なので，

①$d=0$，②$d=1$，③$d=1$，④$d=1$

である．つまり式(71)に代入して得られるOR演算は，

$$\begin{cases} w_0 < 0 \\ w_0 + w_2 > 0 \\ w_0 + w_1 > 0 \\ w_0 + w_1 + w_2 > 0 \end{cases} \cdots\cdots(75)$$

で与えられる連立不等方程式の解を，反復計算で得る問題と等価であると考えても差しつかえない．

たとえば重みの初期値を，$w_0 = -1.4$，$w_1 = 0.3$，$w_2 = 0.1$に設定し，学習率$\alpha = 0.3$とする．教師データ(x_1, x_2)として順に，

①(1, 1)，②(1, 1)，③(0, 1)，④(0, 0)
⑤(0, 1)，⑥(1, 0)，⑦(1, 1)

と入力してみよう．

さっそく，単純パーセプトロンの機械学習の開始となる．以下に計算のようすを簡単に示すので，ぜひとも手計算で検証してもらいたい．

① $(x_1, x_2) = (1, 1)$の場合［正解ラベル$d=1$］

$u = -1.4x_0 + 0.3x_1 + 0.1x_2$
$\quad = -1.4 \times 1 + 0.3 \times 1 + 0.1 \times 1 = -1.0$
$z = \varsigma(-1.0) = Us(-1.0) = 0$，
$\varepsilon = d - z = 1 - 0 = 1$
$E = \frac{1}{2} \times (1-0)^2 = 0.5$

重みの更新は，式(65)に基づいて計算する．

$$\begin{cases} w_0 \leftarrow (-1.4) + 0.3 \times 1 \times 1 \times 1 = -1.1 \\ w_1 \leftarrow 0.3 + 0.3 \times 1 \times 1 \times 1 = 0.6 \\ w_2 \leftarrow 0.1 + 0.3 \times 1 \times 1 \times 1 = 0.4 \end{cases}$$

$w_0 = -1.1$，$w_1 = 0.6$，$w_2 = 0.4$に更新され，識別関数は，

$u = -1.1x_0 + 0.6x_1 + 0.4x_2 \cdots\cdots(76)$

となる．

② $(x_1, x_2) = (1, 1)$の場合［正解ラベル$d=1$］

$u = -1.1 \times 1 + 0.6 \times 1 + 0.4 \times 1 = -0.1$［式(76)より］
$z = \varsigma(-0.1) = Us(-0.1) = 0$
$\varepsilon = d - z = 1 - 0 = 1$
$E = \frac{1}{2} \times (1-0)^2 = 0.5$

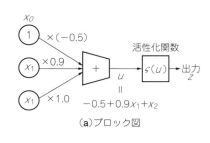

(a) ブロック図

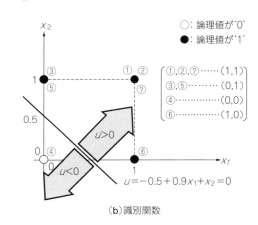

(b) 識別関数

図3.16　OR演算の機械学習結果

$$\begin{cases} w_0 \leftarrow (-1.1) + 0.3 \times 1 \times 1 \times 1 = -0.8 \\ w_1 \leftarrow 0.6 + 0.3 \times 1 \times 1 \times 1 = 0.9 \\ w_2 \leftarrow 0.4 + 0.3 \times 1 \times 1 \times 1 = 0.7 \end{cases}$$

$w_0 = -0.8$, $w_1 = 0.9$, $w_2 = 0.7$に更新されて，識別関数は，

$$u = -0.8x_0 + 0.9x_1 + 0.7x_2 \quad \cdots\cdots(77)$$

となる．

③ $(x_1, x_2) = (0, 1)$の場合［正解ラベル$d = 1$］
$u = -0.8 \times 1 + 0.9 \times 0 + 0.7 \times 1 = -0.1$［式(77)より］
$z = \varsigma(-0.1) = Us(-0.1) = 0$
$\varepsilon = d - z = 1 - 0 = 1$
$E = \dfrac{1}{2} \times (1-0)^2 = 0.5$

$$\begin{cases} w_0 \leftarrow (-0.8) + 0.3 \times 1 \times 1 \times 1 = -0.5 \\ w_1 \leftarrow 0.9 + 0.3 \times 1 \times 1 \times 0 = 0.9 \\ w_2 \leftarrow 0.7 + 0.3 \times 1 \times 1 \times 1 = 1.0 \end{cases}$$

$w_0 = -0.5$, $w_2 = 1.0$に更新されて，識別関数は，

$$u = -0.5x_0 + 0.9x_1 + 1.0x_2 \quad \cdots\cdots(78)$$

となる（図3.16）．

以下，式(78)の重み付き総和である識別関数に基づき，同様の計算を繰り返す．以下に，結果のみを示す．

④ $(x_1, x_2) = (0, 0)$の場合［正解ラベル$d = 0$］
$u = -0.5$, $z = \varsigma(-0.5) = 0$, $\varepsilon = d - z = 0$, $E = 0$
「誤差が0なので，重みは更新しない」

⑤ $(x_1, x_2) = (0, 1)$の場合［正解ラベル$d = 1$］
$u = 0.5$, $z = \varsigma(0.5) = 1$, $\varepsilon = d - z = 0$, $E = 0$
「誤差が0なので，重みは更新しない」

⑥ $(x_1, x_2) = (1, 0)$の場合［正解ラベル$d = 1$］
$u = 0.4$, $z = \varsigma(0.4) = 1$, $\varepsilon = d - z = 0$, $E = 0$
「誤差が0なので，重みは更新しない」

⑦ $(x_1, x_2) = (1, 1)$の場合［正解ラベル$d = 1$］
$u = 1.4$, $z = \varsigma(1.4) = 1$, $\varepsilon = d - z = 0$, $E = 0$
「誤差が0なので，重みは更新しない」

以上より，単純パーセプトロンの出力zの値がすべて，**表3.4**のOR演算（論理和）に一致していることがわかる．結果として，誤差の2乗値$E = 0$であり，OR演算がニューラル・ネットワークで実現できたことが理解できる．

例題5

いま，表3.2のAND演算を前述のOR演算と同様に，ニューラル・ネットワーク（単純パーセプトロン）で実現することを考える．ただし，重みの初期値を，$w_0 = -0.9$, $w_1 = 1.3$, $w_2 = 1.3$, 学習率$\alpha = 0.3$に設定し，教師データ(x_1, x_2)として順に，①(1, 0)，②(0, 1)，③(0, 0)，④(0, 1)，⑤(1, 0)，⑥(1, 1)を入力するとき，学習計算のようすを示せ．

解答5

① $(x_1, x_2) = (1, 0)$の場合［正解ラベル$d = 0$］
$u = -0.9x_0 + 1.3x_1 + 1.3x_2$
$\quad = -0.9 \times 1 + 1.3 \times 1 + 1.3 \times 0 = 0.4$
$z = \varsigma(0.4) = Us(0.4) = 1$, $\varepsilon = d - z = 0 - 1 = -1$
$E = \dfrac{1}{2} \times (0-1)^2 = 0.5$

重みの更新は，式(65)に基づいて計算する．

$$\begin{cases} w_0 \leftarrow (-0.9) + 0.3 \times (-1) \times 1 \times 1 = -1.2 \\ w_1 \leftarrow 1.3 + 0.3 \times (-1) \times 1 \times 1 = 1.0 \\ w_2 \leftarrow 1.3 + 0.3 \times (-1) \times 1 \times 0 = 1.3 \end{cases}$$

$w_0 = -1.2$, $w_1 = 1.0$に更新されて，識別関数は，

$$u = -1.2x_0 + 1.0x_1 + 1.3x_2 \quad \cdots\cdots(79)$$

となる．

② $(x_1, x_2) = (0, 1)$の場合［正解ラベル$d = 0$］
$u = -1.2x_0 + 1.0x_1 + 1.3x_2$
$\quad = -1.2 \times 1 + 1.0 \times 0 + 1.3 \times 1 = 0.1$
$z = \varsigma(0.1) = Us(0.1) = 1$, $\varepsilon = d - z = 0 - 1 = -1$
$E = \dfrac{1}{2} \times (0-1)^2 = 0.5$

重みの更新は，式(65)に基づいて計算する．

$$\begin{cases} w_0 \leftarrow (-1.2) + 0.3 \times (-1) \times 1 \times 1 = -1.5 \\ w_1 \leftarrow 1.0 + 0.3 \times (-1) \times 1 \times 0 = 1.0 \\ w_2 \leftarrow 1.3 + 0.3 \times (-1) \times 1 \times 1 = 1.0 \end{cases}$$

$w_0 = -1.5$, $w_2 = 1.0$に更新されて，識別関数は，

$$u = -1.5x_0 + 1.0x_1 + 1.0x_2 \quad \cdots\cdots(80)$$

となる．

以下，式(80)の重み付き総和である識別関数に基づき，同様の計算を繰り返す．以下に，結果のみを示す．

③ $(x_1, x_2) = (0, 0)$の場合［正解ラベル$d = 0$］
$u = -1.5$, $z = \varsigma(-1.5) = 0$, $\varepsilon = d - z = 0$, $E = 0$,
「誤差が0なので，重みは更新しない」

④ $(x_1, x_2) = (0, 1)$の場合［正解ラベル$d = 0$］
$u = -0.5$, $z = \varsigma(-0.5) = 0$, $\varepsilon = d - z = 0$, $E = 0$
「誤差が0なので，重みは更新しない」

⑤ $(x_1, x_2) = (1, 0)$の場合［正解ラベル$d = 0$］
$u = -0.5$, $z = \varsigma(-0.5) = 0$, $\varepsilon = d - z = 0$, $E = 0$
「誤差が0なので，重みは更新しない」

⑥ $(x_1, x_2) = (1, 1)$の場合［正解ラベル$d = 1$］
$u = 0.5$, $z = \varsigma(0.5) = 1$, $\varepsilon = d - z = 0$, $E = 0$
「誤差が0なので，重みは更新しない」

以上より，単純パーセプトロンの出力zの値がすべて，**表3.2**のAND演算（論理積）に一致していることがわかる．結果として，誤差の2乗値$E = 0$であり，AND演算がニューラル・ネットワークで実現できる．

第3章 機械学習とニューラル・ネットワーク

Column2 人間の脳からヒントを得たスゴ技…脳細胞（ニューロン）を模擬する基本処理関数

　人の脳細胞を模擬する基本処理関数は，図3.Aのように，複数の入力，$x_1, x_2\cdots, x_M$に対して，一つの値zを出力する機能をもつ．

　まず，各入力に対して重み$w_1, w_2, \cdots, w_M$を掛け，それらの総和にバイアス値bが加算される．そうして「バイアス値＋重み付き総和」，すなわち，

$$u = b + w_1x_1 + w_2x_2 + \cdots + w_Mx_M \cdots\cdots (81)$$

の値が，「しきい値（θ）を超えるとほかのニューロンに信号を発する（これを発火と呼ぶ）」というON/OFF動作を表すイメージが活性化関数$\varsigma(u)$で模擬される．出力zは形式的に，

$$z = \varsigma(u) \cdots\cdots (82)$$

と関数表現できる．「しきい値より大きい場合は1，そうでなければ0を出力する」特性として，式(46)のステップ関数のほか，シグモイド関数やReLU関数などが知られている（図3.B）．なお，機械学習おいては重み更新の計算に際して活性化関数の微分値が必要となることに注意してもらいたい．

(a) シグモイド関数

$$\varsigma(u) = \frac{1}{2}\left\{1 + \tanh\left(\frac{u}{2}\right)\right\} = \frac{1}{1 + e^{-u}} \cdots\cdots (83)$$

　$u \to +\infty$で値1，$u \to -\infty$で値0に近づく性質とともにS字型の特性を有し，0から1までの値を出力する．つまり，入力値を0〜1の間の値に変換し，その微分値は，

$$\varsigma'(u) = \frac{\partial \varsigma(u)}{\partial u} = \varsigma(u)\{1 - \varsigma(u)\} \cdots\cdots (84)$$

と簡単に計算できる．この性質から，ニューラル・ネットワークや機械学習のモデルにしばしば登場する．

(b) ReLU (Rectified Linear Unit) 関数

$$\varsigma(u) = \max(0, u) \cdots\cdots (85)$$

　ステップ関数の「$u<0$」の範囲で$\varsigma(u) = 0$，「$u \geq 0$」の範囲で$\varsigma(u) = u$となって入力値をそのまま出力する単純な関数である．画像認識の分野で利用されることが多く，ニューラル・ネットワークの多層化に有用である．その微分値は「$u \geq 0$」の範囲で，

$$\varsigma'(u) = \frac{\partial \varsigma(u)}{\partial u} = 1 \cdots\cdots (86)$$

であり，それ以外の場合は0となるため，重みは更新されない．

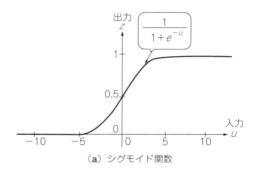

(a) シグモイド関数

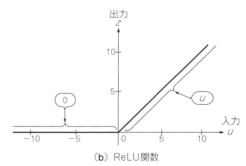

(b) ReLU関数

図2.B　活性化関数の例

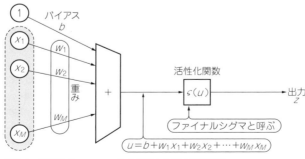

図2.A　脳細胞（ニューロン）を模擬する基本処理関数

Column3 ディープなニューラル・ネットワークとは 無数のニューロンが近似する複雑な関数

ニューロンを組み合わせたニューラル・ネットワークは，画像や音声を認識したり，分類したりするための複雑な関数を必ず近似できることが知られている．

図3.Cに示すもっとも単純な1個のニューロンからの入力がある例に考えてみよう．

図3.Cのシグモイド関数の入力は，信号と重みの積にバイアス値が加算された値である．重みとバイアス値を調整することで，シグモイド関数が採る値は次式に基づいて制御できる．

$$z = \varsigma(wx + b) = \frac{1}{1 + e^{-(wx+b)}} \quad \cdots\cdots (87)$$

さっそく，図3.Dを見てもらいたい．重みとバイアス値によってニューロンの発火(on/off)のようすが異なり，いくつかの例を示す．その特徴をまとめれば，

(a) 重みwの符号をマイナス(負)の値にすると，左右が反転する
(b) バイアス値bを変化させると，段差の位置($-b/w$)としてのしきい値が平行移動する．つまり，段差の位置はバイアス値bに比例し，重みwに反比例する
(c) 重みの絶対値$|w|$が大きいと急峻な特性になり，逆に小さいと緩やかな特性を有する

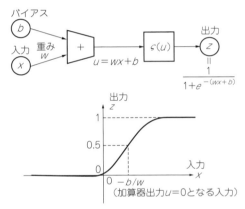

図3.C 1個の入力がある場合

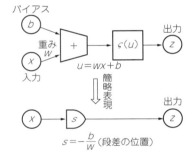

図3.E 段差の位置sによるニューロンの簡略表現

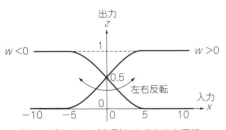

(a) wがマイナス(負号)になると左右反転

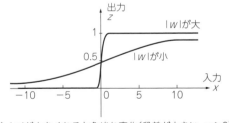

(c) $|w|$が大きくなると急峻な変化(段差が大きい，$w>0$)

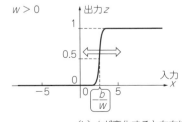

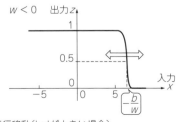

(b) bが変化すると左右に平行移動($|w|$が大きい場合)

図3.D シグモイド関数の重みwとバイアスbに対する特性の変化例

となる．このとき，式(87)は，
$$z = \frac{1}{1+e^{-w\left(x+\frac{b}{w}\right)}} = \frac{1}{1+e^{-w(x+s)}} \quad \cdots\cdots\cdots (88)$$
と変形できるので，段差の位置を表すパラメータ$s=(-b/w)$を用いて図3.Eに示す形式に統一し，入力の重みの絶対値$|w|$を十分に大きく採り，図3.Fのように簡略化して表すことにする．

たとえば，二つのニューロンをペアで用意し，各出力をh，$(-h)$倍して加算すると，パルス波形が近似できる(図3.G)．ただし，パルス波形の幅・高さは，重み(w_1, w_2)とバイアス値(b_1, b_2)を用いて任意に変えられることに注目してもらいたい．

このパルス波形生成の考え方を拡張して，図3.Hのニューラル・ネットワーク構成を考えてみよう．

まず，4組のニューロンのペアがあり，それぞれのペアの段差の位置は順に$(0, 0.2)$，$(0.2, 0.5)$，$(0.5, 0.9)$，$(0.9, 1)$で与えられる．これら不等間隔に配置された段差の位置，および四つのパルス波形の高さを制御することにより，関数近似されるようすがわかる．

この考え方を拡張して，図3.Iのように単純なニューロンのペアを無数に並べ，高さを変えれば，任意形状の関数が高さの異なるパルス波形で近似できるわけだ．言い換えると，重みとバイアス値を最適化する機械学習を通して，多様な画像や音声等の認識・分類するための任意形状の関数が容易に導き出せることになる．

ところで，従来のニューラル・ネットワークは3

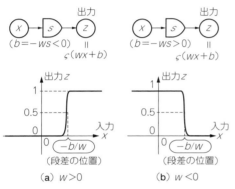

図3.F 段差の位置sとバイアスb，重みwの相互関係($|w|$が十分大きい場合)

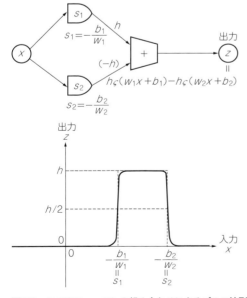

図3.G 二つのニューロンの組み合わせによるパルス波形

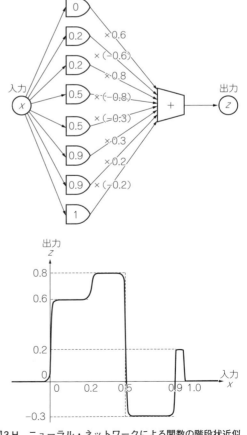

図3.H ニューラル・ネットワークによる関数の階段状近似

> **Column3** ディープなニューラル・ネットワークとは
> 無数のニューロンが近似する複雑な関数（つづき）

層のニューロンの組み合わせによるネットワーク構成を指しており，多数の学習データを用意し，それらの学習誤差が最小になるように，無数のニューロンにおける重みとバイアス値を調整していくことで学習していく．

このような無数のニューロンを必要とするのが，3層のニューラル・ネットワークの最大の弱点であったわけだが，近年もてはやされているディープ・ラーニングでは，ニューラル・ネットワークを4層，5層，6層，・・・と，より多層化するという試みが功を奏し，現実的なスケールのニューロン数で実現できるようになっている．おそらくロシアの有名な土産物「マトリョーシカ人形」のように，複数の入れ子構造の合成関数が多層化することによって，ニューラル・ネットワークがディープ化したものと言えるだろう．

その結果，簡単な計算アルゴリズムを利用して超複雑な関数が近似できるようになり，複雑な認識・分類処理などを実現する原理に結びついていったと断言できる．このような関数近似の最適化計算こそがディープ・ラーニング（深層学習）と呼ばれるものにほかならない．新しい人工知能（AI）の世界に，大きな風穴が開けられることになったのである．

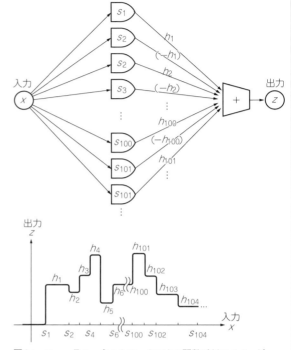

図3.1　ニューラル・ネットワークによる関数近似のイメージ

第4章 進化する深層学習(ディープ・ラーニング)

第3章では，ニューラル・ネットワークにおけるAI技術を下支えする「機械学習アルゴリズム」について，単純パーセプトロンを例に基本的な計算の流れを解説した．

本章では，多層パーセプトロンと称するニューラル・ネットワークに機械学習させるための強力なプログラミング・パラダイムの実現手法として，**深層学習**（ディープ・ラーニング，Deep Learning）を取り上げる．

高い学習能力を有する深層学習は，画像認識，音声認識，自然言語処理，ビッグデータ解析などの多様な問題に対し，現時点において，もっとも優れた解決策を与える手法である．とくに代表的な**バックプロパゲーション・アルゴリズム**（Back-Propagation；誤差逆伝搬法）を中心に詳しく説明する．

4.1 ニューラル・ネットワークを賢くする多層パーセプトロンとは

単純パーセプトロンの学習によって，論理演算（AND，NAND，OR）の役割を果たすニューラル・ネットワークを作成できることは，3.3および3.7で紹介した．いずれも直線で分離・識別できる，いわゆる『**線形分離可能**』な例であった．

ここで，表4.1に示す真理値表をもつXOR（排他的論理和）演算を考えてみよう．

図4.1に示す二つの入力 (x_1, x_2) の2次元表示を見れば明白だが，表4.1に示す真理値表を満足するよう，直線を引いて分離することは不可能である．これが『**線形分離不可能**』な問題である．単純パーセプトロンでは解決できない．なお，たとえば図4.1の破線で示すような曲線を引けば，論理値'0'と'1'が分離可能であることは推察される．

ところで論理式の公式に基づき，XOR演算を，

$$x_1 \oplus x_2 = (x_1 + x_2) \cdot (\overline{x_1 \cdot x_2}) \quad \cdots (1)$$

と変形すれば，AND，NAND，ORの三つの論理演算を組み合わせて表現できる（表4.2）．これら三つの論理演算は単純パーセプトロンで作成できるので，それらをつなぎ合わせることで結果的にXOR演算の役割を果たすニューラル・ネットワークが実現される．

式(1)をブロック図にすると，図4.2になる．「あるニューロンの出力を，別のニューロンの入力として使う」という構成にしたことで，線形分離不可能な問題が解けることになるわけだ．どうして線形分離不可能な問題の解が見いだせるのか？

一口で言うと「機械学習を経て，結果的に中間層で線形分離可能な形式に変換されているから」と考えられる．

さらに，図4.2の入力を共通化して一つにまとめたブロック図として，図4.3の構成が得られる．この構成が『**多層パーセプトロン**』であり，OR演算とNAND

表4.1 XOR（排他的論理和）真理値表

入力		出力
x_0	x_2	$x_1 \oplus x_2$
0	0	0
0	1	1
1	0	1
1	1	0

表4.2 式(1)の真理値表

入力		OR	NAND	AND	XOR
x_1	x_2	y_1	y_2	z	$x_1 \oplus x_2$
0	0	0	1	0	0
0	1	1	1	1	1
1	0	1	1	1	1
1	1	1	0	0	0

$(y_1 = x_1 + x_2, \ y_2 = \overline{x_1 \cdot x_2}, \ z = y_1 \cdot y_2)$

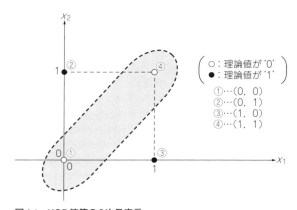

図4.1 XOR演算の2次元表示

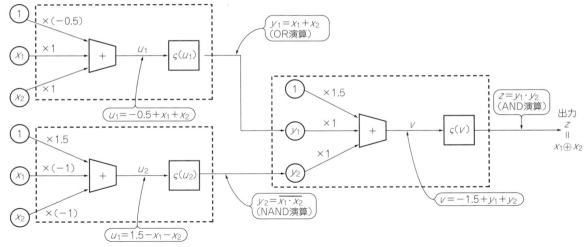

図4.2　単純パーセプトロンの組み合わせによるXOR演算の実現例

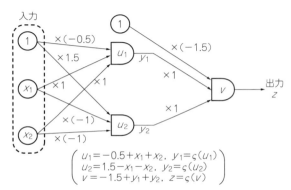

図4.3　多層パーセプトロンの簡略表現例（XOR演算）

さて，図4.4において一番左の層は**入力層**，一番右の層は**出力層**，それ以外の入力層と出力層にはさまれる層は**中間層**（あるいは，**隠れ層**）と呼ばれる．このようにニューロン（以下の説明では，ユニットと称す）が層状になっていることが，『多層パーセプトロン』と呼ばれるゆえんである．3層の場合は真ん中の3個のユニット，4層の場合は二つの中間層における各2個のユニットの出力が右側に位置するユニットの入力として使われる．

なお，つなぎ合わせるユニット数は問題によっていろいろである．多くのユニットを結合させて利用することも多い．

前述したXOR演算の例は，「多層化にすることによって，重みの値を適切に学習できれば，線形分離不可能な問題も解ける」ことを直感的に示すために取り上げたものである．

ただ，多層パーセプトロンの機械学習において，通常は単純パーセプトロンと同様の手順で重みを決定す

演算の出力がAND演算の入力として使われている．

多層パーセプトロンの構成例として，3層と4層の場合を図4.4に示す．図中に記載の○の中に数字の「1」が書かれた記号は常に1を出力することを表し，**バイアス**に相当する．

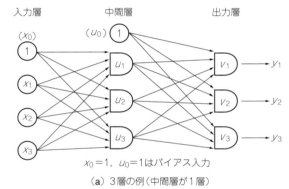

(a) 3層の例（中間層が1層）

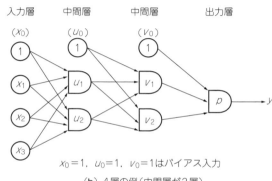

(b) 4層の例（中間層が2層）

図4.4　多層パーセプトロンの構成例

るのは困難である．なぜなら，XOR演算は非常に単純な問題なので，**表4.2**のように中間層ユニットの各出力に対応する正解ラベルの値が明確に規定されていたが，一般にそういったことはあり得ないからだ．

入力と出力の正解ラベルだけから，中間層ユニットをも含む"**すべて**"の重みを決定する計算アルゴリズムは，1.3で示した『勾配降下法』や2.3の『最小2乗平均（LMS）法』を拡張したもので，高い学習能力をもっており，さまざまな応用分野におけるAI技術の実用化に貢献している．

4.2 多層パーセプトロンにおける機械学習の基本アルゴリズム

多層パーセプトロンの学習アルゴリズムの登場である．基本は，少々飽きがきてるかもしれないが『勾配降下法』．さっそく，図4.5に示す簡単な多層パーセプトロンを例に，重みを更新する学習計算の感覚をざっとつかんでもらおう．

図4.5では2個の入力 (x_1, x_2)，2個の中間層ユニットの出力 (z_1, z_2)，2個の出力層ユニットの出力 (y) を有することから，以下の関係が成立する．

◆中間層ユニット

$$\begin{cases} \tilde{z}_1 = q_{10}x_0 + q_{11}x_1 + q_{12}x_2 \cdots\cdots(2) \\ \tilde{z}_2 = q_{20}x_0 + q_{21}x_1 + q_{22}x_2 \cdots\cdots(3) \\ z_1 = \varsigma(\tilde{z}_1), \quad z_2 = \varsigma(\tilde{z}_2) \cdots\cdots(4) \end{cases}$$

ただし，$x_0 = 1$ で常に '1' のバイアス入力

◆出力層ユニット

$$\begin{cases} \tilde{y} = r_0 z_0 + r_1 z_1 + r_2 z_2 \cdots\cdots(5) \\ y = \varsigma(\tilde{y}) \cdots\cdots(6) \end{cases}$$

ただし，$z_0 = 1$ で常に '1' のバイアス入力

◆出力層ユニット出力値に対する正解ラベル

$$d \cdots\cdots(7)$$

以上より，誤差 ε と，その2乗としての誤差関数 E は，

$$\begin{cases} \varepsilon = d - y \cdots\cdots(8) \\ E = \frac{1}{2}\varepsilon^2 \cdots\cdots(9) \end{cases}$$

で定義される．

まずは，『勾配降下法』（第3章）を参考に，誤差関数 E の各重みに対する「偏微分値」に基づき，以下に重みの更新式を示す．ただし，α は学習率（正の定数）である．

◆出力層ユニット $[m = 0, 1, 2]$

$$r_m \leftarrow r_m + \Delta r_m, \quad \Delta r_m = -\alpha \frac{\partial E}{\partial r_m} \cdots\cdots(10)$$

◆中間層ユニット $[m = 1, 2, \; k = 0, 1, 2]$

$$q_{mk} \leftarrow q_{mk} + \Delta q_{mk}, \quad \Delta q_{mk} = -\alpha \frac{\partial E}{\partial q_{mk}} \cdots\cdots(11)$$

最初は，誤差関数 E について，たとえば出力層の重み r_1 に対する偏微分値の計算プロセスを考えてみよう．

式(5)〜式(9)より，

$$\frac{\partial E}{\partial r_1} = \frac{\partial}{\partial r_1}\left\{\frac{1}{2}\varepsilon^2\right\} \cdots\cdots(12)$$

である．ここで，式(9)より誤差関数 E は誤差 ε の関数であり，式(8)より誤差 ε は変数 y の関数，そして式(6)より出力 y は変数 $\tilde{y}$ の関数，さらに式(5)より $\tilde{y}$ は重み r_1 の関数となっている．このような変数の入れ子形式で表されるとき，式(12)の偏微分は，

$$\frac{\partial E}{\partial r_1} = \underbrace{\frac{\partial E}{\partial \varepsilon} \times \frac{\partial \varepsilon}{\partial y} \times \frac{\partial y}{\partial \tilde{y}}}_{\frac{\partial E}{\partial \tilde{y}}} \times \frac{\partial \tilde{y}}{\partial r_1} \cdots\cdots(13)$$

と計算できる（1.3の「微分の連鎖律［式(13)］を適用」）．そして，式(13)の各項はそれぞれ，

$$\frac{\partial E}{\partial \varepsilon} = \frac{\partial}{\partial \varepsilon}\left\{\frac{1}{2}\varepsilon^2\right\} = \frac{1}{2}\frac{\partial}{\partial \varepsilon}(\varepsilon^2) = \frac{1}{2} \times 2\varepsilon = \varepsilon$$

$$\frac{\partial \varepsilon}{\partial y} = \frac{\partial}{\partial y}(d - y) = -1$$

$$\frac{\partial y}{\partial \tilde{y}} = \varsigma'(\tilde{y}) \;:\; \text{活性化関数の微分値}$$

$$\frac{\partial \tilde{y}_1}{\partial r_1} = \frac{\partial}{\partial r_1}(r_0 x_0 + r_1 z_1 + r_2 z_2)$$

$$= \underbrace{\frac{\partial}{\partial r_1}(r_0 z_0)}_{0} + \underbrace{\frac{\partial}{\partial r_1}(r_1 z_1)}_{z_1} + \underbrace{\frac{\partial}{\partial r_1}(r_2 z_2)}_{0} = z_1$$

となるので，最終的に，

$$\frac{\partial E}{\partial r_1} = -\varepsilon \varsigma'(\tilde{y}) z_1 \cdots\cdots(14)$$

で与えられる．よって，重み r_1 の更新は，式(10)より，$m = 1$ とおけば，

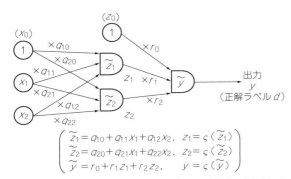

図4.5 簡単な多層パーセプトロンのブロック図（入力層2個-中間層2個-出力層1個の場合）

$$r_1 \leftarrow r_1 + \Delta r_1, \quad \Delta r_1 = +\alpha \times \varepsilon \times \varsigma'(\tilde{y}) \times z_1 \cdots\cdots(15)$$

と表して実行される．このように，理屈はともかく，偏微分計算の感覚をつかんでもらいたい．

以上の計算プロセスを参考に，出力層および中間層の各ユニットの重みに関する偏微分に基づく更新量の計算をまとめると，以下のようになる．

◆出力層ユニット $r_m[m=0, 1, 2]$ の重み更新量

$$\frac{\partial E}{\partial r_m} = \boxed{\frac{\partial E}{\partial \tilde{y}}} \frac{\partial \tilde{y}}{\partial r_m} \cdots\cdots\cdots\cdots(16)$$

第1項：$\boxed{\dfrac{\partial E}{\partial \tilde{y}}} = \underbrace{\dfrac{\partial E}{\partial \varepsilon}}_{\varepsilon} \underbrace{\dfrac{\partial \varepsilon}{\partial y}}_{-1} \dfrac{\partial y}{\partial \tilde{y}} = -\varepsilon \varsigma'(\tilde{y})$

ただし，$\dfrac{\partial y}{\partial \tilde{y}} = \dfrac{\partial \varsigma(\tilde{y})}{\partial \tilde{y}} = \varsigma'(\tilde{y})$

第2項：$\dfrac{\partial \tilde{y}}{\partial r_m} = z_m$

更新量：$\Delta r_m = -\alpha \dfrac{\partial E}{\partial r_m}$

$$= \alpha \times \varepsilon \times \varsigma'(\tilde{y}) \times z_m \cdots\cdots(17)$$

◆中間層ユニット $q_{mk}[m=1, 2, k=1, 2]$ の重み更新量

$$\frac{\partial E}{\partial q_{mk}} = \frac{\partial E}{\partial z_m} \frac{\partial z_m}{\partial \tilde{z}_m} \frac{\partial \tilde{z}_m}{\partial q_{mk}} \cdots\cdots\cdots\cdots(18)$$

第1項：$\dfrac{\partial E}{\partial z_m} = \boxed{\dfrac{\partial E}{\partial \tilde{y}}} \dfrac{\partial \tilde{y}}{\partial z_m} = -\varepsilon \times \varsigma'(\tilde{y}) \times r_m \cdots\cdots(19)$

ただし，$\dfrac{\partial E}{\partial \tilde{y}} = \underbrace{\dfrac{\partial E}{\partial \varepsilon}}_{\varepsilon} \underbrace{\dfrac{\partial \varepsilon}{\partial y}}_{-1} \dfrac{\partial y}{\partial \tilde{y}} = -\varepsilon \varsigma'(\tilde{y})$

$\dfrac{\partial \tilde{y}}{\partial z_m} = \dfrac{\partial}{\partial z_m}(r_0 x_0 + r_1 x_1 + r_2 x_2) = r_m$

第2項：$\dfrac{\partial z_m}{\partial \tilde{z}_m} = \dfrac{\partial \varsigma(\tilde{z}_m)}{\partial \tilde{z}_m} = \varsigma'(\tilde{z}_m)$

第3項：$\dfrac{\partial \tilde{z}_m}{\partial q_{mk}} = x_k$

重み更新量：

$\Delta q_{mk} = -\alpha \dfrac{\partial E}{\partial q_{mk}}$

$= \alpha \times \{\varepsilon \times \varsigma'(\tilde{y}) \times r_m\} \times \varsigma'(\tilde{z}_m) \times x_k \cdots(20)$

ここで，式(16)と式(19)を見比べると，四角枠で囲った偏微分値 $[\partial E / \partial \tilde{y}]$ が同じことに気づく．つまり，出力層の重み更新を先に計算すると，その計算結果の一部が中間層の重み更新に再利用でき，効率的な計算が可能となるわけだ（詳細は，次節 **4.3** で後述）．

例題1

図 **4.5** に示すニューラル・ネットワークで，XOR 演算を実現したい．教師データ (x_1, x_2) として順に，

① (0, 0)，② (0, 1)，③ (1, 1)，④ (1, 0)，
⑤ (0, 1)，⑥ (0, 0)

を入力したときの学習計算のようすを示せ．ただし，重みの初期値を，

$q_{10} = 1.4, \quad q_{11} = -0.8, \quad q_{12} = -1.1$
$q_{20} = 0.7, \quad q_{21} = -1.1, \quad q_{22} = -0.9$
$r_0 = -0.1, \quad r_1 = 1.1, \quad r_2 = -0.9$

に設定し，学習率 $\alpha = 0.3$ とする．なお，活性化関数 $\varsigma(u)$ は，

$$\varsigma(u) = U_s(u) = \begin{cases} 1 ; u \geq 0 \\ 0 ; u < 0 \end{cases} \cdots\cdots\cdots\cdots(21)$$

の単位ステップ関数（**3.4** を参照）とし，説明の便宜上，微分値を $\varsigma'(u) = 1$ とする．

解答1

① $(x_1, x_2) = (0, 0)$ の場合［正解ラベル $d = 0$］

［式(2)～式(8)の各ユニット出力の計算］

$\tilde{z}_1 = 1.4 x_0 - 0.8 x_1 - 1.1 x_2$
$\quad = 1.4 \times 1 - 0.8 \times 0 - 1.1 \times 0 = 1.4$
$z_1 = \varsigma(\tilde{z}_1) = \varsigma(1.4) = U_s(1.4) = 1$
$\tilde{z}_2 = 0.7 x_0 - 1.1 x_1 - 0.9 x_2$
$\quad = 0.7 \times 1 - 1.1 \times 0 - 0.9 \times 0 = 0.7$
$z_2 = \varsigma(\tilde{z}_2) = \varsigma(0.7) = U_s(0.7) = 1$
$\tilde{y} = -0.1 z_0 + 1.1 z_1 - 0.9 z_2$
$\quad = -0.1 \times 1 + 1.1 \times 1 - 0.9 \times 1 = 0.1$
$y = \varsigma(\tilde{y}) = \varsigma(0.1) = U_s(0.1) = 1$
$\varepsilon = d - y = 0 - 1 = -1$

［式(17)の出力層ユニットの重み更新量］

$\Delta r_0 = \alpha \times \varepsilon \times \varsigma'(\tilde{y}) \times z_0$
$\quad = 0.3 \times (-1) \times 1 \times 1 = -0.3$
$\Delta r_1 = \alpha \times \varepsilon \times \varsigma'(\tilde{y}) \times z_1$
$\quad = 0.3 \times (-1) \times 1 \times 1 = -0.3$
$\Delta r_2 = \alpha \times \varepsilon \times \varsigma'(\tilde{y}) \times z_2$
$\quad = 0.3 \times (-1) \times 1 \times 1 = -0.3$

［式(20)の中間層ユニットの重み更新量］

$\Delta q_{10} = \alpha \times \{\varepsilon \times \varsigma'(\tilde{y}) \times r_1\} \times \varsigma'(\tilde{z}_1) \times x_0$
$\quad = 0.3 \times \{(-1) \times 1 \times 1.1\} \times 1 \times 1 = -0.33$
$\Delta q_{11} = \alpha \times \{\varepsilon \times \varsigma'(\tilde{y}) \times r_1\} \times \varsigma'(\tilde{z}_1) \times x_1$
$\quad = 0.3 \times \{(-1) \times 1 \times 1.1\} \times 1 \times 0 = 0$
$\Delta q_{12} = \alpha \times \{\varepsilon \times \varsigma'(\tilde{y}) \times r_1\} \times \varsigma'(\tilde{z}_1) \times x_2$
$\quad = 0.3 \times \{(-1) \times 1 \times 1.1\} \times 1 \times 0 = 0$
$\Delta q_{20} = \alpha \times \{\varepsilon \times \varsigma'(\tilde{y}) \times r_2\} \times \varsigma'(\tilde{z}_2) \times x_0$
$\quad = 0.3 \times \{(-1) \times 1 \times (-0.9)\} \times 1 \times 1 = 0.27$
$\Delta q_{21} = \alpha \times \{\varepsilon \times \varsigma'(\tilde{y}) \times r_2\} \times \varsigma'(\tilde{z}_2) \times x_1$
$\quad = 0.3 \times \{(-1) \times 1 \times (-0.9)\} \times 1 \times 0 = 0$
$\Delta q_{22} = \alpha \times \{\varepsilon \times \varsigma'(\tilde{y}) \times r_2\} \times \varsigma'(\tilde{z}_2) \times x_2$
$\quad = 0.3 \times \{(-1) \times 1 \times (-0.9)\} \times 1 \times 0 = 0$

［式(10)の出力層ユニットの重み更新量］

$r_0 \leftarrow r_0 + \Delta r_0 = -0.1 - 0.3 = -0.4$
$r_1 \leftarrow r_1 + \Delta r_1 = 1.1 - 0.3 = 0.8$
$r_2 \leftarrow r_2 + \Delta r_2 = -0.9 - 0.3 = -1.2$

［式(11)の中間層ユニットの重み更新量］

$q_{10} \leftarrow q_{10} + \Delta q_{10} = 1.4 - 0.33 = 1.07$
$q_{11} \leftarrow q_{11} + \Delta q_{11} = -0.8 + 0 = -0.8$
$q_{12} \leftarrow q_{12} + \Delta q_{12} = -1.1 + 0 = -1.1$
$q_{20} \leftarrow q_{20} + \Delta q_{20} = 0.7 + 0.27 = 0.97$
$q_{21} \leftarrow q_{21} + \Delta q_{21} = -1.1 + 0 = -1.1$
$q_{22} \leftarrow q_{22} + \Delta q_{22} = -0.9 + 0 = -0.9$

② $(x_1,\ x_2) = (0,\ 1)$ の場合［正解ラベル $d = 1$］
［式(2)〜式(8)の各ユニット出力の計算］
$\tilde{z}_1 = 1.07x_0 - 0.8x_1 - 1.1x_2$
$\quad = 1.07 \times 1 - 0.8 \times 0 - 1.1 \times 1 = -0.03$
$z_1 = \varsigma(-0.03) = Us(-0.03) = 0$
$\tilde{z}_2 = 0.97x_0 - 1.1x_1 - 0.9x_2$
$\quad = 0.97 \times 1 - 1.1 \times 0 - 0.9 \times 1 = 0.07$
$z_2 = \varsigma(0.07) = Us(0.07) = 1$
$\tilde{y} = -0.4z_0 + 0.8z_1 - 1.2z_2$
$\quad = -0.4 \times 1 + 0.8 \times 0 - 1.2 \times 1 = -1.6$
$y = \varsigma(-1.6) = Us(-1.6) = 0$
$\varepsilon = d - y = 0 - 1 = -1$

［式(17)の出力層ユニットの重み更新量］
$\Delta r_0 = 0.3 \times 1 \times 1 \times 1 = 0.3$
$\Delta r_1 = 0.3 \times 1 \times 1 \times 0 = 0$
$\Delta r_2 = 0.3 \times 1 \times 1 \times 1 = 0.3$

［式(20)の中間層ユニットの重み更新量］
$\Delta q_{10} = 0.3 \times \{1 \times 1 \times 0.8\} \times 1 \times 1 = 0.24$
$\Delta q_{11} = 0.3 \times \{1 \times 1 \times 0.8\} \times 1 \times 0 = 0$
$\Delta q_{12} = 0.3 \times \{1 \times 1 \times 0.8\} \times 1 \times 1 = 0.24$
$\Delta q_{20} = 0.3 \times \{1 \times 1 \times (-1.2)\} \times 1 \times 1 = -0.36$
$\Delta q_{21} = 0.3 \times \{1 \times 1 \times (-1.2)\} \times 1 \times 0 = 0$
$\Delta q_{22} = 0.3 \times \{1 \times 1 \times (-1.2)\} \times 1 \times 1 = -0.36$

［式(10)の出力層ユニットの重み更新量］
$r_0 = -0.4 + 0.3 = -0.1$
$r_1 = 0.8 + 0 = 0.8$
$r_2 = -1.2 + 0.3 = -0.9$

［式(11)の中間層ユニットの重み更新量］
$q_{10} = 1.07 + 0.24 = 1.31$
$q_{11} = -0.8 + 0 = -0.8$
$q_{12} = -1.1 + 0.24 = -0.86$
$q_{20} = 0.97 - 0.36 = 0.61$
$q_{21} = -1.1 + 0 = -1.1$
$q_{22} = -0.9 - 0.36 = -1.26$

③ $(x_1,\ x_2) = (1,\ 1)$ の場合［正解ラベル $d = 0$］
$\tilde{z}_1 = 1.31x_0 - 0.8x_1 - 0.86x_2$
$\quad = 1.31 \times 1 - 0.8 \times 0 - 0.86 \times 1 = -0.35$
$z_1 = \varsigma(-0.35) = Us(-0.35) = 0$
$\tilde{z}_2 = 0.61x_0 - 1.1x_1 - 1.26x_2$
$\quad = 0.61 \times 1 - 1.1 \times 1 - 1.26 \times 1 = -1.75$
$z_2 = \varsigma(-1.75) = Us(-1.75) = 0$

$\tilde{y} = -0.1z_0 + 0.8z_1 - 0.9z_2$
$\quad = -0.1 \times 1 + 0.8 \times 0 - 0.9 \times 0 = -0.1$
$y = \varsigma(-0.1) = Us(-0.1) = 0$
$\varepsilon = d - y = 0 - 0 = 0$

④ $(x_1,\ x_2) = (1,\ 0)$ の場合［正解ラベル $d = 1$］
$\tilde{z}_1 = 1.31x_0 - 0.8x_1 - 0.86x_2$
$\quad = 1.31 \times 1 - 0.8 \times 1 - 0.86 \times 0 = 0.51$
$z_1 = \varsigma(0.51) = Us(0.51) = 1$
$\tilde{z}_2 = 0.61x_0 - 1.1x_1 - 1.26x_2$
$\quad = 0.61 \times 1 - 1.1 \times 1 - 1.26 \times 0 = -0.49$
$z_2 = \varsigma(-0.49) = Us(-0.49) = 0$
$\tilde{y} = -0.1z_0 + 0.8z_1 - 0.9z_2$
$\quad = -0.1 \times 1 + 0.8 \times 1 - 0.9 \times 0 = 0.7$
$y = \varsigma(0.7) = Us(0.7) = 1$
$\varepsilon = d - y = 1 - 1 = 0$

なお，紙面の都合上，
⑤ $(x_1,\ x_2) = (0,\ 1)$ の場合［正解ラベル $d = 1$］
⑥ $(x_1,\ x_2) = (0,\ 0)$ の場合［正解ラベル $d = 0$］
についての計算は省略するが，いずれの場合も誤差 ε は0となって，XOR演算の学習終了となる（図4.6）．

このとき，図4.6のネットワーク構成について，三つのブロックに分けて各ブロックの演算を調べてみよう（図4.7）．すると，各ブロック$\boxed{A}$，$\boxed{B}$，$\boxed{C}$の演算結果は表4.3になるので，

ブロック$\boxed{A}$：NAND演算
ブロック$\boxed{B}$：NOR演算
ブロック$\boxed{C}$：大小判定
$\qquad$（NAND出力z_1 > NOR出力z_2）

の論理処理であることがわかる．その結果，XOR演算のニューラル・ネットワークが得られていることが理解される．

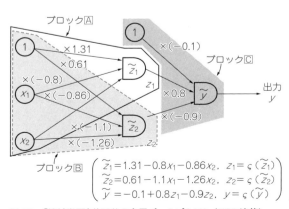

図4.6 「機械学習」終了後の多層パーセプトロン（XOR演算）

表4.3 各ブロック（図4.7）の演算結果

ブロックA					ブロックB					ブロックC				正解ラベル
x_1	x_2	$\tilde{z}_1$	z_1		x_1	x_2	$\tilde{z}_2$	z_2		x_1	x_2	$\tilde{y}$	y	d
0	0	1.31	1		0	0	0.61	1		0	0	−0.1	0	0
0	1	0.45	1		0	1	−0.65	0		0	1	0.7	1	1
1	0	0.51	1		1	0	−0.49	0		1	0	0.7	1	1
1	1	−0.5	0		1	1	−1.75	0		1	1	−0.2	0	0
(a) NAND演算 → NAND出力					(b) NOR演算 → NOR出力					(c) 大小判定 ($z_1 > z_2$) → 大小判定出力				XOR出力

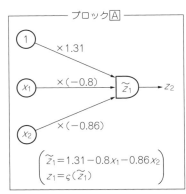
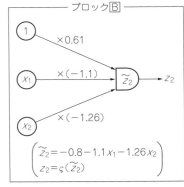
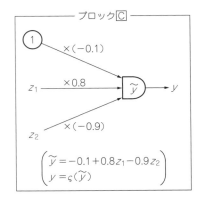

図4.7 多層パーセプトロン（図4.6）の各ブロック構成

4.3 深層学習アルゴリズム（誤差逆伝搬法）

何となく，多層パーセプトロン（ニューラル・ネットワーク）の学習する感覚をつかんでいただいたところで，ここからは一般式として展開する．

多層パーセプトロンでは，大量のユニット（ニューロン）と，それらにつながる重み（結合加重）を扱う必要がある．ただ，数式表現が非常に複雑そうに見えるかもしれないが，見た目だけなので何も心配することはない．

まず，入力層を除く層の数をL個とおき，入力層を第0層，その次を第1層，順に第2層，第3層，…，と呼ぶことにし，最終の出力層が第L層となる（図4.8）．そして，第ℓ層のユニット数（図中に記載の○の中に数字の「1」が書かれた記号，バイアス入力を除く）を，N_ℓのように表記する．たとえば，第2層ならユニット数はN_2個となる．

次に，第ℓ層のk番目のユニットに着目し，このユニットの出力値を$x_k^{(\ell)}$と表現する．そしてk番目のユニットにつながる第$(\ell-1)$層の重みのうち，j番目のものを$w_{kj}^{(\ell)}$と表すとき，$k=1, 2, \cdots, N_\ell$，$j=0, 1, 2, \cdots, N_{\ell-1}$であり，これ以降$k=1 \sim N_\ell$，$j=0 \sim N_{\ell-1}$のように簡易表記する．

また，このユニットへの入力は一つ前の第$(\ell-1)$層の出力値なので，$\{x_0^{(\ell-1)}=1, x_1^{(\ell-1)}, \cdots, x_j^{(\ell-1)}, \cdots, x_{N_{\ell-1}}^{(\ell-1)}\}$となる．なお，これら$N_{\ell-1}$個の入力値のそれぞれに重み$w_{kj}^{(\ell)}$を掛けて合計した値を$u_k^{(\ell)}$と表すと，

$$u_k^{(\ell)} = w_{k0}^{(\ell)} x_0^{(\ell-1)} + \cdots + w_{kj}^{(\ell)} x_j^{(\ell-1)} + \cdots + w_{kN_\ell}^{(\ell)} x_{N_\ell}^{(\ell-1)}$$
$$= \sum_{j=0}^{N_{\ell-1}} w_{kj}^{(\ell)} x_j^{(\ell-1)} \ ; \ k=1 \sim N_\ell \cdots\cdots(22)$$

で与えられる．さらに，一つのユニットは単純パーセプトロンと同じ動作をするので，活性化関数を用いて

$$x_k^{(\ell)} = \varsigma(u_k^{(\ell)}) \cdots\cdots(23)$$

となる．添え字が多くて「ややこしい」ように感ずるかもしれないが，各変数$w_{kj}^{(\ell)}$の右上の添え字(ℓ)は層番号，右下の添え字の1番目[k]は層内のユニット番号，2番目[j]はこのユニットにつながる一つ前の層$(\ell-1)$の出力値の番号であることは抑えておこう．

たとえば，第1層では，

入力：$\{x_0^{(0)}=1, x_1^{(0)}, \cdots, x_i^{(0)}, \cdots, x_{N_0}^{(0)}\}$
出力：$u_j^{(1)} = w_{j0}^{(1)} x_0^{(0)} + \cdots + w_{ji}^{(1)} x_i^{(0)} + \cdots + w_{jN_0}^{(1)} x_{N_0}^{(0)}$
$= \sum_{i=0}^{N_0} w_{ji}^{(1)} x_i^{(0)} \ ; \ j=1 \sim N_1 \cdots\cdots(24)$

$x_j^{(1)} = \varsigma(u_j^{(1)}) \cdots\cdots(25)$

のように表される．

また，最後の出力層に相当する第L層のN_L個のユニットに対しては，

入力：$\{x_0^{(L-1)}=1, x_1^{(L-1)}, \cdots, x_m^{(L-1)}, \cdots, x_{N_{L-1}}^{(L-1)}\}$
出力：$u_n^{(L)} = w_{n0}^{(L)} x_0^{(L-1)} + \cdots + w_{nm}^{(L)} x_m^{(L-1)}$
$+ \cdots + w_{nN_{L-1}}^{(L)} x_{N_{L-1}}^{(L-1)}$

第4章 進化する深層学習

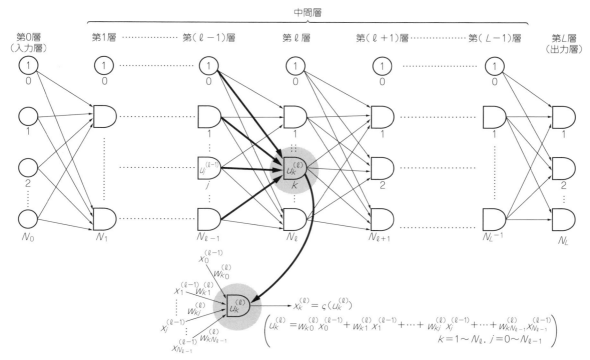

図4.8 多層パーセプトロンの一般的な構成

$$= \sum_{m=0}^{N_{L-1}} w_{nm}^{(L)} x_m^{(L-1)} \ ; \ n=1\sim N_L \cdots\cdots(26)$$
$$x_n^{(L)} = \varsigma(u_n^{(L)}) \cdots\cdots(27)$$

となり，多層パーセプトロンの出力 $\{y_n\}_{n=1}^{n=N_L}$ に等しい，つまり，

$$y_n = x_n^{(L)} \ ; \ n=1\sim N_L \cdots\cdots(28)$$

である．

いよいよ，「機械学習」における計算アルゴリズムを導き出すというAI理論，最大の山場である．

多層パーセプトロンはニューラル・ネットワーク全体で学習する機械であり，入力層にパラメータを入力し，出力層からの出力が所望の値（正解ラベル）に近づけることを目指すことになる．

ここで，正解ラベルは単純パーセプトロンの場合のような'0'と'1'とか，'-1'と'+1'の2値ではなく，より一般的な「出力されてほしい所望の値」であり，

$$\{d_1, d_2, \cdots, d_n, \cdots, d_{N_L}\} \cdots\cdots(29)$$

と表すことにする．なお，中間層の出力に対する正解ラベルが存在しない，言い換えれば中間層の出力を規定しないことが，学習しながら賢くなるというマジック「機械学習」であり，人工知能実現の原点になる．

最初に，誤差関数 E の定義からである．出力層からの各ユニットの出力誤差 ε_n は，式(28)と式(29)より，

$$\varepsilon_n = d_n - y_n \ \ \ ; \ n=1\sim N_L \cdots\cdots(30)$$
$$= d_n - x_n^{(L)} \cdots\cdots(31)$$

で与えられ，出力層の n 番目のユニットにおける「所望の出力値と実際の出力値の差」である．

前述したように，ニューラル・ネットワーク全体で学習する多層パーセプトロンは，誤差関数も全体で評価する必然性より，負の値にならないよう出力誤差 ε_n を2乗して総和を採って，一般に，

$$E = \sum_{n=1}^{N_L} \left\{\frac{1}{2} \varepsilon_n^2\right\} \cdots\cdots(32)$$
$$= \sum_{n=1}^{N_L} \left\{\frac{1}{2} (d_n - y_n)^2\right\} \cdots\cdots(33)$$
$$= \sum_{n=1}^{N_L} \left\{\frac{1}{2} (d_n - x_n^{(L)})^2\right\} \cdots\cdots(34)$$

で定義され，**2乗誤差**と呼ばれる．この定義式で出力誤差 ε_n を2乗している点，そして定数 $1/2$ を掛けているのは，以後の計算で都合がいいからという理由からである．

次に，誤差関数が決まったので，『勾配降下法』を適用することを考えてみよう．まずは，勾配降下法の基本式として，第 L 層に対する重みの更新式を示す．ただし，α は学習率（正の定数）である．

◆第 L 層　$[n=1\sim N_L,\ m=0\sim N_{L-1}]$

$$w_{nm}^{(L)} \leftarrow w_{nm}^{(L)} + \Delta w_{nm}^{(L)}, \ \Delta w_{nm}^{(L)} = -\alpha \frac{\partial E}{\partial w_{nm}^{(L)}} \cdots\cdots(35)$$

式(35)において，重み更新式の肝は「偏微分値」であるわけだが，この計算で必要になる偏微分公式が1.3の「合成関数の微分の連鎖律（式(13)）」である．簡

単に説明しておこう．

複数の変数 $x_1, x_2, \cdots, x_k, \cdots, x_K$ を有する多変数関数，すなわち，

$$f(x_1, x_2, \cdots, x_k, \cdots, x_K)$$

で，さらに変数 $x_1, x_2, \cdots, x_k, \cdots, x_K$ がそれぞれ変数 y の関数である場合，関数 f を変数 y で偏微分すると次のようになる．

$$\frac{\partial f}{\partial y} = \sum_{k=1}^{K} \frac{\partial f}{\partial x_k} \frac{\partial x_k}{\partial y}$$

$$= \frac{\partial f}{\partial x_1} \frac{\partial x_1}{\partial y} + \cdots + \frac{\partial f}{\partial x_k} \frac{\partial x_k}{\partial y} + \cdots + \frac{\partial f}{\partial x_K} \frac{\partial x_K}{\partial y} \cdots (36)$$

また，変数 $x_1, x_2, \cdots, x_k, \cdots, x_K$ のうち，m 番目の変数 x_m のみが変数 y の関数で，ほかの変数は変数 y を含まない場合は，$k \neq m$ に対する x_k の変数 y に対する偏微分はすべて 0 になって，式 (36) より，

$$\frac{\partial f}{\partial y} = \frac{\partial f}{\partial x_1} \underbrace{\frac{\partial x_1}{\partial y}}_{0} + \cdots + \frac{\partial f}{\partial x_m} \underbrace{\frac{\partial x_m}{\partial y}}_{\neq 0} + \cdots + \frac{\partial f}{\partial x_K} \underbrace{\frac{\partial x_K}{\partial y}}_{0}$$

$$= \frac{\partial f}{\partial x_m} \frac{\partial x_m}{\partial y} \cdots\cdots\cdots\cdots\cdots\cdots\cdots\cdots (37)$$

と非常に簡易な形で表される．

これからの機械学習の計算アルゴリズムを説明する際に，式 (36) と式 (37) の二つの偏微分公式を頻繁に利用するので記憶に留めておいてほしい．

さっそく，出力層（第 L 層）に注目して勾配降下法を適用するために，n 番目のユニットの m 番目の重み $w_{nm}^{(L)}$ に対する誤差関数 E の『傾き』，すなわち，

$$\frac{\partial E}{\partial w_{nm}^{(L)}} \cdots\cdots\cdots\cdots\cdots\cdots\cdots\cdots\cdots\cdots (38)$$

で表される偏微分値を考える．

ところで，誤差関数 E は $x_n^{(L)}$ の関数，$x_n^{(L)}$ は $u_n^{(L)}$ の関数であり，式 (26) より $u_n^{(L)}$ は重み $w_{nm}^{(L)}$ の関数とみなせる．また，誤差関数 E は出力層の m 番目以外のユニット出力値も変数としてもつが，図 4.8 を見てわかるように，$w_{nm}^{(L)}$ の影響を与えるのは m 番目のユニットだけである．よって，式 (38) は式 (37) の偏微分公式を適用すれば，

$$\frac{\partial E}{\partial w_{nm}^{(L)}} = \frac{\partial E}{\partial u_n^{(L)}} \frac{\partial u_n^{(L)}}{\partial w_{nm}^{(L)}} \cdots\cdots\cdots\cdots\cdots\cdots (39)$$

となる．ここで，式 (26) より，

$$u_m^{(L)} = w_{m0}^{(L)} x_0^{(L-1)} + \cdots + \underline{w_{nm}^{(L)} x_m^{(L-1)}} + \cdots + w_{nN_{L-1}}^{(L)} x_{N_{L-1}}^{(L-1)}$$

であり，$w_{nm}^{(L)}$ が出現するのは太い下線で示す一カ所のみであることがわかる．つまり，$u_m^{(L)}$ を $w_{nm}^{(L)}$ で偏微分すると，$w_{nm}^{(L)}$ 以外の変数はすべて定数とみなすので $w_{nm}^{(L)}$ を含まない項は消えてしまい，結果として式 (39) の第 2 項は $x_m^{(L-1)}$ の項だけが残る．

$$\frac{\partial u_m^{(L)}}{\partial w_{nm}^{(L)}} = x_m^{(L-1)} \cdots\cdots\cdots\cdots\cdots\cdots\cdots\cdots (40)$$

また，式 (39) の第 1 項は，式 (37) の偏微分公式でさらに分解して，

$$\frac{\partial E}{\partial u_n^{(L)}} = \frac{\partial E}{\partial x_n^{(L)}} \frac{\partial x_n^{(L)}}{\partial u_n^{(L)}} \cdots\cdots\cdots\cdots\cdots\cdots (41)$$

で表される関係が導かれる．式 (41) の第 1 項は，出力層 n 番目のユニット出力値 $x_n^{(L)}$ ($=y_n$) で誤差関数 E を

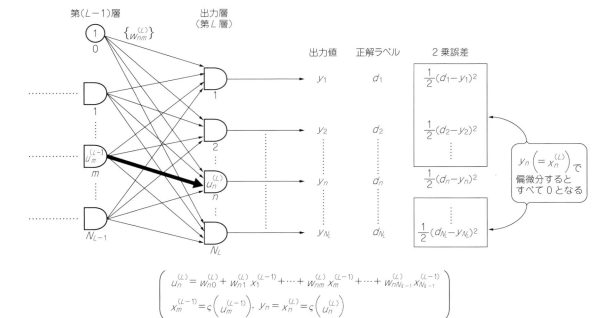

図 4.9　誤差関数 E の出力層ユニット出力値 $y_n = x_n^{(L)}$ に対する偏微分計算

偏微分することを表す．誤差関数Eは，出力層すべてのユニットの2乗誤差の総和であり，これを$x_n^{(L)}$で偏微分すると$x_n^{(L)}$以外の変数はすべて定数とみなせる（図4.9）．その結果，n番目以外のユニットの2乗誤差はすべて無視できるので，式(32)を考慮して，

$$\frac{\partial E}{\partial x_n^{(L)}} = \frac{\partial}{\partial x_n^{(L)}} \left[\sum_{n=1}^{N_L} \left\{ \frac{1}{2}(d_n - x_n^{(L)})^2 \right\} \right]$$

$$= \frac{\partial \left\{ \frac{1}{2}(d_n - x_n^{(L)})^2 \right\}}{\partial x_n^{(L)}}$$

$$= \frac{\partial \left\{ \frac{1}{2}[d_n^2 - 2d_n x_n^{(L)} + (x_n^{(L)})^2] \right\}}{\partial x_n^{(L)}}$$

$$= -(d_n - x_n^{(L)}) = \varepsilon_n \quad \cdots\cdots (42)$$

となる．
そして，式(41)の第2項は，式(27)より，

$$\frac{\partial x_n^{(L)}}{\partial u_n^{(L)}} = \varsigma'(u_n^{(L)}) \quad \cdots\cdots (43)$$

のように活性化関数の微分値であることがわかる．ただし，実際の計算式は，活性化関数の定義によって決まる（**第3章**の**Column 2**を参照）．

以上の計算結果に基づき，式(39)〜式(43)より，

$$\frac{\partial E}{\partial u_n^{(L)}} = -\varepsilon_n \varsigma'(u_n^{(L)}) \quad \cdots\cdots (44)$$

であることから，勾配降下法の更新量に直結する誤差関数Eの重み$w_{nm}^{(L)}$に対する『傾き』は，

$$\frac{\partial E}{\partial w_{nm}^{(L)}} = \frac{\partial E}{\partial u_n^{(L)}} \frac{\partial u_n^{(L)}}{\partial w_{nm}^{(L)}}$$

$$= -\varepsilon_n \varsigma'(u_n^{(L)}) x_m^{(L-1)} \quad \cdots\cdots (45)$$

で与えられる．式(45)を式(35)に当てはめると，重み$w_{nm}^{(L)}$の更新式は，$n=1 \sim N_L$，$m=0 \sim N_{L-1}$に対して，

$$\begin{cases} w_{mk}^{(\ell+1)} \leftarrow w_{nm}^{(L)} + \Delta w_{nm}^{(L)} \\ \Delta w_{nm}^{(L)} = \alpha \varepsilon_n \varsigma'(u_n^{(L)}) x_m^{(L-1)} \end{cases} \cdots\cdots (46)$$

と表される．
なお，一見複雑そうに見える更新式もプログラムとして実装するとそんなに大したことはないので心配はいらない．n, mの値を変えていくと，出力層のユニットにつながる重みはすべて更新できる．

続いて，出力層より一つ前の層[第$(L-1)$層]のユニットにつながる重み$w_{mk}^{(L-1)}$を考える．すなわち，第$(L-1)$層のN_{L-1}個[$m=1 \sim N_{L-1}$]のユニットに対しては，

入力：$\{x_0^{(L-2)}=1, x_1^{(L-2)}, \cdots, x_k^{(L-2)}, \cdots, x_{N_{L-2}}^{(L-2)}\}$

出力：$u_m^{(L-1)} = w_{m0}^{(L-1)} x_0^{(L-2)} + \cdots + w_{mk}^{(L-1)} x_k^{(L-2)}$
$\qquad\qquad\qquad\qquad + \cdots + w_{mN_{L-2}}^{(L-1)} x_{N_{L-2}}^{(L-2)}$

$$= \sum_{k=0}^{N_{L-2}} w_{mk}^{(L-1)} x_k^{(L-2)} \quad \cdots\cdots (47)$$

$$x_m^{(L-1)} = \varsigma(u_m^{(L-1)}) \quad \cdots\cdots (48)$$

と表される．ここでも，式(42)の誤差関数Eに対して勾配降下法を適用する．

さっそく，重み$w_{mk}^{(L-1)}$に対する誤差関数Eの『傾き』，すなわち，

$$\frac{\partial E}{\partial w_{mk}^{(L-1)}} \quad \cdots\cdots (49)$$

で表される偏微分値を考えてみよう．

ところで，誤差関数Eは$x_m^{(L-1)}$の関数，$x_m^{(L-1)}$は$u_m^{(L-1)}$の関数であり，式(47)より$u_m^{(L-1)}$は重み$w_{mk}^{(L-1)}$の関数と見なせる．また，Eは第$(L-1)$層のk番目以外の出力値を変数として持つが，図4.10を見るとわかるように，$w_{mk}^{(L-1)}$が影響を与えるのは第$(L-1)$層のk番目のユニットだけである．第L層まで伝搬すると複数のユニットに影響しそうだが，式(47)より，$x_1^{(L)}, x_2^{(L)}, \cdots, x_{N_L}^{(L)}$は使われていない．よって，式(49)は式(37)の偏微分公式を適用すれば，

$$\frac{\partial E}{\partial w_{mk}^{(L-1)}} = \frac{\partial E}{\partial u_m^{(L-1)}} \frac{\partial u_m^{(L-1)}}{\partial w_{mk}^{(L-1)}} \quad \cdots\cdots (50)$$

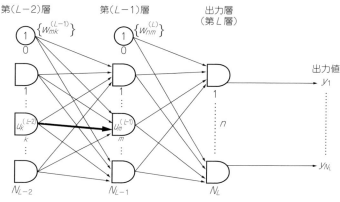

図4.10　第$(L-1)$層の重み$w_{mk}^{(L-1)}$の更新

となる．ここで，式(50)の第2項においては，式(47)より，

$$u_m^{(L-1)} = w_{m0}^{(L-1)} x_0^{(L-2)} + \cdots + \underline{w_{mk}^{(L-1)} x_k^{(L-2)}} \\ + \cdots + w_{mN_{L-2}}^{(L-1)} x_{N_{L-2}}^{(L-2)}$$

であり，$w_{mk}^{(L-1)}$ が出現するのは太い下線で示す一カ所のみであることがわかる．つまり，$u_m^{(L-1)}$ を $w_{mk}^{(L-1)}$ で偏微分すると，$w_{mk}^{(L-1)}$ 以外の変数はすべて定数とみなすので $w_{mk}^{(L-1)}$ を含まない項は消えてしまい，結果として $x_k^{(L-2)}$ の項だけが残ることになる．

$$\frac{\partial u_m^{(L-1)}}{\partial w_{mk}^{(L-1)}} = x_k^{(L-2)} \quad \cdots\cdots\cdots (51)$$

また，式(50)の第1項は，評価関数 E を1層さかのぼった第 L 層（出力層）の入出力関係［式(26)］とみなし，式(36)の偏微分公式でさらに分解すれば，

$$\frac{\partial E}{\partial u_m^{(L-1)}} = \sum_{n=1}^{N_L}\left\{\frac{\partial E}{\partial u_n^{(L)}} \frac{\partial u_n^{(L)}}{\partial x_m^{(L-1)}} \frac{\partial x_m^{(L-1)}}{\partial u_m^{(L-1)}}\right\} \cdots (52)$$

で表される関係が導かれる．この式において，『機械学習』の計算アルゴリズムの最大のポイントが現れている．

どこに現れているのかと言えば，式(52)の $\sum$ 中の第1項 $\partial E/\partial u_n^{(L)}$ である．この値は，式(44)で出力層の重み更新量を導出する際にすでに計算済みで，再利用可能である．

式(52)の $\sum$ 中の第2項は，$u_n^{(L)}$ が第 $(L-1)$ 層の各ユニット出力 $\{x_m^{(L-1)}\}_{m=0}^{m=N_{L-1}}$ に第 L 層の第 m 番目の重み $\{w_{nm}^{(L)}\}_{m=0}^{m=N_{L-1}}$ を掛けて総和を採ったものなので，式(26)より，

$$u_n^{(L)} = w_{n0}^{(L)} x_0^{(L-1)} + \cdots + \underline{w_{nm}^{(L)} x_m^{(L-1)}} \\ + \cdots + w_{nN_L}^{(L)} x_{N_L}^{(L-1)}$$

となり，

$$\frac{\partial u_n^{(L)}}{\partial x_m^{(L-1)}} = w_{nm}^{(L)} \quad \cdots\cdots\cdots (53)$$

が得られる．

そして，式(52)の $\sum$ の中の第3項は，式(48)より，

$$\frac{\partial x_m^{(L-1)}}{\partial u_m^{(L-1)}} = \varsigma'(u_m^{(L-1)}) \quad \cdots\cdots\cdots (54)$$

のように活性化関数の微分値であることがわかる．

式(53)と式(54)を式(52)に代入すれば，

$$\frac{\partial E}{\partial u_m^{(L-1)}} = \left\{\sum_{n=1}^{N_L}\frac{\partial E}{\partial u_n^{(L)}} w_{nm}^{(L)}\right\} \varsigma'(u_m^{(L-1)}) \cdots (55)$$

となり，最終的に勾配降下法の更新量に直結する誤差関数 E の重み $w_{mk}^{(L-1)}$ に対する『傾き』は，式(49)と式(50)より次式で表される．

$$\frac{\partial E}{\partial w_{mk}^{(L-1)}} = \left\{\sum_{n=1}^{N_L}\frac{\partial E}{\partial u_n^{(L)}} w_{nm}^{(L)}\right\} \varsigma'(u_m^{(L-1)}) x_k^{(L-2)} \cdots (56)$$

以上の結果に基づき，出力層と同様に考えて，式(56)を勾配降下法に当てはめると，重み $w_{mk}^{(L-1)}$ の更新式は，式(44)を考慮して，

◆第 $(L-1)$ 層　$[m = 1 \sim N_{L-1},\ k = 0 \sim N_{L-2}]$

$$\begin{cases} w_{mk}^{(L-1)} \leftarrow w_{mk}^{(L-1)} + \Delta w_{mk}^{(L-1)} \\ \Delta w_{mk}^{(L-1)} = -\alpha \dfrac{\partial E}{\partial w_{mk}^{(L-1)}} \\ \qquad = -\alpha \left\{\sum_{n=1}^{N_L}\dfrac{\partial E}{\partial u_n^{(L)}} w_{nm}^{(L)}\right\} \varsigma'(u_m^{(L-1)}) x_k^{(L-2)} \\ \qquad = \alpha \left\{\sum_{n=1}^{N_L}(\varepsilon_n \varsigma'(u_n^{(L)})) w_{nm}^{(L)}\right\} \varsigma'(u_m^{(L-1)}) x_k^{(L-2)} \\ \qquad\qquad\qquad\qquad\qquad\qquad \cdots\cdots\cdots (57) \end{cases}$$

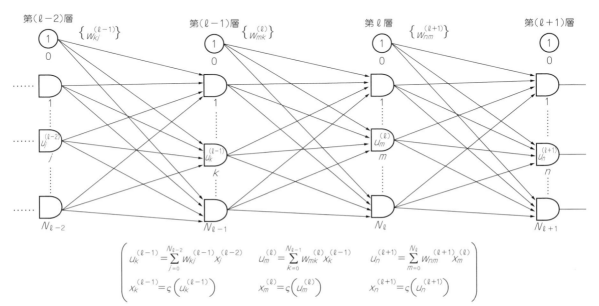

図4.11　第 $(\ell-2)$ 層から第 $(\ell+1)$ 層までの入出力関係

と表される．

ここまでは，第L層と第$(L-1)$層を取り上げて計算アルゴリズムを説明してきたが，すべての層に適用できる重み更新式を導くため，任意の第ℓ層で一般化して考えてみよう．

説明に入る前に，図4.11に基づき，第$(\ell+1)$層，第ℓ層，第$(\ell-1)$層におけるユニットの入力と出力を求めておく．

◆第$(\ell+1)$層

入力：$\{x_0^{(\ell)} = 1, x_1^{(\ell)}, \cdots, x_m^{(\ell)}, \cdots, x_{N_\ell}^{(\ell)}\}$
出力：$u_n^{(\ell+1)} = w_{n0}^{(\ell+1)} x_0^{(\ell)} + \cdots + w_{nm}^{(\ell+1)} x_m^{(\ell)}$
$\qquad\qquad + \cdots + w_{nN_\ell}^{(\ell+1)} x_{N_\ell}^{(\ell)}$ ……(58)

$\qquad = \sum_{m=0}^{N_\ell} w_{nm}^{(\ell+1)} x_m^{(\ell)} \ ; n = 1 \sim N_{\ell+1}$

$x_n^{(\ell+1)} = \varsigma(u_n^{(\ell+1)})$ ……………………(59)

◆第ℓ層

入力：$\{x_0^{(\ell-1)} = 1, x_1^{(\ell-1)}, \cdots, x_k^{(\ell-1)}, \cdots, x_{N_{\ell-1}}^{(\ell-1)}\}$
出力：$u_m^{(\ell)} = w_{m0}^{(\ell)} x_0^{(\ell-1)} + \cdots + w_{mk}^{(\ell)} x_k^{(\ell-1)}$
$\qquad\qquad + \cdots + w_{mN_{\ell-1}}^{(\ell)} x_{N_{\ell-1}}^{(\ell-1)}$ ……(60)

$\qquad = \sum_{k=0}^{N_{\ell-1}} w_{mk}^{(\ell)} x_k^{(\ell-1)} \ ; m = 1 \sim N_\ell$

$x_m^{(\ell)} = \varsigma(u_m^{(\ell)})$ ……………………(61)

◆第$(\ell-1)$層

入力：$\{x_0^{(\ell-2)} = 1, x_1^{(\ell-2)}, \cdots, x_j^{(\ell-2)}, \cdots, x_{N_{\ell-2}}^{(\ell-2)}\}$
出力：$u_k^{(\ell-1)} = w_{k0}^{(\ell-1)} x_0^{(\ell-2)} + \cdots + w_{kj}^{(\ell-1)} x_k^{(\ell-2)}$
$\qquad\qquad + \cdots + w_{kN_{\ell-2}}^{(\ell-1)} x_{N_{\ell-2}}^{(\ell-2)}$ ……(62)

$\qquad = \sum_{j=0}^{N_{\ell-2}} w_{kj}^{(\ell-1)} x_j^{(\ell-2)} \ ; k = 1 \sim N_{\ell-1}$

$x_k^{(\ell-1)} = \varsigma(u_k^{(\ell-1)})$ ……………………(63)

次に，第$(L-1)$層で説明した手順を踏襲して，第$(\ell+1)$層，第ℓ層，第$(\ell-1)$層に適用した結果をまとめると，『勾配降下法』による各層の重みに対する『傾き』が次のように表される．

◆第$(\ell+1)$層　$[n = 1 \sim N_{\ell+1},\ m = 0 \sim N_\ell]$

$\begin{cases} w_{nm}^{(\ell+1)} \leftarrow w_{nm}^{(\ell+1)} + \Delta w_{nm}^{(\ell+1)} \\ \Delta w_{nm}^{(\ell+1)} = -\alpha \dfrac{\partial E}{\partial w_{nm}^{(\ell+1)}} \end{cases}$ ……(64)

$\dfrac{\partial E}{\partial w_{nm}^{(\ell+1)}} = \boxed{\dfrac{\partial E}{\partial u_n^{(\ell+1)}}}^{\text{ⓐ}} \dfrac{\partial u_n^{(\ell+1)}}{\partial w_{nm}^{(\ell+1)}}$ ……………(65)

$= \left\{ \sum_{i=1}^{N_{\ell+2}} \dfrac{\partial E}{\partial u_i^{(\ell+2)}} w_{in}^{(\ell+2)} \right\} \varsigma'(u_n^{(\ell+1)}) x_m^{(\ell)}$ …(66)

◆第ℓ層　$[m = 1 \sim N_\ell,\ k = 0 \sim N_{\ell-1}]$

$\begin{cases} w_{mk}^{(\ell)} \leftarrow w_{mk}^{(\ell)} + \Delta w_{mk}^{(\ell)} \\ \Delta w_{mk}^{(\ell)} = -\alpha \dfrac{\partial E}{\partial w_{mk}^{(\ell)}} \end{cases}$ ……(67)

$\dfrac{\partial E}{\partial w_{mk}^{(\ell)}} = \boxed{\dfrac{\partial E}{\partial u_m^{(\ell)}}}^{\text{ⓑ}} \dfrac{\partial u_m^{(\ell)}}{\partial w_{mk}^{(\ell)}}$ ……………(68)

$= \left\{ \sum_{n=1}^{N_{\ell+1}} \boxed{\dfrac{\partial E}{\partial u_n^{(\ell+1)}}}^{\text{ⓐ}} w_{nm}^{(\ell+1)} \right\} \varsigma'(u_m^{(\ell)}) x_k^{(\ell-1)}$ …(69)

◆第$(\ell-1)$層　$[k = 1 \sim N_{\ell-1},\ j = 0 \sim N_{\ell-2}]$

$\begin{cases} w_{kj}^{(\ell-1)} \leftarrow w_{kj}^{(\ell-1)} + \Delta w_{kj}^{(\ell-1)} \\ \Delta w_{kj}^{(\ell-1)} = -\alpha \dfrac{\partial E}{\partial w_{kj}^{(\ell-1)}} \end{cases}$ ……(70)

$\dfrac{\partial E}{\partial w_{kj}^{(\ell-1)}} = \dfrac{\partial E}{\partial u_k^{(\ell-1)}} \dfrac{\partial u_k^{(\ell-1)}}{\partial w_{kj}^{(\ell-1)}}$ ……………(71)

$= \left\{ \sum_{m=1}^{N_\ell} \boxed{\dfrac{\partial E}{\partial u_m^{(\ell)}}}^{\text{ⓑ}} w_{mk}^{(\ell)} \right\} \varsigma'(u_k^{(\ell-1)}) x_j^{(\ell-2)}$ …(72)

では，得られた式(64)～式(72)をじっくりながめてみよう．

たとえば，第ℓ層の$\sum$の中の変数［式(69)のⓐ］$\partial E / \partial u_n^{(\ell+1)}$は，出力層に近い上位層［第$(\ell+1)$層］での重み更新時における計算済みの式(65)のⓐに等しいことに気づく．

同様に，第$(\ell-1)$層の$\sum$の中の変数［式(72)のⓑ］$\partial E / \partial u_m^{(\ell)}$は，出力層に近い上位層［第$\ell$層］での重み更新時における，計算済みの式(68)のⓑに等しい．

このように，第ℓ層の重み更新を計算する際には，出力層に近い上位層［第$(\ell+1)$層］での計算値を再利用できるわけだ．この再利用計算できることが『機械学習』のキーポイントになる考え方である．

この計算の流れに着目すれば，第$(\ell+1)$層の重み更新量を計算し，その計算結果の一部を第ℓ層の重み更新時に再利用できる．プログラムでは計算結果を保持しておけばOKで，その値を使って第$(\ell-1)$層の重み更新の計算をし，さらに計算結果の一部を第$(\ell-2)$層の重み更新の計算に利用するという処理を第1層まで繰り返すという計算アルゴリズムである（図4.12）．

この計算のようすから，『機械学習』の誤差逆伝搬法（バック・プロパゲーション法：back-propagation，これ以降BPと略す）と呼ばれている．

図4.12に示すように，多層パーセプトロンの入力層（第0層）に$\{x_0^{(0)} = 1, x_1^{(0)}, \cdots, x_{N_0}^{(0)}\}$を入力したとき，重みを掛けながら総和計算し，活性化関数を通して得られた出力値が次の中間層への入力になる．同様の重み更新の計算が第1層，第2層，…と次々に伝搬

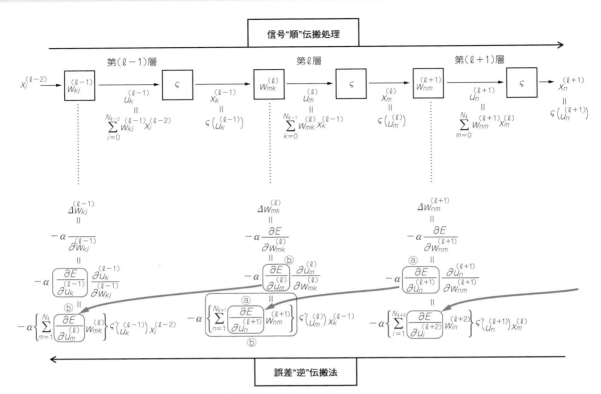

図4.12　機械学習の重み更新における計算イメージ

されて，出力層（第L層）から，$\{y_1 = x_1^{(L)}, y_2 = x_2^{(L)},$ …, $y_{N_L} = x_{N_L}^{(L)}\}$ が出力される．この入力から出力にいたる計算を，**信号"順"伝搬処理**と呼ぶことにする．

これに対して，重み更新時には，まず出力層（第L層）の重み更新量を計算し，計算結果の一部を第L層，第$(L-1)$層，第$(L-2)$層…と次々に伝搬させながら，出力から入力へと逆方向に計算を進めていくようですから**誤差"逆"伝搬法**という理由になっている．

もちろん，順方向および逆方向のいずれの計算もほとんど同じ形の計算式なので，BP法はプログラム向きのアルゴリズムということになる．コンピュータの飛躍的な性能向上と相まって，本格的なAI時代の幕開けに貢献していると言える．

第2部

情報数理

　現在，人類は「人工知能（AI）」，「ビッグデータ」という大きなトレンドの渦の中にどっぷりと浸かっている．これら情報革命の渦こそが，私たちの生き方，働き方，そして考え方を変革していく原動力だと言われる．

　第1部では，AIの核となるコンピュータによる機械学習を取り上げた．その際，機械学習の成否を左右するものは，学習に使用するデータ量であり，大量であればあるほど望ましいとされる．つまり，ビッグデータに基づく学習においては，「統計学が最高の学問である」などと謳ったデータ分析に関するビジネス書が注目を浴びており，技術者必須の素養として，「情報」の確率・統計的な取り扱いに習熟していることが要求されている．

　このような視点から第2部では，「情報」を量る手法やベイズの定理，エントロピー，符号化/復号化など，確率・統計を骨格とする情報理論的な取り扱いに関する基礎数学を取り上げ，通信やデータ圧縮などの応用に即した読み解き方についても解説する．

第5章 情報数学の基礎

巻頭プロローグでは，情報数学が使われる多種多彩な信号処理応用の代表格として，データ圧縮，符号化/復号化，暗号などの事例を紹介した．また，これら信号処理応用を支える基本テクニックが「相関計算」と「整数演算」にあり，さらに未来の「人工知能（AI）」につながっていく．とくに，AIの学習計算アルゴリズムの基本を第1部において解説した．

ところで，長さ，重さ，時間などは，いずれも国際的に定められた標準量と比較して表されることは物理学の基本的な約束事である．しかし「情報」ということになると，長さや重さのように標準になるものと比較することはできそうにない．情報数学の難しさはこの点にあるといえる．

本章では，最初に情報表現の基礎となる論理数学や真理値表を簡単に紹介した後，情報数学の基礎概念として「情報を量る」に焦点を当てて，情報の定量的な表し方（情報量，確率など）について例題とともにわかりやすく説明する．

5.1 2進数の演算ルール 論理回路を知ろう

情報数学の基本的な考え方を用いると，データ圧縮，符号化/復号化，暗号などのしくみ（アルゴリズム）を作れるわけだが，実際に電子回路やソフトウェアで実現するとなると，0と1の2進数の世界での演算処理を行うことになる．

2進数の演算に関しては，ブール代数，論理代数，真理値表，論理式が重要な意味をもち，ディジタル回路（論理回路，スイッチング回路）を用いてハードウェアで実現される．

まずは数学的な話をする前に，0と1の演算処理を実現するための論理回路を考えてみよう．

一般に論理回路は数学的な取り扱いに偏る傾向があるが，電子回路的な動作とともに理解しておくことにより，論理代数の数学的な理論との接点も明らかになるので，簡単に説明しておく．

ディジタル電子回路は，回路の二つの異なる動作状態（たとえば電流が流れているか/いないか，あるいは電圧値が高いか低いかなど）だけで表される．つまり，電流や電圧そのものの値にはよらないことが多い（図5.1）．

他方，アナログ回路では電流や電圧そのものの値に意味があるわけで，二つの状態しかないディジタル回路での取り扱いに比較して煩雑さがつきまとう．二つの状態は，スイッチ動作の"ON"（スイッチが入る）と"OFF"（スイッチが切れる）に等価であり，ダイオードやトランジスタで実現できる．

● ダイオードによるスイッチ動作

イメージを図5.2に示す．順方向に電圧をかけると，ダイオードに電流が流れて一定の直流順方向電圧を発生する（スイッチSが閉じている状態），逆方向に電圧をかけるとダイオードには電流が流れない（スイッチSが開いている状態）という二つの状態だけをもつようなダイオードの動作を，ダイオードの2値動作という．

● トランジスタによるスイッチ動作

イメージを図5.3に示す．トランジスタのB（ベース）-E（エミッタ）間は2値動作のダイオードとみなせることから，スイッチS_1で表すことができる．ベース端子Bに0〔V〕が加わるとB-E間は逆方向バイアス

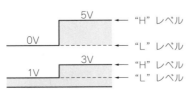

図5.1 2値動作の電圧レベル

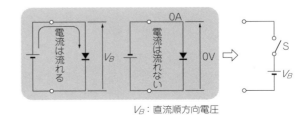

V_B：直流順方向電圧

図5.2 ダイオードのスイッチ動作

になってS₁が開いた状態になる．また，ベース端子Bにダイオードの順方向電圧より大きい，たとえば5〔V〕が加わるとB-E間は順方向バイアスになってS₁が閉じた状態になる．

同様に，C-E間も2値動作のダイオードとみなせてスイッチS₂で表される．スイッチS₂はS₁に連動して動作し，同じ状態をとる．すなわち，スイッチS₁とS₂がともに閉じている状態が"ON"，S₁とS₂がともに開いている状態が"OFF"という状態に相当する．

■ 基本論理回路は三つ

● 否定（NOT）回路

図5.4はトランジスタの2値動作を表しており，ベース端子Bの入力電圧V_1が0〔V〕（Lレベル）のとき，B-E間は逆方向バイアスでトランジスタは"OFF"状態となり，出力電圧V_0は電源電圧に等しく5〔V〕（"H"レベル）である．また，入力電圧V_1が5〔V〕になると，B-E間は順方向バイアスでトランジスタは"ON"状態で，出力電圧V_0は0〔V〕となる．

● 論理積（AND）回路

図5.5は，入力電圧V_1とV_2の両方が同時に5〔V〕（"H"レベル）になったときだけ，二つのダイオードがOFFして，出力が"H"レベルになる回路の例である．AND回路の入力電圧の各状態に対する出力電圧V_0の状態を表5.1に示す．

● 論理和（OR）回路

図5.6は，入力電圧V_1とV_2のいずれか一つがHレベルになると，ダイオードがONして，抵抗Rに電流が流れ，出力が"H"レベルになる回路の例である．OR回路の入力電圧の各状態に対する出力電圧V_0の状態を表5.2に示す．

■ 論理式と真理値表

いま，二つの状態"0"あるいは"1"をとる論理変数を$A, B, C\cdots$と表せば，NOT，OR，ANDの各回路は論理関数，真理値表は次のように表される．

● NOT回路の論理式

論理関数　：$f(A) = \overline{A}$ ……………（1）
真理値表　：表5.3
論理シンボル：図5.7

● AND回路の論理式

論理関数　：$f(A, B) = A \cdot B$ ……………（2）

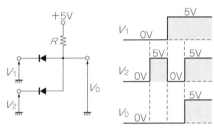

図5.5　AND回路

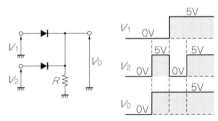

図5.6　OR回路

表5.1　図5.5の電圧レベル

V_1	V_2	V_0
"L"	"L"	"L"
"L"	"H"	"L"
"H"	"L"	"L"
"H"	"H"	"H"

表5.3　NOT回路の真理値表

A	$f(A)$
0	1
1	0

A ─▷○─ Y=$\overline{A}$

図5.7　NOTの記号

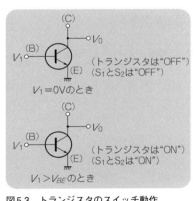

図5.3　トランジスタのスイッチ動作

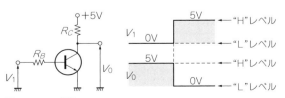

図5.4　NOT回路

表5.2　図5.6の電圧レベル

V_1	V_2	V_0
"L"	"L"	"L"
"L"	"H"	"H"
"H"	"L"	"H"
"H"	"H"	"H"

表5.4　AND回路の真理値表

A	B	$f(A, B)$
0	0	0
0	1	0
1	0	0
1	1	1

図5.8　ANDの記号

表5.5　OR回路の真理値表

A	B	$f(A, B)$
0	0	0
0	1	1
1	0	1
1	1	1

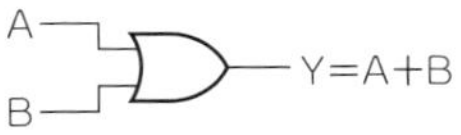

図5.9　ORの記号

真理値表　　：表5.4
論理シンボル：図5.8

● OR回路の論理式

論理関数　　：$f(A, B) = A + B$ ……………(3)
真理値表　　：表5.5
論理シンボル：図5.9

■ 論理代数の便利な性質

0（Lレベル）と1（Hレベル）の二つの値をとる論理式において，AND，OR，NOTの三つの基本演算を基礎とし，ディジタル電子回路を構成するうえで役に立つ性質をまとめておくことにする。

性質1：交換の法則（可換則）
$A \cdot B = B \cdot A$ ……………………………(4)
$A + B = B + A$ ……………………………(5)

性質2：結合の法則（結合則）
$A \cdot (B \cdot C) = (A \cdot B) \cdot C$ ………………(6)
$A + (B + C) = (A + B) + C$ ………………(7)

性質3：吸収の法則
$A \cdot (A + B) = A$ ……………………………(8)
$A + (A \cdot B) = A$ ……………………………(9)

性質4：分配の法則
$A \cdot (B + C) = A \cdot B + A \cdot C$ ………(10)
$A + (B \cdot C) = (A + B) \cdot (A + C)$ ………(11)

性質5：否定の法則
$A \cdot \overline{A} = 0$ ……………………………(12)
$A + \overline{A} = 1$ ……………………………(13)
$\overline{\overline{A}} = A$ 　　　（二重否定）…………(14)

性質6：1または0との演算
$A \cdot 1 = A$ ……………………………(15)
$A \cdot 0 = 0$ ……………………………(16)
$A + 1 = 1$ ……………………………(17)
$A + 0 = A$ ……………………………(18)

性質7：同一の法則
$A \cdot A = A$ ……………………………(19)
$A + A = A$ ……………………………(20)

性質8：ド・モルガンの法則
$\overline{A + B} = \overline{A} \cdot \overline{B}$ ……………………………(21)
$\overline{A \cdot B} = \overline{A} + \overline{B}$ ……………………………(22)

例題1
次の論理式を変形して簡単化せよ。
$Y = A \cdot B + A \cdot \overline{B} + \overline{A} \cdot B$

解答1
以下，使用した式番号とともに，論理式の変形のプロセスを示しておく。

$Y = A \cdot B + A \cdot \overline{B} + \overline{A} \cdot B$
$= A \cdot B + A \cdot B + A \cdot \overline{B} + \overline{A} \cdot B$ …式(20)より
$= A \cdot B + A \cdot \overline{B} + A \cdot B + \overline{A} \cdot B$ …式(5)より
$= A \cdot B + A \cdot \overline{B} + B \cdot A + B \cdot \overline{A}$ …式(4)より
$= A \cdot (B + \overline{B}) + B \cdot (A + \overline{A})$ ……式(10)より
$= A \cdot 1 + B \cdot 1$ ……………………式(13)より
$= A + B$ ……………………………式(15)より

このように，式変形に基づき論理式を簡単化して実現することにより，回路規模を小さくすることができ，それによって処理速度をアップさせることが可能になる。

例題2
いま，二つの1ビットの2進数XとYに対して，図5.10の加算をする論理回路を作成せよ。

解答2
図5.10に基づき，**加算回路**の真理値表を作成する（表5.6，表5.7）。
表5.6より，けた上がり（キャリー）のビットCの論

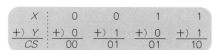

図5.10　例題2

表5.6　けた上がりビットCの真理値表

X	Y	C
0	0	0
0	1	0
1	0	0
1	1	1

表5.7　下位ビットSの真理値表

	X	Y	S
	0	0	0
①	0	1	1
②	1	0	1
	1	1	0

理式による表現を考えてみる．出力Cが1となるのは表5.6のアミカケの部分で示す場合で，「$X=1$"かつ(AND)"$Y=1$」のときに出力Cが1であるから，

$$C = X \cdot Y$$

と表され，図5.11のアミカケ部分（▨）のように論理回路で構成される．

また，加算結果の下位ビットに相当するビットSも同様に，出力Sが1となる部分を考えてみる．まず，表5.7の①の部分では，「$X=0$"かつ(AND)"$Y=1$」のときに出力Sが1であるから，

$$S_1 = \overline{X} \cdot Y \quad \cdots\cdots\cdots\cdots\cdots\cdots (23)$$

と表される．また，②の部分では，「$X=1$"かつ(AND)"$Y=0$」のときに出力Sが1であるから，

$$S_2 = X \cdot \overline{Y} \quad \cdots\cdots\cdots\cdots\cdots\cdots (24)$$

となる．ここで，出力Sは「①"または(OR)"②」のときに1になることから，Sは「S_1とS_2のOR（または）」で表される．すなわち，表5.7の論理式は，

$$\begin{aligned}S &= S_1 + S_2 \\ &= \overline{X} \cdot Y + X \cdot \overline{Y} \quad \cdots\cdots\cdots\cdots (25)\end{aligned}$$

であり，図5.11のアミカケ部分（▨）のような論理回路で構成される．

5.2 がぜん重要になってきた暗号とセキュリティ

暗号というと，「暗い符号」の代名詞とも思われていた時代を経て，いまやインターネット時代の潮流に乗る，セキュリティ（安全性）を保証するため欠かせない技術と断言できるものになっている．

暗号は人類文化の歴史とともに古く，遠くバビロニアの時代にさかのぼる．ローマ時代のシーザー暗号（図5.12）の単純な文字ずらし方式から，第二次世界大戦を中心に用いられた日本の紫（パープル）暗号など，20世紀前半までは軍事・外交の機密保持の手段として用いられていた．

ところが，20世紀後半になるとコンピュータと通信の融合したネットワーク社会の拡大とともに，産業界では企業の秘密を守り，自治体では住民のプライバシーを保護するというように，一般社会でも日常的に用いられるようになってきた．こうした暗号は1と0の記号の系列でディジタル信号そのものだが，1970年代の中頃に暗号の歴史数千年の常識を超える「公開鍵暗号方式」（暗号のかけ方，ならびに暗号化の「鍵」を公開する）に端を発し，暗号の歴史に一大転機をもたらしたのであった．

さらには，インターネットをはじめとするパソコン通信の発達とともに，ネットワーク上でお金を取り扱うよう（電子決済，電子取引）になり，金額や文書の改ざん防止，相手の確認などの認証がきわめて重要となり，暗号の果たす役割が広く認識されてきている．

こうした暗号による通信を不特定多数の間で広く安く行うために，暗号のかけ方（アルゴリズム）を公開し，集積回路技術を用いて暗号装置のハードウェアを安価に製造できる工夫がなされ，現在ではパソコンのソフトウェア処理として実現できるまでになっている．

一般に暗号は原文（平文という）をいったん公知の対応表，たとえば英字では，

$$\text{空白}=0,\ A=1,\ B=2,\ C=3,\ \cdots,\ Z=26 \quad\cdots\cdots(26)$$

という演算系を利用して数字列に変え，これに数学的処理を施して平文とは異なる数字列からなる暗号文として送信し，受信側では再び同じ対応表で元の文章に復元するという手法が用いられる．ここで，数字としてどのような数（数の集合）を用いるかが問題となり，暗号の歴史は数の演算の自由度を拡大する（暗号の解読を困難にさせる）方法を模索した歴史であるともいえよう（図5.13）．

式(26)は27種類の英字の例であるが，現在世界中で使われている漢字を合わせても4万強の文字の種類に限られている．また，暗号としての安全性を高めることは，複雑な計算を実現することと等価であり，$+$，$-$，$\times$，$\div$という四則演算が自由にできる（四則性）という性質をもつことが望ましい．

たとえば，0，1，2，3，4，5，6しか存在せず，7は0に等しいという数の集合を考えてみると，私たちの日常生活での1週間の各曜日に対応する数の世界を意味することに気づかれるであろう．つまり，日曜日を0に，月曜日を1に…，土曜日を6に対応づけるとピンとくる．土曜日の次はまた日曜日と繰り返される

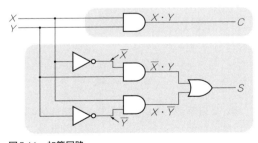

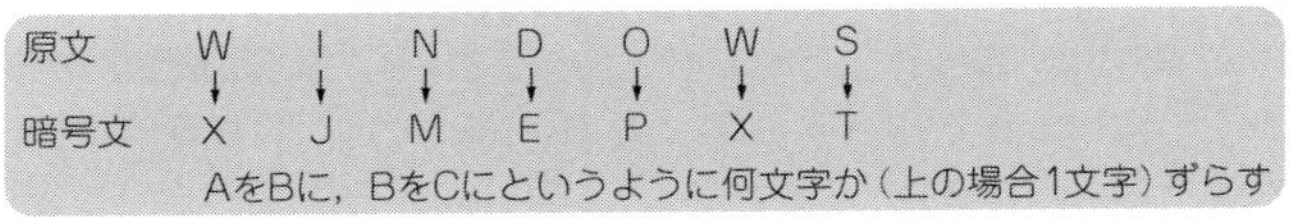

図5.11　加算回路

図5.12　シーザー暗号の例
AをBに，BをCにというように何文字か（上の場合1文字）ずらす

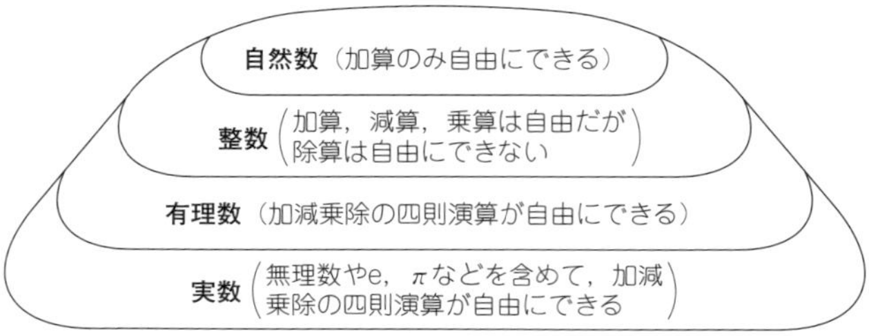

```
      自然数（加算のみ自由にできる）
     整数 ( 加算，減算，乗算は自由だが
           除算は自由にできない        )
    有理数（加減乗除の四則演算が自由にできる）
   実数 ( 無理数やe，πなどを含めて，加減
         乗除の四則演算が自由にできる     )
```

図5.13　数値演算の自由度を拡大する

といった周期性を有する限られた整数値の世界を，暗号の世界とするのが一般的である．

　いま，

　「みかんが何個かある．

　　3人で同じ数ずつ分けると2個余り，

　　5人で同じ数ずつ分けると3個余り，

　　7人で同じ数ずつ分けると2個余る．

　という，最少のみかんの個数を求めよ．」

という問題を考えてみよう（みなさんも，じっくり腰を据えて考えてみてもらいたい．中学校の入試問題で出されることもある）．

　正解は23個だが，こうした問題が暗号作成や解読のための数式処理に関係づけられ，複雑なものほど望ましい（解読されにくい）暗号とされる．なお，例示した整数問題を一般的に解く公式は，中国人の剰余定理と呼ばれ，暗号理論や情報処理の分野でしばしば利用されている．

　このように，ある整数を定められた整数で割って余りだけを扱うというような算術は**モジュラ演算**（以下，modと略記）と呼ばれる．先にプロローグの3（p.15）で例として紹介した1週間の曜日は，mod 7の演算（7で割って余りだけを扱うという計算）に相当するわけで，7の整数倍は0とみなされることになる．

例題3

以下の計算をmod 7で行い，結果を示せ．

　① 6 + 4

　② 3 − 6

　③ 3 × 5

　④ 4 ÷ 3

解答3

① 6 + 4 = 10となり，10を7で割った余りは3．

② 3 − 6 = −3となり，7 = 0と約束しているので7を何回加えても値は変わらないことに注意すれば，−3 + 7 = 4となり，7で割った余りは4．

③ 3 × 5 = 15となり，15を7で割った余りは1．

④ ③の結果から，3 × 5 = 1 (mod 7)であるが，3 ÷ 3 = 3 × (1/3) = 1の通常の割算と見比べてみると，mod 7での5が(1/3)に相当することが理解される．よって，4 ÷ 3 = 4 × (1/3) = 4 × 5 = 20となり，20を7で割った余りは6．

5.3　情報量の内包する意味

● 情報量とは

　まずは，二つの対になった文章の例をいくつかならべて，情報量の大小を実感することから始めてみることにしよう．

　〔例1〕(a) 8月の天気予報　「明日は晴」

　　　　(b) 8月の天気予報　「明日は雪」

　〔例2〕(a)「旅客機が墜落炎上した」

　　　　(b)「オートバイが道路横の溝に落ちた」

　〔例3〕(a) 不動産屋の宣伝文

　　　　　　「徒歩10分で駅に近くて便利」

　　　　(b) 居住する人の声

　　　　　　「徒歩10分で駅に近くて便利」

　〔例4〕(a) 秀才のK君がL大に合格した．

　　　　(b) 天才のM君が留年した．

　〔例1〕では，(b)のほうが情報量が多い．なぜなら8月は晴れるのが一般的で，雪が降るなどとは想像できない．

　〔例2〕では，(a)のほうはニュース速報で報道すべき大事件であり，情報量が多い．

　〔例3〕では，(a)は広告臭がしてどうもうさんくさそうで，(b)のほうが情報量が多い．

　〔例4〕では，もちろん(b)のほうが情報量が多い．

　〔例1〕〜〔例4〕における情報量の大小を比較してみると，

　〔例1〕-(b)，〔例2〕-(a)，〔例3〕-(b)，〔例4〕-(b)

のほうがいずれも珍しいことで，情報量が多いことがわかる．このことを別な言い方にすれば，珍しいことはほとんど起こらない（起こる確率が小さい）事柄であり，

**　起こる確率が小さい事柄ほど，情報量が多い**

という統計学的な表現で記述される．つまり，情報量は起こる確率に対して単調減少する関数でなければならない．

● 加法性がある

　情報量には加法性という性質も重要である．例をあげてみよう．Tさんの自宅はPアパート（4階建）の2

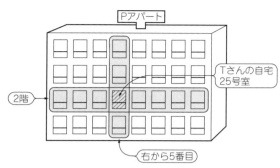

図5.14 情報量の加法性

階の右から5番目の部屋である（図5.14）．このアパートの各階には8室の部屋があり，1階の部屋には11，12，…，18，2階は21，…，3階は31，…と番号が振られている．

たとえば，Tさんの自宅が「25号室である」という表し方（通報Z）は，「2階にある」という通報Xと「右から5番目にある」という通報Yが合わさったものであると考えられる．このようなときは，二つの通報のもつ情報量を加えてほかの一つの情報量になるという関係，すなわち，

$$I_Z = I_X + I_Y \quad \cdots\cdots\cdots (27)$$

と表されることが妥当であろう．ここで，I_X，I_Y，I_Zはそれぞれの通報X，Y，Zの情報量を表す．

ところで，**情報量の単位がビット**〔bit〕であることはみなさんご存知のとおりであるが，二者択一（表と裏，0と1）のように二つの中から一つが起こる事柄を1ビットという情報量として定義している．つまり，確率pで起きる事柄の情報量I〔bit〕は，底を2とする対数関数として，

$$I = -\log_2(p) \quad \text{〔bit〕} \cdots\cdots\cdots (28)$$

と表すのである．たとえば，1枚の硬貨を投げたとき表か裏のいずれが出るのかという情報量は，表か裏の出る確率はそれぞれ$p=1/2$であり，式(28)を適用すると，

$$I = -\log_2\left(\frac{1}{2}\right) = \log_2(2) = 1 \text{〔bit〕}$$

と計算される．

同様にして，「Tさんの自宅は2階にある」という情報量I_Xは，4階建の中から一つの階を指定する確率p_Xが1/4であるから，

$$I_X = -\log_2(p_X)$$
$$= -\log_2\left(\frac{1}{4}\right) = \log_2(4)$$
$$= \log_2(2^2) = 2\log_2(2) = 2 \text{〔bit〕} \cdots\cdots\cdots (29)$$

となる．また，「Tさんの自宅は右から5番目である」という情報量I_Yは，8室中の一つの部屋を指定する確率p_Yが1/8であるから，

$$I_Y = -\log_2(p_Y)$$
$$= -\log_2\left(\frac{1}{8}\right) = \log_2(2^3) = 3 \text{〔bit〕} \cdots\cdots\cdots (30)$$

そして，「Tさんの自宅は25号室である」という情報量I_Zは，アパート全体で32室であり，その中から一室を指定する確率p_Zが1/32であるから，

$$I_Z = -\log_2(p_Z)$$
$$= -\log_2\left(\frac{1}{32}\right) = \log_2(2^5) = 5 \text{〔bit〕} \cdots\cdots\cdots (31)$$

と求められる．よって，式(29)〜式(31)より，式(27)の情報量の加法性が理解される．

● 対数の計算が必要

情報数学では対数の計算が必須であり，以下に必要となる最小限の計算公式を示しておくので，思い出しつつ参考にしてもらいたい．ただし，底はaとする．

〔公式1〕対数の定義
$$\log_a(x) = y \Leftrightarrow x = a^y \cdots\cdots\cdots (32)$$

〔公式2〕積の対数
$$\log_a(xy) = \log_a(x) + \log_a(y) \cdots\cdots\cdots (33)$$

〔公式3〕べき乗の対数
$$\log_a(x^y) = y\log_a(x) \cdots\cdots\cdots (34)$$

〔公式4〕いちばんよく使う対数公式
$$\log_a(1/x) = -\log_a(x) \cdots\cdots\cdots (35)$$

（〔公式3〕で$y = -1$のときに相当し，$1/x = x^{-1}$を適用したもの）

〔公式5〕底の対数
$$\log_a(a) = 1 \cdots\cdots\cdots (36)$$

〔公式6〕底のべき乗の対数
$$\log_a(a^y) = y \cdots\cdots\cdots (37)$$

（〔公式3〕，〔公式5〕を適用して，$\log_a(a^y) = y\log_a(a) = y$）

例題4

ある学校のクラス編成は，

組	赤	白	紫	緑
人数	41	40	40	39

である．このとき，「花子さんは白組である」という情報量はいくらか．

解答4

花子さんが白組である確率は，

$$\frac{40}{41+40+40+39} = \frac{1}{4}$$

である．よって，式(2)を用いることにより情報量Iは，

$$I = -\log_2\left(\frac{1}{4}\right) = \log_2(4)$$
$$= \log_2(2^2) = 2\log_2(2) = 2 \text{〔bit〕}$$

となる（〔公式3〕〜〔公式6〕を適用）．

● 確率と情報量

　情報量は式(28)で定義されているが、式中の確率pを知ることによりさまざまな情報の大きさを定量化することができる。たとえば、前述の「Tさんの自宅は2階にある」という通報Xと、「Tさんの自宅は右から5番目の部屋である」という通報Yとは相互に影響を及ぼしあわない(独立な事象という)ものであり、二つの独立な事象が同時に起きると「Tさんの自宅は25号室である」という通報Zが生成されることになる。

　このとき、通報Zが起きる確率$p_Z(=1/32)$は、それぞれの独立な事象が起きる確率$p_Z(p_X=1/4, p_Y=1/8)$の積、すなわち、

$$p_Z = p_X \times p_Y \quad \cdots\cdots(38)$$

に等しくなる。したがって、通報Zの情報量I_Zは式(28)と式(33)より、

$$\begin{aligned}
I_Z &= -\log_2(p_Z) \\
&= -\log_2(p_X \times p_Y) \\
&= -\log_2(p_X) - \log_2(p_Y) \\
&= I_X + I_Y \quad \cdots\cdots(39)
\end{aligned}$$

となり、独立な事象のもつ情報量の和になることが理解される。

　これに対して、独立でない事象については、情報量は和にならない。たとえば、ある工場で「明日は停電する」という通報が知らされることと、「明日は休業である」という通報が同時に与えられたからといっても情報量が和になるとは限らない。つまり、工場全体が停電のときは必ず休業にすると決まっていたなら、「明日は休業にする」という後の通報は何の意味ももたらさないので情報量としては0であり、「明日は停電する」という通報だけで十分に用をなすわけである。

　いま、正八面体のさいころ(目の数は1から8)で「さいころの目が奇数である」という通報は、1ビットの情報量をもっていることは明らかである。この「奇数である」という通報は、さいころの目が「1である」か「3である」か「5である」か「7である」の四つの排反する事象が合わさった形で、「1か、3か、5か、7である(奇数である)」となったものである。

　四つの排反する事象の一つ一つの情報量は、

$$-\log_2(1/8) = \log_2(2^3) = 3 \,[\text{bit}]$$

の情報量をもっており、合わせて3ビットの4倍で12ビットと思われるかもしれないが、なんと1ビットに情報量が減ってしまうのである。

　「奇数である」という確率は、「1である」か「3である」か「5である」か「7である」の四つの排反する事象の確率(それぞれ$1/8$)の和、すなわち$1/8 + 1/8 + 1/8 + 1/8 = 1/2$となる。したがって、排反する事象の確率は個々の事象の確率の和として表されるが、このような事象についての通報が合わさると情報量はかえって減少する(図5.15)。

　他方、互いに独立な事象の確率は積の形で表されるので、これらの事象についての通報が合わさると情報量は和となり[式(39)]、増大するのである。

● システムの故障率を考えると

例題5

あるシステムの故障率が25%であり、その原因の内訳は、

電気的なもの	25%
機械的なもの	15%
材料的なもの	60%

であるとする。このとき、「電気的な故障である」という通報の情報量と、あらかじめ「故障中である」ということを知っている人が「電気的な故障である」という通報を受けたときの情報量の違いを求めよ。

解答5

式(28)を適用して、何も知らない人にとっては、

$$\begin{aligned}
I_1 &= -\log_2(0.25 \times 0.25) = \log_2\left(\frac{1}{0.25 \times 0.25}\right) \\
&= \log_2(2^4) = 4 \,[\text{bit}]
\end{aligned}$$

の情報量をもつことになる。他方、事前情報として「システムが故障中である」と知らされている人にとっては、

$$\begin{aligned}
I_2 &= -\log_2(0.25) \\
&= -\log_2\left(\frac{1}{0.25}\right) = \log_2(2^2) = 2 \,[\text{bit}]
\end{aligned}$$

となり、事前情報に相当する情報量は0であるわけで、何も知らない人のほうが有効な情報が多いということになる。

	独立する事象 X, Y, Z	大小関係	排反する事象 X, Y, Z
確率	$p_X \times p_Y \times p_Z$ (各事象の確率の積)	$<$	$p_X + p_Y + p_Z$ (各事象の確率の和)
情報量	$-\log_2(p_X \times p_Y \times p_Z)$ $\parallel$ $[-\log_2(p_X)] + [-\log_2(p_Y)] + [-\log_2(p_Z)]$ (各事象の情報量の和)	$>$	$-\log_2(p_X + p_Y + p_Z)$

図5.15 独立事象と排反事象の確率と情報量

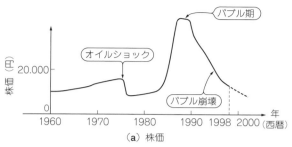

図5.16 確率過程の例

5.4 時間関数としてのふるまい 確率過程と情報量

漢字やかな文字，アルファベット文字などで表された文章，話し声や音楽などの音や温度，気圧などの気象情報……と身の周りにみられる時々刻々と変化する事象，すなわち時間tの関数として表される確率的な事象は，情報数学で取り扱う対象となるものである．こうした時間の関数としての確率的なふるまいをする事象は，**確率過程**と呼ばれる．

たとえば，現在風速30〔m/秒〕の突風が吹き荒れているとすれば，しばらく前もやはりある程度強風である確率は高いのが一般的であろう．そんなに急に風が強くなったり，弱くなったりはしないものであるからだ．このように確率的に不規則な変化をしていると考えられる過程も，ある程度時間を区切ってみていくと過去における変化の様子の影響を受ける，つまり因果関係が認められる（**図5.16**）．

以上のように，「ある時点での事象が有限の時間の過去の事象のみの影響を受けて確率的な変化をするプロセス」を**マルコフ過程**という．マルコフ過程においては，過去の事象がどのくらいまで影響を及ぼしているかを表すために2重，3重，…，n重などの表現が用いられる．ここで，n重とは「ある時点の事象が過去n時点前までの影響を受けること」を意味する．なお，一つ前の事象の影響だけしか受けないときは，1重とはいわず，単純マルコフ過程ということがある．

5.5 次に起こる確率を考える シャノン線図と遷移確率

いま，道路交通網における車の流れを統計学的に把握するとなれば，たとえば交差点Aにやってきた車の何％がどの道へ進んでいくのかを表す確率を知ることが重要である（**図5.17**）．このような交差点Aからどのくらいの割合で次の交差点Bに向かうのかを，

$p(B|A)$　あるいは　$p_A(B)$

と表し，これを**遷移確率**という．

つまり，｜（縦棒記号）の後ろ（右）が前提となる条件の事象を，前（左）が起こる事象を表す．したがって，事象AとBが独立のときは，縦棒記号の後ろに何が書いてあっても書いていないと同じことになる．なお，A，Bが時間の系列でないときは条件付き確率といわれるものに一致し，「事象Aが起きた後で，事象Bが起こる確率」を意味する．

図5.17では，交差点Aに来た車が次の交差点B，C，Dに向かう割合はそれぞれ$p(B|A)$，$p(C|A)$，$p(D|A)$と表されるわけで，**図5.18**のような形で表すことが

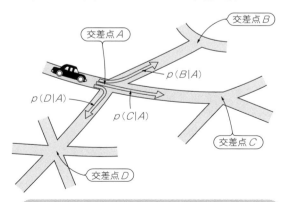

$p(B|A)$：交差点Aで左折して交差点Bへ向かう車の割合
$p(C|A)$：交差点Aで直進して交差点Cへ向かう車の割合
$p(D|A)$：交差点Aで右折して交差点Dへ向かう車の割合

図5.17 遷移確率の考え方

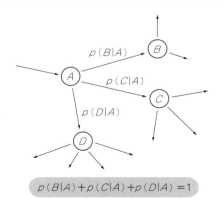

$p(B|A)+p(C|A)+p(D|A)=1$

図5.18 シャノン線図の例（図5.17の車の流れを表現）

できる．これは**シャノン線図**と呼ばれる表現方法である．ここで，状態A（交差点Aでの車に相当）からB，C，Dの三つの状態に移る（車の進む方向に相当）ことから，

$$p(B|A) + p(C|A) + p(D|A) = 1 \quad \cdots\cdots (40)$$

であることは遷移確率の定義から明らかである．

簡単な例として，図5.19（a）に示す文字列をSとTが不規則に現れる単純（1重）マルコフ過程の一部とみなし，遷移確率を用いて表されるシャノン線図を作成してみることにしたい．

まず，7個あるSからの遷移確率を求めるには，Sの後にSが現れるのが3個（○印に相当），Sの後にTが現れるのが4個（△印に相当）であることから，

$$p(S|S) = \frac{3}{7} \quad p(T|S) = \frac{4}{7} \quad \cdots\cdots (41)$$

となる〔（図5.19（b）〕．同様にして，8個あるTからの遷移確率を求めるには，Tの後にSが現れるのが3個（○印に相当），Tの後にTが現れるのが5個（△印に相当）であることから，

$$p(S|T) = \frac{3}{8} \quad p(T|T) = \frac{5}{8} \quad \cdots\cdots (42)$$

となる〔図5.19（c）〕．よって，図5.19（a）のマルコフ過程は，図5.20に示すシャノン線図で表されることになる．要するに遷移確率，たとえば$p(S|T)$，$p(T|T)$は，Tになる確率の大小に関係なく，Tになってからその次にどの状態（SかTのいずれか）になるかを表すものなのである．

なお，遷移確率を考えるときに混同しやすいものとして，**同時確率**（または結合確率）と呼ばれるものがある．たとえば，$p(S,T)$，$p(T,T)$などと表されるものであり，図5.19（a）では，

　　SS, ST, TS, TT

という2文字続きの組が15組ある中で，STやTTが何組あるかを$p(S,T)$，$p(T,T)$と記し，これを同時確率という．この例では，

$$p(S,T) = \frac{4}{15}, \quad p(T,T) = \frac{5}{15} \quad \cdots\cdots (43)$$

である．このとき，同時確率の定義から，

$$\begin{aligned} &p(S,S) + p(S,T) + p(T,S) + p(T,T) \\ &= \frac{3}{15} + \frac{4}{15} + \frac{3}{15} + \frac{5}{15} = 1 \end{aligned} \quad \cdots\cdots (44)$$

となることも容易に導かれる．

● 遷移確率と同時確率の関係

図5.19（a）の例でSの後にTが続く確率$p(S,T)$は，Sが現れる確率$p(S)$に，SからTへの遷移確率$p(T|S)$をかけたものである．すなわち，

$$p(S,T) = p(S) \times p(T|S) \quad \cdots\cdots (45)$$

と表される．式(19)を言葉で表現すると，

（同時確率）=（Sの確率）×（Sが起きた後でのTの確率）
　　　　　=（Sの確率）×（SからTへの遷移確率）

であり，遷移確率は次のように求められる．

$$p(T|S) = \frac{p(S,T)}{p(S)} \quad \cdots\cdots (46)$$

式(46)は以下のように言い換えることができ，同時確率などが与えられているときに遷移確率を求めるのに便利な計算式である．

$$（SからTへの遷移確率）= \frac{（同時確率）}{（Sの確率）}$$

例題6

XとYの2台の製造機で同じお菓子を作っている．Xは全個数の8割，Yは2割を製造しているが，Xの2％，Yの8％は不良品である．いまお菓子の一つが「不良品である」ことを知っていたとき，「この不良品はXで製造したものである」と知らされたとする．このとき得られる情報量を求めよ．

解答6

まず，X，Yの製品である確率をそれぞれ$p(X)$，$p(Y)$とし，不良品である確率を$p(N)$と表せば，「不良品である」ことを知っていたときに「この不良品はXで製

図5.19　遷移確率の求め方（マルコフ過程）

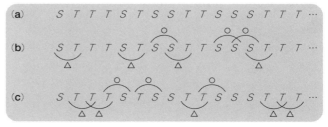

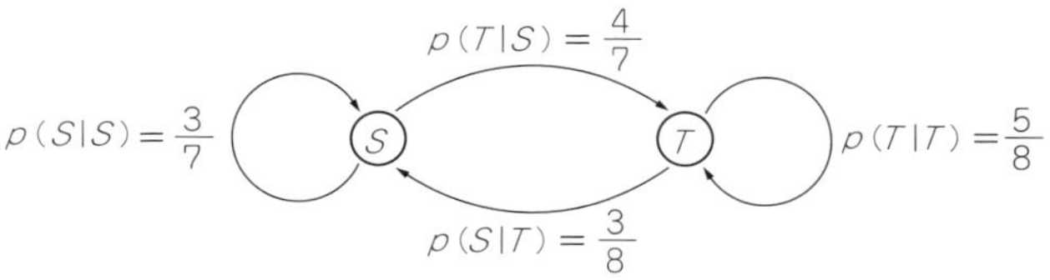

図5.20
図5.19（a）のマルコフ過程のシャノン線図

造したものである」と知らされたときの情報量Iは，
$$I = -\log_2 p(X|N)$$
である．式(46)より，
$$p(X|N) = \frac{p(N,X)}{p(N)}$$
であることを考慮すれば，「Xの不良品である」確率，すなわち同時確率$p(N,X)$と不良品である確率$p(N)$を求める問題に帰着される．

同時確率$p(N,X)$は式(45)に基づき，
$$p(N,X) = p(X) \times p(N|X)$$
$$= 0.8 \times 0.02 = 0.016$$
となる．他方，不良品である確率$p(N)$は「Xの不良品である」確率$p(N,X)$と「Yの不良品である」確率$p(N,Y)$の和に等しい．よって，式(45)より，$p(N,Y)$は，
$$p(N,Y) = p(Y) \times p(N|Y)$$
$$= 0.2 \times 0.08 = 0.016$$
となり，さらに$p(X|N)$は，
$$p(X|N) = \frac{p(N,X)}{p(N)} = \frac{p(N,X)}{p(N,X)+p(N,Y)}$$
$$= \frac{p(N,X)}{p(X) \times p(N|X) + p(Y) \times p(N|Y)}$$
$$= \frac{0.016}{0.016 + 0.016} = 0.5$$
が得られ，最終的に題意の情報量Iは以下のように算出される．
$$I = -\log_2 p(X|N)$$
$$= -\log_2(0.5) = 1 \,[\text{bit}]$$

例題7

喉の痛みが発生した事象をN，その原因として，
　　A：風邪（発生確率60%）
　　B：アレルギー（発生確率40%）
の二つが考えられるとする．このとき，風邪による喉の痛みが発生する確率を$p(N|A)$，アレルギーによる喉の痛みが発生する確率$p(N|B)$をそれぞれ0.8，0.2とする．このとき，喉が痛くなったとすると，風邪が原因である確率，アレルギーが原因である確率を求めよ．

解答7

まず，題意より，
　　$p(A)$：風邪が発生する確率（$=0.6$）
　　$p(B)$：アレルギーが発生する確率（$=0.4$）
と表すことにする．また，$p(N|A)$と$p(N|B)$はそれぞれ，
　　A（またはB）が原因で事象Nが起きる確率
を表しており，これは**事前確率**と呼ばれる．逆に，$p(A|N)$と$p(B|N)$は，
　　事象Nが起こったことを知って，事象Nが原因A（またはB）から起こったと考えられる確率
を表しており，これは**事後確率**と呼ばれる．

よって，喉が痛くなったときに風邪が原因である確率$p(A|N)$は，式(46)より，
$$p(A|N) = \frac{p(N,A)}{p(N)}$$
であり，例題6と同様の手順により，次のように計算される．
$$p(A|N) = \frac{p(N,A)}{p(N,A)+p(N,B)}$$
$$= \frac{p(A) \times p(N|A)}{p(A) \times p(N|A) + p(B) \times p(N|B)} \quad \cdots (47)$$
$$= \frac{0.6 \times 0.8}{0.6 \times 0.8 + 0.4 \times 0.2} \fallingdotseq 0.857$$
$$p(B|N) = \frac{p(N,B)}{p(N,A)+p(N,B)}$$
$$= \frac{p(B) \times p(N|B)}{p(A) \times p(N|A) + p(B) \times p(N|B)} \quad \cdots (48)$$
$$= \frac{0.4 \times 0.2}{0.6 \times 0.8 + 0.4 \times 0.2} \fallingdotseq 0.143$$

ここで，式(47)，式(48)は事前確率を知ることにより，事後確率を求める計算式であり，**ベイズの定理**と呼ばれている．

● **シャノン線図の応用例**

シャノン線図は確率過程の性質を知ること，つまり情報源のもつ統計的な性質を分析する際に有用であると同時に，ある種の統計的な性質に基づく確率過程を作り出すこと，すなわち**情報源を合成する**ことにも応用できる．

たとえば，走行中の電車の車体の揺れ具合を研究する場合，実際に電車をレール上で走らせてみる代わりに，レールのつなぎ目や凹凸と同じ確率的な変化をする振動波形を疑似的に発生する装置を作り，それを電車の車体に与えれば，シミュレーション実験が行えるわけで，測定が非常に簡単になるのである．このような疑似的な情報源は，シャノン線図をもとにマルコフ過程として実現されることも多い．

たとえば，アルファベット26文字とスペース（空白文字）から構成される英語の文章において，これらの各文字の現れる確率を表5.8に示すが，この表の確率に一致するように不規則に並べてみると，英語の文章とは思えないものが得られる（図5.21）．

ここで，英語の単語では「T」の次には「H」，「A」の次には「P」が続く確率が高いなどといった具合に，一つ前の文字に影響を受ける形で1重マルコフ過程，あるいは二つ前までの文字列の影響を受ける形で2重マルコフ過程として考えて英語の文章を確率的に合成していくと，不思議なことに英語らしいニュアンスが出てくるのである（図5.22）．

このような確率的な振る舞いに基づく情報源の合成

表5.8 アルファベット文字の出現確率

文字	出現確率	文字	出現確率
スペース	0.1817	M	0.02075
E	0.1073	U	0.02010
T	0.0856	G	0.01633
A	0.0668	Y	0.01623
O	0.0654	P	0.01623
N	0.0581	W	0.01260
R	0.0559	B	0.01179
I	0.0519	V	0.00752
S	0.0499	K	0.00344
H	0.04305	X	0.00136
D	0.03100	J	0.00103
L	0.02775	Q	0.00099
F	0.02395	Z	0.00063
C	0.02260		

```
TH EEI ALH ENAH BRLOO LL
HLI RGWRO NMIESEB BTTPA
ACHNMI OCRO EU NBNEN
```

図5.21 不規則過程に基づく英語文章の作成例

```
ONE IN CRE REGOACTIONE IST
FROCD OF DEMONSTURES LAT
TICT NO BIRS WHEY PONDES
```

図5.22 2重マルコフ過程に基づく英語文章の作成例

という考え方は，コンピュータを用いて，たとえば有名な音楽家の演奏を真似したり，民謡をボサノバやジャズにアレンジしてみたり……といった応用がいろいろと考えられる．

図5.23 確率過程が創る芸術の世界

絵筆をもったロボットに動かし方として"ゴッホ風"，"ルノワール風"といった筆のタッチを確率過程として表すことにより，ロボットがニセモノの著名な画家になりきることだって夢ではないかもしれない（図5.23）．

このように確率過程という数学的な世界と，音楽や絵画といった芸術の世界がなんとなく結びついてくるという不思議な情報の世界が形成されるわけで，楽しみながら"情報数理"の学習を進めていってもらいたいものである．

第6章 情報エントロピーの基礎

第5章では「情報量を量る」を主題として，情報の定量的な表し方（情報量，ビット，確率）を中心に解説した．

本章では，多数の通報を発生する情報源について，情報エントロピー（1通報あたりの平均的な情報量）をどのように表すのか，例題とともに説明する．

また，エントロピーについての基本的な関係式，最大エントロピーと冗長度など，情報処理技術の基本になる量の定義，考え方を知ってもらう．

6.1 平均情報量とエントロピー

情報量は「通報が表している事象が起こる確率で決まる」，「確率が低いものほど情報量は大きくなる」ことを5.3で説明したが，通報の系列全体としての性質を定量的に評価する手法も知っておく必要がある．

そこで，まずはエントロピーと呼ばれる，通報全体の平均をとった情報量（1通報あたりの平均情報量）をどのように表現するのかを解説しておこう．

「情報量の平均」という言葉のもつイメージを直感的に理解してもらうために，次のような例を考えてみよう（図6.1）．たとえば，T大学の学長は教務部長の報告を毎日受けているだろうが，警備員の報告を毎日聞くということは多分ないと思われる．ただ，警備員からの報告にいつも重要な情報が含まれていない（情報量が小さい）かといえば必ずしもそうではなく，火災や盗難事故などの非常に重大な報告（情報量が大きい）も含まれていることも事実である．

そうはいっても，T大学の学長はおそらく教務部長の報告のみしか聞かないわけで，長い期間で平均した情報量は常に警備員よりも教務部長のほうが大きいであろう．このように，長い期間で平均してみた情報量（平均情報量）が「エントロピー」と呼ばれるものなのである．

「エントロピー（entropy）」は「乱雑さ」「不規則さ」「不確実さ」などといった概念を表している．

歴史をさかのぼれば，1865年にルドルフ・クラウジウス（ドイツの物理学者，1822年生〜1888年没）がギリシャ語の「変化」を意味する言葉「トロペ」を語源として，熱力学における気体のある状態量（統計力学では，微視的な状態数の対数に比例する量として表される）として考えたものである．

また，1929年にはレオ・シラードが，気体についての情報を観測者が獲得することと，統計力学におけるエントロピーとの間に直接の関係があることを示し，現在1ビット（あるいは1シャノン）と呼ぶ情報量が統計力学での$k\log_e 2$に対応するという関係を導いていた．ただし，$k = 1.38 \times 10^{-23} [\mathrm{J \cdot K^{-1}}]$はボルツマン定数である．

現在の情報理論におけるエントロピーの直接の導入は，1948年のクロード・シャノンによるもので，その著書『通信の数学的理論』[6]の中でエントロピーの概念を情報量の期待値に拡張し，情報源がどれだけ情報をもっているかを測る尺度として平均情報量（エントロピー）を定義した．

● **エントロピーの表現**

それでは，エントロピーの定量的な表し方を説明しておくことにしよう．いま，N個の通報（Nは相当に大きな数とする）があるとし，M種類の通報（a_1, a_2, $\cdots$, a_M）が不規則に発生するものとしよう．このとき，それぞれの通報が発生する確率を，

$p_i (= p(a_i))$ ：$i = 1, 2, \cdots, M$

とすれば，N個中に含まれる各通報数は，

Np_i ：$i = 1, 2, \cdots, M$

となる．また，各通報がもつ情報量は，

$-\log_2 p_i$ ：$i = 1, 2, \cdots, M$

であることから，通報全体での情報量$T(p_1, p_2, \cdots,$

図6.1 平均情報量の大小比較

p_M) は次式で与えられる．

$$T(p_1, p_2, \cdots, p_M) = \sum_{i=1}^{M} Np_i \times (-\log_2 p_i)$$
$$= -N \sum_{i=1}^{M} p_i \log_2 p_i \text{ (bit)} \cdots\cdots (1)$$

よって，1通報あたりの平均情報量（エントロピー）$H(p_1, p_2, \cdots, p_M)$ は，

$$H(p_1, p_2, \cdots, p_M) = \frac{\text{通報全体の情報量}}{\text{通報数}}$$
$$= \frac{T(p_1, p_2, \cdots, p_M)}{N}$$
$$= -\sum_{i=1}^{M} p_i \log_2 p_i \text{ (bit, ビット)} \cdots\cdots (2)$$

と定義される（図6.2）．

ここで，一つの通報ごとのエントロピーを，
$$H(p_i) = -p_i \log_2 p_i \cdots\cdots\cdots\cdots (3)$$
と定義すると，次式のようにエントロピーの和の公式が成り立つ（独立事象に対するエントロピー）．

$$H(p_1, p_2, \cdots, p_M) = H(p_1) + H(p_2) + \cdots + H(p_M)$$
$$= \sum_{i=1}^{M} H(p_i) \cdots\cdots\cdots\cdots (4)$$

例題1

ある地方の天気予報は，晴（通報1），曇（通報2），雨（通報3），雪（通報4）で，それぞれの予報の発生確率が以下の場合のエントロピーを計算してみよ．

通報の発生確率	1通報の情報量〔bit/個〕	N個中の通報数〔個〕	その情報量〔bit〕
p_1	$-\log_2 p_1$	Np_1	$-Np_1 \log_2 p_1$
p_2	$-\log_2 p_2$	Np_2	$-Np_2 \log_2 p_2$
$\vdots$	$\vdots$	$\vdots$	$\vdots$
p_M	$-\log_2 p_M$	Np_M	$-Np_M \log_2 p_M$

全情報量 $= -Np_1 \log_2 p_1 - Np_2 \log_2 p_2 - \cdots - Np_M \log_2 p_M$ 〔bit〕

エントロピー〔平均情報量〕 $= \dfrac{\text{全情報量}}{N}$
$= -p_1 \log_2 p_1 - p_2 \log_2 p_2 - \cdots - p_M \log_2 p_M$

図6.2 エントロピーとは

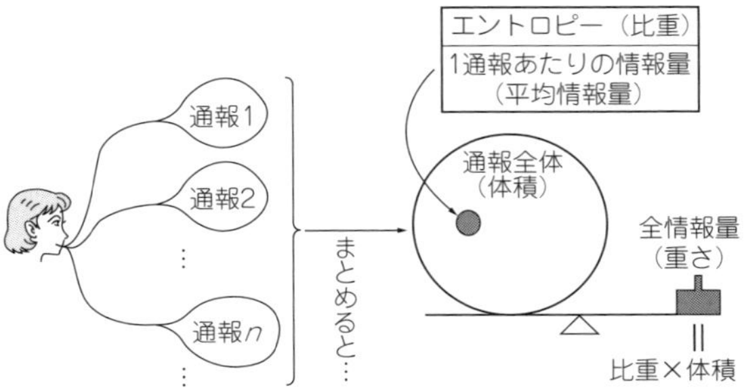

① $p_1 = 1/2, p_2 = 1/4, p_3 = 1/4, p_4 = 0$
② $p_1 = 1/4, p_2 = 1/4, p_3 = 1/4, p_4 = 1/4$
③ $p_1 = 1, p_2 = 0, p_3 = 0, p_4 = 0$

解答1

式(2)に基づき，以下のように計算される．ただし，
$$0 \log_2 0 = 0 \quad \left(x \log_2 x \xrightarrow[x \to 0]{} 0\right)$$
を利用する．

① $-\dfrac{1}{2} \log_2 \left(\dfrac{1}{2}\right) - \dfrac{1}{4} \log_2 \left(\dfrac{1}{4}\right) - \dfrac{1}{4} \log_2 \left(\dfrac{1}{4}\right) - 0 \log_2 (0)$
$= 0.5 + 0.5 + 0.5 + 0 = 1.5$ 〔bit〕

② 2〔bit〕

③ 0〔bit〕

ところで，エントロピーは1通報あたりの情報量であり，別の見方をすれば，体積と重さから割り出される比重とみなすこともできよう（図6.3）．

エントロピー	⇔	比重
(1通報あたりの情報量)		(1単位体積あたりの重さ)
通報数	⇔	体積
全情報量	⇔	重さ

つまり，エントロピーに通報数を掛けた量は全情報量であり，比重に体積を掛けて重さを計算するのに似ているのである．

たとえば，2種類の通報系列からなる系列のエントロピーを求めることは，ちょうど異なる2種類の比重の物質からなる物体の比重を算出することにほかならない（図6.4）．

6.2 エントロピーのいろいろな性質

まず，確率の積事象に対するエントロピーは，二つの事象の発生確率をそれぞれ p, r とすると，以下のように計算される．

図6.3 エントロピーとは比重のようなもの？

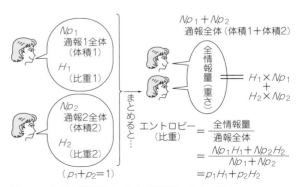

図6.4 2種類の通報系列からなる系列のエントロピー

$$H(pr) = -pr\log_2 pr$$
$$= -pr(\log_2 p + \log_2 r)$$
$$= r \times (-p\log_2 p) + p \times (-r\log_2 r)$$
$$= rH(p) + pH(r) \quad \cdots\cdots\cdots\cdots\cdots (5)$$

次に，確率がp_1，p_2で発生する通報全体のエントロピーを$H(p_1, p_2)$とするとき，発生確率が$p_1 r$，$p_2 r$に変化したときのエントロピー$H(p_1 r, p_2 r)$がどのように変化するのかを調べてみることにしよう．式(5)より，$p_1 + p_2 = 1$と式(4)を考慮して，

$$H(p_1 r, p_2 r) = H(p_1 r) + H(p_2 r)$$
$$= \{rH(p_1) + p_1 H(r)\} + \{rH(p_2) + p_2 H(r)\}$$
$$= (p_1 + p_2)H(r) + r\{H(p_1) + H(p_2)\}$$
$$= H(r) + rH(p_1, p_2) \quad \cdots\cdots\cdots\cdots (6)$$

となる．

また，エントロピーが$H(p_1, p_2)$，$H(q_1, q_2)$である二つの情報系列が，r_1，r_2の確率で合わさった系列のエントロピーは，式(4)，式(6)を適用して以下のように計算される．

$$H(p_1 r_1, p_2 r_1, q_1 r_2, q_2 r_2)$$
$$= H(p_1 r_1, p_2 r_1) + H(q_1 r_2, q_2 r_2)$$
$$= \{H(r_1) + r_1 H(p_1, p_2)\} + \{H(r_2) + r_2 H(q_1, q_2)\}$$
$$= \{H(r_1) + H(r_2)\} + r_1 H(p_1, p_2) + r_2 H(q_1, q_2)$$
$$= H(r_1, r_2) + r_1 H(p_1, p_2) + r_2 H(q_1, q_2) \quad \cdots\cdots (7)$$

例題2

ある地域の午前の天気が晴と雨になる確率がそれぞれ(1/4, 3/4)であり，午後の天気は午前の天気の影響を受けて，
① 午前の天気が晴の場合
　午後に晴，雨になる確率はそれぞれ1/2, 1/2
② 午前の天気が雨の場合
　午後に晴，雨になる確率はそれぞれ1/3, 2/3
となるという．このときのエントロピーを求めよ．

解答2

それでは，式(7)に基づき，計算してみよう（図6.5）．ここで，$r_1 = 1/4$，$r_2 = 3/4$，$p_1 = 1/2$，$p_2 = 1/2$，$q_1 = 1/3$，$q_2 = 2/3$であるから，次のようにエントロピーHは算出される．

$$H = H\left(\frac{1}{4}, \frac{3}{4}\right) + \frac{1}{4}H\left(\frac{1}{2}, \frac{1}{2}\right) + \frac{3}{4}H\left(\frac{1}{3}, \frac{2}{3}\right)$$

よって，

$$H\left(\frac{1}{4}, \frac{3}{4}\right) = -\frac{1}{4}\log_2\left(\frac{1}{4}\right) - \frac{3}{4}\log_2\left(\frac{3}{4}\right)$$

$$H\left(\frac{1}{2}, \frac{1}{2}\right) = -\frac{1}{2}\log_2\left(\frac{1}{2}\right) - \frac{1}{2}\log_2\left(\frac{1}{2}\right)$$

$$H\left(\frac{1}{3}, \frac{2}{3}\right) = -\frac{1}{3}\log_2\left(\frac{1}{3}\right) - \frac{2}{3}\log_2\left(\frac{2}{3}\right)$$

を代入して，

$$H = 0.5 - \frac{3}{4}\log_2\left(\frac{3}{4}\right) + 0.125 + 0.125$$
$$\quad - \frac{1}{4}\log_2\left(\frac{1}{3}\right) - \frac{1}{2}\log_2\left(\frac{2}{3}\right)$$
$$= 0.75 - \frac{1}{4}\log_2\left(\frac{3^3}{4^3} \times \frac{1}{3} \times \frac{2^2}{3^2}\right)$$
$$= 0.75 - \frac{1}{4}\log_2\left(\frac{1}{4^2}\right)$$
$$= 0.75 + 1 = 1.75 \ [\text{bit}]$$

題意より，$a_1 = $（晴，晴），$a_2 = $（晴，雨），$a_3 = $（雨，晴），$a_4 = $（雨，雨）という四つの通報の発生確率はそれぞれ$p_1 = 1/8$，$p_2 = 1/8$，$p_3 = 2/8$，$p_4 = 4/8$であるから，式(2)より直接エントロピーを求めると以下のようになる．

$$H = -\frac{1}{8}\log_2\left(\frac{1}{8}\right) - \frac{1}{8}\log_2\left(\frac{1}{8}\right)$$
$$\quad -\frac{2}{8}\log_2\left(\frac{2}{8}\right) - \frac{4}{8}\log_2\left(\frac{4}{8}\right)$$
$$= 0.375 + 0.375 + 0.5 + 0.5 = 1.75 \ [\text{bit}]$$

以上より，式(2)の関係の妥当性を確認することが

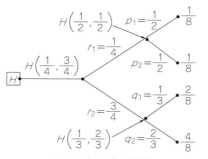

図6.5　エントロピーの分解と合成　　（a）エントロピーの分解　　（b）エントロピーの合成

6.3 冗長度とエントロピー

エントロピーのもっとも大きい情報源とはどんなものか，結論からいえば，

「各通報の情報量が全部同じときにエントロピーは最大になる」

のである．つまり，一生に一度だけ膨大な情報量をもった通報を送るよりも，日々ある大きさの同じぐらいの情報を送り続けるほうが，平均化すると大きな情報量をもつことになり，エントロピーも大きくなる．

つまり，M 種類の通報の最大エントロピーは，すべての通報の発生確率 $p_1, p_2, \cdots, p_M$ が同じときであるから，

$$p_1 = p_2 = \cdots = p_M = \frac{1}{M} \cdots\cdots\cdots (8)$$

であり，このときのエントロピー $H_{\max}$ は以下のようになる．

$$H_{\max} = H\left(\frac{1}{M}, \frac{1}{M}, \cdots, \frac{1}{M}\right) = \log_2(M) \,[\text{bit}] \cdots (9)$$

なお，一般に通報の発生確率は等しいとは限らないので，エントロピーは最大値 $H_{\max}$ をとらないわけで，実際のエントロピー H との差を相対的に評価した値として，次のように冗長度 R を定義している．

$$R = \frac{H_{\max} - H}{H_{\max}} = 1 - \frac{H}{H_{\max}} \cdots\cdots\cdots (10)$$

たとえば，官庁の文書はくどくどとした言い回しが多くて冗長度 R が大きい（得られる情報量 H は小さい）が，合理化の徹底した会社の文書の冗長度 R は小さい（得られる情報量 H は大きい）ことが多い（**図6.6**）．また，商品の宣伝や広告などのキャッチコピーは，同じ文章を繰り返すことになり冗長度は大きくなるが，消費者に商品の特徴を確実に覚えてもらえる．

通信の世界でいえば，正確に誤りなく送りたい情報は，ある程度の冗長度をもたせる必要があるわけで，冗長度の中に誤りを訂正するような機能をもたせなければならない．

図6.6　冗長度の大小比較

例題3

2048文字の漢字の最大エントロピーを求めよ．

解答3

最大エントロピー $H_{\max}$ は各漢字が等確率で発生する場合，すなわち各漢字の発生確率が $1/2048$ のときであるから，式(2)あるいは式(9)より次のように計算される．

$$H_{\max} = \sum_{i=1}^{2048}\left(-\frac{1}{2048}\log_2\left(\frac{1}{2048}\right)\right)$$
$$= \log_2(2048) = \log_2 2^{11} = 11\,[\text{bit}]$$

この結果から，2048文字の漢字を識別するには，1文字あたり11ビットで表すことの必然性が理解される．

例題4

いま，0と1で表される2進データがあるとする．0は $3/4$，1は $1/4$ の確率で生起するものとして，これを確実に送るために2回繰り返して送信したときの冗長度はいくらになるか．また，3回繰り返したときの冗長度はいくらになるか．

解答4

まず，2進データのもつエントロピーは式(2)より，

$$H = -\frac{3}{4}\log_2\left(\frac{3}{4}\right) - \frac{1}{4}\log_2\left(\frac{1}{4}\right)$$
$$= 0.31 + 0.5 = 0.81\,[\text{bit}]$$

となる．繰り返しのないとき（1回送信）の冗長度 R_1 は式(9)，式(10)より，

$$H_{\max} = \log_2(2) = 1\,[\text{bit}]$$

$$R_1 = 1 - \frac{H}{H_{\max}} = 1 - 0.81 = 0.19$$

であり，2回繰り返したときの冗長度 R_2，3回繰り返したときの冗長度 R_3 は以下のように計算される．

$$R_2 = 1 - \frac{(H/2)}{H_{\max}} = 1 - \frac{0.81}{2} = 0.59$$

$$R_3 = 1 - \frac{(H/3)}{H_{\max}} = 1 - \frac{0.81}{3} = 0.73$$

よって，繰り返し同じ通報を送ることにより，冗長度が大きくなると同時に，誤りを少なくすることにつながることが理解される．

6.4 自己情報量，条件付き情報量，相互情報量

まずは，天気予報が当たった，あるいは当たらないといった感覚を情報理論的に定量化することから始めることにしよう．

いま，ある日の天気が晴(Fine)になる確率を $p(F)$，雨(Rain)になる確率を $p(R)$ とし，それぞれ次の値をもつものとする．

$$p(F) = \frac{3}{5} \quad p(R) = \frac{2}{5}$$

他方，前日に出された天気予報のうち，晴の予報を$\tilde{F}$，雨の予報を$\tilde{R}$とすれば，$p(F|\tilde{F})$と$p(R|\tilde{R})$は，

$p(F|\tilde{F})$：晴と予報して，晴れたときの事後確率
$p(R|\tilde{R})$：雨と予報して，雨が降ったときの事後確率

を表しており，予報が当たったということを意味する．同様に$p(F|\tilde{R})$と$p(R|\tilde{F})$は，

$p(F|\tilde{R})$：晴と予報して，雨が降ったときの事後確率
$p(R|\tilde{F})$：雨と予報して，晴れたときの事後確率

を表しており，予報がはずれたということを意味する．ここで，予報の当たる確率をq（当然，はずれる確率は$1-q$）とすると，次の関係が成立する．

$p(F|\tilde{F}) = p(R|\tilde{R}) = q$
$p(F|\tilde{R}) = p(R|\tilde{F}) = 1 - q$

たとえば，$q=5/6$とすれば，

$p(F|\tilde{F}) = p(R|\tilde{R}) = 5/6$
$p(F|\tilde{R}) = p(R|\tilde{F}) = 1/6$

となる．以下では，自己情報量，条件付き情報量，相互情報量を具体的な数値として示すことで，それぞれの定義を知ってもらうことにする．

● 自己情報量

ある日の天気が晴，あるいは雨であることを知ったときの情報量であり，次式で与えられる．

▶晴の場合
$I(F) = -\log_2 p(F) = 0.737$〔bit〕

▶雨の場合
$I(R) = -\log_2 p(R) = 1.322$〔bit〕

● 条件付き情報量

天気予報で晴または雨になるとあらかじめ聞いていて，当日の天気が晴，あるいは雨になったときの情報量に相当するもので，以下のように計算される．

▶予報が晴で天気が晴（予報が当たった）の場合
$I(F|\tilde{F}) = -\log_2 p(F|\tilde{F}) = 0.263$〔bit〕

▶予報が晴で天気が雨（予報がはずれた）の場合
$I(R|\tilde{F}) = -\log_2 p(R|\tilde{F}) = 2.585$〔bit〕

▶予報が雨で天気が晴（予報がはずれた）の場合
$I(F|\tilde{R}) = -\log_2 p(F|\tilde{R}) = 2.585$〔bit〕

▶予報が雨で天気が雨（予報が当たった）の場合
$I(R|\tilde{R}) = -\log_2 p(R|\tilde{R}) = 0.263$〔bit〕

● 相互情報量

天気予報で晴または雨になるとあらかじめ聞いていて，当日の天気が晴，あるいは雨になったときに獲得する情報量に相当するものである．たとえば，当日が晴であることの情報量$I(F)$〔事前確率$p(F)$に基づき計算される自己情報量に相当〕と，前日の天気予報が晴であるときに当日の天気が晴になることの情報量$I(F|\tilde{F})$〔事後確率$p(F|\tilde{F})$に基づき計算される条件付き情報量に相当〕を考えてみよう．

このときは，事前確率$p(F)$が事後確率$p(F|\tilde{F})$に変化するわけで，情報量は$I(F)$から$I(F|\tilde{F})$に増減するが，この増減した量が相互情報量$I(F;\tilde{F})$と呼ばれる．以下に計算結果を示す（図6.7）．

▶予報が晴で天気が晴（予報が当たった）の場合
$I(F;\tilde{F}) = -\log_2 p(F) - \{-\log_2 pI(F;\tilde{F})\}$
$= I(F) - I(F|\tilde{F})$
$= 0.737 - 0.263 = 0.474$〔bit〕

▶予報が晴で天気が雨（予報がはずれた）の場合
$I(R;\tilde{F}) = I(R) - I(R|\tilde{F})$
$= 1.322 - 2.585 = -1.263$〔bit〕

▶予報が雨で天気が晴（予報がはずれた）の場合
$I(F;\tilde{R}) = I(F) - I(F|\tilde{R})$
$= 0.737 - 2.585 = -1.848$〔bit〕

▶予報が雨で天気が雨（予報が当たった）の場合
$I(R;\tilde{R}) = I(R) - I(R|\tilde{R})$
$= 1.322 - 0.263 = 1.059$〔bit〕

以上の結果から，たとえば予報が雨で天気が雨の場合を考えてみると，まず雨という予報を聞いたときに翌日の天気が雨になるという相互情報量として1.059〔bit〕の情報を得る．そうして，天気が雨で予報が当たったときに条件付き自己情報量として0.263〔bit〕の

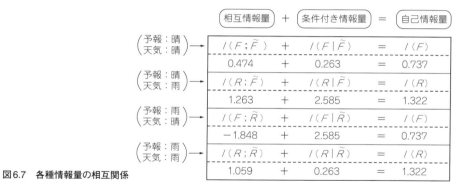

図6.7　各種情報量の相互関係

情報を得て，加え合わせると1.322〔bit〕になる．これは，天気が雨のときに私たちが受ける自己情報量の1.322〔bit〕に一致するのである．

なお，予報が当たらなかったときには，相互情報量は負の値をとる（情報が失われる）ことにも注意してもらいたい．

6.5 結合エントロピーと条件付きエントロピー

いま，二つの事象系X，Yがあり，XとYのとり得る事象をそれぞれ，

$X : a_1, a_2, \cdots, a_N$
$Y : b_1, b_2, \cdots, b_M$

とするとき，自己情報量の平均値としてエントロピーを定義したのと同じように，結合事象の自己情報量，条件付き情報量，相互情報量の平均値として，それぞれ結合エントロピー，条件付きエントロピー，相互エントロピーをそれぞれ次のように表す．

● 結合エントロピー

$X = a_i$と$Y = b_j$が同時に起こる結合事象が発生する結合確率$p(a_i, b_j)$の自己情報量$I(a_i, b_j)$は，

$$I(a_i, b_j) = -\log_2 p(a_i, b_j) \cdots\cdots (11)$$

であって，事象系XとYについての平均をとったものを結合エントロピーといい，$H(X, Y)$と表す．

● 条件付きエントロピー

事象系Yが発生したときの事象系Xに関する条件付きエントロピーを$H(X|Y)$と表す．同様に，事象系Xが発生したときの事象系Yに関する条件付きエントロピーは，$H(Y|X)$と表されることになる．

ところで，XとYの二つの事象から得られる平均情報量$H(X, Y)$は，直感的に「Yがもつ平均情報量（エントロピー）」と「Yを知った後，Xが与えられたときに得られる情報量（条件付きエントロピー）」との和になるわけで，次の関係が成立する．

$$H(X, Y) = H(Y) + H(X|Y) \cdots\cdots (12)$$

このことは，XとYの順序を逆さにしても同様であって，

$$H(X, Y) = H(X) + H(Y|X) \cdots\cdots (13)$$

が成り立つことも明らかである．

● 相互エントロピー

$$I(a_i ; b_j) = -\log_2 p(a_i) - \{-\log_2 p(a_i|b_j)\} \cdots\cdots (14)$$

式(14)の相互情報量を事象系XとYについての平均をとったものとして相互エントロピーを定義し，$I(X;Y)$と表す．このとき，各種情報量とエントロピーの関係を図6.8に示す．

図6.8より，以下のような関係が成り立つことを理解できる．

$$I(X;Y) = H(X) + H(Y) - H(X, Y) \cdots\cdots (15)$$
$$I(X;Y) = H(X) - H(X|Y) \cdots\cdots (16)$$
$$I(X;Y) = H(Y) - H(Y|X) \cdots\cdots (17)$$

ここで，$H(X)$，$H(Y)$は事前エントロピー，$H(X|Y)$，$H(Y|X)$は事後エントロピーと呼ばれる．

それでは，式(16)の相互エントロピー$I(X;Y)$について考えてみることにしよう．たとえば，$I(X;Y) = 0$のときは，

$H(X) = H(X|Y)$

となり，事象系XとYとが無関係であることを意味していることが推定できる．

また，$I(X;Y) = H(X)$のときは，式(16)より，

$H(X|Y) = 0$

であり，事象系XとYがまったく同一のものであることがわかる．つまり，あいまいさがないわけで，情報が正しく伝送されることを意味する（詳細は**第7章**）．

[例題5]

A男は腹痛で欠勤することが多いので，自分の欠勤に精神的ストレスが関係しているかどうかを調べてみたら，次のような結果が得られた．ここで，

a_1：欠勤　　　　　　　a_2：出勤
b_1：ストレスあり　　　b_2：ストレスなし

と表したとき，各種の発生確率は次のとおりであった．

$p(a_1) = 0.1$　　　　　$p(a_2) = 0.9$
$p(b_1) = 0.3$　　　　　$p(b_2) = 0.7$
$p(a_1, b_1) = 0.05$　　$p(a_1, b_2) = 0.05$
$p(a_2, b_1) = 0.25$　　$p(a_2, b_2) = 0.65$

このとき，A男の欠勤に精神的ストレスが関係しているかどうかを情報理論的に検討せよ．

[解答5]

式(15)に基づき，相互エントロピーを計算することにする．題意より，各事象系のエントロピー，結合エントロピーは以下のように計算される．

$H(X) = -0.1 \log_2(0.1) - 0.9 \log_2(0.9) = 0.46$
$H(Y) = -0.3 \log_2(0.3) - 0.7 \log_2(0.7) = 0.88$

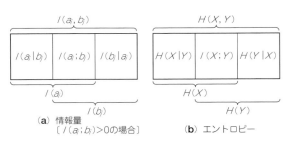

図6.8　各種情報量とエントロピーの関係

Column4　無限個の通報のエントロピーは∞か0か？？

エントロピーの不思議な世界にご案内しよう．

いま，無限個の通報の種類を有する情報源のエントロピーは何ビットになるのか，計算してみよう．

まず，M種類の通報の最大エントロピーH_{max}は，式(8)と式(9)より，

$$H_{max} = H\left(\frac{1}{M}, \frac{1}{M}, \cdots, \frac{1}{M}\right) = \log_2(M) \text{ [bit]}$$

であることから，Mを大きくし，$M \to \infty$として極限値を求めてみると，

$$\lim_{M \to \infty} H_{max} = \lim_{M \to \infty} \{\log_2(M)\} \to \infty \text{ [bit]} \cdots\cdots\text{(A)}$$

となり，無限大のエントロピーをもつことがわかる．

他方，すべての通報の発生確率$p_1, p_2, \cdots, p_M$が同じとき，$p_1 = p_2 = \cdots = p_M = 1/M$に，$M$を大きくしていき，$M \to \infty$ ($p_i = 1/M \to 0$, $i = 1, 2, \cdots M$)として極限値を求めてみると，

$$\lim_{M \to \infty}(p_i \log_2 p_i) = \lim_{p_i \to 0}(p_i \log_2 p_i) \to 0$$

となり（例題1の計算で利用した公式による），最大エントロピーH_{max}は式(2)の定義に基づき，

$$H_{max} = -\sum_{i=1}^{\infty} \lim_{p_i \to 0}(p_i \log_2 p_i) \to 0 \text{ [bit]} \cdots\cdots\text{(B)}$$

が得られる．

まさにアッと驚くタメゴロー（注：超昔々のギャグ）で，式(A)と式(B)とを見比べてもらうと，無限個の種類の通報からなるエントロピーが「無限大（∞）なのか0（ゼロ）なのか」と，不思議なことになってしまう．

みなさんもひまな時間を愉しみながら悩んでみてはいかがだろうか．

$$H(X, Y) = -0.05 \log_2(0.05) - 0.05 \log_2(0.05)$$
$$- 0.25 \log_2(0.25) - 0.65 \log_2(0.65)$$
$$= 1.33$$

よって，相互エントロピーは，

$$I(X; Y) = H(X) + H(Y) - H(X, Y)$$
$$= 0.46 + 0.88 - 1.33 = 0.01$$

となり，ほとんど0であることから，欠勤と精神的ストレスとの関連性は非常に薄いと結論づけられる．

第7章 電気通信とエントロピー

第6章では，エントロピー（平均情報量）をはじめとして，最大エントロピー，冗長度などの情報処理分野における定量的な評価尺度を中心に解説した．

本章では，電気通信における情報のやりとりを情報理論的に評価する，あるいは表現するために必要となる基礎知識として，雑音（ノイズ），周波数，通信時の伝送誤りなどについての基本的概念を説明するとともに，エントロピーの観点から通信モデルを構築する．

7.1 電気通信とは

「電気通信や情報理論，情報数学の最大の目的は」と問われれば，即座に「情報をより速く，確実に誤りなく伝えること」と言いきることができる．また，ときには電気通信を"伝気通心"と当て字して，「気持ちを伝えて心を通わせる」ための情報伝送技術と位置づけられることもある．

その際，「どのようにしたら情報をむだなく（できるだけコンパクトにして），より速く送ることができるのか」，「どのようにしたら誤りなく確実に，しかも速く元の情報を送り届けることができるのか」という二つの大きな命題を解決しなければならない．

ところが，「あちらを立てれば，こちらが立たず」という感じでむだを省くこと（情報量の圧縮，単位時間あたりに送ることができる情報量，伝送する速度の向上）と，確実に送ること（誤りのない通信）とは互いに矛盾する要求であり，解決すべき大きな問題が立ちはだかるのである（図7.1）．

① むだを省いて，速く送ること
　情報量を圧縮して，単位時間当たりに送れる情報量，すなわちデータ伝送（転送）速度の高速化を図る．
② 誤りがないこと
　データを正確に送るためには，誤りのないように念を入れる（冗長性を導入する）必要があるが，伝送効率（単位時間当たりに送られる意味のある情報量）が下がってしまう．逆に，あまり伝送効率を上げることばかりを考えると，どうしても誤りの混入が避けられないことも事実である．
③ データを悪意の第三者から守ること
　通信傍受や不正アクセスからデータを保護するために，基本的には暗号を利用する．

また，情報理論のもう一つの側面として，雑音（無視できない本質的な問題を含む）が重要な鍵を握っている．これまでの電気通信におけるおもだった研究は，雑音との闘いといっても過言ではない．たとえば，スマホや携帯電話を使っているときの雑踏の音（自動車，人混み，駅のホームなど），ラジオのジージーという音などが雑音の典型的なものである（図7.2）．

また，A男さんとB子さんが話しているときに，横からC太郎さんが割り込んできて話しかけると，C太郎さんの話し声は雑音ということになるかもしれない．聖徳太子の有名な逸話では，10人が同時に話してもそれぞれの話の中身を聞き分けられたといわれているが，これがおそらく多重通信の始まりであろう．

一般に，雑音は好ましくないものであると考えられ

図7.1　電気通信に対する要求

図7.2　雑音と通信

るが，実際には避けては通れないという意味で本質的なものであり，これまでの電気通信の研究は雑音が信号に及ぼす影響を最小限に抑圧することを主眼に進められてきた．

7.2 通信モデル

現代の電気通信の基礎をなす考え方を提唱した人はシャノンであり，近代統計学の立場から情報の生成ならびに伝送の問題について解明している．シャノンは，実際の通信系を抽象化したものとして，図7.3に示す通信系のモデルを提案した．以下，図7.3の各構成要素を簡単に紹介する．

● 情報源

送りたい情報を発生する源のことをいう．情報源から出力される情報は，たとえば音声，映像，データなどのさまざまな形態をとるが，一般にこれらは通報と称される．電話で話しているときの本人自身，すなわち送信者も情報源とみなせる．

● 符号器（または送信機）

通報を通信路に送り出すとき，正確に受信できるような形の信号に変換して送り出す装置のことをいう．

● 通信路（または伝送路）

物理的に送信信号を通す伝送メディア（媒体）のことをいう．具体的には，光ファイバ，銅線などの有線メディアと空気中などの電波が伝搬する無線メディアに大別される．情報数学では，送信信号が雑音やひずみにより変換され，送信信号とは異なる信号が受信されるというプロセスに注目し，この変換プロセスを条件付き確率として表すことによって数学的なモデルに抽象化する．

● 復号器（または受信機）

雑音やひずみの影響を受けて変形された信号を受け取り，元の通報の形に復元する装置のことをいう．

● 受信者

通報を受け取る人，あるいは機械装置（たとえば，コンピュータ通信においてはコンピュータそのもの）のことをいう．

● 雑音源

送信信号が通信路を通して伝送されるとき，雑音やひずみの妨害を受け，受信信号は一般に送信信号とは異なったものとなる．この雑音やひずみを発生するものを総称して雑音源という．雑音やひずみは通信路の内部から発生することもあるし，外部から入ってくるものもあるが，これらを抽象化して雑音源としている．

図7.3の通信モデルでは，符号器は情報源から発生した通報に応じ，対応する送信信号を送り出す．通信路に雑音がない理想的な通信においては，送信信号と寸分の違いもない信号が受信され，復号器によりもとの通報が復元されて受信者へ伝えられる．しかしながら，雑音がある実際の通信においては，送信信号と受信信号とは必ずしも同一になるとは限らないのである．

なお，図7.3の通信モデルにおいて，

送信　⇔　データ保存（書き込み）
通信路　⇔　データバス
受信　⇔　データの読み出し

などと対応づけて読み替えれば，データ記憶（保存，読み出し）のようすも同じようにモデル化できる．

7.3 情報と周波数

電気通信は，通信ケーブルを利用する**有線通信**と，大気中に電波をとばす**無線通信**の二つに大きく分けられる．このとき，情報に対応した電気信号は，通信ケーブルや大気のもつ周波数特性のために信号のもっている周波数成分のうち，ある範囲のものが減衰し，受信信号は送信信号と大きく異なる波形となり，もとの情報を復元することは困難になってしまう．

たとえば，通信ケーブルはゆっくりした変化をする信号，すなわち低い周波数成分の信号は通すが，高い周波数成分に対応する信号成分は通さないわけである．すると，受信信号に含まれる歪みのために誤りが発生することになる．つまるところ，通信誤りは通信ケーブルの周波数特性の問題として片づけられる（図7.4）．もちろん，大気中に信号を飛ばして情報のやり

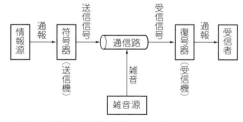

図7.3　通信系のモデル例（シャノンによる）

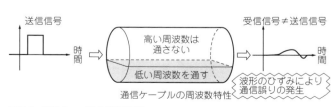

図7.4　通信ケーブルと通信誤り

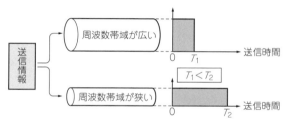

図7.5 周波数帯域と送信時間

とりをする無線通信でもしかりである.

このように，情報を送る通信路（伝送路）の周波数特性は，電気通信の発達，しいては情報理論の発展とも大きく関わっていることになる．たとえば，遠い宇宙のかなたからの非常に微弱な信号であっても，時間をゆっくりかければ情報を送れるであろう（**図7.5**）．このことは，送信する時間と周波数の関係を暗示しており，使用できる周波数帯域を狭い範囲だけに制限するとなれば，送信する時間を長くすればよいことを意味している.

以上のことをまとめてみると，
① 情報伝送の効率の問題
② 情報伝送の正確さの問題
③ 雑音による影響を軽減する問題
④ 周波数特性の問題

などがこれまでに多くの研究者たちが研究開発してきたテーマであり，情報理論の発展や高度情報化社会の実現に貢献しうる多数の有用な成果が得られている（Column5「シャノンの限界と符号理論」を参照）．

7.4 通信による情報量

ここでは，通信路を介してやりとりされる情報量の定量的評価について，通信誤り（伝送誤りともいう）の有無による違いを考慮して解説する．なお，ここでは0と1だけを発生する情報源で考えることにする.

たとえば，1符号1〔bit〕の0か1の2進数で表される信号を1秒間に8個送る装置があるとしよう．このとき，通信誤りがなければ，1秒間に8〔bit〕送れるわけで，情報伝送速度は8〔bps，あるいはbit/秒〕と呼ばれる.

ところで，信号の25%だけ（2個）誤ると仮定するとき，この通信（伝送）システムでは，1秒間に$(8-2)=6$〔bit〕の情報が送れるといってもよいのだろうか？ 結論からいうと，そうはならない．なぜなら，50%誤るときは，$(8-4)=4$〔bit〕となるが，実際にはでたらめに0と1の信号が送られているわけで，送られる情報量は0〔bit〕でなければならないはずだからである.

また，100%誤るときは受信した信号の0に対して送られた信号は1，1のときは0という具合にみなせば，届けられる情報量は8〔bit〕で，誤りがない場合と同じでなければならないという理屈である.

このような場合の情報量は，通報が誤って受信される確率を考慮に入れて，

$$
\begin{aligned}
&(誤りがあるときの情報量)\\
&= -\log_2(通報の示す事象の発生確率)\\
&\quad -[-\log_2(示された事象が本当に起こる確率)]\\
&= (誤りのないときの情報量) - (誤りで失う情報量) \quad\cdots\cdots (1)
\end{aligned}
$$

と考えるのが自然であろう.

例題1

いま，符号1の発生確率を1/2とし，符号1が符号0になる誤り確率をqとするとき，各情報量を求めよ．
① $q = 0$（誤りなし）の場合
② $q = 1/4$（25%の誤り）の場合
③ $q = 1/2$（50%の誤り）の場合

解答1

（誤りで失う情報量）は，1（$= x_1$と記す）を送った

Column5　シャノンの限界と符号理論

誤り訂正を可能にした研究分野は「符号理論」と総称され，1948年に発表されたシャノンが著した「通信の数学的理論」で示された"シャノンの限界"に端を発したとされる．結論として，シャノンの限界，すなわち理論上の伝送可能な伝送速度の上限値R〔bps，ビット/秒〕は，

$$R = B \log_2\left(1 + \frac{C}{N}\right) \cdots\cdots\cdots (A)$$

ただし，B：伝送帯域幅〔Hz, ヘルツ〕
　　　　C：受信電力〔W, ワット〕
　　　　N：雑音電力〔W, ワット〕

で与えられる.

たとえば，4〔kHz〕の伝送帯域幅において6〔dB〕のC/N（信号対雑音比，雑音電力に対する受信電力の比率を表す）とすると，$10\log_{10}(C/N) = 6$〔dB〕なので，

$$\frac{C}{N} = 10^{6/10} = 10^{0.6} ≒ 3.98$$

が得られ，式(A)に基づき，シャノンの限界Rは，

$$R = 4000 \times \log_2(1 + 3.98) ≒ 9265 \text{〔bps〕} \cdots (B)$$

となる．つまり，4〔kHz〕の伝送帯域幅で$C/N = 6$〔dB〕の通信路では，最大9265〔bps〕の情報が送れることを意味する.

とき $1 (= y_1$ と記す) が正しく受信される条件付き確率 $p(x_1 | y_1)$ に関係し，$p(x_1 | y_1) = 1 - q$ であることから，

(誤りで失う情報量) $= -\log_2(1-q)$ ……… (2)

と表される．つまり，y_1 と受信して，それが本当に x_1 であるときの条件付き確率 $p(x_1 | y_1)$ が大きい（誤り確率 q が小さい）ほど失う情報量は小さくなる．また，符号 x_1 が送信される確率 $p(x_1) = 1/2$ より，送り出された情報量（誤りのないときの情報量に一致）は，

$-\log_2 p(x_1) = -\log_2 (1/2) = 1$ 〔bit〕……… (3)

となる．よって，式 (1)，式 (2)，式 (3) より，以下のように計算される．

① $1 - [-\log_2(1-0)] = 1 + \log_2(1) = 1$ 〔bit〕
② $1 - [-\log_2(1-1/4)] = 1 + \log_2(3/4) = 0.585$ 〔bit〕
③ $1 - [-\log_2(1-1/2)] = 1 + \log_2(1/2) = 0$ 〔bit〕

7.5 通信誤りとエントロピー

いま，送信信号が 0 と 1 の通信系で，0 は正しく受信されるが，1 は 20% が誤って 0 と受信されるとしよう（図7.6）．このとき，受信側では 0 と 1 とどちらが信用できるかを考えてみると，単純には 0 は誤りなく受信されるから信用できるが，1 は誤るから信用できないように思える．しかし，じっくり考えてみれば，1 を受信した場合は必ず 1 を送信していると確信できるが，0 を受信した場合は 0 が送信されているのか，1 が送信されているのかを断定することができないことに気がつく．

結論としては，受信側からみれば，1 が信用できることになるのである．

また，送信側からみると，0 を送れば正しく受信されると確信できるが，1 は 1 か 0 のいずれが受信されるかを断定はできないわけで，0 が信用できることになる．

以上のように，受信側で考えるのか，送信側で考えるのかの立場を明確に区別しておかなければならないことの必要性が理解される．さらに，通信系でやりとりされる情報量は，たんに 1 符号のみに着目するだけでは不十分であり，**通信エントロピー**というべき符号系列全体の平均情報量を考えなければならないことに

注意してもらいたい．

まずは，送信符号の 0，1 を x_0，x_1 と，受信符号の 0，1 を y_0，y_1 と表し，送信信号 0 が 1 に，1 が 0 に誤って受信される確率をそれぞれ q_0，q_1 とすれば，一般的に条件付き確率と以下の式によって関係づけられる（図7.7）．

$$\begin{cases} p(y_1 | x_0) = q_0 \\ p(y_0 | x_1) = q_1 \\ p(y_0 | x_0) = 1 - q_0 \\ p(y_1 | x_1) = 1 - q_1 \end{cases} \quad \cdots\cdots (4)$$

ここで，$p(y_j | x_i)$ は x_i を送信したときに受信される信号が y_j である確率を表し，$i = j$ のときは誤りのない送信，$i \neq j$ のときは誤って送信されたことになる．

● 受信側で考えた誤りエントロピー

受信側で考えた場合，1 符号あたりの失われる情報量が，

$-p(x_j | y_i) \log_2 p(x_j | y_i)$ ……… (5)

と表される．ここで，$p(x_j | y_i)$ は y_i を受信したときに送られた信号が x_j である確率を表し，$i = j$ のときは誤りのない受信，$i \neq j$ のときは誤って受信されたことになる．

たとえば，受信信号 y が 0 のとき，送信信号 x が 0 か 1 のいずれであるかのあいまいさ（不確かさ）を表す平均情報量 $H(X | y_0)$ は次式で表され，受信信号 y が 0 のときに失う情報量に等しい．

$H(X | y_0) = -p(x_0 | y_0) \log_2 p(x_0 | y_0)$
$\qquad\qquad -p(x_1 | y_0) \log_2 p(x_1 | y_0)$ ……… (6)

そこで，$p(x_1 | y_0) = r$ とおけば，$p(x_0 | y_0) = 1 - r$ であり，r を用いて式 (6) は以下のように表される．

$-r \log_2 r - (1-r) \log_2 (1-r)$ ……… (7)

式 (7) の r に対する変化のようすを図7.8に示す．

図7.8より，失う情報量は，誤りのない場合 ($r = 0$) と 100% 誤る場合 ($r = 1$) は 0 となることがわかり，私たちのもつ直感にもあう．また，ランダムに誤る場合 ($r = 0.5$) は，失う情報量が 1 ビットで最大になることがわかる．

同様に，受信信号 y が 1 のとき，送信信号 x が 0 か 1 のいずれであるかのあいまいさ $H(X | y_1)$ は次式で表

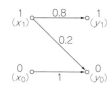

図7.6 通信誤りの例

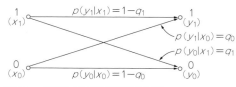

図7.7 一般的な 2 元通信路の通信誤り

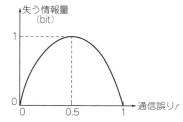

図7.8 通信誤りと失う情報量の関係

$$H(X\,|\,y_1) = -p(x_0\,|\,y_1)\log_2 p(x_0\,|\,y_1)$$
$$-p(x_1\,|\,y_1)\log_2 p(x_1\,|\,y_1) \cdots\cdots (8)$$

よって，受信信号全体に対する誤りエントロピーは，受信信号の発生確率$p(y_0)$，$p(y_1)$をそれぞれ式(7)，式(8)にかけて以下のように求められる．

$$H(X\,|\,Y) = p(y_0)\,H(X\,|\,y_0) + p(y_1)\,H(X\,|\,y_1)$$
$$\cdots\cdots\cdots\cdots (9)$$

ここで$H(X\,|\,Y)$は，ある受信信号を受けた後における送信信号のあいまいさを表す平均情報量であり，「通信路で生じる伝送誤りに起因して送られた信号が，正しくは何だったのかを判別することの不確かさ」を示し，**あいまい度**（あいまいエントロピー）と呼ばれる．

● 送信側で考えた誤りエントロピー

送信信号xが0のとき，受信信号yが0か1のいずれであるのかを表す，不確定さに相当する平均情報量$H(Y\,|\,x_0)$は，次式で表される．

$$H(Y\,|\,x_0) = -p(y_0\,|\,x_0)\log_2 p(y_0\,|\,x_0)$$
$$-p(y_1\,|\,x_0)\log_2 p(y_1\,|\,x_0) \cdots\cdots (10)$$

この$H(Y\,|\,x_0)$は，通信路で生じる伝送誤りに起因して付加される平均情報量を意味する．

同様に，送信信号xが1のとき，受信信号yが0か1のいずれであるのかを表す不確定さに相当する平均情報量$H(Y\,|\,x_1)$は，次式で表される．

$$H(Y\,|\,x_1) = -p(y_0\,|\,x_1)\log_2 p(y_0\,|\,x_1)$$
$$-p(y_1\,|\,x_1)\log_2 p(y_1\,|\,x_1) \cdots\cdots (11)$$

よって，送信信号全体に対する誤りエントロピーは，送信信号の発生確率$p(x_0)$，$p(x_1)$をそれぞれ式(10)，式(11)にかけて以下のように求められる．

$$H(Y\,|\,X) = p(x_0)\,H(Y\,|\,x_0) + p(x_1)\,H(Y\,|\,x_1)$$
$$\cdots\cdots\cdots\cdots (12)$$

ここで，$H(Y\,|\,X)$はある信号を送ったときに，通信路に雑音があるため，受信側で送信信号が正しくは何だったのかを判別することの困難さを示し，**散布度**（雑音エントロピー）と呼ばれる．

例題2

いま，0と1を発生する情報源があり，各文字の発生確率は等しく0.5であるとする．この情報源を通信系モデルに入力して，ある伝送路を通して送ったら1は正しく送られるが，0は20%だけは1と誤ったという（図7.9）．このとき$H(X)$, $H(X)$, $H(X\,|\,Y)$, $H(Y\,|\,X)$の各エントロピーを求めよ．

解答2

題意より，
$$p(x_0) = p(x_1) = 0.5$$
$$p(y_0\,|\,x_0) = 1 - 0.2 = 0.8$$
$$p(y_1\,|\,x_0) = 0.2$$
$$p(y_0\,|\,x_1) = 0$$
$$p(y_1\,|\,x_1) = 1$$

である．また，
$$p(y_0) = p(x_0)\,p(y_0\,|\,x_0) + p(x_1)\,p(y_0\,|\,x_1) = 0.4$$
$$p(y_1) = p(x_0)\,p(y_1\,|\,x_0) + p(x_1)\,p(y_1\,|\,x_1) = 0.6$$

となり，さらにベイズの定理（5.5を参照）を適用して以下の諸量を計算する．

$$p(x_0\,|\,y_0) = \frac{p(x_0)\,p(y_0\,|\,x_0)}{p(x_0)\,p(y_0\,|\,x_0) + p(x_1)\,p(y_0\,|\,x_1)}$$
$$= \frac{p(x_0)\,p(y_0\,|\,x_0)}{p(y_0)} = 1$$

$$p(x_1\,|\,y_0) = \frac{p(x_1)\,p(y_0\,|\,x_1)}{p(x_0)\,p(y_0\,|\,x_0) + p(x_1)\,p(y_0\,|\,x_1)}$$
$$= \frac{p(x_1)\,p(y_0\,|\,x_1)}{p(y_0)} = 0$$

$$p(x_0\,|\,y_1) = \frac{p(x_0)\,p(y_1\,|\,x_0)}{p(x_0)\,p(y_1\,|\,x_0) + p(x_1)\,p(y_1\,|\,x_1)}$$
$$= \frac{p(x_0)\,p(y_1\,|\,x_0)}{p(y_1)} \fallingdotseq 0.167$$

(a) 受信側で考えた場合

(b) 送信側で考えた場合

図7.10 正味の情報伝送量のエントロピー表示

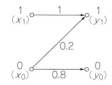

図7.9 例題2で示されている状況

$$p(x_1 \mid y_1) = \frac{p(x_1)\,p(y_1 \mid x_1)}{p(x_0)\,p(y_1 \mid x_0) + p(x_1)\,p(y_1 \mid x_1)}$$

$$= \frac{p(x_1)\,p(y_1 \mid x_1)}{p(y_1)} \fallingdotseq 0.833$$

以上の数値をもとに，各エントロピーは以下のように算出される．

$$H(X) = -p(x_0)\log_2 p(x_0) - p(x_1)\log_2 p(x_1)$$
$$= 1\,〔\text{bit}〕 \quad\cdots\cdots\cdots\cdots\cdots\cdots\cdots (13)$$

$$H(Y) = -p(y_0)\log_2 p(y_0) - p(y_1)\log_2 p(y_1)$$
$$\fallingdotseq 0.97\,〔\text{bit}〕 \quad\cdots\cdots\cdots\cdots\cdots\cdots (14)$$

また，$H(X \mid Y)$ は式(6)，式(8)，式(9)より，

$$H(X \mid Y) = 0.4 \times 0 + 0.6 \times 0.651 \fallingdotseq 0.39\,〔\text{bit}〕$$
$$\cdots\cdots\cdots\cdots\cdots\cdots (15)$$

と求められる．同様に，$H(X \mid Y)$ は式(10)，式(11)，式(12)より，

$$H(Y \mid X) = 0.5 \times 0.722 + 0.5 \times 0 \fallingdotseq 0.36\,〔\text{bit}〕$$
$$\cdots\cdots\cdots\cdots\cdots\cdots (16)$$

となる．

7.6 正味の情報伝送量とエントロピー

誤りのない通信伝送における **正味の情報伝送量**〔以下では通信エントロピーと記し，$I(X;Y)$ と表す〕は，もちろん送信されたエントロピー，すなわち情報源のエントロピー $H(X)$ に等しく，

$$I(X;Y) = H(X)$$
$$= -p(x_0)\log_2 p(x_0) - p(x_1)\log_2 p(x_1)$$
$$\cdots\cdots\cdots\cdots\cdots\cdots (17)$$

となることは明白である．

次に，式(17)の通信エントロピーが，通信路で発生する誤りによってどのように変化するのかを考えてみたい．つまり，通信路に雑音がある場合に，送信側から受信側に送られる正味の情報伝送量を算出してみようというわけである．

誤りエントロピーのときと同様に，受信側と送信側で別々に考える必要がある（図7.10）．

Column6　'情報'って，おいしいものなの?!

「情報は天下の回り物」，「地獄の沙汰も情報しだい」，「情報の切れ目が縁の切れ目」，「情報の成る木」，などなど，"情報"という言葉を含んだことわざ，なかなか自然な感じでいけている．これらのことわざ中の情報を"金(money)"と読み換えると，おそらく雰囲気なりはわかってもらえるだろうか？

つまり，

「情報＝お金」

とすると，なんとなく納得してもらえるのではないかと思われる．情報がお金だと思えれば，世の中には腐るほどありそうだ（実際は情報に振り回されているという感じは否めないが）．でも，バブルがはじけた今では，不景気，リストラと暗い世相にどっぷりと浸りきっていて，一筋の光明さえも見えてはこない（なんだか不安……）．

こんな時代には，自己啓発のための材料をたっぷり仕入れておくことぐらいしか名案が浮かんでこないのも事実であり，インターネットでも使って日々材料集めに奔走するしかないのかもしれない．もちろん，集めた情報は「インターネット冷蔵庫」と呼べるようなものに蓄えておく必要がある．そしてときには，冷蔵庫に入れておいた野菜や肉などの材料を取り出して調理もしなければならない．鮮度が高い材料を使っておいしい料理を作ると，周りの人に喜んでもらえるし，みなさん自身の充実感にもつながっていくわけだから．

その際，ただやみくもに材料を蓄えていくだけでは，いずれ冷蔵庫の中には収まりきらず，腐らせることにもなるだろう．だから不要なところは削り，本当においしい材料の部分だけにスリム化して冷蔵庫に詰めていくといった工夫も必要となろう．

また気が向いたときには，冷蔵庫の中の材料を使って，たとえばフランス料理に挑戦してみるのもおもしろい．その際，にわかソムリエになった気分で料理に合ったワインを選べば料理の味を引き立たせることもできるわけだし．つまるところ，膨大な情報の中から，新鮮で味のよい情報だけをどのようにして見つけ出してくるのか，どう調理するのか，付け合わせはどうするのかなどに細心の注意を払う必要がある．

みなさんも，大型のインターネット冷蔵庫を用意したあと，まずは大量の情報をコンパクトな形にして蓄え，腐らせないように注意しながら整理整頓することが重要であろう．いつでもどこでもおいしい情報を取り出せる，おいしく調理して食べられるように，おさおさ準備の怠りがないようにしてもらいたい．

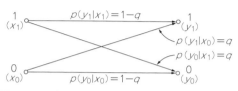

図7.11　2元対称通信路

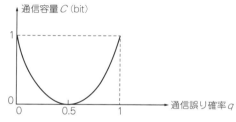

図7.12　2元対称通信路の通信容量

● 受信側で考えた場合

通信によって受信者が得る正味の情報伝送量$I(X;Y)$は，送信したエントロピー（平均情報量）$H(X)$から，通信路での雑音に起因して付加された，あいまいエントロピー$H(X|Y)$を差し引いた値に等しい．

$$I(X;Y) = H(X) - H(X|Y) \cdots\cdots\cdots (18)$$

式(18)の$I(X;Y)$は相互エントロピーそのものであることがわかる（6.5を参照）．

● 送信側で考えた場合

受信者が信号を受信したことによって得られるエントロピー$H(Y)$は，通信によって送られる正味の情報伝送量$I(X;Y)$に通信路での雑音によって付加される雑音エントロピー$H(Y|X)$を加えたものに等しい．

$$H(Y) = I(X;Y) + H(Y|X) \cdots\cdots\cdots (19)$$

すなわち，

$$I(X;Y) = H(Y) - H(Y|X) \cdots\cdots\cdots (20)$$

となる．

[例題3]

〔例題2〕において，式(18)，式(20)から通信エントロピー$I(X;Y)$を求めた結果が一致することを確かめよ．

[解答3]

式(18)より，

（通信エントロピー）
= （送信エントロピー）−（あいまいエントロピー）
= $1 - 0.39 = 0.61$〔bit〕

となる．また，式(20)より，

（通信エントロピー）
= （受信エントロピー）−（雑音エントロピー）
= $0.97 - 0.36 = 0.61$〔bit〕

となり，式(18)の計算結果と一致することが理解される．

7.7 通信路と通信容量

一般に，通信エントロピー，すなわち相互エントロピー$I(X;Y)$は，通信路を介して送られる単位時間あたりの正味の情報伝送量を示しており，**情報伝送速度**Rとも呼ばれる．

$$R = I(X;Y) \cdots\cdots\cdots (21)$$

なぜなら，通報y_jを受信することによって得られる送信通報x_iに関する正味の情報量が相互情報量$I(x_i;y_j)$であり，この期待値をとったものが相互エントロピー$I(X;Y)$というわけで，通信路を通して得られる送信通報に関する情報（通信によって送られた正味の情報）を表す．

ところで，通信路の情報伝送の能力は**通信容量**という概念に基づき，以下のように定義されている．

『通信容量とは，ある通信路を通して単位時間あたりに伝送し得る正味の情報量Rの最大値をさす』

つまり，符号の発生確率

$$P(X) = \{p(x_1), p(x_2), \cdots, p(x_N)\}$$

を変化させて，通信エントロピー$I(X;Y)$が最大になるようにしたものが通信容量Cというわけで，

$$C = \max_{P(X)}\{I(X;Y)\} \cdots\cdots\cdots (22)$$

と数式表現される．よって，通信容量Cと情報伝送速度Rとの間には，

$$R \leq C \cdots\cdots\cdots (23)$$

という関係が成立する．つまり，雑音のある通信路を通して確実に情報を送ることを考えた場合，たとえ最良の符号器と復号器を用いたとしても，情報伝送速度Rの最大値は通信容量Cで決まることを意味している．

[例題4]

図7.11に示す2元対称通信路の通信容量を求めよ．

[解答4]

$$H(Y) = -p(y_0)\log_2 p(y_0) - p(y_1)\log_2 p(y_1)$$
$$\cdots\cdots\cdots (24)$$

ここで，図7.11の2元対称通信路は，図7.7において$q_0 = q_1 = q$としたものに一致することに注意して，

$$p(y_1|x_0) = p(y_0|x_1) = q$$
$$p(y_0|x_0) = p(y_1|x_1) = 1 - q$$

なる関係を式(10)，式(11)，式(12)に代入することにより，

$$H(Y|X) = -q\log_2 q - (1-q)\log_2(1-q)$$
$$(\because p(x_0) + p(x_1) = 1 による)$$

が得られる．また，通信容量Cは式(22)より，

$$C = \max_{P(X)}\{I(X;Y)\}$$
$$= \max_{P(X)}\{H(Y) - H(Y|X)\} \quad\cdots\cdots\cdots\cdots (25)$$

であり，$H(Y|X)$ は通信路の特性 (誤り確率 q) によって自動的に決まるので，$I(X;Y)$ を最大にするには $H(Y)$ を最大にすればよい．$H(Y)$ はエントロピーの性質より，$p(y_0) = p(y_1) = 1/2$ のとき最大となり，このとき $H(Y) = 1$ となる．したがって，式 (25) より，
$$C = 1 + q\log_2 q + (1-q)\log_2(1-q) \quad\cdots\cdots\cdots\cdots (26)$$
となる (**図7.12**).

第8章 符号化の基礎

　第7章では，電気通信における情報のやりとりを情報理論的に評価するための基礎知識として，エントロピーの観点から雑音，伝送誤り，通信モデルの概要について解説した．

　本章では，情報をできるだけ「コンパクト」に表し，しかも「正確」に，「高速（効率よく）」にやりとりするための基本となる，符号化技術をとりあげて，符号化に関する基本的な考えかたのイメージを描いてもらうことを主眼に説明する．

8.1 エントロピーから見た符号化とは

　最初に，第7章で示した電気通信システムのエントロピー・モデルとして，受信側で考えたモデルを図8.1に再掲することから始めよう．

● **雑音のない場合の符号化**

　まず，雑音がない場合のあいまいエントロピーは，$H(X|Y) = 0$ であり，受信者が得る正味の情報量は，

$$I(X;Y) = H(X) \quad \cdots\cdots\cdots\cdots\cdots\cdots (1)$$

なる関係から送信エントロピー（情報源の平均情報量に相当）に等しいことがわかる．

　この通信システムで「高速」に情報のやりとりをするとなれば，もともとの情報源のもつ情報を損なうことなく，できる限り小さくすることが必要なことに気がつくであろう．

　たとえていえば，即席ラーメンのようなものを想像してもらいたい．もともとの情報（生ラーメン，ねぎ，肉など）を乾燥させたり，圧力をかけて非常に軽いものにしておけば持ち運びに便利である．そしてお湯をさっとかければ，もとどおりのおいしいラーメンが一丁上がりとなる．

　この一連の即席ラーメンを作ってから食するまでのプロセスが，符号化/復号化というわけだ．食品工場で即席ラーメンを製造するプロセスが「**符号化**」で，その逆の操作"お湯をかけてラーメンに戻す"プロセスが「**復号化**」とすればイメージしやすい（図8.2）．

　また，同じ時間をかけて情報をやりとりするには，情報源のもつエントロピー（平均情報量）が大きいときは，それを送るために必要となる通信路（伝送路）の容量は大きくならざるをえないし，他方エントロピーが小さいときは容量も小さくて済むことが想像される．

　具体的な数値で，例をあげておくことにしよう．いま，100〔bit〕の情報源を10〔秒〕で送る場合は10〔bps；ビット/秒〕の通信路が必要になるし，10〔bit〕の情報源に対しては1〔bps〕の通信路で間に合うことになる（図8.3）．

　また，1000〔bit〕の情報源を10〔bps〕の通信路を使って，たったの10〔秒〕で送るにはどうしたらよいのかといえば，情報源符号化をして100〔bit〕に圧縮してしまえばよいということも容易にわかってもらえ

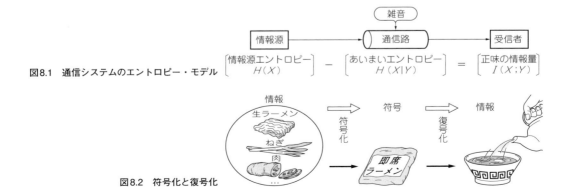

図8.1　通信システムのエントロピー・モデル

図8.2　符号化と復号化

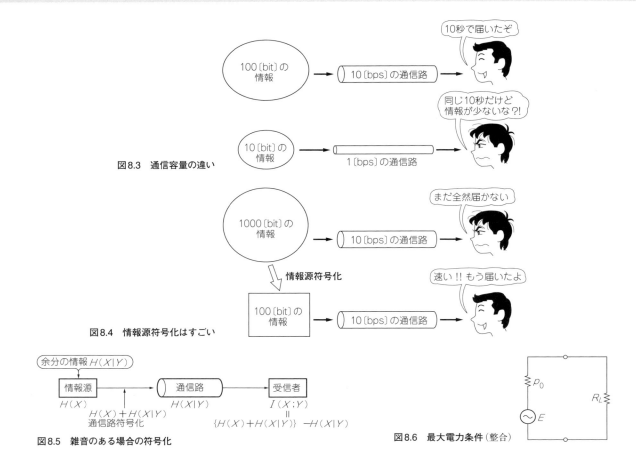

図8.3　通信容量の違い

図8.4　情報源符号化はすごい

図8.5　雑音のある場合の符号化

図8.6　最大電力条件（整合）

よう（図8.4）．

● **雑音のある場合の符号化**

図8.1より，通信によって受信者が得る正味の情報量$I(X;Y)$は，情報源のエントロピー$H(X)$から，通信路での雑音に起因して付加された，あいまいエントロピー$H(X|Y)$を差し引いた値に等しいことから，

$$I(X;Y) = H(X) - H(X|Y) \cdots\cdots\cdots\cdots\cdots(2)$$

という関係が成立する．この結果から，もともと情報源がもつエントロピーが雑音の影響を受けて小さくなり，「正確」に送られていないことがわかる．

だとすれば，「正確」に送れるようにするにはどうしたらよいのかといえば，雑音の影響に相当するあいまいエントロピー$H(X|Y)$の分だけ冗長性をもたせて送ればよいということになる（図8.5）．すなわち，

$$I(X;Y) = \{H(X) + H(X|Y)\} - H(X|Y)$$
$$= H(X) \cdots\cdots\cdots\cdots\cdots\cdots\cdots\cdots\cdots\cdots(3)$$

となり，予想したとおり式(1)の雑音のない場合の通信状態を作れたわけである．情報源のエントロピー$H(X)$に余分の情報$H(X|Y)$を付加するプロセスがもう一つの符号化で「通信路符号化」と呼ばれ，通信路上で発生する伝送誤りを修正するための「誤り訂正符号」をエントロピーの観点からながめたものである．

このように，符号化技術は大きく情報源符号化と通信路符号化の二つに分類される．もちろん，符号化技術が担う通信伝送での大命題が，

「伝送効率がよく，冗長度が少ない」

「あいまい度を少なくして誤りなく確実に情報を送れる」

の2点であることは言うまでもないことであろう．

8.2 情報源と通信路から見た符号化とは

符号化の説明の前に，次のような電気回路における問題を考えてみてもらいたい．

例題1

内部抵抗ρ_0を有する電圧源Eの出力端に負荷抵抗R_Lをつないで最大電力を取り出したい（図8.6）．最大電力を取り出すための条件を求めよ．

解答1

いわゆる整合（マッチング）条件を導く問題であり，符号化という概念を別の観点から見直すことができ

る．すなわち，整合条件が「電源の内部抵抗ρ_0と負荷抵抗R_Lを等しくすること」であることはよく知られている．定性的な表現をすれば，以下のようになろう．

「大きな電流で駆動される（内部抵抗が小さい）電圧源では，なるべく電圧を低くして大電流で電力を取り出すことがのぞましい」

「逆に，内部抵抗が大きい（少ない電流で駆動される）電圧源では電流を少なくして高い電圧で動作させるのが有利」

例題1の電気回路における整合の考え方に類似したものが，情報源と通信路の間にも成立するのである．つまり，情報源からの通報の発生確率と通信路に送り出される符号の長さ（符号長という）を整合させるというコンセプトである．

わかりやすく言い換えると，非常に頻繁に生起する（発生確率の大きい）通報に対して長くてゆっくりした符号を対応させたり，ほとんど生起しない（発生確率の小さい）通報に対して短くて速い符号を対応させるのでは非効率的であることになろう．

いま，0と1からなる2進符号の通信路を使って情報を送る場合を考えてみることにする．たとえば，1秒間に4個の2値のパルスを送れる，通信容量Cが4〔bps〕の通信路を通して，

(1) YesとNoの2種類の通報を送る場合
(2) ア行「あ，い，う，え，お」の五つの母音を送る場合
(3) 子，丑，寅，…，亥の十二支の漢字を送る場合

のそれぞれについて，1秒間にどれくらいの通報を送れるかを調べてみることにしよう．各例における事象の発生確率は等しいものとする（後述，8.3を参照）．

(1)の場合

YesとNoからなる情報源のエントロピーHは1〔bit〕で，通信容量Cが4〔bit〕なので，1通報に0.25（ = 1/4 = H/C）〔秒〕かかり，1秒間に4（ = 4/1 = C/H）通報を送ることができる．

(2)の場合

五つの母音からなる情報源のエントロピーHは$\log_2(5) = 2.32$〔bit〕なので，ふつうに符号化すると少なくとも3個のパルスで一つの通報（母音）を表す必要がある．1通報を送るには3/4〔秒〕という時間がかかるので，1秒間には4/3通報しか送れない．

(3)の場合

情報源のエントロピーHは$\log_2(12) = 3.58$〔bit〕であるから，ふつうに符号化すると4個のパルスで一つの干支を表すことになる．1通報を送るには1〔秒〕という時間がかかるので，1秒間には一つの通報しか送れない．

以上のように，情報源のエントロピーHが大きくなると1秒間に送ることのできる通報数は少なくなっ

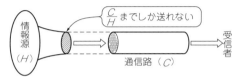

図8.7 シャノンの第1定理

てしまう．ところが，「情報通信理論の父」とも称されるシャノン（C.E.Shannon）は，情報源と通信路の対応についてきわめて有用な定理を示している．

● シャノンの第1定理

情報源のエントロピーをH，通信容量をCとすると，以下のように表される．

① この情報源からは単位時間あたりC/H個の通報数より多くは送ることができない．
② 単位時間あたりC/H個以下で送る情報源符号化の方法は常に存在する．

情報源符号化をうまく行えば，単位時間（ここでの例では1〔秒〕）に送れる通報数を通常のやり方に比べて大きくすることができるわけで，シャノンの第1定理ではその限界を示すと同時に，限界ぎりぎりまでは送れることをいい表している（図8.7）．

では，先に示した三つの場合について考えてみよう．

(1)の場合

$C/H = 4/1 = 4$通報であるので，限界ぎりぎりまで送っていることになる．

(2)の場合

$H = \log_2(5) = 2.32$〔bit〕であるから，1秒間に1.33（ = 4/3）通報ではなく，1.72（ = 4/2.32）通報まで約4割も多く送れるのである．つまり，1通報を送るのに0.75（ = 3/4）〔秒〕かかるではなく，0.58（ = 2.32/4）〔秒〕に短縮できることになる．

(3)の場合

$H = \log_2(12) = 3.58$〔bit〕であるから，1秒間に一つの通報ではなく，1.11（ = 4/3.58）通報まで1割程度多くすることができるのである．つまり，1通報を送るのに1〔秒〕かかるのではなく，0.9（ = 3.58/4）〔秒〕に短縮できるわけである．

それでは，以下にシャノンの第1定理のいうところをまとめておくので，しっかりと頭の中に入れておいてほしい．

通信容量Cは，情報伝送速度Rの最大値として，

$$R \leq C \quad \cdots\cdots\cdots\cdots\cdots\cdots\cdots\cdots\cdots\cdots\cdots\cdots\cdots (4)$$

と定義されている．情報源のエントロピーHで両辺を割ると，

$$\frac{R}{H} \leq \frac{C}{H} \quad \cdots\cdots\cdots\cdots\cdots\cdots\cdots\cdots\cdots\cdots (5)$$

となる．ここで，情報伝送速度Rは単位時間あたりの

情報量，情報のエントロピーHは1通報あたりの情報量（平均情報量）であり，

$$R = \frac{\text{全情報量}}{\text{かかる時間}} \quad H = \frac{\text{全情報量}}{\text{通報数}} \quad \cdots\cdots\cdots(6)$$

で与えられる．よって，式(6)より，

$$\frac{R}{H} = \frac{\text{通報数}}{\text{かかる時間}} \leq \frac{C}{H} \quad \cdots\cdots\cdots\cdots\cdots\cdots(7)$$

であり，単位時間あたりに送られる通報数に等しい．これでシャノンの第1定理の①の部分は証明されたことになる．また，②の部分は，実際にシャノンの符号化法を示すことで証明に代える（後述，8.4を参照）．

8.3 情報源符号化とは

まず，次のような英語の例文を考えてみることにしよう．

Dfkoweiklasdfoqitr0u6oiqwreotilaskffldsakf

何がなんだかわからず，意味不明の文章である．実は筆者が'でたらめ'にキーボードをたたいて入力したものである．この'でたらめ'入力で作った文章をたとえ受信したとしても誤りがあるのかどうか，誤りがあったとしても手直しすることははなはだ困難である．

ところが，次の文章を見てもらいたい．

Tgis　computer　iz　broken.
　↓　　　　　　　↓
　h　　　　　　　s

これはどうだろ．英語をちょっとでもかじったことのある人であれば，"Tgis"は"This"，"iz"は"is"のスペルミスだと気づかれるはずである．

なぜ，こんな芸当ができるかといえば，たとえば"t"のあとには"h"がくる確率が非常に高いとか，"i"のあとに"z"がくることはほとんどない，というぐあいに，アルファベットの文字（26文字と空白文字の計27文字）の発生確率に大きな偏りがあることに起因している．

つまり，27文字が等しい確率でつづられる（でたらめ，ランダムという）ときは，エントロピーが最大となり，

$$H_{max} = -\log_2\left(\frac{1}{27}\right) = 4.75 \text{〔bit〕}$$

で与えられる．他方，実際の英文では各アルファベット文字の発生確率（出現頻度）に見られる偏りに基づき，エントロピーはおおよそ2.6〔bit〕であることが知られている．つまり，4.75 − 2.6 = 2.11〔bit〕が冗長な情報量であり，効率のよい符号化を行えば，限りなく1.3〔bit〕近くまで情報を圧縮できるはずである．

例題2

いま，四つの文字a，b，c，dの発生確率が①〜③のとき，各情報源の平均情報量を計算せよ．

① $p_1 = p_2 = p_3 = p_4 = 1/4$
② $p_1 = 11/16$，$p_2 = 1/8$，$p_3 = 1/8$，$p_4 = 1/16$
③ $p_1 = 7/8$，$p_2 = 1/16$，$p_3 = 1/32$，$p_4 = 1/32$

解答2

平均情報量Hは次式で計算される．

$$H = -\sum_{i=1}^{4} p_i \log p_i$$

① $H = 4 \times \left\{-\frac{1}{4}\log_2\left(\frac{1}{4}\right)\right\} = 2$ 〔bit〕

② $H = 0.372 + 0.375 + 0.375 + 0.25 = 1.372$ 〔bit〕

③ $H = 0.169 + 0.25 + 0.156 + 0.156 = 0.731$ 〔bit〕

この結果から，等確率のときが最大値をとり，発生確率の偏りが大きくなるにともない平均情報量（エントロピー）が小さくなることが実感してもらえるだろう．つまるところ，発生確率の偏りがある情報源では，ある事象に続いて起きる事象をある程度予測できるということになるのである．

8.4 符号を作る（シャノンの符号化法）

シャノンは，前述の第1定理の条件を満たす具体的な符号化の方法を提案しているので，以下でこの方法を紹介することにより，②の部分の証明に変えることにする．

(1) 情報源の通報を発生確率の大きい順に並べる．
$p_1 \geq p_2 \geq \cdots \geq p_N$

(2) 大きい順に0個，1個，2個，…，$(N-1)$個と次々に加えていき，それぞれの総和をP_1，P_2，…，P_Nとする．
$P_1 = 0$
$P_2 = p_1$
$P_3 = p_1 + p_2$
$\vdots$
$P_N = p_1 + p_2 + \cdots + p_{N-1}$

(3) P_iを2進数で表す（表8.1）．

(4) 次の不等式を満足する整数m_iを求め，通報に対する符号ビット数とする．
$$-\log_2(p_i) \leq m_i < -\log_2(p_i) + 1 \quad \cdots\cdots\cdots(8)$$

(5) P_iの2進数表示（小数部）の上からm_i桁をとり，得

表8.1　10進数と2進数

10進数	2進数
$1/2 = 0.5$	0.1
$1/2^2 = 0.25$	0.01
$1/2^3 = 0.125$	0.001
$1/2^4 = 0.0625$	0.0001
$1/2^5 = 0.03125$	0.00001
$\vdots$	$\vdots$

られた0と1の系列を通報s_iに対する符号u_iとする.

例題3

いま，交通量を調べるために，自動車の前輪と後輪の間隔を自動的に測定して，車種を大型，普通，小型，軽の4種類に分類し，0と1の2進符号に変換するための装置を試作した．この装置を用いて交通量の統計をとったところ，ある時間内の平均台数として以下のデータが得られた．

軽	小型	普通	大型
20	110	20	10

(単位：台)

このとき，シャノンの符号化法の手順に基づき，車種ごとの符号を決定せよ．

解答3

まず，確率を求めてみると，

軽	小型	普通	大型
20/160 = 0.125	110/160 = 0.6875	20/160 = 0.125	10/160 = 0.0625

となる．そこで，確率の大きい順に並べて，

$p_1 = 0.6875$ (通報s_1：小型)
$p_2 = 0.125$ (通報s_2：軽)
$p_3 = 0.125$ (通報s_3：普通)
$p_4 = 0.0625$ (通報s_4：大型)

となる．以下，シャノンの符号化法(2)〜(5)の流れを示す．

$P_1 = 0$
$P_2 = p_1 = 0.6875$
$P_3 = p_1 + p_2 = 0.8125$
$P_4 = p_1 + p_2 + p_3 = 0.9375$

これを2進数表示すると，

$P_1 = 0.0000$
$P_2 = 0.1011$
$P_3 = 0.1101$
$P_4 = 0.1111$

となり，符号のけた数m_iを求める．m_1は，

$-\log_2(p_1) \leq m_1 < -\log_2(p_1) + 1$

なる関係より，$p_1 = 0.6875$を代入すると，

$-\log_2(0.6875) \leq m_1 < -\log_2(0.6875) + 1$

であり，$-\log_2(0.6875) = 0.54$を代入して$m_1 = 1$となる．よって，通報s_1(小型)に対する符号u_1はp_1の小数部の上から1桁をとって，$u_1 = 0$となる．以下同様に，

s_i	p_i	P_i	m_i	u_i
s_1(小型)	11/16	0.0000	1	0
s_2(軽)	1/8	0.1011	3	101
s_3(普通)	1/8	0.1101	3	110
s_4(大型)	1/16	0.1111	4	1111

図8.8 シャノンの符号化(例題3)

$m_2 = m_3 = 3, \quad m_4 = 4$

となる．したがって，求める符号は次のようになる．

通報s_2(軽)に対する符号 $u_2 = 101$
通報s_3(普通)に対する符号 $u_3 = 110$
通報s_4(大型)に対する符号 $u_4 = 1111$

以上の符号化手順を図8.8にまとめておくことにする．

8.5 符号を作る（ハフマンの符号化法）

シャノンの符号化法は冗長性が残っており，実用的には好ましくないことは知られているが，情報通信分野のさきがけとなったシャノン符号に対するセンスの一端を垣間見ることができればということで紹介した．

それでは，0と1の2進符号の中では効率が最良のハフマンの符号化法についてその手順を示しておこう．

(0) $k = 1$とする．
(1) 情報源の通報(N個)を発生確率の大きい順に並べる．ここでは仮に，$p_1 \geq p_2 \geq \cdots \geq p_{N-k+1}$であるとする．
(2) 発生確率のもっとも小さい一対の通報に，0と1を対応させる．
(3) その一対の通報に対する確率の和を$\hat{p}_{N-k}$とし，$\hat{p}_{N-k} = p_{N-k} + p_{N-k+1}$となる．確率の和$\hat{p}_{N-k}$が1になったら，(5)の手順に進む．そうでない場合は，再度$\hat{p}_{N-k}$を含む($N-k$)個の発生確率に対して大きい順に並べなおす．
(4) $k = 2, 3, \cdots, N-1$として，(1)〜(3)の手順を繰り返す．
(5) 一対の通報に0と1を対応させた順序を逆にたどって，0と1の並びを求め，符号語とする．

例題4

例題3に対するハフマン符号を求めよ．

解答4

①
p_1	p_2	p_3	p_4
0.6875	0.125	0.125	0.0625

$\hat{p}_3 = p_3 + p_4 = 0.1875$ (p_3に[0], p_4に[1])

②
p_1	$p_2 (= \hat{p}_3)$	$p_3 (= p_2)$
0.6875	0.1875	0.125

$\hat{p}_2 = p_2 + p_3 = 0.3125$ (p_2に[0], p_3に[1])

③
p_1	$p_2 (= \hat{p}_2)$
0.6875	0.3125

$\hat{p}_1 = p_1 + p_2 = 1$ (p_1に[0], p_2に[1])

以上の結果から，通報s_1(小型)に対する符号u_1は

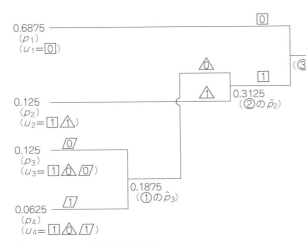

図8.9 ハフマンの符号化（例題4）

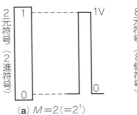
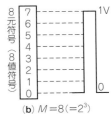

図8.10 M元符号（符号数がM個）

③のp_1のみで$u_1=0$となる．また，通報s_2（軽）に対する符号u_2は③のp_2，②のp_3と順に並べて$u_2=11$となる．以下同様に，

通報s_3（普通）に対する符号 $u_3 = 100$
通報s_4（大型）に対する符号 $u_4 = 101$

となる．以上の符号化手順を図8.9にまとめておく．

なお，(1)の手順において，同じ確率のものが複数個あれば組み合わせ方の違いで，符号の長さの異なる符号語が得られることがある．このような場合でも，平均符号長〔後述，式(9)〕は，どの符号についても同じ値をとる．また，(2)の手順で符号を割り当てるとき，一対の通報のどちらに0，1を割り当てるかも任意でよい．

8.6 符号化効率の評価

ある情報源に対して，シャノンの符号化法やハフマンの符号化法など，いくつかの異なる方法で作られた符号の優劣を比較することは重要である．いま，

H：情報源（通報s_i；$i=1, 2, \cdots, N$）のエントロピー
L：平均符号長
p_i：通報s_iの発生確率
ℓ_i：通報s_iに対する符号u_iの長さ

と表すことにしよう．このとき，平均符号長Lはℓ_iの平均値を意味することから，

$$L = p_1\ell_1 + p_2\ell_2 + \cdots + p_N\ell_N$$
$$= \sum_{i=1}^{N} p_i\ell_i \quad \cdots\cdots(9)$$

となる．よって，1符号あたりの平均情報量は，

$$I_0 = \frac{\text{情報源のエントロピー}}{\text{平均符号長}} = \frac{H}{L} \quad \cdots\cdots(10)$$

で与えられる．また，1符号あたりの平均情報量は，各符号が等確率のときに最大値をとることから，符号数をM個（M元符号という）とすれば，

$$I_{max} = \log_2(M) \ [\text{bit}] \quad \cdots\cdots(11)$$

となる（8.3を参照）．たとえば，2進符号であれば符号数は0と1の2個（$M=2$）なので，

$$I_{max} = \log_2(2) = 1 \ [\text{bit}]$$

であるし，8値をとる符号（多値符号の一つ）であれば符号数は8個（$M=8$）であり，

$$I_{max} = \log_2(8) = \log_2(2^3) = 3 \ [\text{bit}]$$

となる（図8.10）．このとき符号化効率ηは，

$$\eta = \frac{1\text{符号あたりの平均情報量}}{1\text{符号あたりの最大平均情報量}}$$

$$= \frac{I_0}{I_{max}} = \frac{H/L}{\log_2(M)} \quad \cdots\cdots(12)$$

で定義され，

$$0 \leq \eta \leq 1 \quad \cdots\cdots(13)$$

の値をとる．また，符号化の冗長度μは，

$$\mu = 1 - \frac{I_0}{I_{max}} = 1 - \eta \quad \cdots\cdots(14)$$

で定義し，むだの程度を示している．つまり，符号化効率ηが1（冗長度μが0）に近いほど符号化の効率がよいわけで，少ない符号列（2進数の場合は0と1の系列）でもって情報源を表せることになる．とくに，$\eta=1$（$\mu=0$）の場合は冗長度がまったくないわけで，理想的な符号化が行われていることがわかる．

また，式(12)と式(13)より，

$$\frac{H/L}{\log_2(M)} \leq 1$$

であり，すなわち，

$$\frac{H}{\log_2(M)} \leq L \quad \cdots\cdots(15)$$

となる関係式が導かれる．この結果をもとに，シャノンの第1定理を表現し直すと，

「1通報あたりのエントロピーHを有する情報源を，M元符号を用いて符号化する場合，平均符号長Lは，

$$\frac{H}{\log_2(M)}$$

にいくらでも近づけることができるが，これより短

くはできない」
ということになる.

例題5
例題3 のシャノン符号，例題4 のハフマン符号についてそれぞれの符号化効率 η を求めよ.

解答5
情報源のエントロピー H を計算しておく. 例題2 の②の発生確率と同じであることから,

$H = 1.372 \text{ [bit]}$

である.
まずは，効率を考慮せずに等しい符号長でただ単純に2進数の順番に，

通報 s_1（小型）に対する符号　　$u_1 = 00$
通報 s_2（軽）に対する符号　　　$u_2 = 01$
通報 s_3（普通）に対する符号　　$u_3 = 10$
通報 s_4（大型）に対する符号　　$u_4 = 11$

と割り当てたときの符号化効率は，式(9)と式(12)より，

$L = 0.6875 \times 2 + 0.125 \times 2 + 0.125 \times 2 + 0.0625 \times 2$
$ = 2 \text{ [bit]}$

$\eta_0 = \dfrac{1.372}{2} = 0.686$

と計算できる〔$M = 2$, $\log_2(2) = 1$〕.

同様に計算することにより，シャノン符号とハフマン符号の符号化効率はそれぞれ次のように求められる.

▶シャノン符号の符号化効率 η_S

$L = 0.6875 \times 1 + 0.125 \times 3 + 0.125 \times 3 + 0.0625 \times 4$
$ = 1.6875 \text{ [bit]}$

$\eta_s = \dfrac{1.372}{1.6875} = 0.813$

▶ハフマン符号の符号化効率 η_H

$L = 0.6875 \times 1 + 0.125 \times 2 + 0.125 \times 3 + 0.0625 \times 3$
$ = 1.5 \text{ [bit]}$

$\eta_H = \dfrac{1.372}{1.50} = 0.915$

このように，シャノンやハフマンの符号化法は，単純な符号化法よりも効率がよいことがわかる．ここで，シャノン符号やハフマン符号などの符号の長さが一定でないものは可変長符号，単純な符号である符号の長さがすべて等しいものは固定長符号と呼ばれている．符号化効率を高めるためには，自ずと可変長符号にならざるをえない．

なお，一般的にハフマン符号はもっとも符号化効率が優れており，最適符号とかコンパクト符号と呼ばれている．

第9章 雑音に対する符号化の基礎

第8章では，情報をできるだけ「コンパクトに」表し，しかも「正確に」，「高速に（効率よく）」やりとりするための基本となる，符号化に関する基本的な考え方のイメージを説明した．

本章では，誤りがどうしても避けられない雑音が存在するデータ通信やデータ記憶において，信頼性の高い信号伝送や記憶メディアを実現するための符号化の基礎について説明する．

9.1 符号化と復号化

さて，読者の中にはインターネット上のホームページに通信を介してアクセスしようとすると，なかなか画像が表示されなくてイライラするとか，デジカメで取り込んだ写真画像や動画像をパソコンに格納すると，瞬く間にハードディスクが満杯になるといった状況に陥って困った，といったことに一度ぐらいは遭遇されているのではなかろうか（図9.1）．

こうした状況下では，通常ホームページや画像などの大量データに対して「高速にやりとりができ，記憶容量の節約も可能ならしめる高能率な符号」を導入して，情報源のもつエントロピーを小さくするために情報源符号化（たとえばハフマンの符号）に基づいて，画像データの圧縮が行われる（第8章を参照）．

ところで，ハフマンの符号を作る，つまり符号化の方法についてはすでに説明済みだが，逆に0と1からなる符号をもとの情報に戻すための処理，すなわち復号化についても簡単に解説しておこう．

たとえば，旅館の玄関先に立てかけてあった看板に「ココデハキモノヲヌグコト」と書いてあるのを見て，裸になったお客がいたという小話．「ここでは，着物を脱ぐこと」とも読めるし，「ここで，履き物を脱ぐこと」とも読める，というように一つの文がいくつかの意味に解釈されることに，笑いを引き出す間違いの原因がある（図9.2）．これと似たようなことは，符号をもとの情報に戻すときに発生することがある．たとえば，三つの情報A，B，Cに対して，

A = 0，B = 1，C = 01

というような符号を設定したとしよう．このとき，受信した符号データが0101の場合，これは，

0，1，0，1　→　ABAB
0，1，01　→　ABC
01，0，1　→　CAB
01，01　→　CC

という具合に4通りもの解釈が可能で，まずい符号ということになってしまう．このように，受信した符号データが複数の情報に復号されてしまうと，もとの情報が正しく得られないことになり，実用的な符号とはならない．つまり，受信した符号データはたった一つ

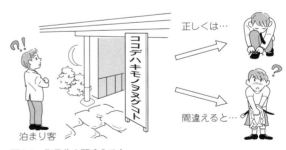

図9.2　復号化を間違えると……

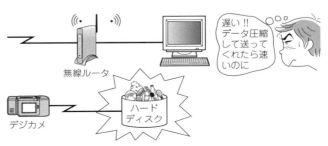

図9.1　データ圧縮（情報源符号化）の必要性

の情報に対応づけられることが，実用的な符号としての必要不可欠な条件であり，**一意復号可能**と呼ばれる．なお，上記の一意復号可能ではない符号に対しては，区切りの符号を付加すればよいのではあるが，符号データが増加することになり，非常に効率の悪いものになってしまう．

また，一つの受信した符号データから復号化する場合に，ある時点までの符号データだけでもとの情報に戻せる場合と，それに続くあとの符号データを見ないと復号できない場合とがある．たとえば，三つの情報A，B，Cに対して，

A = 1, B = 10, C = 100

というような符号を設定したとしよう．このとき，受信した符号データが110100の場合，これは，

1, 10, 100 → ABC

と一意に復号化される．この復号化の過程をもう少し詳しく眺めてみると，まず最初に「1」を受信した時点では，BまたはCの第1ビット目の「1」かもしれないのでAと決めることができない．次に「11」となって初めて最初の「1」はAという情報であることがわかる．この時点では，

110100 → A10100

と復号化されている．同様に，次の「10」を受信した時点で，Aでないことはわかるが，Bと決めることはできない．なぜなら，Cの先頭の2ビットかもしれないからで，さらに三つめのビット「1」を受信して初めてBとCの判別が可能となる．このように，後に続く符号データを見ないと復号化が困難な符号を**瞬時復号可能ではない**という．

他方，三つの情報A，B，Cに対して，

A = 1, B = 01, C = 001

というような符号を設定したとして，受信した符号データを1100101としよう．すると，驚くことなかれ，最初の「1」を受信すると同時にAと決められるではないか．続いて「1」を受信してA，「001」を受信してC，…というように，一つの符号データを受信したら後に続く符号データを気にすることなく，即座にもとの情報を知ることができる．

このような符号は**瞬時復号可能な符号**と呼ばれ，迅速に復号処理を行うことができる．したがって，一意復号可能で，しかも瞬時復号可能であることが優れた符号化法の条件であると結論づけられる．なお，固定長符号の場合は切れ目があらかじめわかっているので，常に瞬時復号可能である．

9.2 雑音に対する符号化／復号化の概念

まず，データ通信，あるいはデータ記憶における符号化と復号化を整理することから始めることにする（図9.3）．ただし，図9.3では，エントロピーの大小をアミカケした円の大きさで表している．

情報源符号化は，情報源のもつ冗長度をできるだけ少なくするための工夫であり，高速にデータ伝送を行ったり，記憶容量を節約するための目的で行われる．

これに対して，通信路符号化や記憶符号化は，雑音などによる誤りを防止するための工夫であり，通信路を介して混入する伝送雑音による誤りの軽減，ハードディスクなどの記憶メディアで発生するデータ読み書き時の誤りの訂正などに利用される．

図9.3を参照して，エントロピーの観点から，データ通信を例に，符号化と復号化のようすを考えてみる（図9.4）．ここで，もともと情報源（サウンド，画像）がもつエントロピーを「情報エントロピー」と名付け，$H(X)$で表すことにする．

さて，「サウンドや画像などの大量データを高速でやりとりする」ためには，エントロピーが小さいほど，

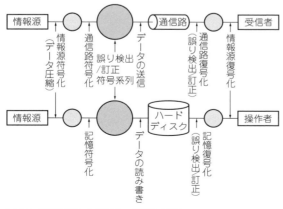

図9.3 雑音に対する符号化／復号化の概念

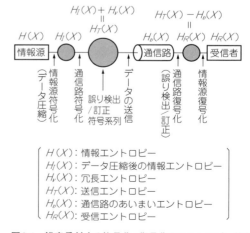

図9.4 雑音委対する符号化／復号化のエントロピー的な見かた

伝送に要する時間は短くて済むので，情報源のエントロピー圧縮（情報源符号化，データ圧縮ともいう）が必要不可欠である．

情報源符号化は，情報源のもつ冗長度をできるだけ少なくする（情報エントロピー $H(X)$ を極力小さくする処理）ための工夫であり，データ圧縮後の情報エントロピー $H_l(X)$ は，

$$H(X) > H_l(X) \cdots\cdots\cdots\cdots\cdots\cdots\cdots\cdots (1)$$

を満たす．よって，圧縮したエントロピー，すなわち，

$$\Delta H = H(X) - H_l(X) \cdots\cdots\cdots\cdots\cdots (2)$$

が大きいほど，圧縮効率が高いと言える．

一方，通信路符号化は，信号伝送時に混入する雑音などによるデータ誤りを防止するための工夫である．じつは通信の際には，データ圧縮後の情報源がもつエントロピー $H_l(X)$ が，雑音の影響を受けて生ずる通信誤りに該当する"あいまいエントロピー $H_U(X)$"だけ小さくなるので，「正確に」受信できないのである．

そのため，雑音による"あいまいエントロピー"の減少分を補うために付加する（エントロピーを増やす）処理が必要になる．つまり，情報源符号化された圧縮データに冗長さ $H_V(X)$（冗長エントロピー）を付加し，その冗長さを積極的に利用して誤り検出／訂正する考え方を導入したのである．この考え方が通信路符号化であり，情報源符号化で主眼とした"冗長度を極力削り取ってしまう"という処理とはまったく逆の異質のものであるといえる．

では，「正確に」送れるようにするにはどうしたらいいのかと問えば，通信路に送出する時点の送信エントロピー $H_T(X)[=H_l(X)+H_V(X)]$ に対して，受信側で得られる受信エントロピー $H_R(X)[H_T(X)-H_U(X)=]$ を，

$$H_R(X) > H_l(X) \cdots\cdots\cdots\cdots\cdots\cdots\cdots (3)$$

となるようにすればよいということになる．つまり，式(3)を書き換えると，

$$H_l(X) + H_V(X) - H_U(X) > H_l(X)$$
$$= H_T(X)$$
$$= H_R(X)$$

となり，

$$H_V(X) > H_U(X) \cdots\cdots\cdots\cdots\cdots\cdots\cdots (4)$$

で表される関係が導かれるわけだ．言い換えれば，雑音の影響に相当する"あいまいエントロピー"より大きい冗長性を付加して送ればOKということになる．

さらに，データ保護のためのセキュリティ対策として，暗号化が施されるが，基本的にエントロピーの増減はない．

このように，雑音の影響を排除して正しい送信データを得る処理が通信路復号化に該当し，暗号を復号（解読）した後，最終的にもとの情報に戻す（エントロピーを増やす）処理が情報源復号化ということになる．

る．

一般に，情報源符号化におけるデータ圧縮では，発生確率が大きいと符号長を短く，小さいと長くなるように各通報の発生確率に応じた可変長（符号長が異なる）符号となる（8.4，8.5を参照）．

これに対して，通信路符号化における誤り検出／訂正のできる符号の場合は，固定長（符号長が同じ）符号が原則となり，各通報の発生確率には無関係である（第3部を参照）．

9.3 誤りの検出と訂正

雑音による誤りの発生，たとえば2進データであれば，

0を1に誤る
1を0に誤る

という2種類があるが，これらの誤りに対する処理の仕方は，大きく二つに分けられる．

● 誤り検出
　誤りが発生したことがわかればよい
　　　　　↓（対処法）
　送信側に再度送信を要求する（データ通信の場合）
　記憶領域として使用しない（記憶メディアの場合）

● 誤り訂正
　誤りが発生した箇所を特定できる
　　　　　↓（対処法）
　自動的に誤りデータの修正が行われる

このように，誤り検出だけでなく，誤り訂正の機能もやってくれる符号が望ましいのは事実であるが，誤り訂正をするためにはどうしても符号全体が長くなってしまうので，実用上は通信路や記憶メディアの利用状態や使用目的に応じて使い分けていく必要がある．ここで，誤りを検出できる符号は**誤り検出符号**，誤り訂正できる符号は**誤り訂正符号**と呼ばれる．

一般に受信データの誤りを検出／訂正して，正しいデータを復元するためには，送信時において情報データに特殊な規則（符号化アルゴリズム）を適用することにより，冗長な検査データを付加して符号語を構成する（図9.5）．送信側で検査データを付加することを

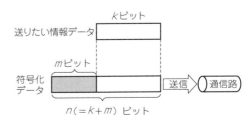

（■は，誤り検出／訂正するため付加する検査データ）
図9.5　冗長な情報を付加した誤り検出／訂正の符号構成例

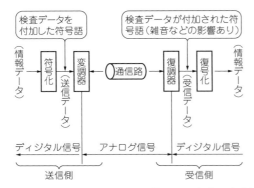

図9.6　符号化／復号化を含めた通信における伝送モデル例

符号化(coding)という．ただし，**図**9.6のようにディジタル・データをアナログ信号波形に変換するために変調器が入るのが普通である．

一方，通信路を介して受信したアナログ信号波形(誤りを含む)は，復調器でディジタル・データに変換された後，送信時の符号化における特殊な規則の逆操作(復号化アルゴリズム)を使って，復号化(decoding)と呼ばれる誤り検出／訂正を行う．

9.4 ハミング距離

まずは，誤り検出／訂正を議論するときに有用な考え方である**ハミング距離**という概念についての説明から始めよう．

いま，次に示すように8個の0と1からなる符号が，ある通信路を通して送信したら，0が1個だけ1に誤ったとしよう．

10001101
　　↓(誤り)
10001111

このような場合に，誤りの程度を定量的に表すために，長さnビットの2元$(0, 1)$の符号系列X, Yに対して，次式で定義されるハミング距離$d(X, Y)$が用いられている．

$$d(X, Y) = \sum_{i=1}^{n}(x_i \oplus y_i) \cdots\cdots\cdots\cdots(5)$$

ただし，$X = x_1\ x_2\ \cdots\ x_n (x_i = 0, 1)$
$Y = y_1\ y_2\ \cdots\ y_n (y_i = 0, 1)$

ここで，演算子$\oplus$は排他的論理和であり，次のような演算を表す．

$$\begin{cases} 0 \oplus 0 = 0 \\ 0 \oplus 1 = 1 \\ 1 \oplus 0 = 1 \\ 1 \oplus 1 = 0 \end{cases} \cdots\cdots\cdots\cdots(6)$$

式(6)の演算は，一致／不一致演算とも呼ばれ，一致しているときは0，不一致のときは1になる．たとえば，1ビットの誤りに対してのハミング距離は1，3ビットの誤りでは3と計算される．なお，排他的論理和と通常の2進数の加算とが異なる点は，$1 + 1 = 10$となる桁上がりのある場合であり，桁上げの1を無視した形とみなせばよい．このような計算の仕方は，「2を法とする」加算と呼ばれ，「mod 2」と表記されることが多い．

例題1

1011からハミング距離が2である符号をすべて書き出せ．

解答1

4ビットの符号を2分割して，各々でハミング距離が1のもの，2のものを書き出した後，二つを組み合わせて作ると簡単である．

10→ハミング距離が0のもの：10
　　　　　　　1のもの：11, 00
　　　　　　　2のもの：01
11→ハミング距離が0のもの：11
　　　　　　　1のもの：01, 10
　　　　　　　2のもの：00

よって，ハミング距離が1のものどうしを組み合わせて，

1101, 1110, 0001, 0010

となり，ハミング距離が2と0のものとを組み合わせて，

0111, 1000

が得られる．

9.5 簡単な誤り検出／訂正符号を作る

手始めに，ハミング距離が2だけ違う符号を3ビットの符号系列で作ってみることにしよう．3ビットの符号系列は全部で8種類，すなわち，

000, 001, 010, 011, 100, 101, 110, 111

があり，相互にハミング距離が2となるものを選び出してみると，

グループ1 (000, 011, 101, 110)
グループ2 (001, 010, 100, 111)

となることは明らかであろう．たとえば，011のうち先頭の1ビットに誤りが発生して111となったとすると，グループ1からグループ2に移るわけで，誤りの

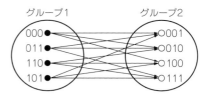

図9.7　誤り検出(ハミング距離が2の場合)

検出ができるしくみの直感的な理解が可能となる（図9.7）．

このように，0と1とを組み合わせたすべての符号をグループに分けておき，グループの一つを符号として利用することにすれば，1ビットの誤りに対しては別のグループに移ることになり，誤りを検出できることになる．この例では，グループ1は1の数が偶数個，グループ2は奇数個という符号の分割が行われていることになる（パリティ符号と呼ばれるものに相当）．

ここで，1の個数を偶数に限定して符号語としたものは「偶数パリティ」符号，奇数に限定したものは「奇数パリティ」符号と呼ばれる．

次に，ハミング距離が3となるもの，たとえば，二つの符号，すなわち，

000，111

を利用する場合を考えてみよう．このとき，000が1ビット誤ったときの符号のグループは，

グループ1（000，100，010，001）

となり，111の場合は，

グループ2（111，011，101，110）

となる．すると，1ビット誤った符号を含めたグループ1とグループ2が完全に分離されているので，誤りを訂正するのが可能であることが理解される．つまり，010というデータを受信したときには，2ビット目に誤りがあり，正しくは000と訂正できるのである（図9.8）．この例では，グループ1は1の数が0の数より少なく，グループ2は1の数が0の数より多いという符号の分割が行われていることになる（**多数決符号**と呼ばれるものに相当）．

また，グループ1に属する000なる符号が2ビット誤ると，

011，101，110

となり，グループ2に移ることから，2ビットの誤りを検出することができることもわかる（図9.9）．もちろん，グループ2に属する111という符号が2ビット誤ると，グループ1に移ることも明らかである．

例題2

5ビットの2進符号の中から，00000とのハミング距離が2となるものだけを選んで符号を作成せよ．

解答2

符号長5ビットのうち，一定数の2個だけが1となっているものを選べばよい．すなわち，以下のようになる．

00011，00101，00110，01001，01010，
01100，10001，10010，10100，11000

符号長5の場合は，符号数は$2^5 = 32$個であるが，このうち，

$$_5C_2 = \frac{5!}{(5-2)!\,2!} = 10 \,(個)$$

だけを用いることで誤りの検出を可能としており，**定比率符号**または**2 out of 5 符号**と呼ばれる．

9.6 ハミング距離と誤り検出／訂正の能力

3ビットの多数決符号を例に，ハミング距離と誤り検出，誤り訂正の能力との関係を調べてみることにしよう．

まず，二つの符号語をそれぞれ$u_1 = 000$，$u_2 = 111$と表すと，そのハミング距離は，

$$d(u_1, u_2) = 3 \quad \cdots\cdots\cdots\cdots\cdots\cdots\cdots\cdots (7)$$

であることがわかる．このとき，二つの符号語に1ビットの誤りが発生したとすると，それぞれ図9.8に示したグループ1，グループ2のように重なりのない状態になり，1ビットの誤り訂正が可能となる．一般的には，すべての符号語（$u_1, u_2, \cdots, u_n$）に対してbビットの誤りが発生したときの符号の集合が完全に分離されていればbビットの誤りを訂正できることになる．いま，符号語間のハミング距離の最小値d_{min}を，

$$d_{min} = \min_{\substack{i \ne j \\ i,j = 1,2,\cdots,n}} \{d(u_i, u_j)\} \quad \cdots\cdots\cdots\cdots (8)$$

と定義すれば，符号語に対するbビットの誤りを含んだすべてのグループが相互に完全分離される条件は，

$$d_{min} \geq 2b + 1 \quad \cdots\cdots\cdots\cdots\cdots\cdots\cdots\cdots (9)$$

となる．よって，誤り訂正可能なビット数の最大値b_{max}は次式で与えられる．

$$b_{max} = \left[\frac{d_{min} - 1}{2}\right] \quad \cdots\cdots\cdots\cdots\cdots\cdots (10)$$

ただし，$[x]$はガウス記号でxを超えない最大の整数を表す

また，二つの符号語に2ビットの誤りが発生したとすると，それぞれ図9.9に示したようにグループ1の

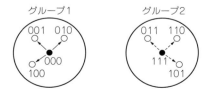

図9.8　誤り訂正（ハミング距離が3の場合）

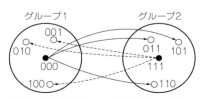

図9.9　誤り検出（ハミング距離が3の場合）

符号語（$u_1 = 000$）はグループ2に，グループ2の符号語（$u_2 = 111$）はグループ1に移る形になり，2ビットの誤り検出が可能となる．一般的には，すべての符号語に対してcビットの誤りが発生したときの符号のグループが別のグループに移る形であれば，cビットの誤りを検出できるわけである．つまり，符号語間のハミング距離の最小値をd_{min}とすれば，符号語に対するcビットの誤りを含んだすべてのグループが他のグループに移るための条件は，

$$d_{min} > c + 1 \qquad (11)$$

となる．よって，誤り訂正可能なビット数の最大値c_{max}は次式で与えられる．

$$c_{max} = d_{min} - 1 \qquad (12)$$

さらに，bビットまでの誤り訂正と，$(b+c)$ビットまでの誤り検出を同時に行う場合には，

$$d_{min} \geq 2b + c + 1 \qquad (13)$$

を満たす範囲で，誤り検出／訂正が可能となる（図9.10）．

図9.9の中の●は符号語として割り当てられたビット列であり，○は何も割り当てられていないビット列である．つまり，nビットの符号では，0または1がn個続くわけで，すべての組み合わせを考えれば全部で2^n種類ある．通常，この2^n種類の中のほんの一部だけを符号語として割り当てることになる．具体的には，前述の3ビットの多数決符号では，

000, 001, 010, 011, 100, 101, 110, 111

の $8 (= 2^3)$ 種類の中から，たったの2種類（000, 111）のようにハミング距離ができるだけ大きいものを選ぶ．このように符号語を選んでおけば，1ビットの誤りに対しては訂正可能であるし，たとえ2ビット誤ったとしても検出することができる．

一般的に，図9.10より，符号語からハミング距離がb離れている（半径bに相当）範囲では「b個までの誤りが訂正可能」である．また，半径bを越えた外側の厚さc（ドーナツ状の部分に相当）の範囲では誤りの検出が可能なわけで，符号語からのハミング距離は$(b+c)$であることから，「$(b+c)$個までの誤りが検出可能」となる．つまり，符号語から$(b+c)$の半径の範囲では，$(b+c)$個までの誤りの訂正，あるいは少なくとも検出はできるというわけなのである．

例題3

$d_{min} = 5$とするとき，誤り検出／訂正可能な誤りのビット数を求めよ．

解答3

式(13)より，以下の3種類の設定が可能である．

① $b = 0$, $c = 4$ → 4ビットの誤り検出
② $b = 1$, $c = 2$ → 1ビットの誤り訂正と3ビットの誤り検出
③ $b = 2$, $c = 0$ → 2ビットの誤り訂正

9.7 データ圧縮と誤り検出／訂正の関係

まず，符号化に関する基本的な考え方をまとめておくと，以下のようになる．

▶**データ圧縮（情報源符号化）**

情報に含まれる冗長性を取り除き，情報量を少なくすること．

▶**誤り検出／訂正（通信路符号化，記憶符号化）**

通信や記憶メディアで発生する誤りを防ぐために，情報に冗長性を付加すること．

このように，データ圧縮と誤り検出／訂正は互いに相反する処理であり，「高速にデータをやりとりすること」と「誤りを少なくすること」とのトレードオフを追求するものであるといえる（図9.11）．

では，具体的にデータの符号化をどのように行うのかを説明しておくことにしよう．たとえば，

情報　　⇒　　符号

（データ圧縮）

P　………　1
Q　………　01
R　………　001

と，可変長符号の形で情報源符号化することを考える．このとき，情報4ビットの後に1ビットのパリティを付加した5ビットの偶数パリティ符号を用いることにして，

PPPRQPPQ

という情報を送る場合には，まず各情報に0と1の符号を割り当てる．すなわち，

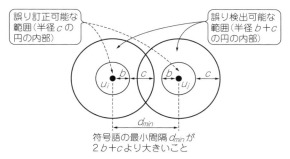

図9.10　誤り検出／訂正の可能な範囲

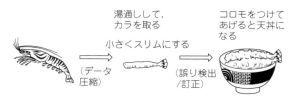

図9.11　データ圧縮と誤り検出／訂正

```
P   P   P   R    Q   P   P   Q
↓   ↓   ↓   ↓    ↓   ↓   ↓   ↓
1   1   1   001  01  1   1   01
```

の2進データが得られる．次に，4ビットずつのブロックに分ける．

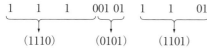

```
 (1110)    (0101)    (1101)
```

さらに，各ブロックの最後に1の個数が偶数になるように0または1を付加する．

```
 (1110)    (0101)    (1101)
    ↓
 (11101)   (01010)   (11011)
```

このように，可変長符号に変換するところでは「高速に」を目標にデータ量を少なくし，パリティ符号に変換するところでは固定長符号の形で「誤りなく」を目標に冗長性をもたせる処理が行われる．

例題4

上述の例において，

111010101001011

という2進データを受信したとしよう．このとき，送られた情報を求めよ．

解答4

最初に，5ビットずつのブロックに分ける．

111010101001011
↓
(11101)(01010)(01011)

このとき，誤りは各ブロック中で1個しか発生しないものとすれば，各ブロックの1の個数を数えることで，

```
(11101)   (01010)   (01011)
偶数個    偶数個    奇数個
  ↓        ↓        ↓
 正しい    正しい    誤り
```

であることがわかる．誤りを含むブロックはもう一度送ってもらう（再送信の要求を出す）必要がある．正しいブロックについては，以下のようにして送られた情報が復号化される．

```
(11101)   (01010)
   ↓   付加したパリティ・ビットを取り除く
(1110)    (0101)
   ↓   連続した2進データにする
11100101
   ↓   情報に復号化する
1   1   1   001  01
↓   ↓   ↓   ↓    ↓
P   P   P   R    Q
```

第3部
誤り訂正符号

　第2部では，情報理論的な側面（確率，統計など）や情報数学（符号などの基礎理論）を中心に説明してきた．主なキーワードとしては，以下のようなものが挙げられる．
　　情報量，確率，シャノン線図，平均情報量，情報エントロピー，通信モデル，通信容量，符号化／復号化，ハフマン符号，ハミング距離，誤り検出／訂正，データ圧縮
　ところで，IT（Information Technology：**情報技術**）革命の進展を支える技術の一つに，「**誤り訂正が可能**」というディジタル化にともなうシステム構成上のメリットがある．すなわち，ディジタル化した情報に何らかの誤りが生じたとしても，これを元の正しい情報に自動的に復元できる仕組みで，放送や通信における品質向上に不可欠な技術といえる．さらには，記憶メディアにおける高密度記録化につながることから，CD，ディジタルVTR，DVDなどの実用化の基礎技術ともなっている．
　こうした状況下において，誤り訂正符号の考え方をきちんと理解しておくことは，ディジタル放送，携帯電話，スマホなどの移動体通信をはじめとする多様な分野で大いなる力を発揮することが期待される．そこで，第3部では「誤り訂正符号」にフォーカスして，符号理論に必要な数学，いろいろな誤り訂正符号の符号化／復号化などについて具体的に解説していくことにする．
　なお，符号理論に必要な数学を第15章に総括してあるので，第10章の前に数学知識の再確認をしてから読み進めていくことをお勧めしたい．もちろん，順に読み進めていってもらってから，最終的に第15章を読んで「誤り訂正符号」の考え方を整理してもらってもよい．

第3部　誤り訂正符号

第10章　誤り訂正符号の基礎

　本章では，具体的な誤り訂正符号の第一歩として「ハミング符号」を取り上げ，ハミング符号がパリティ符号を拡張したものであること，そして符号化と復号化のしくみについてわかりやすい形で説明する．さらに，より汎用性の高い線形符号の導入を行う．

10.1　誤り検出/訂正のしくみ

　ある一定のハミング距離を保った符号語の中から，いくつかの符号語を用いることは，別の視点から見てみると，任意に選んだ冗長度のない符号系列に適当な符号を付加して冗長度を増すことであるとも考えられる．つまり，情報を送る符号と誤りの検出訂正の検査符号を分ける考え方に，誤り検出/訂正の基本的なコンセプトが隠されている．
　たとえば，家庭の主婦が洗濯した後，物干しに干そうとして，「あれっ，靴下が足りない」とすっとんきょうな声を発したとする．これは，靴下の数をかぞえていたのではなく，靴下には「偶数である」という情報があることに基づいている（図10.1）．
　この「偶数である」という情報は靴下に冗長度として付加されているもので，実はこれだけでも意外と多くの情報を誤りなく伝えることができる．これに反し，たとえば同時にハンカチがなくなっていたとしても，なかなか気づきにくいことも事実である．
　靴下と同じように，情報符号に検査符号として「偶数である」という情報を常にもたせるようなしくみが誤り検出/訂正の考え方の基本であり，これがパリティ検査とよばれるものである．
　一つの例を挙げてみよう．いま，図10.2の左の3ビットの情報符号にもう1ビットの検査符号を付加して0000からのハミング距離（重みということもある）が偶数個になるようにする．それが右の誤り検出のための検査符号（パリティ・ビット）を付加した4ビットの符号である．
　また，図10.2の符号を1列ずつ縦に並べて8列にし，さらに1行ごとに偶数パリティを付けてみることにしよう（図10.3）．ここで，○で囲んだビットが誤ったと

図10.1　偶数パリティで洗濯物をチェック

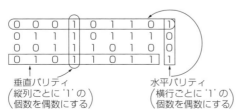

図10.3　垂直水平パリティ符号の構成

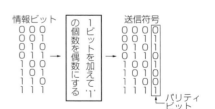

図10.2　パリティ検査とは

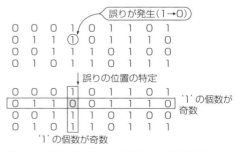

図10.4　垂直水平パリティ符号による誤り訂正例

すると，○を含んだ行と列（□の中）に含まれる'1'の個数が奇数個に変化することから，誤りが発生したビットを特定して誤りを訂正できることになる（図10.4）．

つまり，パリティ検査のビットを組み合せることで誤りの訂正が可能になる．ここに，誤りビットを特定するしくみとなる誤り訂正符号の基礎をなす考え方がある．

このように，パリティ符号を二次元化したものとして行と列の縦/横のパリティ検査ビットを付加したものは磁気テープなどで用いられ，**垂直水平パリティ符号**と呼ばれる．もちろん，2個以上の誤りがあると訂正できない．

10.2 ハミング符号を作ってみよう

一般に，各符号語間相互のハミング距離の最小値がd_{min}であれば，$(d_{min}-1)$個までの誤りを検出でき，$[(d_{min}-1)/2]$個の誤りまで訂正することができる（9.6を参照）．ここで，$[x]$はガウス記号で，xを越えない最大の整数値を表す．

誤り訂正符号を構成する方法として，パリティ検査を利用した**ハミングの方法**がある．いま，kビットの情報符号（情報数は最大2^k個）のそれぞれにmビットの検査符号（冗長ビット）を付加し，全体の符号長がnビット（$n=k+m$）となる符号系列を考えることにする（図10.5）．

つまり，

n：全体の符号ビット数（$n=k+m$）
k：情報ビット数
m：検査ビット数（冗長ビット数）

とするとき，nビットの符号系列の中に1ビット以下の誤りがあると仮定してみよう．このとき，mビットの検査符号の情報（最大2^m個の組み合わせ）から誤りの発生したビットを特定する必要があるわけで，

- まったく誤りのない場合
- 第1ビット目に誤りがある場合
- 第2ビット目に誤りがある場合
  ⋮
- 第nビット目に誤りがある場合

の$(n+1)$個の区別が必要である．

したがって，

$$\begin{pmatrix}検査符号で表される\\情報数\end{pmatrix} \geq \begin{pmatrix}誤りが発生する\\場合の数\end{pmatrix}$$

であり，すなわち，

$$2^m \geq n+1 \quad \cdots\cdots (1)$$

となる．ここで$n=m+k$を代入して整理すると，

$$2^m - m \geq k+1 \quad \cdots\cdots (2)$$

という関係が，情報ビット数kと検査ビット数m（$=n-k$）との間に成立しなければならない．このような形で，情報ビットにいくつかの検査ビットをある規則に基づいて付加したものの全体から作られる符号のことを**組織符号**という．とくに，全体の符号長がnビットで，そのうちの情報ビットがkビットである符号のことを，一般に(n, k)符号と呼ぶ．たとえば，式(2)の等号が成立するときのnとkの組み合わせを表10.1に示す．

たとえば，もとの情報が4ビットの符号系列であれば（$m=4$），表10.1より少なくとも3ビットの検査符号（$k=3$）が必要となる（図10.6）．

ここで，誤りの発生の有無をチェックするためのパリティをs_1, s_2, s_3としよう．次に，このs_1, s_2, s_3を2進数とみなし，計算した値がちょうど誤りが発生したビットを示すようにパリティチェックすることを考えてみることにする．そのためには，表10.2に示す関係が成立しなければならないことは明らかである．

表10.2から，誤りの発生したビットが，x_4, c_1, c_2, c_3であれば，$s_1=1$でなければならないことがわかる．つまり，

$$s_1 = x_4 \oplus c_1 \oplus c_2 \oplus c_3 \quad \cdots\cdots (3)$$

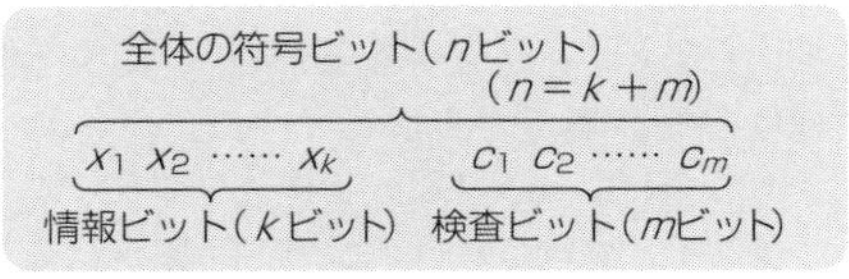

図10.5 ハミング符号の構成

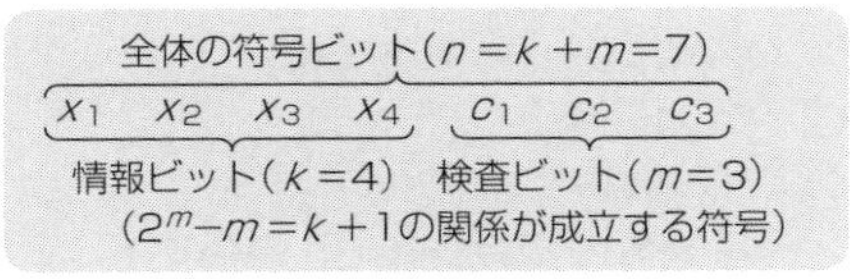

図10.6 (7, 4)ハミング符号の構成

表10.1 (n, k)ハミング符号の例

符号全体のビット数(n)	3	7	15	31	63
情報ビット数(k)	1	4	11	26	57
検査ビット数(m)	2	3	4	5	6

表10.2 検査ビット

s_1	s_2	s_3	誤りの位置
0	0	0	誤りなし
0	0	1	x_1
0	1	0	x_2
0	1	1	x_3
1	0	0	x_4
1	0	1	c_1
1	1	0	c_2
1	1	1	c_3

とすればよい．ここで，$\oplus$ は排他的論理和〔あるいは2を法とする加算（mod 2の演算）〕を表し，'0'と'1'の値をとる変数をpとするとき，

$$p \oplus p = 0 \quad \cdots\cdots\cdots\cdots\cdots\cdots\cdots\cdots\cdots\cdots (4)$$
$$p \oplus 0 = 0 \oplus p = p \quad \cdots\cdots\cdots\cdots\cdots\cdots (5)$$

なる関係が成立する（9.4を参照）．以下の計算では，式(4)と式(5)の関係を利用し，2を法とする演算を行う．

同様にして，**表10.2**より誤りが発生したビットがx_2, x_3, c_2, c_3であれば$s_2 = 1$で，そしてx_1, x_3, c_1, c_3であれば$s_3 = 1$でなければならないことがわかる．つまり，

$$s_2 = x_2 \oplus x_3 \oplus c_2 \oplus c_3 \quad \cdots\cdots\cdots\cdots (6)$$
$$s_3 = x_1 \oplus x_3 \oplus c_1 \oplus c_3 \quad \cdots\cdots\cdots\cdots (7)$$

でなければならない．このとき，誤りがなければ，

$$s_1 = s_2 = s_3 = 0 \quad \cdots\cdots\cdots\cdots\cdots\cdots\cdots (8)$$

であるわけで，以下の関係が成立する．

$$0 = x_4 \oplus c_1 \oplus c_2 \oplus c_3 \quad \cdots\cdots\cdots\cdots (9)$$
$$0 = x_2 \oplus x_3 \oplus c_2 \oplus c_3 \quad \cdots\cdots\cdots (10)$$
$$0 = x_1 \oplus x_3 \oplus c_1 \oplus c_3 \quad \cdots\cdots\cdots (11)$$

この三つの式を，検査ビットc_1, c_2, c_3に関する連立方程式とみなし，c_1, c_2, c_3について解いてみる．なお，情報ビットと検査ビットの関係を，「=0」の形式で表しているが，このことは偶数パリティ・チェック（'1'の個数が偶数個）を用いていることを意味する．ちなみに，奇数パリティ・チェック（'1'の個数が奇数個）の場合には「=1」と表される．

最初に，c_1について解くには式(9)と式(10)を$\oplus$で加算して，

$$0 = x_2 \oplus x_3 \oplus x_4 \oplus c_1 \oplus c_2 \oplus c_2 \oplus c_3 \oplus c_3$$

となり，式(4)より得られる$c_2 \oplus c_2 = 0$, $c_3 \oplus c_3 = 0$の関係を代入し，さらに式(5)の関係を用いて次式が導かれる．

$$0 = x_2 \oplus x_3 \oplus x_4 \oplus c_1 \quad \cdots\cdots\cdots\cdots (12)$$

両辺にc_1を加えることにより，式(4)と式(5)の性質を用いて，

$$0 \oplus c_1 = x_2 \oplus x_3 \oplus x_4 \oplus c_1 \oplus c_1$$

なる関係が得られ，最終的に次式が導かれる．

$$c_1 = x_2 \oplus x_3 \oplus x_4 \quad \cdots\cdots\cdots\cdots\cdots (13)$$

そして，同様な計算により，

$$c_2 = x_1 \oplus x_3 \oplus x_4 \quad \cdots\cdots\cdots\cdots\cdots (14)$$
$$c_3 = x_1 \oplus x_2 \oplus x_4 \quad \cdots\cdots\cdots\cdots\cdots (15)$$

となる．

例題1

'ATM'という文字情報を$(7, 4)$ハミング符号に符号化したい．ただし，各文字は以下のように2進の符号列で与えられているものとする．

　　A→1
　　T→011
　　M→0011

解答1

まず，'ATM'を2進の符号系列で表した後，4ビットずつの情報ビットに区切る．

　　'ATM' → 10110011
　　　　　↓　4ビットに区切る
　　　1011　0011

区切られた2進の符号系列を，式(13)～式(15)に基づき，検査ビットを求める．'1011'に対しては，

$$x_1 = 1, \ x_2 = 0, \ x_3 = 1, \ x_4 = 1$$
$$c_1 = x_2 \oplus x_3 \oplus x_4 = 0 \oplus 1 \oplus 1 = 0$$
$$c_2 = x_1 \oplus x_3 \oplus x_4 = 1 \oplus 1 \oplus 1 = 1$$
$$c_3 = x_1 \oplus x_2 \oplus x_4 = 1 \oplus 0 \oplus 1 = 0$$

であり，ハミング符号は'1011010'となる．同様に計算して，'0011'のハミング符号は'0011001'が得られ，最終的に'ATM'は以下のように符号化される．

　　'ATM' → 10110100011001

10.3 ハミング符号で誤りを訂正してみよう

いま，ハミング符号を利用してデータを送受信することを考えてみることにする．まず，文字データとして，

　　あ，い，う，え，お，か，き，く，け，こ，
　　さ，し，す，せ，そ，た

の16個のひらがなを用いることとし，4ビットの符号の割り当てを行う．たとえば，

　　　　　x_1, x_2, x_3, x_4
　　あ → 0, 0, 0, 0
　　い → 0, 0, 0, 1
　　う → 0, 0, 1, 0
　　　　　　⋮
　　た → 1, 1, 1, 1

とする．次に，送信側では式(13)～式(15)にしたがって検査ビットc_1, c_2, c_3を計算した後，情報ビットx_1, x_2, x_3, x_4に付加して7ビットの2進符号系列を送信することになる．

$$u = (x_1, \ x_2, \ x_3, \ x_4, \ c_1, \ c_2, \ c_3) \quad \cdots\cdots\cdots (16)$$

そこで，「う」という文字を送信するときを例にとれば，符号の割り当てから，

$$x_1 = 0, \ x_2 = 0, \ x_3 = 1, \ x_4 = 0$$

であり，検査ビットは以下のように計算される．

$$c_1 = x_2 \oplus x_3 \oplus x_4 = 0 \oplus 1 \oplus 0 = 1$$
$$c_2 = x_1 \oplus x_3 \oplus x_4 = 0 \oplus 1 \oplus 0 = 1$$
$$c_3 = x_1 \oplus x_2 \oplus x_4 = 0 \oplus 0 \oplus 0 = 0$$

よって，式(16)より，

　　「う」→ 0010110

というハミング符号が得られ，この符号系列を送信する．**表10.3**に，このようにして得られた16個の$(7, 4)$

第10章 誤り訂正符号の基礎

表10.3 (7, 4)ハミング符号系列

文字	符号	x_1	x_2	x_3	x_4	c_1	c_2	c_3
あ	u_1	0	0	0	0	0	0	0
い	u_2	0	0	0	1	1	1	1
う	u_3	0	0	1	0	1	1	0
え	u_4	0	0	1	1	0	0	1
お	u_5	0	1	0	0	1	0	1
か	u_6	0	1	0	1	0	1	0
き	u_7	0	1	1	0	0	1	1
く	u_8	0	1	1	1	1	0	0
け	u_9	1	0	0	0	0	1	1
こ	u_{10}	1	0	0	1	1	0	0
さ	u_{11}	1	0	1	0	1	0	1
し	u_{12}	1	0	1	1	0	1	0
す	u_{13}	1	1	0	0	1	1	0
せ	u_{14}	1	1	0	1	0	0	1
そ	u_{15}	1	1	1	0	0	0	0
た	u_{16}	1	1	1	1	1	1	1

表10.4 パリティ検査表

符号	x_1	x_2	x_3	x_4	c_1	c_2	c_3
s_1	—	—	—	×	×	×	×
s_2	—	×	×	—	×	×	—
s_3	×	—	×	×	×	—	—

×：パリティ検査するビット

表10.5 (7, 4)ハミング符号シンドロームと誤りの位置

誤りの位置	エラー（誤り）パターン							シンドローム		
	x_1	x_2	x_3	x_4	c_1	c_2	c_3	s_1	s_2	s_3
誤りなし	0	0	0	0	0	0	0	0	0	0
左から1ビット目	1	0	0	0	0	0	0	0	0	1
左から2ビット目	0	1	0	0	0	0	0	0	1	0
左から3ビット目	0	0	1	0	0	0	0	0	1	1
左から4ビット目	0	0	0	1	0	0	0	1	0	0
左から5ビット目	0	0	0	0	1	0	0	1	0	1
左から6ビット目	0	0	0	0	0	1	0	1	1	0
左から7ビット目	0	0	0	0	0	0	1	1	1	1

ハミング符号を示す．これを受信側では，式(3)，式(6)，式(7)のs_1, s_2, s_3がそれぞれ本当に0になるかどうか（'1'のビットの個数が偶数であるか）をチェックすることによって伝送誤りを調べる．すなわち，

$$s_1 = \quad\quad\quad x_4 \oplus c_1 \oplus c_2 \oplus c_3 \cdots\cdots\cdots (17)$$
$$s_2 = \quad x_2 \oplus x_3 \quad\quad c_2 \oplus c_3 \cdots\cdots\cdots (18)$$
$$s_3 = x_1 \quad\oplus x_3 \oplus c_1 \quad\oplus c_3 \cdots\cdots\cdots (19)$$

を計算するわけである．式(17)～式(19)は，パリティ検査表として表10.4に示すように書き直すことができる．もちろん，s_1, s_2, s_3は⊕の計算なので，'0'または'1'になる．その結果，s_1, s_2, s_3のすべてが0になれば誤りがなかったことに，それ以外の場合には誤りがあったことになる．

この(s_1, s_2, s_3)の組み合わせが，誤りの箇所を特定するための位置情報を示すわけで，**シンドローム** (syndrome)と呼ばれている．このシンドロームという言葉はもともと病気の症状を表すものであり，符号の世界では「誤りの症状」といった意味で用いられている．つまり，シンドロームがどこのビットに誤りが発生したのかを示しているということになるわけで，式(17)～式(19)より，シンドロームと誤りの位置の関係をまとめたものを表10.5に示す．なお，表10.5は**エラーテーブル**（あるいは**エラーパターン**）と呼ばれることがある．

ここで「0010010」が受信されたとし，式(17)～式(19)に基づいてシンドロームを計算すると，

$$s_1 = x_4 \oplus c_1 \oplus c_2 \oplus c_3 = 0 \oplus 0 \oplus 1 \oplus 0 = 1$$
$$s_2 = x_2 \oplus x_3 \oplus c_2 \oplus c_3 = 0 \oplus 1 \oplus 1 \oplus 0 = 0$$
$$s_3 = x_1 \oplus x_3 \oplus c_1 \oplus c_3 = 0 \oplus 1 \oplus 0 \oplus 0 = 1$$

が得られるので，表10.5より左から5ビット目に誤りが発生したことがわかる．よって，5ビット目の'0'を'1'に訂正して，正しくは「0010110」という情報が送られたと判定できる．なお，この例では$s_1 s_2 s_3$と並べて2進数を作ると，

$$s_1 s_2 s_3 = 101_{(2)}$$

となる．10進数の5に相当するので，エラーテーブルを参照することなく誤りの位置（左から5ビット目）を特定できる（表10.2の与え方に工夫が必要）．

例題2

前述の'あ'～'た'の16文字のひらがなデータを用いることにしたとき，次の2進の符号系列を受信したとする．このとき，送信された情報を求めよ．ただし，(7, 4)ハミング符号を用いるものとする．

0001111011101010101010011010

解答2

まず，受信した符号系列を7ビットずつに区切る．

0001111 / 0111010 / 1010101 / 0011010

各7ビットの2進の符号系列に対して，式(17)～式(19)に基づき，シンドロームs_1, s_2, s_3を求めた後，誤りの有無を調べる．誤りがあった場合には，訂正した後で左から4ビット分の情報ビットから送信した情報を復号化する．

0001111 → $s_1 = 0$, $s_2 = 0$, $s_3 = 0$ → 誤りなし
→ 0001 → 'い'

0111010 → $s_1 = 0$, $s_2 = 1$, $s_3 = 1$ → 誤りあり
　　　　→ $s_1s_2s_3 = 011$（誤りは左から3ビット目）
　　　　→ 01⬜1 → 'か'
1010101 → $s_1 = 0$, $s_2 = 0$, $s_3 = 0$ → 誤りなし
　　　　→ 1010 → 'さ'
0011010 → $s_1 = 0$, $s_2 = 0$, $s_3 = 1$ → 誤りあり
　　　　→ $s_1s_2s_3 = 001$（誤りは左から1ビット目）
　　　　→ ⬜011 → 'し'

よって，送信された情報は'いかさし'という文字データであることがわかる．

10.4 線形符号の構成法とその復号化

線形符号とは，たとえば式(13)～式(15)に示すように検査ビットの値が情報ビットの線形な関数（⊕，排他的論理和，2を法とする演算）で決められるものをいう．線形符号の特徴は，任意の二つの符号をビットごとに⊕で加算して得られたものが，また符号になるという「自己増殖的」な性質を有するところにある．

まずは，通報数が2^k個である線形符号の構成法の実例を示しておこう．簡単な例として，$k = 3$，$n = 5$を考えてみる．最初に$k = 3$ビットの2進数として，たとえば000，001，010，100を選び，残りの$n - k = 2$ビットに対して任意の2進数を割り当てればよい．このようにして得られる符号の一つとして，

u_1 → 000 00
u_2 → 001 11
u_3 → 010 01
u_4 → 100 11

を考える．この4個の符号のうちから任意にいくつかの符号を選び，それらの⊕（2を法とする加算）で計算することにより，残りの符号u_5, u_6, u_7, u_8を得る．たとえば，

$u_5 = u_2 \oplus u_3 = 01110$
$u_6 = u_2 \oplus u_4 = 10100$
$u_7 = u_3 \oplus u_4 = 11010$
$u_8 = u_2 \oplus u_3 \oplus u_4 (= u_5 \oplus u_4) = 11101$

となる．

次に，このようにして得られた$2^3 (= 2^k ; k = 3)$個の線形符号に誤り訂正能力をもたせるため，符号長がnビットの符号の全体を考え，これら$2^5 (= 2^n ; n = 5)$個の符号を表10.6のように分類する．

表10.6は以下のような手順に基づき，作成することができる．第1行の8個の符号は先に選んだ線形符

表10.6 線形符号の例

	u_1	u_2	u_3	u_4	u_5 ($u_2 \oplus u_3$)	u_6 ($u_2 \oplus u_4$)	u_7 ($u_3 \oplus u_4$)	u_8 ($u_2 \oplus u_3 \oplus u_4$)	
	00000	00111	01001	10011	01110	10100	11010	11101	
00001	00110	01000	10010	01111	10101	11011	11100	$u_i \oplus \boxed{u_1}$
00010	00101	01011	10001	01100	10110	11000	11111	$u_i \oplus \boxed{u_1}$
00100	00011	01101	10111	01010	10000	11110	11001	$u_i \oplus \boxed{u_1}$

表10.7 線形符号の誤り訂正の手順

u_1	u_2	u_3	u_4	u_5 (正しく復号された信号)	u_6	u_7	u_8
00000	00111	01001	10011	01110	10100	11010	11101
00001	00110	01000	10010	01111	10101	11011	11100
00010	00101	01011	10001	01100	10110	11000	11111
00100	00011	01101	10111	01010 (受信信号（誤りを含む）)	10000	11110	11001

表10.8 線形符号の復号化処理の流れ

u_1	u_2	u_3	u_4	u_5	u_6	u_7	u_8
00000	00111	01001	10011	01110	10100	11010	11101
00001	00110	01000	10010	01111	10101	11011	11100
00010	00101	01011	10001	01100	10110	11000	11111
00100	00011	01101	10111	01010	10000	11110	11001

受信信号 ⊕ $\boxed{u_1}$ ⟶ 正しく復号された信号
（例1） 10010 ⊕ 00001 ⟶ 10011
（例2） 10110 ⊕ 00010 ⟶ 10100

号に属するものである．次に，第1行の8個の符号とは異なるもので'1'の個数がもっとも少ない符号を選ぶ．たとえば，'1'の個数が1個のものが最小であるから，本例では00001とした．これを第1行の符号のそれぞれに⊕で加算すると第2行が得られる．さらに，第1行と第2行の符号と異なる符号があれば，その中から'1'の個数がもっとも少ない符号（ここでは00010）を選び，これを第1行の符号のそれぞれに⊕で加算すると第3行が得られる．続けて，第1行〜第3行の符号と異なる符号があれば，その中から'1'の個数がもっとも少ない符号（ここでは00100）を選び，これを第1行の符号のそれぞれに⊕で加算すると第4行が得られる．

このような手順を繰り返すことにより，最終的には$2^5 (=2^n;n=5)$個の符号がすべて出尽くされるまで行を増やしていくと，$2^2 (2^{n-k};n=5,k=3)$個の行が得られる．このときの通報数は$2^3 (=2^k;k=3)$個であり，$u_1 \sim u_8$の8個はすべて異なる．

次に，この線形符号を使用したときの誤りを訂正して正しく復号する手順をまとめておくことにしよう．結論からいえば，表10.6がまさしく復号表になっているのであって，誤りのある符号を受信したとき，この復号化表でその受信符号の属する縦列の最上段（第1行目）の符号が送信されたものと判定すればよい．

たとえば，01010が受信されたときは，表10.6の第4行目の左から5番目の符号であるから，縦列の最上段の符号01110が正しい符号であることになる（表10.7）．

この例では，5ビットの符号のうち，右側の3ビットのどれか一つだけが誤ったときには訂正できることが容易にわかる．このとき受信した符号の属する横の行のうち，最左端の符号が誤りの形を示していることになる．したがって，復号化の処理はある符号を受信すれば，その符号の属する横の行の左端にある符号を受信符号に⊕で加算すればよい（表10.8）．

ただし，この線形符号の例では，たとえば01000または10000の雑音系列が送信符号に加わった場合には，この復号化では正しく送信符号を復元することができない．

10.5 誤り検出/訂正の計算の意味をザックリ理解する

これまで，1ビットの誤りを検出できるパリティ符号，そして1ビットの誤りを訂正できるハミング符号をパリティ・チェックの組み合わせで実現できることを示した．

そこで，誤り制御（検出/訂正）符号の一般的な取り扱いにおける計算について，実際の誤り制御とは少し

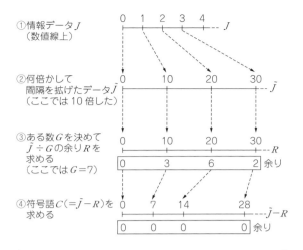

図10.7 0を含む正整数上での誤り検出/訂正の考え方

異なるところもあるが，まずはわかりやすい0を含む正整数を使って，誤り制御計算の意味が直感的な理解になるように説明してみよう．

いま，「ある正整数で割ったときの余りが0となる（割り切れる）データ」を正しいデータの集まりとし，0以外の余りが得られるものを間違ったデータの集まりと分別してみよう．パリティ符号の場合は，2で割り切れるかどうかで分別した．つまり，誤り制御計算に「独特な数の表現，数の体系」を導入するわけだ．

たとえば，Gを7と決めれば，0，7，14，21，…は7で割ったときの余りが0，すなわち「Gで割り切れる数」あるいは「Gの倍数」であり，正しいデータの集まりとしての符号語となる．つまり，Gで割り切れるか否か（余りが0かどうか）によって二つのデータの集まりに分別して誤り制御するわけである．

さっそく情報データJから，実際に送受信するためのデータ，すなわち誤り訂正能力を有する符号語を新しく作るプロセスの雰囲気を味わってもらうことにしよう（図10.7）．

① 情報データJ=「2」を送る場合，まず送信者は情報データJを何倍か（ここでは10とする）して，$\tilde{J} = 2 \times 10 = $「20」を得る

② ①の結果$\tilde{J}$=「20」をG=「7」で割った余りRを計算する（$\tilde{J} \div G = 20 \div 7 = 2$余り6，$R=6$）．

③ ①の結果$\tilde{J}$=「20」から，②で得られる余りRを引くと，その結果は明らかにGで割り切れる
($C = \tilde{J} - R = 20 - 6 = 14$)

④ ③での計算値「14」を送信する．このようにして

得られる符号語 C(送信データ)は，元の情報データと1対1に対応することになる．

⑤ 受信者は，符号語「14」を受信すれば，G＝「7」で割り切れることから「誤りなし」，「15」や「20」といった数がくれば割り切れないので「誤りあり」と判定できる．一般に，データを送受信するときに誤りが発生すれば，たいていは G で割り切れない数に変化してしまうので，「割り切れるかどうか(あるいは G の倍数かどうか)」によって誤りを発見するしくみが実現できる

①～⑤の計算処理は正整数上で実行できることから，簡単に思われるかもしれない．しかし，誤り制御能力をはじめとして，受信データから送信された元の情報データを取り出す処理など，非常に複雑な計算を必要とする．

第11章 巡回符号（CRC符号）

第10章では，誤り訂正符号の第一歩として「ハミング符号」について，符号化と復号化の仕組みとともに説明し，さらにより汎用性の高い線形符号についても解説した．

本章では，ハミング符号をもう少し高度化した「巡回符号」を取り上げ，基本的な性質について言及する．

まず，巡回符号がパリティ検査を組み合わせたものであることを説明し，符号理論の基礎となる符号の多項式表現の導入，生成多項式，誤り訂正・検出の仕組みなどについて，具体例とともにわかりやすく解説する．

さらに，巡回符号の符号化/復号化のハードウェア構成，巡回符号の考え方から生成される誤り訂正/検出符号であるCRC (Cyclic Redundancy Code) 方式についても言及する．

11.1 巡回符号とは

現在，実用的な誤り訂正符号として，通信分野をはじめ，あらゆる分野でBCH符号などの巡回符号が広く利用されている．巡回符号は，それらの基礎に位置づけられる符号であり，符号化や復号化（誤り訂正・検出）の処理回路が簡単な形で構成でき，装置化も非常に容易だという点が最大の利点である．

表11.1に示す符号系の例は巡回符号と呼ばれるもので，シフトレジスタを用いて発生できる線形符号の一つである（10.4を参照）．このとき，左3ビットに注目し，3ビット中の1ビットのみに'1'があるもの，および000を選ぶと，000，001，010，100の四つの符号を含むu_1, u_2, u_3, u_8が線形符号の基底になっていることが容易に確かめられる．

よって，左3ビットが情報ビットで，残りの4ビットが検査ビットであるとすれば，表11.2のパリティ検査表を有する組織符号とみなすこともできる．つまり，u_1, u_2, u_3, u_8のうち，任意の二つの符号について，2を法とする加算により，

$u_2 \oplus u_8 (= 0010111 \oplus 1001011 = 1011100) = u_4$
$u_2 \oplus u_3 (= 0010111 \oplus 0101110 = 0111001) = u_5$
$u_3 \oplus u_4 (= 0101110 \oplus 1011100 = 1110010) = u_6$
$u_2 \oplus u_6 (= 0010111 \oplus 1110010 = 1100101) = u_7$

となる符号系列が得られる．

この巡回符号は，任意の二つの符号語のハミング距離，すなわち二つの符号語の異なったビットの個数が4個であることからわかるように，各符号語間相互のハミング距離の最小値d_{min}が4となる．つまり，1個の誤りを訂正でき，2個の誤りまで検出することができる（9.6を参照）．

さて，表11.1のような巡回符号は，3段のシフトレジスタと1個の2を法とする加算回路（排他的論理回路に相当）で構成される発生回路を用いて作り出すことができる（図11.1）．

表11.1 巡回符号の例

通報	符号						
	情報ビット			検査ビット			
u_1	0	0	0	0	0	0	0
u_2	0	0	1	0	1	1	1
u_3	0	1	0	1	1	1	0
u_4	1	0	1	1	1	0	0
u_5	0	1	1	1	0	0	1
u_6	1	1	1	0	0	1	0
u_7	1	1	0	0	1	0	1
u_8	1	0	0	1	0	1	1

表11.2 パリティ検査表

	x_1	x_2	x_3	c_1	c_2	c_3	c_4
e_1	×	×	—	×	—	—	—
e_2	—	×	×	—	×	—	—
e_3	×	×	×	—	—	×	—
e_4	×	—	×	—	—	—	×

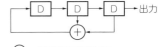

図11.1 巡回符号の発生回路　⊕：排他的論理和回路　D：1ビット分のシフトレジスタ

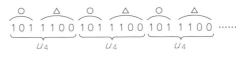

○：情報ビット　△：検査ビット

図11.2 巡回符号の周期

図11.1の回路では，初めのレジスタに'101'があれば，以後シフトパルスが次々と加えられていくことにより，

10111001011100101111……

となり，u_4の符号語が得られることが理解される（図11.2）．つまり，つねに7ビット（$=2^3-1$）を周期とする符号系列が生成される（**最大周期系列符号**，略して**M系列符号**）．一般的に，情報ビット数をkで表すと，

$$\text{巡回符号の周期} = 2^k - 1 \quad\cdots\cdots(1)$$

となり，kはシフトレジスタの段数（あるいは個数）に相当する．

例題1

図11.2の計算例を参考にして，シフトレジスタの初期状態（$x_1\ x_2\ x_3$）が，

（0 0 0），（0 0 1），（0 1 0），（0 1 1），
（1 0 0），（1 0 1），（1 1 0），（1 1 1）

とするとき，それぞれが発生する符号語を求めよ．

解答1

一例として，（1 0 1）に対する計算の流れを図11.3に示す．他の場合も同様に計算することができ，最終的に生成される符号語を以下にまとめておく．生成された符号長7ビットの巡回符号の符号語は均一に4ビットだけ離れている（ハミング距離がすべて4である）ことがわかる．

$$
\begin{array}{rcl}
x_1 x_2 x_3 & \to & x_1 x_2 x_3 c_1 c_2 c_3 c_4 \\
0\ 0\ 0 & \to & 0\ 0\ 0\ 0\ 0\ 0\ 0 \cdots(u_1) \\
0\ 0\ 1 & \to & 0\ 0\ 1\ 0\ 1\ 1\ 1 \cdots(u_2) \\
0\ 1\ 0 & \to & 0\ 1\ 0\ 1\ 1\ 1\ 0 \cdots(u_3) \\
0\ 1\ 1 & \to & 0\ 1\ 1\ 1\ 0\ 0\ 1 \cdots(u_5) \\
1\ 0\ 0 & \to & 1\ 0\ 0\ 1\ 0\ 1\ 1 \cdots(u_8) \\
1\ 0\ 1 & \to & 1\ 0\ 1\ 1\ 1\ 0\ 0 \cdots(u_4) \\
1\ 1\ 0 & \to & 1\ 1\ 0\ 0\ 1\ 0\ 1 \cdots(u_7) \\
1\ 1\ 1 & \to & 1\ 1\ 1\ 0\ 0\ 1\ 0 \cdots(u_6) \\
\end{array}
$$

一般には，k個のシフトレジスタに適当なフィードバックをかけることにより，周期2^k-1の長さの符号系列を発生することができる．この周期符号系列に基づいて2^k個の異なる符号語を得ることができ，各符号語間相互のハミング距離はすべて2^{k-1}となる．

ところで，$u_8 \sim u_1$の順に並べ直してみると，

$$
\left.
\begin{array}{l}
1\ 0\ 0\ 1\ 0\ 1\ 1 \cdots(u_8) \\
1\ 1\ 0\ 0\ 1\ 0\ 1 \cdots(u_7) \\
1\ 1\ 1\ 0\ 0\ 1\ 0 \cdots(u_6) \\
0\ 1\ 1\ 1\ 0\ 0\ 1 \cdots(u_5) \\
1\ 0\ 1\ 1\ 1\ 0\ 0 \cdots(u_4) \\
0\ 1\ 0\ 1\ 1\ 1\ 0 \cdots(u_3) \\
0\ 0\ 1\ 0\ 1\ 1\ 1 \cdots(u_2) \\
0\ 0\ 0\ 0\ 0\ 0\ 0 \cdots(u_1) \\
\end{array}
\right\} \cdots\cdots(2)
$$

となる．

このとき，$u_8 \sim u_2$の符号語は順次1ビットずつ右にシフトさせ，右端からはみ出した符号（'0'か'1'）を左端にもっていくこと（**巡回置換**といい，論理回路の循環シフトに相当）によって得られることは，容易に理解できよう．このような巡回置換により構成される符号が巡回符号であり，符号が巡回するという意味を見てとることができる（図11.4）．

11.2 巡回符号による誤り訂正/検出とは

表11.2のパリティ検査表による誤り訂正・検出の基本的な考え方を説明しておくことにしよう（偶数パ

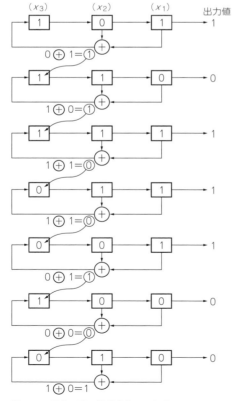

図11.3 発生回路の状態変化のようす

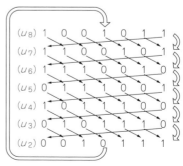

図11.4 巡回置換

図11.5　巡回符号の復号回路の例

	誤りパターン			
	e_1	e_2	e_3	e_4
①「x_1 が誤り」→	1	0	1	1
②「x_3 が誤り」→	0	1	1	1
③「c_1 が誤り」→	1	0	0	0
④「c_2 が誤り」→	0	1	0	0
⑤「c_4 が誤り」→	0	0	0	1

図11.6　誤りパターンに基づく訂正回路の例

リティを利用）．

いま，情報ビット（$k = 3$）と検査ビット（$m = 4$）を合わせた符号語（7ビット）がすべて同時に到着するとして，考えてみることにする．すなわち，**表11.2**のパリティ検査表に基づき，2を法とする加算回路を4個用い，**図11.5**のように構成すると，その出力値によって誤りの数とその位置を知ることが可能となる．

いま，4個の加算回路の出力値を，それぞれe_1，e_2，e_3，e_4とするとき，2を法として，

$$e_1 = x_1 \oplus x_2 \oplus c_1 \quad\cdots\cdots (3)$$
$$e_2 = x_2 \oplus x_3 \oplus c_2 \quad\cdots\cdots (4)$$
$$e_3 = x_1 \oplus x_2 \oplus x_3 \oplus c_3 \quad\cdots\cdots (5)$$
$$e_4 = x_1 \oplus x_3 \oplus c_4 \quad\cdots\cdots (6)$$

の計算をした後，その結果によって，以下のように誤りの訂正・検出を行う．

▶〔性質1〕$e_1 = e_2 = e_3 = e_4 = 0$の場合
　「誤りなし」

▶〔性質2〕e_1，e_2，e_3，e_4のうち，'1' が一つ現れた場合
　「'1' の現れたビットに含まれる検査ビットの位置が誤りの発生した位置として特定できる」

▶〔性質3〕e_1，e_2，e_3，e_4のうち，'1' が二つ現れた場合
　「2個の誤りが発生したことを検出できる」

▶〔性質4〕e_1，e_2，e_3，e_4のうち，'1' が三つ現れた場合
　「'0' の現れたビットに含まれない情報ビットが誤りの発生した位置として特定できる．ただし，e_3が '0' の場合のみ，少なくとも3個の誤りがあることがわかる」

以上の〔性質1〕～〔性質4〕によって，誤りパターン（e_1，e_2，e_3，e_4）から誤りが発生したビットを容易に求められる．

たとえば，x_2が誤ったとした場合，式（3）～式（6）を計算すると，誤りパターンは（1，1，1，0）となる．そして，'0' を算出した式（6）に含まれない情報ビットはx_2なので，〔性質4〕を適用してx_2が誤りビットであることになり，位置を特定できるわけである．同様にして，誤りパターンを計算することにより，〔性質1〕～〔性質4〕は容易に確かめられる（**図11.6**）．

例題2

いま，**表11.1**の巡回符号を電話回線に通して送ったとき，①～⑤の信号が受信された．このとき，受信された信号にどのような誤りが含まれているのかを調べよ．

① '0 0 1 1 1 0 0'
② '1 1 1 0 1 0 0'
③ '1 0 1 1 1 1 0'
④ '1 0 0 0 1 1 0'
⑤ '1 0 1 1 1 0 0'

解答2

受信した符号の左から順に3ビットをx_1，x_2，x_3，残りの4ビットを左から順にc_1，c_2，c_3，c_4とするとき，式（3）～式（6）を計算する．次に，得られたe_1，e_2，e_3，e_4の値から，前述の誤りの〔性質1〕～〔性質4〕に基づいて訂正・検出を行う．

① 情報ビット中の1ビットの誤り訂正
　$e_1 = 1$，$e_2 = 0$，$e_3 = 1$，$e_4 = 1$より，〔性質4〕を適用し，'0' の現れた出力値の計算式（4）に含まれない情報ビットはx_1であり，誤りの発生した位置が左から1ビット目であることがわかる．よって，x_1の受信信号'0'を '1'に変え，正しい送信信号は'1 0 1 1 1 0 0'となる．

② 2ビットの誤り検出
　$e_1 = 0$，$e_2 = 1$，$e_3 = 1$，$e_4 = 0$より，〔性質3〕を適用し，2個の誤りが含まれていることがわかる．

③ 検査ビット中の1ビットの誤り訂正
　$e_1 = 0$，$e_2 = 0$，$e_3 = 1$，$e_4 = 0$より，〔性質2〕を適用し，'1' の現れた出力値の計算式（5）に含まれる検査ビットはc_3であり，誤りの発生した位置は左から6ビット目であることがわかる．よって，c_3の受信信号'1' を '0'に変え，正しい送信信号は'1 0 1 1 1 0 0'となる．

④ 少なくとも3ビットの誤り検出
　$e_1 = 1$，$e_2 = 1$，$e_3 = 0$，$e_4 = 1$より，〔性質4〕を適用し，少なくとも3ビットの誤りがあることがわかる．

⑤ 誤りなし
　$e_1 = 0$，$e_2 = 0$，$e_3 = 0$，$e_4 = 0$より，〔性質1〕を適用し，誤りなしであることがわかる．

11.3 巡回符号の多項式表現

巡回符号の理論的な取り扱いのためには，符号語を多項式で表す方法として**符号多項式**を利用することが

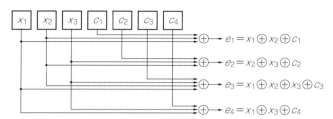

多い．いま，n ビットからなる符号語の各ビットの値を $(a_0\ a_1\ \cdots\ a_{n-2}\ a_{n-1})$ として，符号多項式は，
$$F(x) = a_0 + a_1 x + \cdots + a_{n-2} x^{n-2} + a_{n-1} x^{n-1} \cdots (7)$$
で表される．ただし，各係数 a_n は '0' か '1' の値をとり，最高次数 $(n-1)$ 次の多項式と n ビットの符号語が見事に1対1に対応づけられることになる．

たとえば，'1 0 1 1' という4ビットの符号語は，式(7)より，
$$1 + x^2 + x^3$$
と表され，多項式の計算は2を法とする演算（排他的論理和）で行われる．つまり，次数ごとに計算式を整理した後，係数の計算を2を法として行うわけである．

以下，多項式の計算例をいくつか示しておく．なお，ここから先は，排他的論理和を表す記号 $\oplus$ を普通の + で表すことにする．

〔加算〕
① $x + x = \underbrace{(1+1)}_{0} x = 0$

② $2x^3 = x^3 + x^3 = \underbrace{(1+1)}_{0} x^3 = 0$

③ $3x^4 = x^4 + 2x^4 = x^4 + 0 = x^4$

〔減算〕
④ $-x^2 = x^2$

⑤ $x^5 - 2x^5 = -x^5 = x^5$

〔乗除算〕
⑥ $(x+1)(x+1) = x^2 + 2x + 1 = x^2 + 1$

⑦ $(x^4 + x^3 + x^2 + 1) \div (x^3 + 1) = $ 商 $(x+1)$ 余り $(x^2 + x)$

$$\begin{array}{r}x+1\text{(商)} \\ x^3+1\overline{\smash{\big)}x^4 + x^3 + x^2\quad\ \ +1} \\ \underline{x^4\qquad\quad\ \ +x} \\ x^3 + x^2 + x + 1 \\ \underline{x^3\qquad\qquad +1} \\ x^2 + x\ \text{(余り)}\end{array}$$

⑧ $x^3 + x^2 + x + 1 = (x+1)(x^2+1)$

なお，割り算を行うときに注意すべきことは，2を法とする演算であることから，引き算の結果のマイナス $(-)$ もすべてプラス $(+)$ として扱えるという点である．

例題3
表11.1の巡回符号について，各符号語の多項式表現を求めた後，$x^7 - 1$ の因数となっているものを見つけよ．

解答3
まず，表11.1の符号語は式(7)に基づき，それぞれの多項式表現は以下のようになる．

$0\ 0\ 0\ 0\ 0\ 0\ 0 \cdots (u_1) \to 0$
$0\ 0\ 1\ 0\ 1\ 1\ 1 \cdots (u_2) \to x^2 + x^4 + x^5 + x^6$
$0\ 1\ 0\ 1\ 1\ 1\ 0 \cdots (u_3) \to x + x^3 + x^4 + x^5$
$1\ 0\ 1\ 1\ 1\ 0\ 0 \cdots (u_4) \to 1 + x^2 + x^3 + x^4$
$0\ 1\ 1\ 1\ 0\ 0\ 1 \cdots (u_5) \to x + x^2 + x^3 + x^6$
$1\ 1\ 1\ 0\ 0\ 1\ 0 \cdots (u_6) \to 1 + x + x^2 + x^5$
$1\ 1\ 0\ 0\ 1\ 0\ 1 \cdots (u_7) \to 1 + x + x^4 + x^6$
$1\ 0\ 0\ 1\ 0\ 1\ 1 \cdots (u_8) \to 1 + x^3 + x^5 + x^6$

次に，$x^7 - 1$ の因数になっているかどうか（割り切れるかどうか）を調べる．たとえば，$1 + x^2 + x^3 + x^4 (u_4)$ の場合，

$$\begin{array}{r}x^3 + x^2 + 1 \\ x^4 + x^3 + x^2 + 1\overline{\smash{\big)}x^7 \qquad\qquad\qquad -1} \\ \underline{x^7 + x^6 + x^5 \quad\ \ +x^3\qquad\ } \\ x^6 + x^5 \quad\ \ +x^3 \qquad +1 \\ \underline{x^6 + x^5 + x^4\quad +x^2\qquad\ \ } \\ x^4 + x^3 + x^2 \quad +1 \\ \underline{x^4 + x^3 + x^2 \quad +1} \\ 0\end{array}$$

となり，割り切れることがわかる．つまり，u_4 の符号多項式を $G(x) = x^4 + x^3 + x^2 + 1$ とおけば，
$$x^7 - 1 = (x^4 + x^3 + x^2 + 1)(x^3 + x^2 + 1)$$
$$= Q(x)G(x) \cdots (8)$$
ただし，$Q(x) = x^3 + x^2 + 1$
と因数分解される．

このとき，$G(x)$ は**生成多項式**と呼ばれ，$G(x)$ に対して符号語を巡回置換したものが再び符号語になるという性質をもつ．

たとえば，右に4ビットシフトするということは，多項式表現では x^4 を掛けることに相当するわけで，式(8)より，$x^7 = 1$ であることを考慮して，
$$x^4 G(x) = x^4(1 + x^2 + x^3 + x^4)$$
$$= x^4 + x^6 + x^7 + x^8$$
$$= x^4 + x^6 + 1 + x^7 \cdot x$$
$$= x^4 + x^6 + 1 + x$$
$$= 1 + x + x^4 + x^6$$

となり，符号語 $u_7 (1\ 1\ 0\ 0\ 1\ 0\ 1)$ が導かれる．他の符号語についても同様で，すべて生成多項式 $G(x)$ で割り切れるという性質を有している．

このように，巡回符号が生成多項式 $G(x)$ で割り切れるものだけを用いて構成されることによって誤り訂正／検出が可能となっているわけである．つまり，符号多項式の因数分解こそが符号理論の核ともいえる重要な要素であることを認識しておいてもらいたい．

11.4 巡回符号の一般的な性質

いま，n ビットの符号長を有する符号語に対応する多項式 $F(x)$ を式(9)のような形，すなわち二つの多項式の積として表すことを考える．
$$F(x) = G(x)Q(x) \cdots (9)$$
ここで，
k：情報ビット数，m：検査ビット数
と表せば，

$$n = k + m \text{（あるいは} m = n - k\text{）} \cdots\cdots\cdots (10)$$

であり，式(9)の各多項式の最高次数は以下のようになる．

$F(x) \leftarrow (n-1)$次
$G(x) \leftarrow m = (n-k)$次
$Q(x) \leftarrow (k-1)$次

このとき，$G(x)$はm次の多項式であり，生成多項式に該当する．つまり，式(9)より，生成多項式$G(x)$で割り切れる，符号多項式$F(x)$に対応する符号語のみを利用することにすれば，ある種の誤り訂正／検出の機能を付加することが可能になるということである．

ところで，生成多項式$G(x)$は符号多項式$F(x)$を割り切ることができさえすれば，どんな多項式でもよいというわけではない．式(8)に示すように，$G(x)$が(x^n-1)の因数になるようにすることで，効率的な誤り訂正／検出符号を構成できる．

次に，巡回符号に関する生成多項式$G(x)$，ならびに符号多項式$F(x)$の性質をまとめておく．ただし，$G(x)$が(x^n-1)の因数であるものとする．

▶〔性質1〕
m次の生成多項式$G(x)$で割り切れる$(n-1)$次以下の符号多項式の集合は，巡回符号を構成する．

▶〔性質2〕
m次の生成多項式$G(x)$から構成される巡回符号は，長さm以下の任意のバースト誤り（連続して発生する誤り）を検出できる（図11.7）．

|例題4|
いま，生成多項式$G(x) = x^4 + x^3 + x^2 + 1$とするとき，符号語'1 0 0 1 0 1 1'に関して，以下の各問に答えよ．
① 符号語の多項式表現$F_0(x)$を示せ．
② $F_0(x)$が$G(x)$で割り切れることを示せ．
③ 符号語を3ビット右に巡回置換して得られる符号多項式$F_3(x)$が$G(x)$で割り切れることを示せ．

|解答4|
① 式(7)の符号多項式の定義から求める．
$$F_0(x) = 1 + x^3 + x^5 + x^6$$
② 以下の計算結果より，余りが0となることから明らかである．

$$\begin{array}{r}x^2+1\\x^4+x^3+x^2+1\overline{\smash{\big)}x^6+x^5+x^3+1}\\\underline{x^6+x^5+x^4+x^2}\\x^4+x^3+x^2+1\\\underline{x^4+x^3+x^2+1}\\0\end{array}$$

③ 符号語を3ビット右に巡回置換すると，'0 1 1 1 0 0 1'となり，符号多項式$F_3(x)$は，
$$F_3(x) = x + x^2 + x^3 + x^6$$
である．式(8)より，$x^7 = 1$なる関係を利用して$x^3 F_0(x)$を計算すると，
$$\begin{aligned}x^3 F_0(x) &= x^3(1 + x^3 + x^5 + x^6) = x^3 + x^6 + x^8 + x^9\\&= x^3 + x^6 + 0x^7 \cdot x + x^7 \cdot x^2\\&= x^3 + x^6 + x + x^2\end{aligned}$$
となり，$F_3(x)$に一致することがわかる．つまり，ある符号語を右に3ビット巡回置換すると，符号多項式ではx^3を掛けることを意味することになる．

なお，$F_3(x)$が生成多項式$G(x)$で割り切れることは②と同様の計算を行い，余りが0になることを示せばよい（計算は省略）．

11.5 巡回符号の作り方

情報ビット($d_0, d_1, \cdots, d_{k-1}$)を符号多項式$F(x)$の高次の$k$ビットに対応させればよい（図11.8）．つまり，$(k-1)$次の多項式を$P(x)$として，$P(x)$の各係数に情報ビットを対応させる．
$$P(x) = d_0 + d_1 x + \cdots + d_{k-2} x^{k-2} + d_{k-1} x^{k-1} \cdots (11)$$
ところで，符号多項式$F(x)$の最高次数が$(n-1)$次であることから，式(11)の最高次数である$(k-1)$次を$(n-1)$次まで次数を持ち上げなければならない．ここで，x^{k-1}をx^{n-1}にするには，
$$x^{n-1} = x^{n-k} x^{k-1}$$
という具合にx^{n-k}を掛ければよい．よって，式(11)は，
$$x^{n-k} P(x) = d_0 x^{n-k} + d_1 x^{n-k+1} + \cdots + d_{k-2} x^{n-2} + d_{k-1} x^{n-1}$$
$$\cdots\cdots\cdots (12)$$
となる．

次に，$x^{n-k} P(x)$を生成多項式$G(x)$で割り，そのときの商を$Q(x)$，余りを$R(x)$とすると，

図11.7　バースト誤りの例

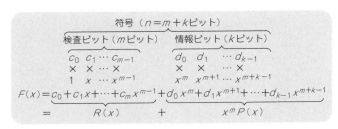

図11.8　巡回符号の多項式表現

$$x^{n-k}P(x) = G(x)Q(x) + R(x) \cdots\cdots\cdots (13)$$

と表せる．さらに両辺に余り$R(x)$を加えると，

$$x^{n-k}P(x) + R(x) = G(x)Q(x) + R(x) + R(x)$$

となる．ここで，多項式の演算がすべて2を法とする排他的論理和の演算なので，$R(x) + R(x) = 0$であり，

$$x^{n-k}P(x) + R(x) = G(x)Q(x) \cdots\cdots\cdots (14)$$

と書ける．したがって，式(14)より符号多項式$F(x)$は，

$$F(x) = G(x)Q(x)$$
$$= \underbrace{x^{n-k}P(x)}_{\text{情報ビット}} + \underbrace{R(x)}_{\text{検査ビット}} \cdots\cdots\cdots (15)$$

と表すことができ，余り$R(x)$が検査ビットとして使われることになる．

例題5

いま，符号長$n=7$，情報ビット$k=3$，検査ビット$m(=n-k)=4$，生成多項式$G(x) = x^4 + x^3 + x^2 + 1$として，情報'011'に対応する巡回符号を求めよ．

解答5

まず，$P(x)$を求めると，

$$P(x) = x + x^2$$

となり，$x^4 P(x)$を計算する．

$$x^4 P(x) = x^4(x + x^2) = x^5 + x^6 \cdots\cdots\cdots (16)$$

次に，$x^4 P(x)$を$G(x)$で割り算したときの余り$R(x)$を求める．

```
                  商 Q(x)
                  x² + 1
x⁴+x³+x²+1 ) x⁶ + x⁵
             x⁶ + x⁵ + x⁴    + x²
                       x⁴    + x²
                       x⁴ + x³ + x²     + 1
                            x³           + 1
                          余り R(x)
```

以上の結果から，

$$F(x) = x^4 P(x) + R(x) = \underbrace{x^6 + x^5}_{\text{情報ビット}} + \underbrace{x^3 + 1}_{\text{検査ビット}}$$

となる符号多項式が得られ，最終的に巡回符号は以下のようになる．

$$\begin{array}{cccccccc}
1 & x & x^2 & x^3 & x^4 & x^5 & x^6 \\
\downarrow & \downarrow & \downarrow & \downarrow & \downarrow & \downarrow & \downarrow \\
c_0 & c_1 & c_2 & c_3 & d_0 & d_1 & d_2 \\
\downarrow & \downarrow & \downarrow & \downarrow & \downarrow & \downarrow & \downarrow \\
1 & 0 & 0 & 1 & 0 & 1 & 1
\end{array}$$

$$\underbrace{}_{\text{検査ビット}}\ \underbrace{}_{\text{情報ビット}}$$

11.6 符号化/復号化の基本回路

誤り訂正/検出符号の装置は，図11.9に示すように1ビットのシフトレジスタ，mod 2加算回路，および乗算回路によって構成される．ここで，乗算回路の係数が1の場合には，単に結線しただけのものになる．

LSI技術の進展にともない，図11.9の装置をディジタル回路素子で実現することは，符号理論の理論的な複雑さとは対照的に比較的容易である．もちろん，データ圧縮などの符号化（たとえばMPEG）なども装置化されているし，同様の処理をソフトウェアで実現することもできる．

ところで，誤り訂正/検出符号の装置化を考えてみると，符号を作成するときは符号多項式と生成多項式との積を求める必要がある．また，逆に復号化するときは符号多項式を生成多項式で割り算して余り（誤りパターン，シンドローム）を計算し，結果として得られた余りから，誤りの有無を判定する．

以下では，符号化/復号化回路の基本回路として乗算/除算回路を取り上げ，説明していくことにする．

● **乗算回路のハードウェア構成**

まず，多項式の積を求める回路を考えてみよう．いま，

$$a(x) = 1 + x^2 + x^4$$

と表される多項式を，m次の多項式，

$$b(x) = b_0 + b_1 x + b_2 x^2 + \cdots + b_m x^m$$

ただし，$b_i (i = 0, 1, \cdots, m)$は0あるいは1に掛け合わせる回路を図11.10に示す．なお，計算する前には，図11.10に示した4個のシフトレジスタは最初すべて0にリセットされ，m次の多項式$b(x)$は高次の項から入力されるものとする．

最初に$b_m x^m$の項が入力されると，それはそのまま出力されて$b_m x^{m+4}$の項になる．同時に，この$b_m x^m$の項は図11.10のシフトレジスタR_1とR_3に入力される．続いて$b_{m-1} x^{m-1}$の項が入力されると，$b_{m-1} x^{m+3}$の項として出力されると同時に，シフトレジスタR_1とR_3の値をそれぞれR_2とR_4に移動した後，$b_{m-1} x^{m+3}$の項がシフトレジスタR_1とR_3に入力される．その次の$b_{m-2} x^{m-2}$の項が入力されると，この項はR_4の値$b_m x^m$の項と一番右のmod 2加算回路で足し合わされ，$(b_m + b_{m-2})$

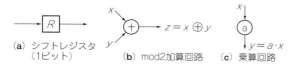

図11.9 装置化の基本的な構成要素

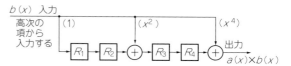

図11.10 $a(x) = 1 + x^2 + x^4$を掛ける乗算回路

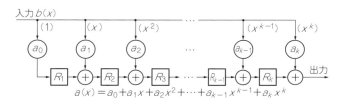

図11.11 一般的な乗算回路 ($a(x) \times b(x)$)

表11.3 乗算回路の動作状態表（一部）

入力	R_1	R_2	R_3	R_4	出力	項
—	0	0	0	0	—	—
$b_m(x^m)$	b_m	0	b_m	0	b_m	x^{m+4}
$b_{m-1}(x^{m-1})$	b_{m-1}	b_m	b_{m-1}	b_m	b_{m-1}	x^{m+3}
$b_{m-2}(x^{m-2})$	b_{m-2}	b_{m-1}	$b_m \oplus b_{m-2}$	b_{m-1}	$b_m \oplus b_{m-2}$	x^{m+2}
$b_{m-3}(x^{m-3})$	b_{m-3}	b_{m-2}	$b_{m-1} \oplus b_{m-3}$	$b_m \oplus b_{m-2}$	$b_{m-1} \oplus b_{m-3}$	x^{m+1}
$b_{m-4}(x^{m-4})$	b_{m-4}	b_{m-3}	$b_{m-2} \oplus b_{m-4}$	$b_{m-1} \oplus b_{m-3}$	$b_m \oplus b_{m-2} \oplus b_{m-4}$	x^m
$b_{m-5}(x^{m-5})$	b_{m-5}	b_{m-4}	$b_{m-3} \oplus b_{m-5}$	$b_{m-2} \oplus b_{m-4}$	$b_{m-1} \oplus b_{m-3} \oplus b_{m-5}$	x^{m-1}

x^{m+2} の項として出力される．以下，同様にして計算していき，そうして $b(x)$ をすべて入力し終わった後，多項式 $a(x)$ の最高次数だけ（この例では4回），シフト操作することにより，乗算が行われる（表11.3）．

以上のような処理に基づいて多項式の積を計算するハードウェアは，一般的に図11.11に示す乗算回路として構成される．ただし，乗数 $a(x)$ の各係数 a_k について，1の場合には結線し，0の場合には結線しない．

例題6

図11.10の乗算回路を用いて多項式 $b(x) = 1 + x + x^3 + x^5$ を入力したときの積を求めよ．

解答6

表11.4の乗算回路の動作により，次のように積が求まる．

$$(1 + x + x^3 + x^5) \times (x^4 + x^2 + 1) = x^9 + x^5 + x^4 + x^2 + x + 1$$

● 除算回路のハードウェア構成

次に，除算回路も考えておくことにする．一例として，
$$a(x) = 1 + x^2 + x^4$$
と表される多項式で，m 次の多項式，
$$b(x) = b_0 + b_1 x + b_2 x^2 + \cdots + b_m x^m$$
ただし，$b_i (i = 0, 1, \cdots, m)$ は0あるいは1
を割ったときの商と余りを計算する回路を図11.12に示す．なお，計算する前には，図11.12の4個のシフトレジスタはすべて0にリセットされ，m 次の多項式 $b(x)$ は高次の項から入力されるものとする．

図11.12の除算回路の動作を説明するため，簡単な例として，
$$b(x) = 1 + x + x^2 + x^4 + x^5 + x^7$$

表11.4 例題6の乗算回路の動作状態表

入力	R_1	R_2	R_3	R_4	出力	項
—	0	0	0	0	—	—
$1(x^5)$	1	0	1	0	1	x^9
$0(x^4)$	0	1	0	1	0	x^8
$1(x^3)$	1	0	0	0	0	x^7
$0(x^2)$	0	1	0	0	0	x^6
$1(x)$	1	0	0	0	1	x^5
$1(1)$	1	1	1	0	1	x^4
0(シフト操作)	0	1	1	1	0	x^3
0(シフト操作)	0	0	1	1	1	x^2
0(シフト操作)	0	0	0	1	1	x
0(シフト操作)	0	0	0	0	1	1

　　　　　　　　　　　　　　　　　$x^9 + x^5 + x^4 + x^2 + x + 1$（積）

を割り算する場合を考える．まず，机上で割り算を計算してみると，結果は，

$$\begin{array}{r} x^3 + 0 + 0 + 1\text{（商）} \\ x^4 + 0 + x^2 + 0 + 1 \overline{\smash{\big)}\, x^7 + 0 + x^5 + x^4 + 0 + x^2 + x + 1} \\ \underline{x^7 + 0 + x^5 + 0 + x^3 } \\ x^4 + x^3 + x^2 + x + 1 \\ \underline{x^4 + 0 + x^2 + 0 + 1} \\ x^3 + 0 + x + 0 \leftarrow\text{（余り）} \end{array}$$

で与えられる．

図11.12の回路においては，順に x^7 の項から x^4 の項までが4回のシフト操作によって，順にシフトレジスタ $R_1 \sim R_4$ に入力される．次に，x^3 の項（この例では0）が入力されると同時にシフトレジスタ R_4 の値，すなわち入力の x^7 の商に相当する x^3 の項（この例では1）が出力される．このとき，同時に出力 x^3 はフィードバックされ，R_2 と入力に加え合わされてそれぞれ R_3 と R_1 に入

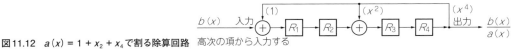

図11.12 $a(x) = 1 + x_2 + x_4$ で割る除算回路　高次の項から入力する

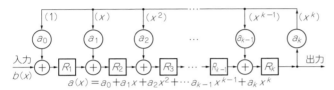

図11.13 一般的な除算回路 $(b(x) \div a(x))$

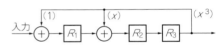

図11.14 例題7の除算回路

表11.5 除算回路の動作状態表

入力	R_1	R_2	R_3	R_4	出力	項
—	0	0	0	0	—	—
1 (x_7)	1	0	0	0	0	x_7
0 (x_6)	0	1	0	0	0	x_6
1 (x_5)	1	0	1	0	0	x_5
1 (x_4)	1	1	0	1	0	x_4
0 (x_3)	1	1	1	0	1	x_3
1 (x_2)	1	1	1	0	0	x_2
1 (x)	1	1	1	1	0	x
1 (1)	0 (1)	1 (x)	0 (x^2)	1 (x^3)	1	1

x^3+1 (商)
x^3+x (余り)

表11.6 例題7の動作状態表

入力	R_1	R_2	R_3	出力	項
—	0	0	0	—	—
1 (x^7)	1	0	0	0	x^7
1 (x^6)	1	1	0	0	x^6
1 (x^5)	1	1	1	0	x^5
0 (x^4)	1	0	1	1	x^4
1 (x^3)	0	0	0	1	x^3
0 (x^2)	0	0	0	0	x^2
1 (x)	1	0	0	0	x
1 (1)	1 (1)	1 (x)	0 (x^2)	0	1

x^4+x^3 (商)
$x+1$ (余り)

る．さらに，次の x^2 の項（この例では1）が入力されると同時に R_4 の値，すなわち入力の x^6 の商に相当する x^2 の項（この例では0）が出力される．以下，同様にして割り算が行われ，シフトレジスタの中には余りに相当する $x^3 + 0 \cdot x^2 + x + 0$ が残されることになる（**表11.5**）．

以上のような処理に基づき，多項式の商と余りを計算するハードウェアは，一般的に**図11.13**に示す回路として構成される．ただし，除数 $a(x)$ の各係数 a_k について，1の場合には結線し，0の場合には結線しない．

例題7

いま，二つの多項式，
$$a(x) = 1 + x + x^3$$
$$b(x) = 1 + x + x^3 + x^5 + x^6 + x^7$$
を考え，$b(x) \div a(x)$ を計算する回路を示し，作成した回路を用いて商と余りを求めよ．

解答7

除算回路は**図11.13**に基づき，**図11.14**のように構成される．また，**表11.6**の除算回路の動作状態表により，次のように商と余りが求まる．
$$(1 + x + x^3 + x^5 + x^6 + x^7) \div (x^3 + x + 1)$$
$$= 商 (x^4 + x^3) \quad 余り (x + 1)$$

11.7 巡回符号の符号化回路

いま，k ビットの情報を $(d_0, d_1, \cdots, d_{k-1})$ とするとき，巡回符号 $(c_0, c_1, \cdots, c_{m-1}, d_0, d_1, \cdots, d_{k-1})$ を作成するには，次式で表される生成多項式 $G(x)$ による割り算回路を必要とする〔11.5を参照〕．

$$F(x) = \frac{x^{n-k}P(x)}{G(x)} \quad \cdots\cdots (17)$$

このとき，$G(x)$ による割り算回路で求めた余り $R(x)$ が検査ビット $(c_0, c_1, \cdots, c_{m-1})$ に相当し，この検査ビットを情報ビットの $(d_0, d_1, \cdots, d_{k-1})$ に付加することによって，$n (=k+m)$ ビットの巡回符号が回路で生成されるわけである．

$$P(x) = d_0 + d_1 x + \cdots + d_{k-2} x^{k-2} + d_{k-1} x^{k-1} \cdots\cdots (18)$$
$$G(x) = g_0 + g_1 x + \cdots + g_{m-1} x^{m-1} + g_m x^m \cdots\cdots (19)$$
$$R(x) = c_0 + c_1 x + \cdots + c_{m-2} x^{m-2} + c_{m-1} x^{m-1} \cdots (20)$$
$$F(x) = c_0 + c_1 x + \cdots + c_{m-2} x^{m-2} + c_{m-1} x^{m-1}$$
$$\quad + d_0 x^m + d_1 x^{m+1} + \cdots + d_{k-2} x^{m+k-2} + d_{k-1} x^{m+k-1}$$
$$= c_0 + c_1 x + \cdots + c_{m-2} x^{m-2} + c_{m-1} x^{m-1}$$
$$\quad + d_0 x^m + d_1 x^{m+1} + \cdots + d_{n-2} x^{n-2} + d_{n-1} x^{n-1} \cdots (21)$$

つまり，巡回符号の符号語は生成多項式 $G(x)$ を用いて，

$$F(x) = G(x) Q(x) \quad \cdots\cdots (22)$$
$$= \underbrace{x^{n-k} P(x)}_{情報ビット} + \underbrace{R(x)}_{検査ビット} \quad \cdots\cdots (23)$$

と表されることから，まず情報ビット $x^{n-k}P(x)$ を出力した後，検査ビット $R(x)$ が作り出されることになる．

したがって，符号化回路は，まず情報ビットをそのまま出力すると同時に，情報ビットを**図11.13**の除算回路に入力する．情報ビットがすべて入力し終えた時点では，情報ビットを生成多項式で割ったときの余りがシフトレジスタに蓄えられている．そこで，情報ビットに引き続き余りを順々に出力することにより，全体としては式(22)が意味するところの生成多項式 $G(x)$ で割り切れる巡回符号の符号語が作られるわけ

第11章　巡回符号（CRC符号）

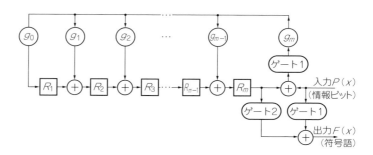

図11.15　巡回符号の符号化回路

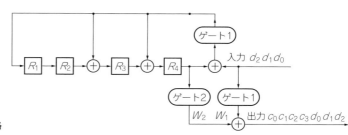

図11.16
生成多項式 $G(x) = x^4 + x^3 + x^2 + 1$ による符号化回路

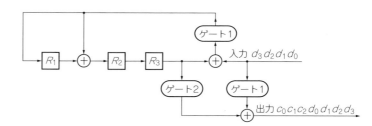

図11.17
生成多項式 $G(x) = x^3 + x + 1$ による符号化回路

である．

そこで，式(17)〜式(23)に基づく符号化回路の例を図11.15に示し，動作のようすを簡単に説明する．なお，図11.15では情報ビットを図11.13の除算回路の出力側から入力しているが，これは情報ビットに $x^{n-k}(=x^m)$ を掛けることに相当している．

まず，ゲート1を閉じ，ゲート2を開く．k 個の情報ビットは出力されると同時に順々にシフト操作されてシフトレジスタ中に蓄えられる．そして，k 個の情報ビットをすべて入力し終わったら，ゲート1を開き，ゲート2を閉じる．このとき最初の検査ビット c_{m-1} は，図11.15のもっとも右のシフトレジスタ R_m に蓄えられているので，1ビットシフトされると最初の検査ビット c_{m-1} が出力され，次の検査ビット c_{m-2} がシフトされて R_m に蓄えられる．

このようにして，m 回のシフト操作により次々と m 個の検査ビットが出力される．終了した後，ゲート1を閉じ，ゲート2を開くと，次の情報ビットが入力され，前述の符号化処理が繰り返し行われる．

このままでは抽象的でわかりにくいと思われるので，具体的な例を用いて説明しておこう．いま，生成多項式 $G(x)$ として，

表11.7　図11.16に示した符号化回路の動作状態表

入力	R_1	R_2	R_3	R_4	W_1	W_2	出力	項
—	0	0	0	0	—	—	—	—
1 (d_2)	1	0	1	1	1	—	1 (d_2)	x^6
1 (d_1)	0	1	0	1	1	—	1 (d_1)	x^5
0 (d_0)	1	0	1	0	1	—	0 (d_0)	x^4
シフト操作	0	1	0	0	—	1	1 (c_3)	x^3
シフト操作	0	0	1	0	—	0	0 (c_2)	x^2
シフト操作	0	0	0	1	—	0	0 (c_1)	x
シフト操作	0	0	0	0	—	1	1 (c_0)	1

$$G(x) = x^4 + x^3 + x^2 + 1$$

を採り，情報 (0 1 1) に対応する巡回符号を求めてみることにしよう．まず，$k = 3$ ビットであり，$d_0 = 0$，$d_1 = 1$，$d_2 = 1$ より，$P(x)$ は次のように表される．

$$P(x) = d_0 + d_1 x + d_2 x^2 = x + x^2$$

図11.15に基づき，式(7)に対応する符号化回路は，図11.16のようになる．回路の各部における値 (W_i, R_i) の時間的な変化のようすを表11.7に示す．

例題8

いま，生成多項式 $G(x)$，
$$G(x) = x^3 + x + 1$$

の符号化回路を示し，情報（1 0 1 1）に対する符号語を求めよ．

解答8

図11.15に基づき，符号化回路を図11.17に示す．あわせて，図11.17を用いて計算される4ビットの情報すべてに対する符号語（ハミング符号に相当）を表11.8に示す．

11.8 巡回符号の復号化回路

巡回符号に対する符号化回路は，比較的簡単で類似した画一的なハードウェア構造を持っている．それに対し，復号化回路は一般に符号化回路より複雑で，かついろいろな符号系に対して相異なったものになる．

表11.8 例題8の符号語

情報ビット				符号語						
(d_0	d_1	d_2	d_3)	(c_0	c_1	c_2	d_0	d_1	d_2	d_3)
0	0	0	0	0	0	0	0	0	0	0
0	0	0	1	1	0	1	0	0	0	1
0	0	1	0	1	1	1	0	0	1	0
0	0	1	1	0	1	0	0	0	1	1
0	1	0	0	0	1	1	0	1	0	0
0	1	0	1	1	1	0	0	1	0	1
0	1	1	0	1	0	0	0	1	1	0
0	1	1	1	0	0	1	0	1	1	1
1	0	0	0	1	1	0	1	0	0	0
1	0	0	1	0	1	1	1	0	0	1
1	0	1	0	0	0	1	1	0	1	0
1	0	1	1	1	0	0	1	0	1	1
1	1	0	0	1	0	1	1	1	0	0
1	1	0	1	0	0	0	1	1	0	1
1	1	1	0	0	1	0	1	1	1	0
1	1	1	1	1	1	1	1	1	1	1

ここでは，もっとも簡単な誤り訂正・検出符号の復号化回路として巡回符号を例に説明する（図11.18）．

この復号化回路は，受信した符号語を蓄えておくバッファレジスタと，受信符号語を生成多項式$G(x)$で割り算した回路で構成されている．つまり，割り算した結果から，余り（シンドローム）がすべて0であれば誤りがないとし，余りのビットのうち少なくとも一つ以上が0でなければ誤りがあると判断する．

具体的に説明する．図11.18の復号化回路では，まずゲート1を閉じ，ゲート2を開く．すると，受信符号語はバッファレジスタに入力されると同時に，上側の除算回路に入力される．nビットの受信符号語が入力され終わった段階でゲート1を開くと同時にゲート2を閉じた後，m回シフト操作を行う．

最終的には，除算回路のシフトレジスタには生成多項式$G(x)$で割り算した余りが計算されて蓄えられ，得られた余りに基づいて誤りの有無をチェックすることが可能になるわけである．

例題9

いま，生成多項式$G(x)$，
$$G(x) = x^3 + x + 1$$
に対する復号化回路を示し，表11.8の符号語について1ビットの誤りに対するシンドロームを求めよ．

解答9

図11.18に基づき，符号化回路を図11.19に示す．あわせて，図11.19より計算される1ビットの誤りに対する余りを表11.9に示す．

たとえば符号語 ($c_0\ c_1\ c_2\ d_0\ d_1\ d_2\ d_3$) = （1 0 1 0 1 0 1）を図11.19の復号化回路で処理した結果に基づき，表11.9のシンドロームの誤りパターンと比較することによってd_1が誤りであり，正しい情報は（1 0 1 0 0 0 1）であることがわかる（表11.10）．

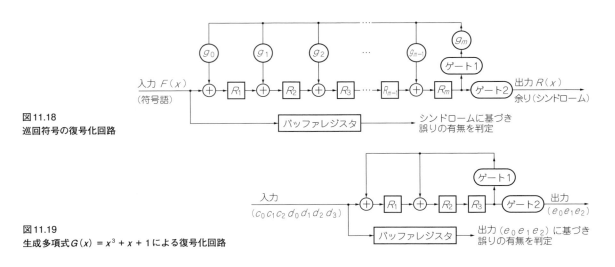

図11.18
巡回符号の復号化回路

図11.19
生成多項式$G(x) = x^3 + x + 1$による復号化回路

表11.9 誤りビットに対する余り（シンドローム）

誤りビット	余り (e_0 e_1 e_2)	余りの多項式表現 $E(x) = e_0 + e_1 x + e_2 x^2$
誤りなし	0 0 0	0
d_3	1 0 1	$1 + x^2$
d_2	1 1 1	$1 + x + x^2$
d_1	0 1 1	$x + x^2$
d_0	1 1 0	$1 + x$
c_2	0 0 1	x^2
c_1	0 1 0	x
c_0	1 0 0	1

表11.10 図11.19に示した復号化回路の動作状態表

入力	R_1	R_2	R_3	シンドローム
—	0	0	0	—
1 (d_3)	1	0	0	—
0 (d_2)	0	1	0	—
1 (d_1)	1	0	1	—
0 (d_0)	1	0	0	—
1 (c_2)	1	1	0	—
0 (c_1)	0	1	1	—
1 (c_0)	1	1	1	—
シフト操作	0	0	1	1 (e_2)
シフト操作	0	1	0	1 (e_1)
シフト操作	0	0	0	0 (e_0)

表11.9より，d_1 が誤っていることがわかる

11.9 CRC方式とは

これまで述べてきた巡回符号は，kビットの情報ビットを表す符号多項式$P(x)$が$(k-1)$次，生成多項式$G(x)$がm次，検査ビットを含む符号語全体の多項式$F(x)$が$(n-1)$次で，$G(x)$が(x^n-1)の因数になることはすでに解説した（11.4を参照）．

しかしながら，生成多項式$G(x)$が(x^n-1)の因数になるのは，情報ビット数mが特定の値をもつときだけであり，巡回符号を構成できる範囲が極端に限られてしまう．そこで，生成多項式の種類を広げて構成可能な巡回符号の範囲を増やすために，次のような性質を利用することが多い．

▶〔性質1〕

生成多項式$G(x)$が(x^n-1)の因数でないときに，$G(x)$で割り切れる$(n-1)$次以下の多項式の集合は，nビットの巡回符号を構成する．

たとえば，情報ビット$k=4$，検査ビット$m=3$として生成多項式$G(x)=x^3+x+1$で生成される7ビット$(n=k+m=7)$の符号語は，ハミング符号と呼ばれる巡回符号として知られている．このとき，$G(x)$は(x^7-1)の因数となっているが，(x^6-1)の因数にはなっていない．

このような例では，$n=6$より〔性質1〕に基づき，$G(x)$で割り切れる$5(=n-1)$次以下の多項式の集合は，6ビット$(n=6)$の巡回符号を構成し，**短縮化巡回符号**と呼ばれる．

短縮化巡回符号を具体的に作成する手順は，生成多項式$G(x)$の最高次数が3次であることから検査ビット$m=3$となり，情報ビット$k=n-m=3$であることから，まず$(k-1)$次の多項式を$P(x)$として，$P(x)$の係数に情報ビットを対応させる．次に，符号語を作るために，$n=6$, $k=3$を考慮して，

$$x^3 P(x) = x^{n-k} P(x) = x^m P(x) \cdots\cdots (24)$$

を生成多項式$G(x)$で割り，その余り$R(x)$を求める．すなわち，

$$x^3 P(x) = G(x) Q(x) + R(x) \cdots\cdots (25)$$

より，短縮化巡回符号として，

$$F(x) = \underbrace{x^3 P(x)}_{\text{情報ビット}} + \underbrace{R(x)}_{\text{検査ビット}} \cdots\cdots (26)$$

が得られる（表11.11）．

表11.11より，7ビットの巡回符号のビットが一部削除され，短いビット（この例では6ビット）の巡回符号が新たに構成されることが理解される．つまり，表11.8の巡回符号のうち，符号語の最上位桁（情報ビットのd_3に相当）が0のものについてd_3を取り除いた形の短縮化巡回符号が得られたことになる．

表11.11 短縮化巡回符号の例

情報ビット ($d_0 d_1 d_2$)	$P(x)$	$x^3 P(x)$	$R(x)$	$F(x) = x^3 P(x) + R(x)$	符号語 ($c_0 c_1 c_2 d_0 d_1 d_2$)
0 0 0	0	0	0	0	0 0 0 0 0 0
0 0 1	x^2	x^5	$1+x+x^2$	$1+x+x^2+x^5$	1 1 1 0 0 1
0 1 0	x	x^4	$x+x^2$	$x+x^2+x^4$	0 1 1 0 1 0
0 1 1	$x+x^2$	x^4+x^5	1	$1+x^4+x^5$	1 0 0 0 1 1
1 0 0	1	x^3	$1+x$	$1+x+x^3$	1 1 0 1 0 0
1 0 1	$1+x^2$	x^3+x^5	x^2	$x^2+x^3+x^5$	0 0 1 1 0 1
1 1 0	$1+x$	x^3+x^4	$1+x^2$	$1+x^2+x^3+x^4$	1 0 1 1 1 0
1 1 1	$1+x+x^2$	$x^3+x^4+x^5$	x	$x+x^3+x^4+x^5$	0 1 0 1 1 1

このような短縮化巡回符号や本来の巡回符号を用いた誤り検出方式のことをCRC方式といい，通信や放送，メモリをはじめとしてさまざまな分野で用いられている．たとえば，BluetoothやCDMAなどで標準化されているデータ転送用の生成多項式は，

$$G(x) = x^{16} + x^{12} + x^5 + 1 \cdots\cdots\cdots\cdots (27)$$

であり，また6ビットのキャラクタ用のCRC-12と呼ばれる生成多項式は，

$$G(x) = x^{12} + x^{11} + x^3 + x^2 + x + 1 \cdots\cdots (28)$$

である．

例題10

表11.11の短縮化巡回符号を利用して符号語（1 1 1 0 0 1）がバースト誤り（下線部に相当）を発生し，以下のようになったとする．このとき，各符号に対してシンドロームを求め，誤りを検出できるかどうかを調べよ．

① （1 0 0 0 0 1）　（2ビットのバースト誤り）
② （1 1 0 1 1 1）　（3ビットのバースト誤り）

解答10

①，②のそれぞれの符号多項式 $F_1(x)$，$F_2(x)$ を求めた後，生成多項式 $G(x) = x^3 + x + 1$ で割り，その余りを求める．

① $F_1(x) = 1 + x^5$, $R_1(x) = x^2 + x$
② $F_2(x) = 1 + x + x^3 + x^4 + x^5$, $R_2(x) = 1$

よって，余りが0ではないので，何らかの誤りがあることになり，バースト誤りを検出できたことになる．

一般に，巡回符号では，生成多項式の最高次数が m 次のとき，長さ m ビット以下の任意のバースト誤りを検出できることが知られている．

第12章 BCH符号

第11章では，代表的な誤り訂正符号の一つとして巡回符号を取り上げ，符号化と復号化のしくみとともに，より汎用性の高い線形符号についても解説した．

本章では，さらに汎用性の高い符号として「BCH符号」を取り上げ，その数学的な取り扱いの基礎として，「有限体」，「体（ガロア体，拡大体）」，「原始元」，「原始多項式」，「最小多項式」などについてわかりやすく解説する．また，BCH符号を作成するための生成多項式の算出手順，誤り訂正を行う手順を具体例とともに説明するので，BCH符号の考え方をしっかりと理解してもらいたい．

なお，BCH符号は，Bose, Chaudhuri, Hocquenghemの三者により発見された誤り訂正符号で，三者の頭文字をとったものである．この符号は，複数個の誤りを訂正することができ，いろいろな信号処理分野において実際に使用されている．

12.1 BCH符号の基礎数学

まずは，符号理論を系統的に理解するために必要となる基礎数学について説明しておこう．なお，この基礎数学がRSA暗号でも大きな役割を担うことになるので，しっかりと理解を深めてもらいたい（詳細は，第17章を参照）．

いま，0，1，2，3，4，5，6の7種類の整数しかなく，7を法とする剰余演算の数体系（有限体，mod 7と表記）を考えてみよう．

有限体における基本的な演算は余りを求める計算であることから，mod 7の演算において，通常の算法としての加算（＋），乗算（・，あるいは×）の計算結果（和，積）は，それぞれ**表12.1**，**表12.2**のようになる．たとえば，通常の加算では$5+6=11$であるが，11を7で割った余りが4となるので，mod 7では$5+6=4$というふうである．また，通常の乗算では$5×6=30$となるが，30を7で割ったときの余りが2であることから，mod 7では$5×6=2$となるわけである．

ところで，加算の**表12.1**ではすべての各行，各列に0が1回だけ現れる（⓪で示す）ので，加算に関する逆元$(-a)$が，

$$a+(-a)=0 \pmod 7 \quad \cdots\cdots(1)$$

となるように定義される．たとえば(-5)は，

$$5+y=7 \pmod 7 \quad \cdots\cdots(2)$$

を満たす正整数値y（$0\leq y\leq 6$）を考えればよい．なぜなら，mod 7の演算では，右辺の数値7は7で割ると余りは0であり，

$$5+y=0 \pmod 7 \quad \cdots\cdots(3)$$

と表される．式(3)を実数の世界で考えてみれば$y=-5$，式(2)からは$y=2$が得られるので，

$$-5=2 \pmod 7 \quad \cdots\cdots(4)$$

となる．同様の計算によって，加算に関する逆元が**表12.3**のように求められ，減算は**表12.4**となるわけだ．一例を示せば，

$$2-5=2+(-5)=2+2=4 \pmod 7$$

というぐあいであり，減算は(-5)の加算に関する逆元2を加えることになる．

また，乗算の**表12.2**で，たとえば，

$$3×5(=15=2×7+1)=1 \pmod 7 \quad \cdots\cdots(5)$$

となるが，実数の世界で考えてみれば，乗算して1に

表12.1 mod 7の加算 $(a+b)$

a\b	0	1	2	3	4	5	6
0	⓪	1	2	3	4	5	6
1	1	2	3	4	5	6	⓪
2	2	3	4	5	6	⓪	1
3	3	4	5	6	⓪	1	2
4	4	5	6	⓪	1	2	3
5	5	6	⓪	1	2	3	4
6	6	⓪	1	2	3	4	5

表12.2 mod 7の乗算 $(a×b)$

a\b	0	1	2	3	4	5	6
0	0	0	0	0	0	0	0
1	0	①	2	3	4	5	6
2	0	2	4	6	①	3	5
3	0	3	6	2	5	①	4
4	0	4	①	5	2	6	3
5	0	5	3	①	6	4	2
6	0	6	5	4	3	2	①

表12.3 mod 7の加算に関する逆元 $(-a)$

a	逆元$(-a)$
0	0
1	6
2	5
3	4
4	3
5	2
6	1

表12.4 mod 7の減算 ($a - b$)

a\b	0	1	2	3	4	5	6
0	0	6	5	4	3	2	1
1	1	0	6	5	4	3	2
2	2	1	0	6	5	4	3
3	3	2	1	0	6	5	4
4	4	3	2	1	0	6	5
5	5	4	3	2	1	0	6
6	6	5	4	3	2	1	0

表12.5 mod 7の乗算に関する逆元 (a^{-1})

a	逆元 (a^{-1})
1	1
2	4
3	5
4	2
5	3
6	6

表12.6 mod 7の除算 ($a \div b$)

a\b	1	2	3	4	5	6
0	0	0	0	0	0	0
1	1	4	5	2	3	6
2	2	1	3	4	6	5
3	3	5	1	6	2	4
4	4	2	6	1	5	3
5	5	6	4	3	1	2
6	6	3	2	5	4	1

表12.7 加算 (mod 2)

+	0	1
0	0	1
1	1	0

(排他的論理和に同じ)

表12.8 乗算 (mod 2)

×	0	1
0	0	0
1	0	1

なるということは,

$$3 \times \frac{1}{3} = 1 \text{(あるいは, } 3 \times 3^{-1} = 1) \quad \cdots(6)$$

ということで,$1/3$(3^{-1}と標記されることもある)は3で割ること($\div 3$)を意味する.ここで,3^{-1}は3の逆元(あるいは,3の逆数)と呼ばれ,掛けて1になるパートナーの数のことをいう.式(5)と式(6)を見比べると,

$$\frac{1}{3} = 3^{-1} = 5 \quad (\text{mod } 7) \quad \cdots(7)$$

ところで,3の逆元を求めるには,

$$3 \times y = 8, 15, 22, 29, 36 \quad \cdots(8)$$

を満たす正整数値y($0 \leq y \leq 6$)を考えればよい.なぜなら,mod 7の演算では,右辺の整数値はいずれも7で割ると余りは1であり,

$$3 \times y = 1 \quad (\text{mod } 7)$$

となるからである.よって,式(8)より$y = 5$が得られ,

$$3^{-1} = \frac{1}{3} = 5 \quad (\text{mod } 7) \quad \cdots(9)$$

となる.同様の計算によって,乗算に関する逆元が表12.5のように求められるので,除算は表12.6となる.表12.2で,各行,各列に[1]が1個ずつあるということから,どの数も逆数をもっていることになるので,自由に割り算(除算)できる.一例を示すと,

$$2 \div 5 \; (= 2 \times 5^{-1} = 2 \times 3) = 6 \quad (\text{mod } 7)$$

であり,除算は除数5の乗算に関する逆元3を掛ければよいことが理解される.

このように,加算に関する逆元($-a$)および乗算に関する逆元a^{-1}が定義できると,減算$b-c$,除算$b \div c$(b/c)が計算可能となる.同時に,分配法則,すなわち,

$$b \times (c + d) = b \times c + b \times d \quad \cdots(10)$$
$$(b + c) \times d = b \times d + c \times d \quad \cdots(11)$$

も成立する.

このように,和($+$),差($-$),積($\times$),商($\div$)の四則演算が定義された要素(元)の有限集合,これを**有限**(ゆうげん)**体**(たい),あるいは**ガロア体**.要素(元)の個数がq個の場合はGF(q)などと表記し,qは位数(いすう)と呼ばれる.

例題1

5を法とする演算として,各問に答えよ.
① $3 + 4$
② 4の加算に関する逆元
③ $3 - 4$
④ 3×4
⑤ 3の乗算に関する逆元
⑥ $4 \div 3$

解答1

① 通常の加算では$3 + 4 = 7$となるが,5で割った余りとして,$3 + 4 = 2$となる
② $4 + (-a) = 0$となる$(-a)$は,5の倍数(5で割ったときの余りが0)になるわけで,4の加算に関する逆元,すなわち(-4)は1である
③ ②の結果から$(-4) = 1$であり,$3 - 4 = 3 + (-4) = 3 + 1 = 4$が得られる
④ 通常の乗算では$3 \times 4 = 12$となるが,5で割った余りとして,$3 \times 4 = 2$となる
⑤ $3 \times 3^{-1} = 1$となる3^{-1}は,5で割ったときの余りが1になるわけで,3の乗算に関する逆元,すなわち3^{-1}は2である
⑥ ⑤の結果から$3^{-1} = 2$であり,$4 \div 3 = 4 \times (1/3) = 4 \times 3^{-1} = 4 \times 2 = 3$が得られる

12.2 符号多項式と体

まず,位数$q = 2$のガロア体を考えてみると,元の個数が2個であるから,$\{0, 1\}$の集合となり,加算と乗算の表はそれぞれ表12.7,表12.8のようになる.

ここで,表12.7の加算はいわゆる2を法とする加算に相当し,$\oplus$という記号で表されるが,ここでは$+$の記号で簡略化して表すことにする.

いま,GF(q)の元を係数とする既約多項式$f(x)$,すなわち,

$$f(x) = c_0 + c_1 x + \cdots + c_{n-1} x^{n-1} + c_n x^n ; n \geq 1 \cdots(12)$$

ただし,$c_i \in \text{GF}(q)$,$c_n \neq 0$

を考える.このような形の多項式で表したものが,符

表12.9 加算 (mod 8)

+	0	1	2	3	4	5	6	7
0	0	1	2	3	4	5	6	7
1	1	2	3	4	5	6	7	0
2	2	3	4	5	6	7	0	1
3	3	4	5	6	7	0	1	2
4	4	5	6	7	0	1	2	3
5	5	6	7	0	1	2	3	4
6	6	7	0	1	2	3	4	5
7	7	0	1	2	3	4	5	6

表12.10 乗算 (mod 8)

×	0	1	2	3	4	5	6	7
0	0	0	0	0	0	0	0	0
1	0	1	2	3	4	5	6	7
2	0	2	4	6	0	2	4	6
3	0	3	6	1	4	7	2	5
4	0	4	0	4	0	4	0	4
5	0	5	2	7	4	1	6	3
6	0	6	4	2	0	6	4	2
7	0	7	6	5	4	3	2	1

表12.11 αのべき乗表現

$$\begin{cases} \alpha^0 = 1 \\ \alpha^1 = \alpha \\ \alpha^2 = \alpha^2 \\ \alpha^3 = 1 + \alpha \\ \alpha^4 = \alpha + \alpha^2 \\ \alpha^5 = 1 + \alpha + \alpha^2 \\ \alpha^6 = 1 + \alpha^2 \\ \alpha^7 = 1 \end{cases}$$

表12.12 加算 [$GF(2^3)$]

+	0	1	α	α^2	α^3	α^4	α^5	α^6
0	0	1	α	α^2	α^3	α^4	α^5	α^6
1	1	0	α^3	α^6	α	α^5	α^4	α^2
α	α	α^3	0	α^4	1	α^2	α^6	α^5
α^2	α^2	α^6	α^4	0	α^5	α	α^3	1
α^3	α^3	α	1	α^5	0	α^6	α^2	α^4
α^4	α^4	α^5	α^2	α	α^6	0	1	α^3
α^5	α^5	α^4	α^6	α^3	α^2	1	0	α
α^6	α^6	α^2	α^5	1	α^4	α^3	α	0

(αは$x^3 + x + 1 = 0$の根)

表12.13 乗算 [$GF(2^3)$]

×	0	1	α	α^2	α^3	α^4	α^5	α^6
0	0	0	0	0	0	0	0	0
1	0	1	α	α^2	α^3	α^4	α^5	α^6
α	0	α	α^2	α^3	α^4	α^5	α^6	1
α^2	0	α^2	α^3	α^4	α^5	α^6	1	α
α^3	0	α^3	α^4	α^5	α^6	1	α	α^2
α^4	0	α^4	α^5	α^6	1	α	α^2	α^3
α^5	0	α^5	α^6	1	α	α^2	α^3	α^4
α^6	0	α^6	1	α	α^2	α^3	α^4	α^5

(αは$x^3 + x + 1 = 0$の根)

号語の多項式表現であることも思い起こしてもらいたい.

ところで,**既約多項式**は,素数と同じような意味で,1とそれ自身でしか割り切れない多項式を表し,0あるいは1を係数として有する符号は位数$q=2$であり,$GF(2)$の上の多項式である.こうした既約多項式を定義することにより,ガロア体の位数(元の個数)を大きくできる方法が知られている.たとえば,既約多項式$f(x)$の根,つまり,

$$f(\alpha) = 0 \cdots\cdots (13)$$

を満たすαを用いることにより,より大きな位数qとして素数pのべき乗の形,

$$q = p^m \quad (mは正の整数) \cdots\cdots (14)$$

になるようなガロア体$GF(p^m)$を定義することができるのである.この$GF(p^m)$は**拡大体**と呼ばれる.次に,拡大体の具体例をあげておく.

いま,$p=2$,$m=3$とするとき,位数$q=8(=2^3)$に対して表12.1,表12.2に対応する加算と乗算の表を作ってみると(表12.9,表12.10),たとえば4の乗算に関する逆元4^{-1}が存在しないことがわかり,除算が不可能となる.つまり,このままでは体を作成することができないわけだが,αを導入することにより体を作成できる.

たとえば,既約多項式を,

$$f(x) = 1 + x + x^3 \cdots\cdots (15)$$

としてみよう.もちろん,$f(x)$は$GF(2)$の上の多項式である.ここで,$f(x)$の根をαとすれば,

$$f(\alpha) = 1 + \alpha + \alpha^3 = 0 \cdots\cdots (16)$$

であり,$\alpha \neq 0$,$\alpha \neq 1$となる.ここで,式(16)の両辺に$1+\alpha$を加えると,

$$1 + \alpha + 1 + \alpha + \alpha^3 = 1 + \alpha$$

となり,さらに,$1+1=0$,$\alpha+\alpha=0$を考慮して,

$$左辺 = (1+1) + (\alpha+\alpha) + \alpha^3 = \alpha^3$$

であることから,最終的に次の結果が得られる.

$$\alpha^3 = 1 + \alpha \cdots\cdots (17)$$

なお,計算は各係数が$GF(2)$であることから,2を法とする演算であることに注意してもらいたい.

以下では,式(16),式(17)を用いて,αのべき乗を計算する(表12.11).計算例として,α^4とα^5の場合を以下に示す.

$$\alpha^4 = \alpha \cdot \alpha^3 = \alpha \cdot (1+\alpha) = \alpha + \alpha^2$$
$$\alpha^5 = \alpha^2 \cdot \alpha^3 = \alpha^2 \cdot (1+\alpha) = \alpha^2 + \alpha^3 = \alpha^2 + 1 + \alpha$$
$$= 1 + \alpha + \alpha^2$$

表12.11より,$GF(2^3)$は元として,$\{0, 1, \alpha, \alpha^2, \alpha^3, \alpha^4, \alpha^5, \alpha^6\}$をもつことがわかる.表12.11を用いて,加算の表と乗算の表を作るとそれぞれ表12.12,表12.13のようになり,体であることが確認できる.

このように,式(15)の既約多項式を選ぶと,$GF(2^3)$は元として,$\{0, 1, \alpha, \alpha^2, \alpha^3, \alpha^4, \alpha^5, \alpha^6\}$の8種類をもち,式(15)は**原始多項式**,$\alpha$は体の**原始元**と呼ばれる.

12.3 原始多項式と最小多項式

表12.11に示したように,既約多項式$f(x)$として$(1+x+x^3)$を選んでその根をαとしたとき,$\alpha, \alpha^2, \alpha^3, \alpha^4, \alpha^5, \alpha^6$をすべて異なるようにできたわけである.しかも,$GF(2^3)$の元である,$\alpha^3, \alpha^4, \alpha^5, \alpha^6$はすべ

て1, α, α^2の一次式（線形結合），すなわちαの多項式として表される．

上述のことを一般化すると，
『$GF(2^m)$の元α^m, α^{m+1}, $\cdots$, α^{2^m-3}, α^{2^m-2}は，1, α, $\cdots$, α^{m-2}, α^{m-1}の一次式で表される』
となる．このことをα^kのベクトル表現という．表12.14に$GF(2^3)$の元のべき乗表現，ベクトル表現および多項式表現を示す．

例題2
既約多項式を$(1+x+x^4)$とするとき，$GF(2^4)$の上の元のべき乗表現，ベクトル表現および多項式表現を求めよ．

解答2
既約多項式の根をαとすると，
$$1+\alpha+\alpha^4=0$$
という関係を満たす．よって，式(11)の両辺に$1+\alpha$を加えると，
$$1+\alpha+1+\alpha+\alpha^4=1+\alpha$$
となり，さらに左辺は，$1+1=0$, $\alpha+\alpha=0$を考慮して，
$$(1+1)+(\alpha+\alpha)+\alpha^4=\alpha^4$$
であることから，最終的に次の結果が得られる．
$$\alpha^4=1+\alpha \quad \cdots\cdots(18)$$
また，$m=4$より$\alpha^{2^4-1}=\alpha^{15}=1$であり，$GF(2^4)$の元$\alpha^4$, α^5, α^6, $\cdots$, $\alpha^{2^4-2}(=\alpha^{14})$は，1, α, α^2, $\alpha^{4-1}(=\alpha^3)$の線形結合で表される．以下，式(18)の関係を利用して，α^4, α^5, α^6, $\cdots$, α^{14}のそれぞれを1, α, α^2, α^3の一次式として表せばよい（**表12.15**）．

次に，**最小多項式**$M(x)$を次のように定義する．
『$GF(2^m)$の任意の元をβとするとき，βに関する多項式の各係数が0または1であり，
$$M(\beta)=0 \quad \cdots\cdots(19)$$
を満たす最小次数の多項式を最小多項式と称する』

こうした性質を有する最小多項式$M(x)$を算出する方法について説明しておくことにする．ここで，最小多項式の算出法を説明する前に，$GF(2^4)$の上の多項式$f(x)$のもつ性質を示す．たとえば，$f(x)=1+x+x^3$とするとき，$\{f(x)\}^2$を計算してみることにする．

$$\begin{aligned}\{f(x)\}^2 &= (1+x+x^3)^2 \\ &= 1+x^2+x^6+2x+2x^3+2x^4 \\ &= 1+x^2+x^6+\underbrace{(x+x)}_{0}+\underbrace{(x^3+x^3)}_{0}+\underbrace{(x^4+x^4)}_{0} \\ &= 1+x^2+x^6 \\ &= 1+(x^2)+(x^2)^3 \\ &= f(x^2)\end{aligned}$$

同様に，$\{f(x)\}^4$を計算してみると，
$$\begin{aligned}\{f(x)\}^4 &= \{f(x)\}^2\times\{f(x)\}^2 \\ &= f(x^2)\times f(x^2) \\ &= \{f(x^2)\}^2 \\ &= (1+x^2+x^6)^2 \\ &= 1+x^4+x^{12}+2x^2+2x^6+2x^8 \\ &= 1+x^4+x^{12}+\underbrace{(x^2+x^2)}_{0}+\underbrace{(x^6+x^6)}_{0}+\underbrace{(x^8+x^8)}_{0} \\ &= 1+x^4+x^{12} \\ &= 1+(x^4)+(x^4)^3 \\ &= f(x^4)\end{aligned}$$

以下，同様な処理を続けていって一般化すれば，
$$\{f(x)\}^{2^t}=f(x^{2^t}) \quad ; \quad t\geq 1 \text{ (tは整数)} \quad \cdots\cdots(20)$$
という関係が得られる．つまり，多項式$f(x)$の根をαとすると，
$$f(\alpha)=0 \quad \cdots\cdots(21)$$
であることを考慮すれば，式(20)と式(21)より，
$$\begin{aligned}f(\alpha^2) &= \{f(\alpha)\}^2=0 \quad (t=1) \\ f(\alpha^4) &= \{f(\alpha)\}^4=0 \quad (t=2) \\ f(\alpha^8) &= \{f(\alpha)\}^8=0 \quad (t=3) \\ &\cdots\cdots\cdots\end{aligned}$$
となる．よって，αは$f(x)$の根であるが，α^2, α^4, α^8, $\cdots$, α^{2^t}も$f(x)$の根となる．

表12.14 $GF(2^3)$の元

べき乗表現	多項式表現	ベクトル表現
0	0	0 0 0
1	1	1 0 0
α	α	0 1 0
α^2	α^2	0 0 1
α^3	$1+\alpha$	1 1 0
α^4	$\alpha+\alpha^2$	0 1 1
α^5	$1+\alpha+\alpha^2$	1 1 1
α^6	$1+\alpha^2$	1 0 1

（$\alpha^7=1$, αは$x^3+x+1=0$の根）

表12.15 $GF(2^4)$の元

べき乗表現	多項式表現	ベクトル表現
0	0	0 0 0 0
1	1	1 0 0 0
α	α	0 1 0 0
α^2	α^2	0 0 1 0
α^3	α^3	0 0 0 1
α^4	$1+\alpha$	1 1 0 0
α^5	$\alpha+\alpha^2$	0 1 1 0
α^6	$\alpha^2+\alpha^3$	0 0 1 1
α^7	$1+\alpha+\alpha^3$	1 1 0 1
α^8	$1+\alpha^2$	1 0 1 0
α^9	$\alpha+\alpha^3$	0 1 0 1
α^{10}	$1+\alpha+\alpha^2$	1 1 1 0
α^{11}	$\alpha+\alpha^2+\alpha^3$	0 1 1 1
α^{12}	$1+\alpha+\alpha^2+\alpha^3$	1 1 1 1
α^{13}	$1+\alpha^2+\alpha^3$	1 0 1 1
α^{14}	$1+\alpha^3$	1 0 0 1

（$\alpha^{15}=1$, αは$x^4+x+1=0$の根）

以上のことを利用して，任意の元 β を根として有する最小多項式 $M(x)$ を計算するわけで，β は $M(x)$ の根であり，しかも式(20)より β^2, β^4, β^8, $\cdots$, β^{2^t} も $M(x)$ の根となる．

つまり，
$$M(\beta) = M(\beta^2) = M(\beta^4) = M(\beta^8) = \cdots = M(\beta^{2^t}) = 0$$
$$\cdots\cdots\cdots\cdots\cdots\cdots\cdots\cdots\cdots\cdots(22)$$

である．ここで，β は $\mathrm{GF}(2^m)$ の上の任意の元，すなわち，
$$\beta = \alpha^k$$
であることから，β, β^2, β^4, β^8, $\cdots$, β^{2^t}, $\cdots$ の根の系列は α^k, α^{2k}, α^{4k}, α^{8k}, $\cdots$, $\alpha^{2^t k}$, $\cdots$ となる．この系列は，周期的な系列であり，繰り返しの性質を有する．たとえば，β を $\mathrm{GF}(2^3)$ の元 α^2 とすれば，**表12.14**より $\alpha^7 = 1$ であるので，
$$\beta = \alpha^2$$
$$\beta^2 = \alpha^4$$
$$\beta^4 = \alpha^8 = \alpha$$
$$\beta^8 = \alpha^{16} = \alpha^2$$
$$\cdots\cdots\cdots\cdots$$

となって，この根の系列は α^2, α^4, α を1周期とする周期的系列となることが導かれる．したがって，最小多項式 $M(x)$ は α^2, α^4, α を根とする多項式として，次のように求められる．
$$\begin{aligned}M(x) &= (x-\alpha^2)(x-\alpha^4)(x-\alpha)\\ &= (x+\alpha^2)(x+\alpha^4)(x+\alpha)\\ &= x^3 + (\alpha + \alpha^2 + \alpha^4)x^2 + (\alpha^3 + \alpha^5 + \alpha^6)x + \alpha^7\end{aligned}$$
$$\cdots\cdots\cdots\cdots\cdots\cdots\cdots\cdots\cdots\cdots(23)$$

ここで，0あるいは1の値の変数を a と表すとき，
$$a + a = 0 \qquad (2\text{を法とする演算})$$
という関係から，
$$\begin{aligned}&x - a\\ &= x - a + \underbrace{0}_{}\\ &= x - a + \underbrace{(a+a)}_{}\\ &= x + \underbrace{(-a+a)}_{0} + a\\ &= x + a\end{aligned}$$

なる関係が成り立つことを利用して式を変形している．よって，**表12.14**より，式(23)の各係数は，
$$\underbrace{\alpha + \alpha^2}_{\alpha+\alpha^2} + \underbrace{\alpha^4}_{0} = \underbrace{(\alpha+\alpha)}_{0} + \underbrace{(\alpha^2+\alpha^2)}_{0} = 0$$
$$\underbrace{\frac{\alpha^3}{1+\alpha}}_{} + \underbrace{\frac{\alpha^5}{1+\alpha+\alpha^2}}_{} + \underbrace{\frac{\alpha^6}{1+\alpha^2}}_{}$$
$$= \underbrace{(1+1+1)}_{1} + \underbrace{(\alpha+\alpha)}_{0} + \underbrace{(\alpha^2+\alpha^2)}_{0} = 1$$
$$\alpha^7 = 1$$

となるので，式(23)に代入して最小多項式 $M(x)$ は，
$$M(x) = x^3 + x + 1$$
と計算される．

例題3

$\mathrm{GF}(2^4)$ の元 α^3 に対する最小多項式 $M(x)$ を求めよ．ただし，既約多項式は $(1 + x + x^4)$ とする．

解答3

いま，β を $\mathrm{GF}(2^4)$ の元 α^3 とすれば，**表12.15**より $\alpha^{15} = 1$ であるから，
$$\beta = \alpha^3$$
$$\beta^2 = \alpha^6$$
$$\beta^4 = \alpha^{12}$$
$$\beta^8 = \alpha^{24} = \underbrace{\alpha^{15}}_{1} \times \alpha^9 = \alpha^9$$
$$\beta^{16} = \alpha^{48} = \underbrace{\alpha^{15}}_{1} \times \underbrace{\alpha^{15}}_{1} \times \underbrace{\alpha^{15}}_{1} \times \alpha^3 = \alpha^3$$
$$\cdots\cdots\cdots\cdots$$

となって，この根の系列は α^3, α^6, α^{12}, α^9 を1周期とする周期的系列となることが導かれる．したがって，最小多項式 $M(x)$ は α^3, α^6, α^{12}, α^9 を根とする多項式として，次のように求められる．
$$\begin{aligned}M(x) &= (x-\alpha^3)(x-\alpha^6)(x-\alpha^{12})(x-\alpha^9)\\ &= (x+\alpha^3)(x+\alpha^6)(x+\alpha^{12})(x+\alpha^9)\\ &= x^4 + (\alpha^3 + \alpha^6 + \alpha^{12} + \alpha^9)x^3\\ &\quad + (\alpha^{21} + \alpha^9 + \alpha^{15} + \alpha^{12} + \alpha^{18} + \alpha^{15})x^2\\ &\quad + (\alpha^{21} + \alpha^{18} + \alpha^{24} + \alpha^{27})x + \alpha^{30}\\ &= x^4 + (\alpha^3 + \alpha^6 + \alpha^{12} + \alpha^9)x^3\\ &\quad + (\alpha^6 + \alpha^9 + 1 + \alpha^{12} + \alpha^{13} + 1)x^2\\ &\quad + (\alpha^6 + \alpha^3 + \alpha^9 + \alpha^{12})x + 1\\ &= x^4 + x^3 + x^2 + x + 1\end{aligned}$$
$$\cdots\cdots\cdots\cdots\cdots\cdots\cdots\cdots\cdots\cdots(24)$$

12.4 最小多項式と誤り訂正符号との関係

最小多項式と誤り訂正符号との関係について，ここでは具体的な例として，$\mathrm{GF}(2^4)$ を取り上げて説明する．ただし，原始多項式は $(1 + x + x^4)$，原始元を α とする．

まず，1, α, α^2, $\cdots$, α^{13}, α^{14} を式(22)の最小多項式の考え方（周期的な根の性質）に基づいて分類する．なお，途中の計算においては，$\alpha^{15} = 1$ となる性質を利用する．

$\quad 1\,(=\alpha^0),\ 1,\ \cdots$
$\quad \alpha\,(=\alpha^1),\ \alpha^2,\ \alpha^4,\ \alpha^8,\ \alpha^{16}\,(=\alpha^1),\ \cdots$
$\quad \alpha^3,\ \alpha^6,\ \alpha^{12},\ \alpha^{24}\,(=\alpha^9),\ \alpha^{48}\,(=\alpha^3),\ \cdots$
$\quad \alpha^5,\ \alpha^{10},\ \alpha^{20}\,(=\alpha^5),\ \alpha^{40}\,(=\alpha^{10}),\ \cdots$
$\quad \alpha^7,\ \alpha^{14},\ \alpha^{28}\,(=\alpha^{13}),\ \alpha^{56}\,(=\alpha^{11}),\ \alpha^{112}\,(=\alpha^7),\ \cdots$

このように，符号多項式の15ビット分に相当する1, α, α^2, $\cdots$, α^{13}, α^{14} の各ビットが五つに分類されるわけで，以下に整理してまとめておく．

① $\alpha^0\,(=1)$
② $\alpha^1\,(=\alpha),\ \alpha^2,\ \alpha^4,\ \alpha^8$
③ $\alpha^3,\ \alpha^6,\ \alpha^{12},\ \alpha^9$

④ α^5, α^{10}
⑤ α^7, α^{14}, α^{13}, α^{11}

したがって，①～⑤には 1, α, α^2, $\cdots$, α^{13}, α^{14} のすべてが含まれており，

『これらのべき乗根をすべて因数としてもつような多項式 ($x^{15} - 1$) を作ること』

が誤り訂正符号を構成することに結びつくわけである．こうしたやり方は，ちょうど素因数分解に通じる考え方とみなすこともできよう．つまり，多項式の中に因数が含まれているかどうかで，パリティ検査と同様の考え方を適用することにより，符号の誤り検出/訂正を実現しようとするものである．

例題4

$GF(2^4)$ の上で，原始多項式を $(1 + x + x^4)$，原始元を α とするとき，先に分類した①～⑤のそれぞれの周期的な根に対応する最小多項式を求めよ．

解答4

表12.15のべき乗 α^k の多項式表現を用いて計算する．

① 1 が根であるから，$M_0(x) = x - 1 = x + 1$
② $M_1(x) = (x - \alpha)(x - \alpha^2)(x - \alpha^4)(x - \alpha^8)$
$= (x + \alpha)(x + \alpha^2)(x + \alpha^4)(x + \alpha^8)$
$= x^4 + (\alpha + \alpha^2 + \alpha^4 + \alpha^8) x^3$
$\quad + (\alpha^3 + \alpha^5 + \alpha^9 + \alpha^6 + \alpha^{10} + \alpha^{12}) x^2$
$\quad + (\alpha^7 + \alpha^{11} + \alpha^{13} + \alpha^{14}) x + \alpha^{15}$
$= x^4 + x + 1$
③ 例題3 の結果に一致する．
$M_3(x) = x^4 + x^3 + x^2 + x + 1$
④ $M_5(x) = (x - \alpha^5)(x - \alpha^{10}) = (x + \alpha^5)(x + \alpha^{10})$
$= x^2 + (\alpha^5 + \alpha^{10}) x + \alpha^{15}$
$= x^2 + x + 1$
⑤ $M_7(x) = (x - \alpha^7)(x - \alpha^{14})(x - \alpha^{13})(x - \alpha^{11})$
$= (x + \alpha^7)(x + \alpha^{14})(x + \alpha^{13})(x + \alpha^{11})$
$= x^4 + (\alpha^7 + \alpha^{14} + \alpha^{13} + \alpha^{11}) x^3$
$\quad + (\alpha^{18} + \alpha^{20} + \alpha^{24} + \alpha^{21} + \alpha^{25} + \alpha^{27}) x^2$
$\quad + (\alpha^{31} + \alpha^{32} + \alpha^{34} + \alpha^{38}) x + \alpha^{15}$
$= x^4 + (\alpha^7 + \alpha^{14} + \alpha^{13} + \alpha^{11}) x^3$
$\quad + (\alpha^3 + \alpha^5 + \alpha^9 + \alpha^6 + \alpha^{10} + \alpha^{12}) x^2$
$\quad + (\alpha + \alpha^2 + \alpha^4 + \alpha^8) x + \alpha^{15}$
$= x^4 + x^3 + 1$

以上の結果から，$(x^{15} - 1)$ が次のように因数分解されることになる．

$x^{15} - 1 = x^{15} + 1$
$\quad = M_0(x) M_1(x) M_3(x) M_5(x) M_7(x) \cdots\cdots(25)$

このことから，式(25)は符号語の各ビットに相当する 1, α, α^2, $\cdots$, α^{13}, α^{14} のすべてを根にもつ多項式であり，誤り訂正符号としての性質を含んでいることが理解される．

12.5 BCH符号の生成法

BCH符号は，複数個の誤りを訂正することができることが知られており，その作成法は生成多項式 $G(x)$ を求める問題に帰着される．

いま，BCH符号の符号長が $n (= 2^p - 1)$ ビットで，$GF(2^p)$ の原始元を α とし，α^i の最小多項式を $M_i(x)$ とする（12.4を参照）．また，誤り訂正可能なビット数の最大値を t ビットとするとき，BCH符号の最小距離 d_{min} は，

$$d_{min} \leq 2t + 1 \cdots\cdots(26)$$

である．このようなBCH符号は，次式で与えられる生成多項式 $G(x)$ によって作られる符号長 n ビットの巡回符号と等価である．

$$G(x) = LCM\{M_1(x), M_2(x), \cdots, M_{2t}(x)\} \cdots(27)$$

ここで，$LCM\{\ \}$ は最小公倍多項式を表しており，生成多項式 $G(x)$ は $M_1(x)$, $M_2(x)$, $\cdots$, $M_{2t}(x)$ のすべてを因数として含む最小次数の多項式である．

また，α^i が $M_i(x)$ の根であるので，

$$G(\alpha^i) = 0 \quad (i = 1, 2, 3, \cdots, 2t) \cdots\cdots(28)$$

という関係が成り立ち，$\alpha^i (i = 2, 4, \cdots, 2t)$ の最小多項式である $M_2(x)$, $M_4(x)$, $\cdots$, $M_{2t}(x)$ は，それ以前に現れる $\alpha^i (i = 1, 3, \cdots, 2t - 1)$ の最小多項式 $M_1(x)$, $M_3(x)$, $\cdots$, $M_{2t-1}(x)$ と等しくなる．たとえば，$\alpha^{15} = 1$ とするとき，$\alpha^1 (= \alpha)$ の最小多項式 $M_1(x)$ は，

α, α^2, α^4, α^8, α^{16}, α^{32}, $\cdots$

を根とする多項式であるが，$\alpha^{15} = 1$ を考慮すると，

$$\begin{cases} \alpha^{16} = \alpha^{15+1} = \underbrace{\alpha^{15}}_{1}\alpha^1 = \alpha \\ \alpha^{32} = \alpha^{15+15+2} = \underbrace{\alpha^{15}}_{1}\underbrace{\alpha^{15}}_{1}\alpha^2 = \alpha^2 \\ \vdots \end{cases}$$

の根の系列は α, α^2, α^4, α^8, α, α^2, α^4, α^8, $\cdots$ になる．同様に，α^2 の最小多項式 $M_2(x)$ は，α, α^2, α^4, α^8, α^{16}, α^{32}, $\cdots$ を根とする多項式だが，$\alpha^{15} = 1$ を考慮すると根の系列は α^2, α^4, α^8, α, α^2, α^4, α^8, α, $\cdots$ となり，

$$M_2(x) = M_1(x)$$

であることが理解され，$M_4(x)$, $M_8(x)$ も同一の多項式になる．このような最小多項式の性質を利用することにより，式(26)の生成多項式 $G(x)$ は，

$$G(x) = LCM\{M_1(x), M_3(x), \cdots, M_{2t-1}(x)\} \cdots(29)$$

と表される．ここで，$G(x)$ の最高次数を m 次とすれば検査ビット数は m ビットであり，情報ビット数 k は，

$k = n - m$
$\quad = (2^p - 1) - m \cdots\cdots(30)$

となる．

以上のような流れに基づいて，t ビットの誤りを修正することができる誤り訂正符号の生成多項式 $G(x)$ が求められ，得られた生成多項式よりBCH符号を作ることができる（11.5 を参照）．

例題5

$p = 4$，つまり $\mathrm{GF}(2^4)$，符号長 $n = 2^p - 1 = 2^4 - 1 = 15$ ビットで，2 ビットまでの誤りを訂正可能な BCH 符号を作成するための生成多項式を求めよ．

解答5

最大訂正可能誤りビット数が $t = 2$ であるから，式 (29) より，$M_1(x)$，$M_3(x)$ を考えればよいことがわかる．$\alpha^1 (= \alpha)$ の最小多項式 $M_1(x)$ は α，α^2，α^4，α^8，α，α^2，α^4，α^8，… を根とする多項式に等しい．したがって，**表 12.16** より次式が得られる．

$$\begin{aligned}
M_1(x) &= (x - \alpha)(x - \alpha^2)(x - \alpha^4)(x - \alpha^8) \\
&= (x + \alpha)(x + \alpha^2)(x + \alpha^4)(x + \alpha^8) \\
&= x^4 + (\alpha + \alpha^2 + \alpha^4 + \alpha^8) x^3 \\
&\quad + (\alpha^3 + \alpha^5 + \alpha^9 + \alpha^6 + \alpha^{10} + \alpha^{12}) x^2 \\
&\quad + (\alpha^7 + \alpha^{11} + \alpha^{13} + \alpha^{14}) x + \alpha^{15} \\
&= x^4 + x + 1 \quad \cdots\cdots\cdots (31)
\end{aligned}$$

ここで原始元 α の多項式で表される各係数は，**表 12.16** を利用して計算する．たとえば，x の係数 $(\alpha^7 + \alpha^{11} + \alpha^{13} + \alpha^{14})$ は，**表 12.16** より，

$$\begin{cases} \alpha^7 = 1 + \alpha + \alpha^3 \\ \alpha^{11} = \alpha + \alpha^2 + \alpha^3 \\ \alpha^{13} = 1 + \alpha^2 + \alpha^3 \\ \alpha^{14} = 1 + \alpha^3 \end{cases}$$

であり，次のように求められる．

$$\begin{aligned}
&\alpha^7 + \alpha^{11} + \alpha^{13} + \alpha^{14} \\
&= \left(\underbrace{\alpha^3 + \alpha^3}_{0} + \underbrace{\alpha^3 + \alpha^3}_{0}\right) + \underbrace{(\alpha^2 + \alpha^2)}_{0} + \underbrace{(\alpha + \alpha)}_{0} + \underbrace{(1+1+1)}_{1} \\
&= 1
\end{aligned}$$

このような計算により，各多項式の各係数値を求めることができる．α^3 の最小多項式 $M_3(x)$ は α^3，α^6，α^{12}，α^{24}，α^{48}，… を根とする多項式なので，$\alpha^{15} = 1$ を考慮すれば，根の系列は α^3，α^6，α^{12}，α^9，α^3，α^6，α^{12}，α^9，… に等しいことから，次のように求められる．

$$\begin{aligned}
M_3(x) &= (x - \alpha^3)(x - \alpha^6)(x - \alpha^{12})(x - \alpha^9) \\
&= (x + \alpha^3)(x + \alpha^6)(x + \alpha^{12})(x + \alpha^9) \\
&= x^4 + (\alpha^3 + \alpha^6 + \alpha^{12} + \alpha^9) x^3 \\
&\quad + (\alpha^{21} + \alpha^9 + \alpha^{15} + \alpha^{12} + \alpha^{18} + \alpha^{15}) x^2 \\
&\quad + (\alpha^{21} + \alpha^{18} + \alpha^{24} + \alpha^{27}) x + \alpha^{30} \\
&= x^4 + (\alpha^3 + \alpha^6 + \alpha^{12} + \alpha^9) x^3 \\
&\quad + (\alpha^6 + \alpha^9 + 1 + \alpha^{12} + \alpha^3 + 1) x^2 \\
&\quad + (\alpha^6 + \alpha^3 + \alpha^9 + \alpha^{12}) x + \alpha^{30} \\
&= x^4 + x^3 + x^2 + x + 1 \quad \cdots\cdots\cdots (32)
\end{aligned}$$

これより生成多項式 $G(x)$ は $M_1(x)$ と $M_3(x)$ の最小公倍多項式であることから，式 (31) と式 (32) より，

表 12.16 $\mathrm{GF}(2^4)$ の元

べき乗表現	多項式表現	ベクトル表現
0	0	0 0 0 0
1	1	1 0 0 0
α	α	0 1 0 0
α^2	α^2	0 0 1 0
α^3	α^3	0 0 0 1
α^4	$1 + \alpha$	1 1 0 0
α^5	$\alpha + \alpha^2$	0 1 1 0
α^6	$\alpha^2 + \alpha^3$	0 0 1 1
α^7	$1 + \alpha + \alpha^3$	1 1 0 1
α^8	$1 + \alpha^2$	1 0 1 0
α^9	$ \alpha + \alpha^3$	0 1 0 1
α^{10}	$1 + \alpha + \alpha^2$	1 1 1 0
α^{11}	$ \alpha + \alpha^2 + \alpha^3$	0 1 1 1
α^{12}	$1 + \alpha + \alpha^2 + \alpha^3$	1 1 1 1
α^{13}	$1 + \alpha^2 + \alpha^3$	1 0 1 1
α^{14}	$1 + \alpha^3$	1 0 0 1

（$\alpha^{15} = 1$，α は $x^4 + x + 1 = 0$ の根）

$$\begin{aligned}
G(x) &= LCM\{M_1(x), M_3(x)\} \\
&= M_1(x) \times M_3(x) \\
&= (x^4 + x + 1)(x^4 + x^3 + x^2 + x + 1) \\
&= x^8 + x^7 + x^6 + x^4 + 1 \quad \cdots\cdots\cdots (33)
\end{aligned}$$

となる．生成多項式の最高次数が 8 次ということから，この BCH 符号の検査ビット数は 8 ビット，符号長は題意から 15 ビットであり，情報ビットは $7 (= 15 - 8)$ ビットで 2 ビット以下の誤りを訂正できる能力をもっている．

例題6

$p = 4$，$\mathrm{GF}(2^4)$，符号長 $n = 2^p - 1 = 2^4 - 1 = 15$ ビットで，3 ビットまでの誤りを訂正可能な BCH 符号を作成するための生成多項式 $G(x)$ を求めよ．

解答6

最大訂正可能誤りビット数 $t = 3$ であるから，式 (29) より，$M_1(x)$，$M_3(x)$，$M_5(x)$ を求め，最小公倍多項式を計算する．$M_1(x)$，$M_3(x)$ はすでに **解答5** で求めているので，α^5 の最小多項式 $M_5(x)$ を求めればよい．すなわち，$M_5(x)$ は，α^5，α^{10}，α^{20}，α^{40}，… を根とする多項式だが，$\alpha^{15} = 1$ を考慮して，根の系列は α^5，α^{10}，α^5，α^{10}，… に等しいので **表 12.16** より次のように求められる．

$$\begin{aligned}
M_5(x) &= (x - \alpha^5)(x - \alpha^{10}) \\
&= (x + \alpha^5)(x + \alpha^{10}) \\
&= x^2 + (\alpha^5 + \alpha^{10}) x + \alpha^{15} \\
&= x^2 + x + 1 \quad \cdots\cdots\cdots (34)
\end{aligned}$$

よって生成多項式 $G(x)$ は $M_1(x)$，$M_3(x)$，$M_5(x)$ の最小公倍多項式であることから，式 (33) と式 (34) より，

$$\begin{aligned}
G(x) &= LCM\{M_1(x), M_3(x), M_5(x)\} \\
&= M_1(x) \times M_3(x) \times M_5(x) \\
&= (x^8 + x^7 + x^6 + x^4 + 1)(x^2 + x + 1)
\end{aligned}$$

$$= x^{10} + x^8 + x^5 + x^4 + x^2 + x + 1 \cdots (35)$$

となる．生成多項式の最高次数が10次ということから，このBCH符号の検査ビット数は10ビット，符号長は題意から15ビットであり，情報ビットは5（＝15－10）ビットで3ビット以下の誤りを訂正できる能力をもっている．

例題7

解答5の生成多項式$G(x)$により，情報ビット(1000000)に対する2ビット誤り訂正可能なBCH符号を求めよ．

解答7

まず符号長$n=15$，検査ビット$m=8$，情報ビット$k=7$であるから，情報の各ビットを符号多項式$P(x)$の各係数に対応させて，

$$P(x) = 1$$

となるので，$x^8 P(x)$は，

$$x^8 P(x) = x^8 \cdots (36)$$

である（11.5を参照）．このとき，BCH符号の検査ビットは$x^8 P(x)$を式(28)の生成多項式$G(x)$で割り算したときの余り$R(x)$として求められるので，

$$x^8 P(x) \div G(x) = (x^8) \div (x^8 + x^7 + x^6 + x^4 + 1)$$
$$商 \langle Q(x) = 1 \rangle$$
$$余り \langle R(x) = x^7 + x^6 + x^4 + 1 \rangle$$

となる．以上の結果から，情報ビット(1000000)に対するBCH符号の多項式表現$F(x)$は，

$$F(x) = x^8 P(x) + R(x)$$
$$= 1 + x^4 + x^6 + x^7 + x^8$$

となり，2ビット誤り訂正可能なBCH符号を次のように求めることができる．

1	x	x^2	x^3	x^4	x^5	x^6	x^7	x^8	x^9	x^{10}	x^{11}	x^{12}	x^{13}	x^{14}
↓	↓	↓	↓	↓	↓	↓	↓	↓	↓	↓	↓	↓	↓	↓
1	0	0	0	1	0	1	1	1	0	0	0	0	0	0

検査ビット ／ 情報ビット

12.6 BCH符号の復号化

いま，送信された符号系列を$(a_0, a_1, \cdots, a_{n-1})$，受信された符号系列を$(b_0, b_1, \cdots, b_{n-1})$とするとき，各ビットを多項式の各係数に対応づけることにより，$(n-1)$次の送信符号多項式$F(x)$と受信符号多項式$Y(x)$は，それぞれ，

$$F(x) = a_0 + a_1 x + a_2 x^2 + \cdots + a_{n-1} x^{n-1} \cdots (37)$$
$$Y(x) = b_0 + b_1 x + b_2 x^2 + \cdots + b_{n-1} x^{n-1} \cdots (38)$$

と表される．

よって，送信された符号系列が正しく受信されると，

$$\begin{cases} b_0 = a_0 \\ b_1 = a_1 \\ b_2 = a_2 \\ \vdots \\ b_{n-1} = a_{n-1} \end{cases} \cdots (39)$$

であることから，式(37)～式(39)より，

$$Y(x) = F(x) \cdots (40)$$

となることが理解される．ここで，受信された符号系列の$(i+1)$番目（x^iの位置）のビットに誤りがあるかどうかを表すものとして，

$$e_i = \begin{cases} 1 & (i+1\text{番目のビットが誤りのとき}) \\ 0 & (i+1\text{番目のビットが正しいとき}) \end{cases} \cdots (41)$$

となるビット誤り表現を導入する．このとき，誤りパターンを示す誤り多項式$E(x)$は，

$$E(x) = e_0 + e_1 x + e_2 x^2 + \cdots + e_{n-1} x^{n-1} \cdots (42)$$

と表される．受信符号が誤りを含む場合には，誤りビット表現e_iを用いて受信符号の各ビットb_iは，

$$\begin{cases} b_0 = a_0 + e_0 \\ b_1 = a_1 + e_1 \\ b_2 = a_2 + e_2 \\ \vdots \\ b_{n-1} = a_{n-1} + e_{n-1} \end{cases} \cdots (43)$$

と書ける．よって，式(38)の受信符号多項式$Y(x)$は，
$$Y(x) = b_0 + b_1 x + b_2 x^2 + \cdots + b_{n-1} x^{n-1}$$
$$= (a_0 + e_0) + (a_1 + e_1) x + (a_2 + e_2) x^2 + \cdots$$
$$+ (a_{n-1} + e_{n-1}) x^{n-1}$$
$$= (a_0 + a_1 x + a_2 x^2 + \cdots + a_{n-1} x^{n-1})$$
$$+ (e_0 + e_1 x + e_2 x^2 + \cdots + e_{n-1} x^{n-1}) = F(x) + E(x) \cdots (44)$$

となり，送信符号多項式$F(x)$と誤り多項式$E(x)$の和に等しい．つまり，式(40)と式(44)より，受信符号に誤りがない場合は，誤り多項式$E(x)$について，

$$E(x) = 0 \cdots (45)$$

となる．

ところで，$GF(2^p)$の原始元をα，最大訂正可能なビット数をtビットとすると，$\alpha^i (i = 1, 2, 3, \cdots, 2t)$が生成多項式$G(x)$の根になることから，

$$G(\alpha^i) = 0 \cdots (46)$$

である．また，送信符号は生成多項式$G(x)$で割り切れることから，

$$F(x) = G(x) Q(x) \cdots (47)$$

と表され，式(46)の関係を考慮することにより，

$$F(\alpha^i) = G(\alpha^i) Q(\alpha^i) = 0 \cdots (48)$$

となる．よって，式(44)と式(48)に基づき，受信符号多項式$Y(\alpha^i)$は次のように表される．

$$Y(\alpha^i) = F(\alpha^i) + E(\alpha^i) = E(\alpha^i) \cdots (49)$$

この$Y(\alpha^i)$は**シンドローム**と呼ばれ，以下では，

$$S_i = Y(\alpha^i) = E(\alpha^i) \cdots (50)$$

と表すことにする．

以上の考え方を具体例で示してみよう．まず，GF(2^3)の原始元をα，原始多項式$G(x) = x^3 + x + 1$，誤り訂正可能ビット数tを1ビットとなる符号を考える．このとき，GF(2^3)の元のべき乗表現，多項式表現およびベクトル表現を，**表12.17**に示す（**12.3**を参照）．

また，原始多項式$G(x)$を生成多項式とすれば，符号長は$2^3 - 1 = 7$ビット，検査ビット数は生成多項式$G(x)$の最高次数（この例では3次）に等しいことから3ビットである．したがって，情報ビット数は符号長から検査ビット数を差し引いたものであるので，（7 − 3）= 4ビットとなる．

いま，情報（１０００）に対して生成多項式$G(x)$による検査ビットは（１１０）であり，（１１０１０００）を送信符号とする．この送信符号多項式$F(x)$は，式(37)より，
$$F(x) = 1 + x + x^3$$
である．この符号を送信したとき受信符号多項式$Y(x)$が，
$$Y(x) = 1 + x \cdots\cdots\cdots\cdots\cdots\cdots\cdots(51)$$
となった（左から4ビット目，x^3の位置が誤った）場合，すなわち（１１００００）と誤って受信された場合について考えてみよう．結論からいえば，式(44)より，
$$1 + x = 1 + x + x^3 + E(x)$$
となり，誤り多項式$E(x) = x^3$であることから，誤りが発生した位置を特定できることがわかる．以下では，1ビットの誤りを訂正できる簡単なBCH符号を例に，誤りビットの位置を求める手順を示す．

いま，誤りが左から$(i+1)$ビット目（x^iの位置）で発生したとすると，誤り多項式$E(x)$は，
$$E(x) = x^i \cdots\cdots\cdots\cdots\cdots\cdots\cdots(52)$$
であり，$t = 1$より，α, α^2に対するシンドロームは式(50)と式(52)に基づき，
$$\left.\begin{array}{l} S_1 = E(\alpha) = \alpha^i \\ S_2 = E(\alpha^2) = \alpha^{2i} \end{array}\right\} \cdots\cdots\cdots(53)$$
となる．また，シンドロームS_1, S_2は式(50)と式(51)より計算でき，
$$\left.\begin{array}{l} S_1 = Y(\alpha) = 1 + \alpha \\ S_2 = Y(\alpha^2) = 1 + \alpha^2 \end{array}\right\}$$
となるので，**表12.17**より，
$$\left.\begin{array}{l} S_1 = \alpha^3 \\ S_2 = \alpha^6 \end{array}\right\} \cdots\cdots\cdots\cdots\cdots(54)$$
が得られる．よって，式(53)と式(54)より，
$$i = 3$$
であることが導かれるので，左から4（= 3 + 1）ビット目（x^3の位置）に誤りが発生していることがわかる．

例題8

解答5で得られたBCH符号を用いたとき，受信した符号が（１０００１０１１０１００００）であったとする．このとき，誤ったビットが2ビットであるとして，

表12.17 GF(2^3)の元

べき乗表現	多項式表現	ベクトル表現		
0	0	0	0	0
1	1	1	0	0
α	α	0	1	0
α^2	α^2	0	0	1
α^3	$1 + \alpha$	1	1	0
α^4	$\alpha + \alpha^2$	0	1	1
α^5	$1 + \alpha + \alpha^2$	1	1	1
α^6	$1 + \alpha^2$	1	0	1

（$\alpha^7 = 1$，αは$x^3 + x + 1 = 0$の根）

送信された符号を求めよ．

解答8

まず，受信符号多項式$Y(x)$は，
$$Y(x) = 1 + x^4 + x^6 + x^7 + x^9 \cdots\cdots(55)$$
であり，発生した誤りの位置を$(i+1)$ビット目x^i，$(j+1)$ビット目$x^j (i < j)$とすると，誤り多項式$E(x)$は，
$$E(x) = x^i + x^j \cdots\cdots\cdots\cdots\cdots(56)$$
となる．ここで，誤り訂正可能なビット数が2ビットであるので$t = 2$より，α, α^2, α^3, α^4に対するシンドロームは式(50)と式(56)に基づき，
$$\left.\begin{array}{l} S_1 = E(\alpha) = \alpha^i + \alpha^j \\ S_2 = E(\alpha^2) = \alpha^{2i} + \alpha^{2j} \\ S_3 = E(\alpha^3) = \alpha^{3i} + \alpha^{3j} \\ S_4 = E(\alpha^4) = \alpha^{4i} + \alpha^{4j} \end{array}\right\} \cdots\cdots\cdots(57)$$
となる．また，シンドローム$S_1 \sim S_4$は式(50)と式(55)より計算でき，$Y(x^2) = \{Y(x)\}^2$なる関係（**12.3**を参照）と**表12.16**を利用すれば，
$$\left\{\begin{array}{l} S_1 = Y(\alpha) = 1 + \alpha^4 + \alpha^6 + \alpha^7 + \alpha^9 = \alpha^{12} \\ S_2 = Y(\alpha^2) = \{Y(\alpha)\}^2 = \{S_1\}^2 = \alpha^{24} = \alpha^9 \\ S_3 = Y(\alpha^3) = 1 + \alpha^{12} + \alpha^{18} + \alpha^{21} + \alpha^{27} = \alpha^8 \\ S_4 = Y(\alpha^4) = \{Y(\alpha^2)\}^2 = \{S_2\}^2 = \alpha^{18} = \alpha^3 \end{array}\right.$$
となるので，
$$\left.\begin{array}{l} S_1 = \alpha^{12} \\ S_2 = \alpha^9 \\ S_3 = \alpha^8 \\ S_4 = \alpha^3 \end{array}\right\} \cdots\cdots\cdots\cdots\cdots(58)$$
が得られ，誤りの発生したビットを検出する問題は，式(57)と式(58)とを同時に満たすiとjを求めることに帰着される．ここで，**表12.16**を利用することにより，式(58)は次のように書き直すことができる．

$$\begin{aligned} S_1 = \alpha^{12} &= 1 + \alpha + \alpha^2 + \alpha^3 \\ &= \underbrace{(1 + \alpha^2)}_{\alpha^8} + \underbrace{(\alpha + \alpha^3)}_{\alpha^9} \\ &= \alpha^8 + \alpha^9 \cdots\cdots\cdots\cdots\cdots(59) \end{aligned}$$

$$S_2 = \alpha^9 = \alpha + \alpha^3$$
$$= \underbrace{\alpha \; \alpha^{15}}_{\alpha^{16}} + \underbrace{\alpha^3 \alpha^{15}}_{\alpha^{18}}$$
$$= \alpha^{2 \times 8} + \alpha^{2 \times 9} \quad \cdots\cdots\cdots\cdots\cdots (60)$$

$$S_3 = \alpha^8 = 1 + \alpha^2$$
$$= 1 + \alpha^2 + (\alpha + \alpha + \alpha^3 + \alpha^3)$$
$$= \underbrace{(\alpha + \alpha^3)}_{\alpha^9} + \underbrace{(1 + \alpha + \alpha^2 + \alpha^3)}_{\alpha^{12}}$$
$$= \underbrace{\alpha^9 \alpha^{15}}_{\alpha^{24}} + \underbrace{\alpha^{12} \alpha^{15}}_{\alpha^{27}}$$
$$= \alpha^{3 \times 8} + \alpha^{3 \times 9} \quad \cdots\cdots\cdots\cdots\cdots (61)$$

$$S_4 = \alpha^3 = \alpha^3 + (\alpha^2 + \alpha^2)$$
$$= \alpha^2 + \underbrace{(\alpha^2 + \alpha^3)}_{\alpha^6}$$
$$= \underbrace{\alpha^2 \alpha^{15} \alpha^{15}}_{\alpha^{32}} + \underbrace{\alpha^6 \alpha^{15} \alpha^{15}}_{\alpha^{36}}$$
$$= \alpha^{4 \times 8} + \alpha^{4 \times 9} \quad \cdots\cdots\cdots\cdots\cdots (62)$$

以上の計算結果に基づき，式(59)〜式(62)と式(57)とを比較することにより，$i = 8$，$j = 9$が求められ，左から9ビット目（x^8の位置）と10ビット目（x^9の位置）に誤りがあることが導かれる（検算は**表12.16**および$\alpha^{15} = 1$の性質を利用して各自がチェックしてほしい）．なお，iとjを一般的に求める手法はかなり高度になるので，割愛させていただくことにする．

第13章 RS符号（リードソロモン符号）

第12章では，BCH符号の生成と復号化を中心に，生成多項式の算出方法や誤り訂正を行う手順などについて解説した．

本章では，最初にBCH符号の考え方の拡張としてGF(2^p)上の多項式として定義されるところのRS符号（Reed-Solomon：リードソロモン符号）について解説する．

13.1 多項式表現による誤り訂正符号化／復号化のしくみ

第11章，および第12章の符号多項式$G(x)$による誤り検出／訂正における符号化，復号化アルゴリズムの計算は，なかなか手ごわい．

一般に，誤り制御の根本原理は，**『生成多項式$G(x)$で割り切れるかどうか』**にあり，割り切れるものだけを符号語とするものであった．そうして，誤りが発生したときに出現する**『割り切れない』**という情報に基づき，誤りを検出して訂正するという仕掛けが生成多項式$G(x)$に仕込んであるわけである．したがって，生成多項式$G(x)$をどう作るかが，誤り検出／訂正能力を左右することにもなる．

はじめに，生成多項式による符号化／復号化の流れを簡単にまとめておこう．

● 多項式表現による符号化手順

いま，情報データ($d_0, d_1, \cdots, d_{k-1}$)，生成多項式$G(x)$をそれぞれ，

$$P(x) = d_0 + d_1 x + \cdots + d_{k-1} x^{k-1} \quad \cdots\cdots (1)$$
$$G(x) = g_0 + g_1 x + \cdots + g_m x^m \quad \cdots\cdots (2)$$

と表し，$x^m P(x)$を$G(x)$で割ったときの商を$Q(x)$，余りを，

$$R(x) = c_0 + c_1 x + \cdots + c_{m-1} x^{m-1} \quad \cdots\cdots (3)$$

とすれば，

$$\underbrace{x^m P(x)}_{情報データ} = G(x) \underbrace{Q(x)}_{商} + \underbrace{R(x)}_{余り} \quad \cdots\cdots (4)$$

の関係が成立する．ここで，余り$R(x)$が検査（冗長な）データ($c_0, c_1, \cdots, c_{m-1}$)に相当し，情報データ$x^m P(x)$から差し引くことにより，$n(=k+m)$ブロック（あるいはビット）の「生成多項式$G(x)$で割り切れる」符号語を表す多項式$F(x)$が導かれる．つまり，式(4)を

考慮すれば，

$$\begin{aligned}
F(x) &= x^m P(x) - R(x) \\
&= \{G(x) Q(x) + R(x)\} - R(x) \\
&= G(x) Q(x) + \underbrace{R(x) - R(x)}_{0} \quad \cdots\cdots (5) \\
&= -(c_0 + c_1 x + \cdots + c_{m-1} x^{m-1}) \\
&\quad + d_0 x^m + d_1 x^{m+1} + \cdots + d_{k-1} x^{n-1} \\
&= f_0 + f_1 x + \cdots + f_{m-1} x^{m-1} + f_m x^m \\
&\quad + f_{m+1} x^{m+1} + \cdots + f_{n-1} x^{n-1}
\end{aligned}$$

ただし，$f_0 = -c_0, f_1 = -c_1, \cdots, f_{m-1} = -c_{m-1}, f_m = d_0, f_{m+1} = d_1, \cdots, f_{n-1} = d_{k-1}$

となる$n(=k+n)$ブロック（あるいはビット）の符号語($f_0, f_1, \cdots, f_{n-1}$)が得られる．

以上より式(5)は，

$$F(x) = G(x) Q(x) \quad \cdots\cdots (6)$$

に等価であり，符号語$F(x)$は生成多項式$G(x)$で割り切れることがわかる．

● 多項式表現による復号化（誤り訂正）手順

誤り訂正のキーポイントは，『生成多項式$G(x)$で割り切れるかどうか』にかかっている．つまり，誤りの有無をチェックするには，nブロック（あるいはビット）の受信データ($y_0, y_1, \cdots, y_{n-1}$)からなる多項式$Y(x)$，すなわち，

$$Y(x) = y_0 + y_1 x + \cdots + y_{n-1} x^{n-1} \quad \cdots\cdots (7)$$

に対して，生成多項式$G(x)$で割り算した余りが0かどうかを調べればよいわけだ．つまり，

$$\frac{Y(x)}{G(x)} \quad \cdots\cdots (8)$$

と，生成多項式$G(x)$で割り算して得られる余りの多項式表現$S(x)$として，

$$S(x) = s_0 + s_1 x + \cdots + s_{m-1} x^{m-1} \quad \cdots\cdots (9)$$

を求めるのである．ここで，$S(x)$は**シンドローム**と呼ばれ，

$$S(x) = 0 \; (s_0 = 0, s_1 = 0, \cdots, s_{m-1} = 0) \quad \cdots\cdots (10)$$

と「余りが0」になれば，『**受信データが生成多項式で割り切れた**』わけであるから，「誤りなし」となる．

一方，「少なくとも一つ以上の余りのブロック（あるいはビット）が0でない」場合は，

$$S(x) \neq 0 \cdots\cdots\cdots\cdots\cdots\cdots\cdots (11)$$

となって，『受信データが生成多項式$G(x)$で割り切れない』ので「誤りを発見」となる．また，シンドローム$S(x)$がすべての誤りパターンに対して1対1に対応していれば，誤りが発生した位置や誤りの内容を特定することが可能である．そこで，L個の誤りがあるブロックを$n_1, n_2, \cdots, n_L$，誤りの内容を$E_1, E_2, \cdots, E_L$とするとき，シンドローム情報によって特定されたL個の誤りを有する多項式表現$E(x)$として，

$$E(x) = E_1 x^{n_1} + E_2 x^{n_2} + \cdots + E_L x^{n_L} \cdots\cdots (12)$$

が得られる．さらに続けて，

$$Y(x) - E(x) = F(x) \cdots\cdots\cdots\cdots\cdots (13)$$

として，誤りを含む多項式$Y(x)$から誤りを表す多項式$E(x)$を差し引けば，正しい情報データ$P(x)$が復元され，「誤りが訂正」できるというわけだ．

13.2 バースト誤り訂正（RS符号）を体感してみよう

では，バースト（連続する）誤り（12.2を参照）を訂正できるRS符号を例に，多項式表現による符号化/復号化の各処理のイメージを理解していただこう．

どこからか，「連続する誤りを訂正するって，そんなことはできない!?」という声が発せられそうだが，論より証拠，さっそく整数の世界でバースト誤り訂正のようすを体感し，ナットクしていただこう．

● 生成多項式$G(x)$の算出

いま，素数qに対して，ある正整数αをn乗してqで割った余り（mod q）を算出することを考える．このとき，

「$n = 1, 2, \cdots, (q-2)$では1以外の値になり，$n = q-1$のとき1になる」

という性質を満たすことを利用すれば，誤り訂正符号を実現できることが知られている．

また，符号長が$(q-1)$ブロック以下で，t[個]のブロック（複数ビットで構成）の誤りの位置と内容を検出して訂正する生成多項式$G(x)$は，連続する$2t$[個]の根を有する必要があるので，

$$G(x) = (x - \alpha^r)(x - \alpha^{r+1})(x - \alpha^{r+2}) \cdots (x - \alpha^{r+2t-1})$$
$$\cdots\cdots\cdots\cdots\cdots\cdots (14)$$

で与えられる（rは任意の整数）．なお，符号化/復号化で使用するすべての多項式の係数値は，qで割った余りを採ることにする．

ここまでの説明だけだと何のことやらさっぱりわからないと思うので，具体的数値例を示してみよう．素数$q = 7$として，

$$\begin{cases} 3^1 \bmod 7 = 3, \ 3^2 \bmod 7 = 2, \ 3^3 \bmod 7 = 6, \\ 3^4 \bmod 7 = 4, \ 3^5 \bmod 7 = 5, \ 3^6 \bmod 7 = 1, \\ 3^7 \bmod 7 = 3, \ 3^8 \bmod 7 = 2, \ 3^9 \bmod 7 = 6, \\ 3^{10} \bmod 7 = 4, \ 3^{11} \bmod 7 = 5, \ 3^{12} \bmod 7 = 1, \\ \vdots \end{cases}$$

で表される巡回性が成立するので，$\alpha = 3$である．ここに，誤り訂正数$t = 1$[個]，$r = 0$とすると，式(14)の生成多項式$G(x)$は，

$$G(x) = (x - 3^0)(x - 3^1) = (x - 1)(x - 3) \cdots\cdots (15)$$

である．これを展開すれば，

$$G(x) = x^2 - 4x + 3$$

で，各係数を7で割って余りを求めると，

$$G(x) = x^2 + 3x + 3 \cdots\cdots\cdots\cdots\cdots\cdots (16)$$

が生成多項式になり，式(2)の最高次数$m = 2$に相当する．なお，1ブロックのデータ(0, 1, 2, $\cdots$, 6)の正整数(7進数)は，

$$0 \to 000, \quad 1 \to 001, \quad 2 \to 010, \quad 3 \to 011,$$
$$4 \to 100, \quad 5 \to 101, \quad 6 \to 110$$

のように3ビットの2進表示に対応づけして表すこともできる．

例題1

GF(7)において，誤り訂正可能な個数が2[個]（3ビット×2=6ビットに対応）となるような生成多項式を求めよ．

解答1

式(14)において，原始元$\alpha = 3$，$t = 2$，$r = 0$とすれば，

$$G(x) = (x - 3^0)(x - 3^1)(x - 3^2)(x - 3^3)$$
$$= (x - 1)(x - 3)(x - 2)(x - 6)$$
$$= x^4 - 12x^3 + 47x^2 - 72x + 36$$

であり，各係数を7で割った余り（mod 7）を採って，

$$G(x) = x^4 + 2x^3 + 5x^2 + 5x + 1 \cdots\cdots\cdots (17)$$

と求められる．

● 符号化処理の計算手順

例として，7進数で '13' という数字を符号化してみよう．情報多項式$P(x) = 1 + 3x$なので，式(1)より$k = 2$である．

〔手順1〕余り$R(x)$の計算

式(4)に基づき，

$$x^2 P(x) = x^2 + 3x^3 \cdots\cdots\cdots\cdots\cdots\cdots (18)$$

を生成多項式$G(x)$で割った余り$R(x)$を求めると，

$$R(x) = 15x + 24 \cdots\cdots\cdots\cdots\cdots\cdots\cdots (19)$$

が得られる（図13.1）．つまり，$Q(x) = 3x - 8$として，

$$\underbrace{x^2 P(x)}_{\text{情報データ}} = G(x) \underbrace{Q(x)}_{\text{商}} + \underbrace{R(x)}_{\text{余り}} \cdots\cdots\cdots (20)$$

と表される．

〔手順2〕符号多項式$F(x)$の計算

このとき，符号多項式$F(x)$は「生成多項式$G(x)$で割り切れる」ようにするわけだから，式(20)の両辺か

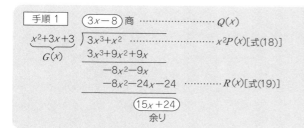

図13.1 符号化処理 [式(18)〜式(22)] の計算の流れ

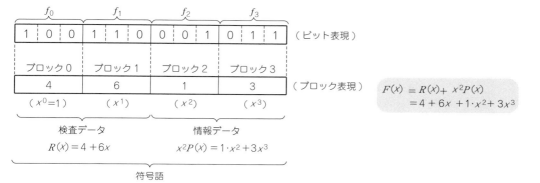

図13.2 符号語 [式(22)] のブロック構成

ら余り $R(x)$ を差し引いた多項式，すなわち，

$$F(x) = \underbrace{x^2 P(x)}_{\text{情報データ}} - \underbrace{R(x)}_{\text{検査データ}} \cdots\cdots (21)$$

$$= \{G(x)Q(x) + R(x)\} - R(x)$$
$$= G(x)Q(x) + \underbrace{R(x) - R(x)}_{0}$$
$$= x^2 + 3x^3 - (15x + 24)$$
$$= -24 - 15x + x^2 + 3x^3$$

と算出できる．ここで，各係数を7で割って余りを採れば，符号多項式 $F(x)$ として，

$$F(x) = 4 + 6x + 1x^2 + 3x^3 \cdots\cdots (22)$$

が得られる．$F(x)$ が求まったので，その係数を並べて '4613' という4けたの7進数が得られ，'13' が情報データ，'46' が検査データに相当する（**図13.2**）．もちろん，符号多項式 $F(x)$ は $x = 1$ と $x = 3$ で割り切れるようにしたわけだから，$F(1) = 0$，$F(3) = 0$ となる関係が成立する．

例題2

式(22)の符号多項式 $F(x) = 4 + 6x + 1x^2 + 3x^3$ が，式(16)の生成多項式 $G(x) = x^2 + 3x + 3$ で割り切れることを確認せよ．

解答2

計算プロセスを**図13.3**に示す．一般に，符号語は生成多項式で割り切れるものだけで構成されているの

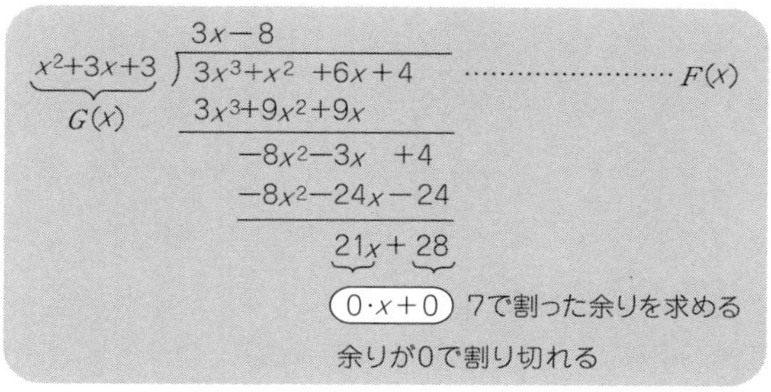

図13.3 **例題1**の計算処理

だから，たとえば情報データ '54' や '25' を生成多項式 $G(x)$ で符号化して割り切れるかどうかも検算し，理解を深めてもらいたい．

以下に，確認のヒントとして，符号語と符号多項式 $F(x)$ を示しておく．

'54' の符号語 → '0554'
　→ $F(x) = 0 + 5x + 5x^2 + 4x^3$

'25' の符号語 → '3425'
　→ $F(x) = 3 + 4x + 2x^2 + 5x^3$

● **誤り訂正（復号化）処理の計算手順**

次に，符号 '4613' に誤りが発生して，'4614'（$y_0 = 4$，$y_1 = 6$，$y_2 = 1$，$y_3 = 4$）が受信されたとして誤りを訂正してみよう．式(7)の受信多項式 $Y(x)$ は，図13.4に基づき，

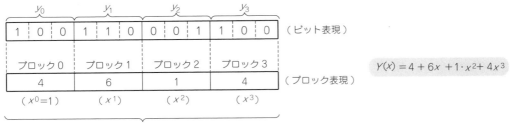

図13.4 ブロック誤りを含む受信データ[式(23)]

$$Y(x) = 4 + 6x + 1x^2 + 4x^3 \cdots\cdots(23)$$

となるので,これに生成多項式$G(x) = (x-1)(x-3)$の根である$x=1$と$x=3$を代入してみる.

$$Y(1) = 4 + 6 + 1^2 + 4 \times 1^3 = 15$$
$$Y(3) = 4 + 6 \times 3 + 3^2 + 4 \times 3^3 = 139$$

また,誤りが1個である(誤り発生位置はx^n,誤り内容はE)という仮定のもと,

$$Y(x) = \underbrace{F(x)}_{\text{符号多項式}} + \underbrace{Ex^n}_{\text{誤り多項式}E(x)} \cdots\cdots(24)$$

と置けば,$F(x)$は生成多項式$G(x)$で割り切れるように作成したわけだから,$x=1$と$x=3$に対して$F(x) = 0$となる.したがって,シンドローム$S(x)$は,

$$S(1) = Y(1) = \underbrace{F(1)}_{0} + E(1)$$
$$= E \times 1^n = 15 \bmod 7 = 1 \cdots\cdots(25)$$
$$S(3) = Y(3) = \underbrace{F(3)}_{0} + E(3)$$
$$= E \times 3^n = 139 \bmod 7 = 6 \cdots\cdots(26)$$

である($F(1) = 0$, $F(3) = 0$を考慮).つまり,誤り発生位置x^n(ブロックnに該当)と誤り内容Eを未知数とする連立方程式が得られる.よって,式(25)より,$1^n = 1$なので,

$$E = 1 \cdots\cdots(27)$$

となり,誤り内容がわかる.さらに,式(26)は,

$$1 \times 3^n = 6 \cdots\cdots(28)$$

なので,$n = 0, 1, 2, 3$を順に代入して7で割った余りを考えると,式(28)を満たすのは,

$$n = 3 \cdots\cdots(29)$$

とわかる.つまり式(27)と式(29)で誤り発生位置nと誤り内容Eが特定できたので,式(12)の誤り多項式$E(x)$は,

$$E(x) = Ex^n = 1 \times x^3 = x^3 \cdots\cdots(30)$$

なので,正しい受信データは,式(13)より,

$$F(x) = Y(x) - E(x)$$
$$= (4 + 6x + 1x^2 + 4x^3) - x^3$$
$$= 4 + 6x + 1x^2 + 3x^3$$

となって式(22)の符号多項式に一致するので,もとの正しい(誤りを訂正した)情報'4613'が得られたことがわかる.

以上より,誤りが発生した情報ブロック3の'4(= 100)'が,正しく'3(= 011)'と復号化できた.図13.2と図13.4を比較して3ビットで考えれば,'100'が'011'に誤り訂正されたことになる.3ビットすべてに誤り(バースト誤り)が発生しても,正しく元に戻せる(実は,ガロア体GF(7)上のリードソロモン符号に相当する)ことが体感できるのである.

13.3 RS符号(リードソロモン符号)とは

RS符号は通常バースト誤りに対する符号として紹介され,ランダム誤りに対するBCH符号に対比させて説明されることが多く,CDなどのオーディオ関係や光ディスク装置などの誤り訂正に広く使われている.

BCH符号が$\{0, 1\}$の2元符号であるのに対して,RS符号はたとえば,$\{0, 1, 2, \cdots, 7\}$などの多元符号に相当する.こうした多元符号を実際に表現する場合には2進数が使われるので,前述の例では各シンボルは,

$$\begin{cases} 0 \to 000 \\ 1 \to 001 \\ 2 \to 010 \\ 3 \to 011 \\ 4 \to 100 \\ 5 \to 101 \\ 6 \to 110 \\ 7 \to 111 \end{cases} \cdots\cdots(31)$$

のように3ビットで一つのシンボルが表されることになる.一般的には,1シンボル = lビットとなり,lビットを単位とする誤り検出/訂正が行えるわけで,RS符号はバースト誤り(連続した誤り)に対処できる符号と呼ばれるゆえんである.このことを図解すると図13.5のようになる.

式(31)の各シンボルをGF(2^3)の元として,

第13章 RS符号（リードソロモン符号）

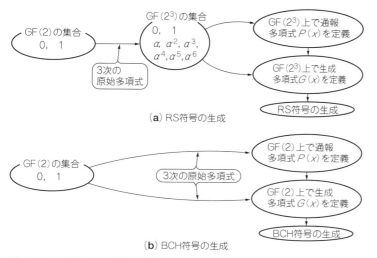

(a) RS符号の生成

(b) BCH符号の生成

図13.5　RS符号とBCH符号の関係

表13.1　GF(2^3)の元と情報表現

べき乗表現	多項式表現	情報表現
0	0	0 0 0 (= 0)
1	1	0 0 1 (= 1)
α	α	0 1 0 (= 2)
α^2	α^2	0 1 1 (= 3)
α^3	$1+\alpha$	1 0 0 (= 4)
α^4	$\alpha+\alpha^2$	1 0 1 (= 5)
α^5	$1+\alpha+\alpha^2$	1 1 0 (= 6)
α^6	$1+\alpha^2$	1 1 1 (= 7)

($\alpha^7 = 1$, αは$x^3+x+1=0$の根)

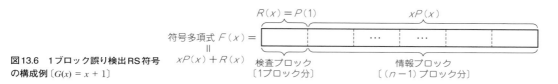

図13.6　1ブロック誤り検出RS符号の構成例〔$G(x) = x+1$〕

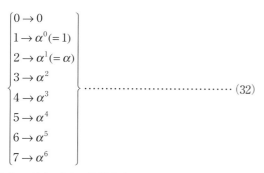

のように対応づけて情報を表現する．このようにシンボルを一つの情報のブロックとして表す符号においては，シンボルごとの誤りを3ビットのバースト誤りとして見なせることから，RS符号はバースト誤りに適合した符号として知られている．

それでは，簡単なRS符号として，生成多項式，
$$G(x) = x + 1 \tag{33}$$
をもつ巡回符号をGF(2^3)上で考えてみることにしよう（図13.6）．

いま，送信したい情報を（100 111 011 000 000 000）とするとき，以下のような手順を踏んでRS符号を生成する．

〔手順1〕3ビットずつのブロックに分解する．

|100| |111| |011| |000| |000| |000|

〔手順2〕式(32)に基づき各ブロックに対応するGF(2^3)の元を割り当てる．

|100| |111| |011| |000| |000| |000|
↓　　↓　　↓　　↓　　↓　　↓
α^3　α^6　α^2　0　　0　　0

〔手順3〕〔手順2〕で得られた元を係数とする情報ブロックに相当する符号多項式（以下，通報多項式と略記）を求める．
$$P(x) = \alpha^3 + \alpha^6 x + \alpha^2 x^2 \tag{34}$$

〔手順4〕式(34)の通報多項式$P(x)$に生成多項式$G(x)$の最高次数（この例では1次）に相当するx^1を掛ける．
$$xP(x) = \alpha^3 x + \alpha^6 x^2 + \alpha^2 x^3 \tag{35}$$

〔手順5〕式(35)を生成多項式$G(x)$で割り算して，余り$R(x)$を求める．

$G(x)$の根が$x=1$であることから，余り$R(x)$は$xP(x)$に$x=1$を代入したものに等しく，
$$\begin{aligned}R(x) &= 1 \times P(1) \\ &= \alpha^3 + \alpha^6 + \alpha^2 \end{aligned} \tag{36}$$
となり，さらに表13.1より次のように計算される．
$$\begin{aligned} R(x) &= \underbrace{\alpha^3}_{1+\alpha} + \underbrace{\alpha^6}_{1+\alpha^2} + \alpha^2 \\ &= \underbrace{(1+1)}_{0} + \alpha + \underbrace{(\alpha^2 + \alpha^2)}_{0} \\ &= \alpha \end{aligned} \tag{37}$$

〔手順6〕式(35)と式(37)より，RS符号を表す多項式$F(x)$が以下のように生成される（図13.7）．式(5)より$m=1$に対して，
$$F(x) = xP(x) - R(x)$$

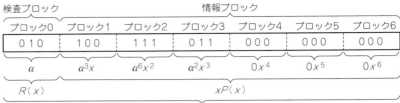

図13.7 1ブロック誤り検出RS符号の構成例〔式(38)〕

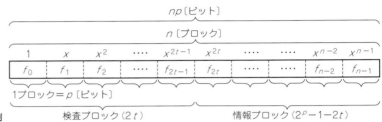

図13.8 tブロック誤り訂正RS符号の構成例

であるが，mod 2の演算では引き算のマイナス（−）はプラス（＋）として扱えることから，

$$F(x) = xP(x) + R(x)$$
$$= \alpha + \alpha^3 x + \alpha^6 x^2 + \alpha^2 x^3 \cdots\cdots (38)$$

と計算できる．

このように手順を進めていくことにより，1ブロックの誤りを検出できる能力をもつRS符号を構成できたことになる．

例題3

GF(2^3)の①，②のRS符号に対して，符号多項式 $F(x)$ を求め，$x = 1$ を代入したときの値を求めよ．
① (010100111011000000000)
② (010100010110000000000)

解答3

3ビットずつのブロックに分けた後，表13.1に基づきGF(2^3)の元を割り当てることにより求められる．
① |010|100|111|011|000|000|000|
　　↓　　↓　　↓　　↓　　↓　　↓　　↓
　　α　α^3　α^6　α^2　0　　0　　0

よって，符号多項式 $F(x)$ は，

$$F(x) = \alpha + \alpha^3 x + \alpha^6 x^2 + \alpha^2 x^3$$

となり，$x = 1$ を代入したときの符号多項式の値は表13.1の関係を利用して次のように計算される．

$$F(1) = \alpha + \alpha^3 + \alpha^6 + \alpha^2 = \alpha + (1+\alpha) + (1+\alpha^2) + \alpha^2$$
$$= \underbrace{(1+1)}_{0} + \underbrace{(\alpha+\alpha)}_{0} + \underbrace{(\alpha^2+\alpha^2)}_{0} = 0$$

② |010|100|001|011|000|000|000|
　　↓　　↓　　↓　　↓　　↓　　↓　　↓
　　α　α^3　1　α^2　0　　0　　0

①と同様，次のように求められる．

$$F(x) = \alpha + \alpha^3 x + x^2 + \alpha^2 x^3$$
$$F(1) = \alpha + \alpha^3 + 1 + \alpha^2 = \alpha + (1+\alpha) + 1 + \alpha^2$$
$$= \underbrace{(1+1)}_{0} + \underbrace{(\alpha+\alpha)}_{0} + \alpha^2 \neq 0$$

①は式(38)のRS符号と同じであり，これは誤りがない場合に相当し，符号多項式に生成多項式 $G(x)$ の根を代入すると必ず0になる．また，②は誤りがある場合で，0にはならない．この符号多項式に生成多項式 $G(x)$ の根を代入したときの値はシンドロームと呼ばれ，後述する誤り訂正の基本的な考え方に結びつく．

13.4 RS符号の生成法

いま，GF(2^p)の原始元を α，最大訂正可能なブロック数を t 〔ブロック〕とすると，$\alpha^i (i = 0, 1, 2, \cdots, (2t-1))$ がRS符号の生成多項式 $G(x)$ の根になることから，

$$G(\alpha^i) = 0 \quad ; i = 0, 1, 2, \cdots, (2t-1) \cdots (39)$$

であり，生成多項式は次式で表される．

$$G(x) = \prod_{i=0}^{2t-1}(x+\alpha^i)$$
$$= (x+\alpha^0)(x+\alpha^1)(x+\alpha^2)\cdots(x+\alpha^{2t-1})$$
$$= (x+1)(x+\alpha)(x+\alpha^2)\cdots(x+\alpha^{2t-1}) \cdots\cdots (40)$$

ここで，1ブロックは p ビットの0か1の2元データから構成され，式(40)の生成多項式 $G(x)$ により生成されるRS符号の符号ブロック数 n は，

$$n = 2^p - 1 \text{〔ブロック〕} \cdots\cdots\cdots\cdots\cdots (41)$$

である．また，検査ブロック数 m は生成多項式 $G(x)$ の最高次数に等しいことから，

$$m = 2t \text{〔ブロック〕} \cdots\cdots\cdots\cdots\cdots (42)$$

となる．したがって，情報ブロック数 k は符号ブロック数から検査ブロック数を差し引いたものなので，

$$k = n - m$$
$$= 2^p - 1 - 2t \text{〔ブロック〕} \cdots\cdots\cdots (43)$$

となる．RS符号の全体の符号データの構成を図13.8

に示す．

簡単な例として，1ブロックの誤りを訂正する能力をもつRS符号を生成してみることにしよう．そのためには，二つのシンドロームを計算できるようにしなければならないわけで，生成多項式$G(x)$が$x=1$と$x=\alpha$の二つを根としてもつようにする必要がある．

前述の例と同様に$GF(2^3)$上で考えると，生成多項式$G(x)$は$(x+1)$と$(x+\alpha)$との積に等しく，**表13.1**を考慮して，

$$\begin{aligned}G(x) &= (x+1)(x+\alpha) \\ &= x^2 + \underbrace{(1+\alpha)}_{\alpha^3}x + \alpha \\ &= x^2 + \alpha^3 x + \alpha \cdots\cdots\cdots\cdots (44)\end{aligned}$$

となる．

|例題4|

〔手順1〕～〔手順6〕に基づき，式(14)の生成多項式を用いて，(101110001000000)の情報のRS符号を求めよ．

|解答4|

(101110001000000)

  ↓ 3ビットずつのブロックに分ける

|101| |110| |001| |000| |000|

 ↓ ↓ ↓ ↓ ↓

 α^4 α^5 1 0 0

$P(x) = \alpha^4 + \alpha^5 x + x^2$

  ↓ 通報多項式に生成多項式の最高次数に相当するx^2を掛ける

$x^2 P(x) = \alpha^4 x^2 + \alpha^5 x^3 + x^4$

  ↓ 表13.1を考慮して余りを計算する

$$\begin{array}{r}x^2 + \alpha^2 x + \alpha^3 \quad \cdots (商)\\ x^2+\alpha^3 x+\alpha \overline{\smash{)}\, x^4 + \alpha^5 x^3 + \alpha^4 x^2 }\\ \underline{x^4 + \alpha^3 x^3 + \alpha x^2 }\\ (\alpha^5 + \alpha^3)x^3 + (\alpha^4 + \alpha)x^2\\ \underbrace{}_{\alpha^2}\quad \underbrace{}_{\alpha^2}\\ \alpha^2 x^3 + \alpha^5 x^2 + \alpha^3 x\\ \underline{(\alpha^2+\alpha^5)x^2 + \alpha^3 x}\\ \underbrace{}_{\alpha^3}\\ \alpha^3 x^2 + \alpha^6 x + \alpha^4\\ \underline{(\alpha^3+\alpha^6)x + \alpha^4}\\ \underbrace{}_{\alpha^4}\end{array}$$

(余り) $\cdots$ $R(x) = \alpha^4 x + \alpha^4$

以上の結果から，符号多項式$F(x)$は以下のように求められる（**図13.9**）．

$$\begin{aligned}F(x) &= x^2 P(x) + R(x) \\ &= \alpha^4 + \alpha^4 x + \alpha^4 x^2 + \alpha^5 x^3 + x^4 \cdots (45)\end{aligned}$$

このように，1とαを根として有する生成多項式$G(x)$を用いることで，1ブロックの誤りを訂正するRS符号が得られる．

13.5 RS符号の復号化

いま，送信された符号系列を$(a_0, a_1, \cdots, a_{n-1})$，受信された符号系列を$(b_0, b_1, \cdots, b_{n-1})$とするとき，各ブロックを多項式の各係数に対応づけることで，$(n-1)$次の送信符号多項式$P(x)$と受信符号多項式$Y(x)$は，それぞれ，

$$F(x) = a_0 + a_1 x + a_2 x^2 + \cdots + a_{n-1} x^{n-1} \cdots (46)$$
$$Y(x) = b_0 + b_1 x + b_2 x^2 + \cdots + b_{n-1} x^{n-1} \cdots (47)$$

と表される．ただし，各ブロックの要素a_i, b_iは$GF(2^p)$上の元である．

よって，送信された符号系列が正しく受信されると，

$$\begin{cases}b_0 = a_0 \\ b_1 = a_1 \\ b_2 = a_2 \\ \quad\vdots \\ b_{n-1} = a_{n-1}\end{cases} \cdots\cdots\cdots (48)$$

であることから，式(46)～式(48)より，

$$Y(x) = F(x) \cdots\cdots\cdots\cdots (49)$$

となることが理解される．ここで，受信された符号系列の左から$(i+1)$番目のブロックに誤りがあるかどうかを表すものとして，誤り発生の内容を示す$\hat{e}_i$（eキャレットと呼ぶ）と，誤り発生したブロックを示すx^iを用いて，

$$e_i = \begin{cases}\hat{e}_i x^i & [\text{ブロック}i\text{が誤りのとき}] \\ 0 & [\text{ブロック}i\text{が正しいとき}]\end{cases} \cdots (50)$$

となるブロック誤り表現を導入する．たとえば，x^3であれば$i=3$となり，ブロック3に誤りがあることがわかるのである．

このとき，誤りパターンを示す誤り多項式$E(x)$は，

$$E(x) = e_0 + e_1 x + e_2 x^2 + \cdots + e_{n-1} x^{n-1} \cdots (51)$$

と表される．受信符号が誤りを含む場合には，ブロック誤り表現e_iを用いて受信符号の各ブロックb_iは，

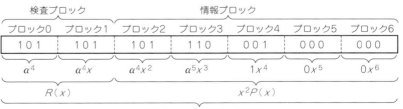

図13.9 1ブロック誤り訂正RS符号の構成例〔式(45)〕

$$\begin{cases} b_0 = a_0 + e_0 \\ b_1 = a_1 + e_1 \\ b_2 = a_2 + e_2 \\ \vdots \\ b_{n-1} = a_{n-1} + e_{n-1} \end{cases} \cdots (52)$$

と書ける．よって，式(47)の受信符号多項式$Y(x)$は，

$$\begin{aligned} Y(x) &= b_0 + b_1 x + b_2 x + \cdots + b_{n-1} x^{n-1} \\ &= (a_0 + e_0) + (a_1 + e_1)x + (a_2 + e_2)x^2 + \cdots \\ &\quad + (a_{n-1} + e_{n-1})x^{n-1} \\ &= (a_0 + a_1 x + a_2 x^2 + \cdots + a_{n-1}x^{n-1}) \\ &\quad + (e_0 + e_1 x + e_2 x^2 + \cdots + e_{n-1}x^{n-1}) \\ &= F(x) + E(x) \cdots (53) \end{aligned}$$

となり，送信符号多項式$F(x)$と誤り多項式$E(x)$の和に等しい．つまり，式(49)と式(53)とを見比べることにより，受信符号に誤りがない場合は，誤り多項式$E(x)$について，

$$E(x) = 0 \cdots (54)$$

となる．誤りがある場合は，

$$E(x) \neq 0 \cdots (55)$$

であり，正しい送信符号多項式$F(x)$は誤りを差し引くことで訂正できるので，式(53)に基づき，以下のように計算される．

$$\begin{aligned} Y(x) - E(x) &= (F(x) + E(x)) - E(x) \\ &= F(x) + \underbrace{\{E(x) - E(x)\}}_{0} = F(x) \end{aligned}$$

となり，mod 2の演算では引き算のマイナス($-$)はプラス($+$)として扱えることから，

$$F(x) = Y(x) + E(x) \cdots (56)$$

と表される．

ところで，送信符号多項式$F(x)$は生成多項式$G(x)$で割り切れることから，

$$F(x) = G(x)Q(x)$$

と表され，式(39)の関係を考慮することにより，

$$F(\alpha^i) = G(\alpha^i)Q(\alpha^i) = 0 \cdots (57)$$

となる．よって，式(53)と式(57)に基づき，受信符号多項式$Y(\alpha^i)$は次のように表される．

$$Y(\alpha^i) = F(\alpha^i) + E(\alpha^i) = E(\alpha^i) \cdots (58)$$

この$Y(\alpha^i)$はシンドロームと呼ばれ，以下では，

$$S_i = Y(\alpha^i) = E(\alpha^i) \quad (i = 0, 1, 2, \cdots, (2t-1)) \cdots (59)$$

と表すことにする．

以上の考え方を具体例で示してみよう．まず，GF(2^3)の原始元をα，生成多項式$G(x) = (x+1)(x+\alpha)$，誤り訂正可能なブロック数が1ブロック($t=1$)となるRS符号を考える．また，原始多項式$G(x)$を生成多項式とすれば，符号ブロック数は$2^3 - 1 = 7$ブロック，検査ブロック数は生成多項式$G(x)$の最高次数(この例では2次)に等しいことから2ブロックである．したがって，情報ブロック数は符号ブロック数から検査ブロック数を差し引いたものであるので$(7-2) = 5$ブロックとなる．

たとえば，式(45)で表されるRS符号，

$$(101 \quad 101 \quad \boxed{101} \quad 110 \quad 001 \quad 000 \quad 000) \cdots (60)$$

を送信符号とし，

$$(101 \quad 101 \quad \boxed{111} \quad 110 \quad 001 \quad 000 \quad 000) \cdots (61)$$

のようにブロック2(左から3番目の□で囲んだブロック)が，

$$101 \rightarrow 111$$

と誤って受信された場合の誤り訂正の手順(復号化)について説明しておこう．最初に，このときの送信符号多項式$F(x)$と受信符号多項式$Y(x)$は，それぞれ次のように表される(表13.1の利用)．

$$F(x) = \alpha^4 + \alpha^4 x + \alpha^4 x^2 + \alpha^5 x^3 + x^4 \text{〔式(45)の再掲〕}$$
$$Y(x) = \alpha^4 + \alpha^4 x + \alpha^6 x^2 + \alpha^5 x^3 + x^4 \cdots (62)$$

結論からいえば，式(53)より，

$$\begin{aligned} Y(x) &= \alpha^4 + \alpha^4 x + \alpha^6 x^2 + \alpha^5 x^3 + x^4 \\ &= \underbrace{(\alpha^4 + \alpha^4 x + \alpha^4 x^2 + \alpha^5 x^3 + x)}_{F(x)} + E(x) \end{aligned}$$

なる関係が成立するので，誤り多項式$E(x)$を求めることにより，誤りが発生したブロックの位置と発生した誤りの中身とを同時に特定できることになる．以下に，誤り多項式$E(x)$を求める手順を示す．

いま，誤りがブロックiで発生したとすると，誤り多項式$E(x)$は，

$$E(x) = \hat{e}_i x^i \cdots (63)$$

であり，$x = 1, x = \alpha$に対する式(63)のシンドロームは，

$$\left. \begin{aligned} S_1 &= E(1) = \hat{e}_i \\ S_2 &= E(\alpha) = \hat{e}_i \alpha^i = S_1 \alpha^i \end{aligned} \right\} \cdots (64)$$

となる．ここで，シンドロームS_1, S_2は式(59)より計算でき，

$$\left. \begin{aligned} S_1 &= Y(1) = \alpha^3 \\ S_2 &= Y(\alpha) = \alpha^5 \end{aligned} \right\} \cdots (65)$$

となるので，式(64)と式(65)より，

$$\hat{e}_i = S_1 = \alpha^3 \cdots (66)$$
$$\alpha^i = \frac{S_2}{S_1} = \frac{\alpha^5}{\alpha^3} = \alpha^2 \cdots (67)$$

が得られる．よって，式(67)より，

$$i = 2$$

であり，ブロック2に誤りが発生していることがわかるのである．さらに，式(66)より誤りの中身($\hat{e}_2 = \alpha^3$)を知ることができ，ブロック2の正しい送信符号は式(66)を用いて以下のように求められる(表13.1を利用)．

$$\begin{aligned} \alpha^6 + \hat{e}_2 &= \alpha^6 + \alpha^3 = (1 + \alpha^2) + (1 + \alpha) \\ &= \underbrace{(1+1)}_{0} + \alpha + \alpha^2 = \alpha + \alpha^2 \\ &= \alpha^4 \end{aligned}$$

よって，誤りが発生したブロック$\alpha^6(=111)$の正しいデータとして$\alpha^4(=101)$が得られる．RS符号を用いた，この一連の誤り訂正の流れをしっかりと理解してもらいたい．なお，一般的なRS符号の誤り訂正の手法はかなり高度になるので，割愛させていただくことにする（**15.13**を参照）．

例題5

いま，式(60)の送信符号のブロック3（左から4番目のブロック）のデータが誤って反転（0が1に，1が0に変化）した受信符号を，

(101　101　111　001　001　000　000)

とするとき，正しい符号を求めよ．

解答5

まず，**表13.1**より受信符号多項式$Y(x)$を求める．
$$Y(x) = \alpha^4 + \alpha^4 x + \alpha^6 x^2 + x^3 + x^4$$

次に，$x=1$, $x=\alpha$に対するシンドロームS_1, S_2は式(59)より計算でき，

$$\left.\begin{array}{l} S_1 = E(1) = Y(1) = \alpha^4 = \hat{e}_i \\ S_2 = E(\alpha) = Y(\alpha) = 1 = \hat{e}_i \alpha^i = S_1 \alpha^i \end{array}\right\} \cdots\cdots (68)$$

となるので，式(68)より，$\alpha^7 = 1$という関係を考慮して，
$$\hat{e}_i = S_1 = \alpha^4 \cdots\cdots\cdots\cdots\cdots (69)$$
$$\alpha^i = \frac{S_2}{S_1} = \frac{1}{\alpha^4} = \alpha^{-4} = (\alpha^{-4}) \times \alpha^7 = \alpha^3 \cdots\cdots (70)$$

が得られる．よって，式(70)より，
$$i = 3$$

であり，ブロック3のデータ'001'に誤りが発生していることがわかるのである．さらに，式(69)より誤りの中身（$\hat{e}_3 = \alpha^4$）を知ることができ，ブロック3の正しい送信符号は式(56)を用いて以下のように求められる（**表13.1**を利用）．

$$1 + \hat{e}_3 = 1 + \alpha^4 = 1 + (\alpha + \alpha^2)$$
$$= 1 + \alpha + \alpha^2$$
$$= \alpha^5$$

よって，誤りが発生したブロック3（=001）の正しいデータとして$\alpha^5(=110)$が得られる．

例題6

いま，**表13.2**のように$GF(2^3)$の元と情報表現（ベクトル表現に相当）を対応付けたとしよう．

このとき，

(011　100　011　111　100　000　000)

となる1ブロックの誤りを含んだ受信信号から，正しい符号を推定せよ．

表13.2　$GF(2^3)$の元と情報表現

べき乗表現	多項式表現	情報表現
0	0	0　0　0
1	1	1　0　0
α	α	0　1　0
α^2	α^2	0　0　1
α^3	$1+\alpha$	1　1　0
α^4	$\alpha+\alpha^2$	0　1　1
α^5	$1+\alpha+\alpha^2$	1　1　1
α^6	$1+\alpha^2$	1　0　1

($\alpha^7 = 1$, αは$x^3 + x + 1 = 0$の根)

解答6

まず，**表13.2**より受信符号多項式$Y(x)$を求める．
$$Y(x) = \alpha^4 + x + \alpha^4 x^2 + \alpha^5 x^3 + x^4$$

次に$x=1$, $x=\alpha$に対するシンドロームS_1, S_2は式(59)より計算でき，

$$\left.\begin{array}{l} S_1 = E(1) = Y(1) = \alpha^5 = \hat{e}_i \\ S_2 = E(\alpha) = Y(\alpha) = \alpha^6 = \hat{e}_i \alpha^i = S_1 \alpha^i \end{array}\right\} \cdots\cdots (71)$$

となるので，式(71)より，
$$\hat{e}_i = S_1 = \alpha^5 \cdots\cdots\cdots\cdots\cdots\cdots (72)$$
$$\alpha^i = \frac{S_2}{S_1} = \frac{\alpha^6}{\alpha^5} = \alpha^1 \cdots\cdots\cdots\cdots\cdots\cdots (73)$$

が得られる．よって，式(73)より，
$$i = 1$$

であり，ブロック1（左から2番目のブロック）に誤りが発生していることがわかる．さらに，式(72)より誤りの中身（$\hat{e}_1 = \alpha^5$）を知ることができ，正しい送信符号は式(56)を用いて以下のように求められる（**表13.2**を利用）．

$$1 + \hat{e}_1 = 1 + \alpha^5 = \alpha^4 \cdots\cdots\cdots\cdots\cdots (74)$$

よって，誤りが発生したブロック1のデータ'100'の正しいデータとして$\alpha^4(=011)$が得られ，1ブロックに相当する3ビットすべてがバースト的に誤ったとしても訂正可能であることが確認される．なお，表13.2のように多項式表現と情報表現（ベクトル表現に相当）をうまく対応させることにより，式(71)～式(74)の計算を排他的論理和，2を法とする演算（mod 2の演算）により効率よく計算することができる．たとえば，式(74)の計算は，各ビットごとに以下のように実行される．

```
   1 0 0    (= 1)
 ⊕ 1 1 1    (= α^5)
   0 1 1    (= α^4)
```

第14章 畳み込み符号

第13章では，RS符号の生成と復号化を中心に，生成多項式の算出方法や誤り訂正を行う手順などについて解説した．

本章では，移動体通信やディジタル放送などの幅広い応用分野で利用されているビタビ復号法を取り上げるため，まずは畳み込み符号の基礎概念や表現方法（樹枝状符号表現，トレリス表現）について説明する．続いて，畳み込み符号の最尤復号アルゴリズムとして知られている"ビタビ復号法"の骨格となる考え方をわかりやすく説明する．

14.1 畳み込み符号とは

これまで解説してきた符号，たとえばハミング符号，巡回符号，BCH符号，RS符号などはブロック符号と呼ばれるもので，各ブロックごとに独立した形の誤り訂正符号であった．これに対して，何ブロックかにわたって過去の誤りを防止する機能を備えた符号を畳み込み符号とよび，各ブロックは過去にわたる複数の情報から定まる．つまり，畳み込み符号は情報ビットと検査ビットとが相互に関連をもつような符号系であるともいえる．

手始めに，次の情報ビット入力に対する符号ビット出力を考えてみよう．

[情報ビット入力]　　[符号ビット出力]
　　0　　　→　　　0　0
　　1　　　→　　　1　1
　　1　　　→　　　1　0
　　1　　　→　　　1　0
　　0　　　→　　　0　1
　　1　　　→　　　1　1
　　⋮　　　　　　　⋮

この符号ビット出力の系列が情報ビットからどのように計算されているのかを調べてみることにする．まず，情報ビット列を上から順番に，

$s_0 = 0$
$s_1 = 1$
$s_2 = 1$
$s_3 = 1$
$s_4 = 0$
$s_5 = 1$
⋮

と表すことにすると，符号ビットの出力の系列は次のように算出されていることが想定される．

[情報ビット入力]　　　　　[符号ビット出力]
$s_0 = 0$　→　$\hat{s}_0 = s_0 = 0,\ p_0 = s_0 + s_{-1} = 0 + 0 = 0$
$s_1 = 1$　→　$\hat{s}_1 = s_1 = 1,\ p_1 = s_1 + s_0 = 1 + 0 = 1$
$s_2 = 1$　→　$\hat{s}_2 = s_2 = 1,\ p_2 = s_2 + s_1 = 1 + 1 = 0$
$s_3 = 1$　→　$\hat{s}_3 = s_3 = 1,\ p_3 = s_3 + s_2 = 1 + 1 = 0$
$s_4 = 0$　→　$\hat{s}_4 = s_4 = 0,\ p_4 = s_4 + s_3 = 0 + 1 = 1$
$s_5 = 1$　→　$\hat{s}_5 = s_5 = 1,\ p_5 = s_5 + s_4 = 1 + 0 = 1$
　⋮　　　　　　　　⋮

以上のことから，時刻 t ($t = 0, 1, 2, \cdots$) における情報ビット入力を s_t，符号ビットの二つの出力をそれぞれ $\hat{s}_t$, p_t と表せば，

$$\hat{s}_t = s_t \cdots\cdots\cdots\cdots\cdots\cdots\cdots\cdots\cdots\cdots\cdots (1)$$
$$p_t = s_t + s_{t-1} \cdots\cdots\cdots\cdots\cdots\cdots\cdots\cdots (2)$$

という関係が成立することが理解される．ここで，式(2)中の'+'記号はmod 2の加算を表す．

式(2)から明らかなように，符号ビット出力のうち p_t は現在時刻の情報ビット s_t だけでなく，一つ前の情報ビット s_{t-1} の影響を受けて定まることになる．この過去の影響を受ける点に畳み込み符号の大いなる特徴をみてとることができる．

このように式(1)と式(2)に基づき，情報ビットから符号ビットの系列が生成されるプロセスは，図14.1の畳み込み符号回路で実現される．図中の⊤は1単位時間の遅延素子であり，具体的にはシフトレジスタである．この符号回路に情報ビット列 s_0, s_1, s_2, … が1ビットずつ入力されると，右から2ビットずつ ($\hat{s}_0\ p_0$), ($\hat{s}_1\ p_1$), ($\hat{s}_2\ p_2$) … が出力される．

一般の畳み込み符号回路では，各時刻に k ビットの

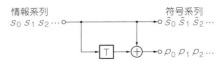

図14.1　畳み込み符号回路の例（ワイナー・アッシュ回路）

情報が入り，n ビットの符号系列が出力される．いま，時刻 t において入力される k ビットの情報ブロックを，

$$s_t = (s_{t1}\ s_{t2}\ \cdots\ s_{tk})$$

とし，出力される n ビットの符号ブロックを，

$$w_t = (w_{t1}\ w_{t2}\ \cdots\ w_{tn})$$

で表すものとする．この情報ブロックの系列 s_0, s_1, s_2, …を情報系列，符号ブロックの系列 w_0, w_1, w_2, …を符号系列と呼ぶ．

畳み込み符号とこれまでに説明してきたブロック符号との違いを図14.2に示す．図14.2(b)のブロック符号では，k ビットの情報ブロックが n ビットの符号ブロックとして独立に符号化されている．つまり，時刻 t の現在の情報ブロック s_t のみで時刻 t の符号ブロック w_t が定まるわけである．得られた符号ブロック w_t は符号語と呼ばれる．

ところが，図14.2(a)の畳み込み符号では符号ブロック w_t が現在の情報ブロック s_t のみで定まるわけではなく，現在の情報ブロックも含めて K 個の過去にわたる情報ブロック s_t, s_{t-1}, …, s_{t-K+1} の影響を受ける形で決定される．この K を**拘束長**といい，拘束長で制限される K 個の情報ブロックが時間とともに移動していき，逐次的に符号系列が定まっていく．このようにして得られる符号が畳み込み符号と呼ばれるものなのである．

図14.1の符号回路の例では，符号化率 R（符号系列における情報ビットの割合，$R = k/n$ で表す）は1/2で，拘束長 $K = 2$ の畳み込み符号が生成される．

例題1

いま，情報系列を (0 1 1 0 1 …) とするとき，図14.3の畳み込み符号回路を用いて得られる符号系列を求めよ．ただし，最初の遅延素子 T の値はいずれも0であるものとする．

解答1

まず，最初に0が入力されたとき（$t = 0$）の符号回路の状態は図14.4であり，符号系列は，

$$\begin{cases} w_{01} = 0\quad + 0 = 0 \\ w_{02} = 0 + 0 + 0 = 0 \end{cases} \quad \cdots\cdots(3)$$

となる．次に1が入力されたとき（$t = 1$）の符号回路の状態は図14.5であり，式(3)と同様の計算により，符号系列は，

$$\begin{cases} w_{11} = 1\quad + 0 = 1 \\ w_{12} = 1 + 0 + 0 = 1 \end{cases} \quad \cdots\cdots(4)$$

となる．続けて1が入力されたとき（$t = 2$）の符号回路の状態は図14.6であり，式(3)と同様の計算により，符号系列は，

$$\begin{cases} w_{21} = 1\quad + 0 = 1 \\ w_{22} = 1 + 1 + 0 = 0 \end{cases} \quad \cdots\cdots(5)$$

となる．同様にして，以下のように符号系列が生成される．

▶ $t = 3$ のとき

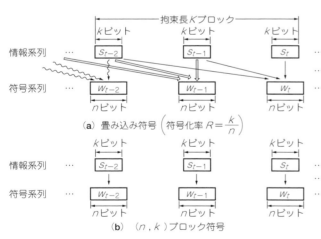

図14.2 畳み込み符号とブロック符号の違い

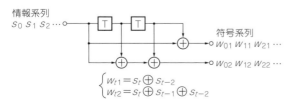

図14.3 畳み込み符号回路の例（ボーゼンクラフト回路）

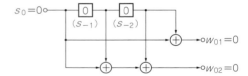

図14.4 例題1の符号計算（$t=0$）

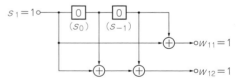

図14.5 例題1の符号計算（$t=1$）

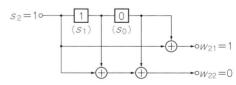

図14.6 例題1の符号計算（$t=2$）

$$\begin{cases} w_{31} = 0 \quad + 1 = 1 \\ w_{32} = 0 + 1 + 1 = 0 \end{cases} \quad \cdots\cdots\cdots\cdots (6)$$

▶ $t = 4$ のとき

$$\begin{cases} w_{41} = 1 \quad + 1 = 0 \\ w_{42} = 1 + 0 + 1 = 0 \end{cases} \quad \cdots\cdots\cdots\cdots (7)$$

以上の結果から，図14.3の符号回路に基づく畳み込み符号の系列は次のようになる．

　(0 0　1 1　1 0　1 0　0 0　…)

14.2 畳み込み符号の生成法

14.1では，図14.7に示す畳み込み符号回路により，情報系列から符号系列が得られる処理のようすについて具体的な符号例とともに解説した．少し一般化するために，たとえば，

　情報系列 = $s_0 \ s_1 \ s_2 \ s_3 \ \cdots$ $\cdots\cdots\cdots$ (8)

とするとき，

　符号系列 = $(\hat{s}_0 \ p_0)(\hat{s}_1 \ p_1)(\hat{s}_2 \ p_2)(\hat{s}_3 \ p_3) \cdots\cdots$ (9)

が出力されるとしよう．ここで，各ビットは次式で計算される．

$$\begin{cases} \hat{s}_t = s_t \cdots\cdots\cdots\cdots\cdots\cdots\cdots\cdots\cdots\cdots (10) \\ p_t = s_t + s_{t-1} \cdots\cdots\cdots\cdots\cdots\cdots\cdots (11) \end{cases}$$

ただし，$t = 0, 1, 2, 3, \cdots$ で時刻を表し，$s_{-1} = 0$ とする．

ここで，変数Dを導入し，1単位時間(1)だけ遅らせる意味をもたせると，たとえば $s_3 D^3$ は3単位時間(1単位時間の3倍)だけ遅れたところの情報系列がs_3であることを表すことになる．こうした表現方法を用いることにより，式(8)の情報系列はDに関する多項式表現として，

$$S(D) = s_0 + s_1 D + s_2 D^2 + s_3 D^3 + \cdots \quad \cdots\cdots (12)$$

と表される．同様に式(9)の符号系列はそれぞれ，

$$\hat{S}(D) = \hat{s}_0 + \hat{s}_1 D + \hat{s}_2 D^2 + \hat{s}_3 D^3 + \cdots \quad \cdots\cdots (13)$$

$$P(D) = p_0 + p_1 D + p_2 D^2 + p_3 D^3 + \cdots \quad \cdots\cdots (14)$$

となる．なお，このDは1単位時間の遅れを表すもので，遅延演算子と呼ばれるものである．

いま，符号系列の各ブロック$(\hat{s}_t \ p_t)$をベクトル表現して，

$$w_t = (\hat{s}_t \ p_t) \quad \cdots\cdots\cdots\cdots\cdots\cdots\cdots\cdots (15)$$

と表せば，符号出力は以下のような多項式で表現される．

$$W(D) = w_0 + w_1 D + w_2 D^2 + w_3 D^3 + \cdots \quad \cdots\cdots (16)$$

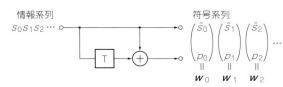

図14.7　畳み込み符号回路の例

例題2

図14.7の畳み込み符号回路に，

　情報系列 = 0 1 1 1 0 1 …

を入力したときに生成される符号を求め，式(12)〜式(16)に対応する表現式を示せ．

解答2

まず，，式(10)と式(11)に順次代入して，畳み込み符号を求める(14.1を参照)．

　符号系列 = (0 0)(1 1)(1 0)(1 0)(0 1)(1 1) …

よって，，式(8)と式(9)，式(15)の各変数に対応させると以下のようになる．

$s_0 = 0 \ s_1 = 1 \ s_2 = 1 \ s_3 = 1 \ s_4 = 0 \ s_5 = 1 \cdots$
$\hat{s}_0 = 0 \ \hat{s}_1 = 1 \ \hat{s}_2 = 1 \ \hat{s}_3 = 1 \ \hat{s}_4 = 0 \ \hat{s}_5 = 1 \cdots$
$p_0 = 0 \ p_1 = 1 \ p_2 = 1 \ p_3 = 0 \ p_4 = 1 \ p_5 = 1 \cdots$
$w_0 = (0 \ 0) \ w_1 = (1 \ 1) \ w_2 = (1 \ 0)$
$w_3 = (1 \ 0) \ w_4 = (0 \ 1) \ w_5 = (1 \ 1) \cdots$

さらに，式(12)〜式(16)の多項式表現に直接代入することで，以下のように求められる．

$$\begin{aligned} S(D) &= 0 + 1D + 1D^2 + 1D^3 + 0D^4 + 1D^5 + \cdots \\ &= D + D^2 + D^3 + D^5 + \cdots \quad \cdots\cdots (17) \end{aligned}$$

$$\begin{aligned} \hat{S}(D) &= 0 + 1D + 1D^2 + 1D^3 + 0D^4 + 1D^5 + \cdots \\ &= D + D^2 + D^3 + D^5 + \cdots \quad \cdots\cdots (18) \end{aligned}$$

$$\begin{aligned} P(D) &= 0 + 1D + 0D^2 + 0D^3 + 1D^4 + 1D^5 + \cdots \\ &= D + D^4 + D^5 + \cdots \quad \cdots\cdots (19) \end{aligned}$$

$$\begin{aligned} W(D) &= (0 \ 0) + (1 \ 1)D + (1 \ 0)D^2 + (1 \ 0)D^3 \\ &\quad + (0 \ 1)D^4 + (1 \ 1)D^5 + \cdots \\ &= (D + D^2 + D^3 + D^5 + \cdots \quad D + D^4 + D^5 + \cdots) \\ &\quad \cdots\cdots\cdots\cdots\cdots\cdots\cdots\cdots\cdots\cdots\cdots\cdots (20) \\ &= (\hat{S}(D) \ P(D)) \quad \cdots\cdots\cdots\cdots\cdots\cdots\cdots (21) \end{aligned}$$

ところで，例題2の結果に基づき，遅延演算子Dの意味を考慮することにより，

$$\hat{S}(D) = S(D) = (1) S(D) \quad \cdots\cdots\cdots\cdots\cdots (22)$$

$$\begin{aligned} P(D) &= S(D) + DS(D) \\ &= (1 + D) S(D) \quad \cdots\cdots\cdots\cdots\cdots\cdots (23) \end{aligned}$$

という関係が成立することがわかる．したがって，

$$\begin{aligned} W(D) &= [S(D) \quad (1 + D) S(D)] \\ &= [1 \quad 1 + D] S(D) \quad \cdots\cdots\cdots\cdots\cdots (24) \end{aligned}$$

となる．この式において，Dに関する多項式を要素とする1行2列の行列，すなわち，

$$G(D) = [1 \quad 1 + D] \quad \cdots\cdots\cdots\cdots\cdots\cdots (25)$$

とすれば，符号系列$W(D)$は次式で与えられる．

$$W(D) = G(D) S(D) \quad \cdots\cdots\cdots\cdots\cdots\cdots (26)$$

ここで，式(25)のような多項式行列$G(D)$は畳み込み符号の生成行列と呼ばれる．

例題3

例題2の畳み込み符号について，式(23)の関係が成立することを計算により確かめてみよ．

解答3

式(17)を式(23)に代入して計算を進める．ただし，

$$D^i + D^i = 0 \quad (i\text{は整数}) \quad \cdots\cdots\cdots\cdots (27)$$

なる関係を利用することにより，容易に式(23)の関係が導かれる．

$$\begin{aligned}
(1+D)S(D) &= S(D) + DS(D) \\
&= (D + D^2 + D^3 + D^5 + \cdots) \\
&\quad + D(D + D^2 + D^3 + D^5 + \cdots) \\
&= D + \underbrace{D^2 + D^2}_{0} + \underbrace{D^3 + D^3}_{0} + D^4 + D^5 + D^6 + \cdots \\
&= D + D^4 + D^5 + \cdots \\
&= P(D)
\end{aligned}$$

14.3 畳み込み符号の表現法

図14.7の畳み込み符号回路を例に説明してみよう．まず，遅延素子 T が1個なので，最後の情報ビット列は0が1個となる．一般的には，遅延素子（演算子）T (D)が M 個であれば，最後の情報ビット列は M 個の0が続いて，

$$\underbrace{000\cdots 00}_{M\text{個}}$$

となり，終結する．

$M=1$ の場合の遅延素子の状態（記憶内容）は，遅延素子が1個であるので，状態は0か1の $2(=2^1)$ 通りとなり，それぞれを S_0, S_1 で表すことにする．一般的には遅延素子の個数が M 個であれば，2^M 通りの状態があり，これらの状態はそれぞれ次のように表される．

$$\left.\begin{array}{l} S_{000\cdots 000} \\ S_{000\cdots 001} \\ S_{000\cdots 010} \\ S_{000\cdots 011} \\ \vdots \\ S_{111\cdots 110} \\ S_{\underbrace{111\cdots 111}_{M\text{ビット}}} \end{array}\right\}2^M\text{個の状態} \cdots\cdots\cdots\cdots (28)$$

たとえば，図14.7の符号回路に（1 1 0 1 0）という情報系列が入力されると，遅延素子の状態および符号出力が次のように変化する（図14.8）．ただし，遅延素子の初期状態はすべて0とし，終結状態もすべて0とする．この例では，初期状態，終結状態ともに S_0 である．

（I）最初の1が入力されると
　　遅延素子の状態：$S_0 \to S_1$ に変化
　　符号系列：　　1 1 を出力
（II）2番目の1が入力されると
　　遅延素子の状態：$S_1 \to S_1$ で不変
　　符号系列：　　1 0 を出力
（III）3番目の0が入力されると
　　遅延素子の状態：$S_1 \to S_0$ に変化
　　符号系列：　　0 1 を出力
（IV）4番目の1が入力されると
　　遅延素子の状態：$S_0 \to S_1$ に変化
　　符号系列：　　1 1 を出力
（V）最後の0が入力されると
　　遅延素子の状態：$S_1 \to S_0$ に変化して終結
　　符号系列：　　0 1 を出力

次に，これら（I）～（V）の遅延素子の状態と符号系列の変化のようすが一目瞭然でわかる表現方法を紹介する．これはビタビ復号法の説明で利用する．

まず，S_0 の状態から始まり，1が入力される場合と0が入力される場合を図14.9のように表し，上の枝が0が入力されたときを，下の枝が1が入力されたときをそれぞれ示すものとする．このとき，枝には符号出力と遅延素子の変化後の状態を記すことにする．つまり，上の枝は，

「状態 S_0 に0が入力されて，0 0 の符号出力が得られ，状態が S_0 のままであること」

を表す．同様に，下の枝は，

「状態 S_0 に1が入力されて，1 1 の符号出力が得られ，状態が S_1 に変化すること」

を意味する．

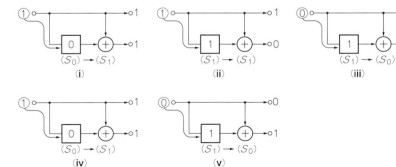

図14.8　畳み込み符号の計算例

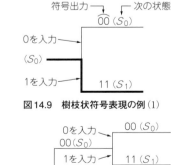

図14.9　樹枝状符号表現の例(1)

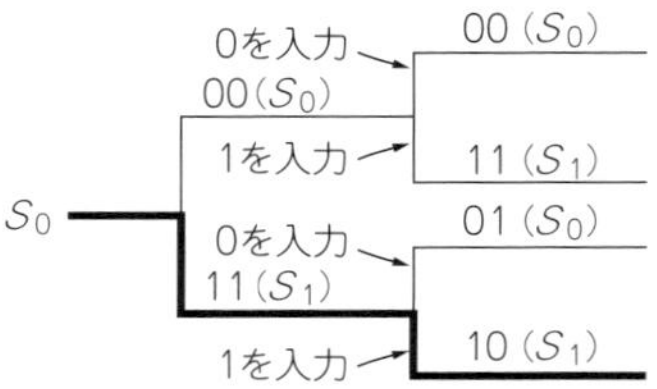

図14.10　樹枝状符号表現の例(2)

第14章 畳み込み符号

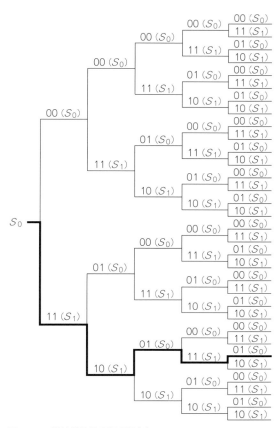

図14.11 樹枝状符号表現の例(3)

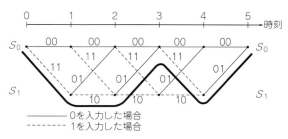

図14.12 トレリス表現の例

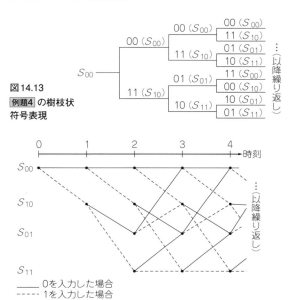

図14.13 例題4 の樹枝状符号表現

図14.14 例題4 のトレリス表現

以下同様に，次々と枝をつなげて書いていくことで図14.10，図14.11の樹枝状符号表現（ツリー表現ともいう）が順に導かれ，畳み込み符号で得られるすべての符号出力がこのような形の枝の連なりで表せることになる．この枝の連なりはパスと呼ばれる．たとえば，前述の(I)〜(V)の畳み込み符号は，図14.11の太線で表されることも容易にわかる．

ところで，図14.11の樹枝状符号表現における3番目以降の枝の状態は，それまでの枝の状態の繰り返しであることに気づかされる．このような繰り返しを排除して整理し，入力0によって生ずる枝を実線で，1によって生ずる枝を破線で表す形式にして，枝には入力に応じて出力される符号系列を書けば，図14.12が得られる．この図はトレリス表現とよばれ，図中最上段の数直線は時刻の変化を表す．このトレリス表現では，先ほどの(I)〜(V)の畳み込み符号は，図中の太線で表されることになる．

例題4

いま，生成行列 $G(D)$ が，
$$G(D) = [1 + D^2 \quad 1 + D + D^2]$$
で与えられる符号化率 $R = 1/2$ の畳み込み符号の樹枝状符号表現とトレリス表現を求めよ．ただし，最初の遅延素子の状態はすべて0とする．

解答4

まず，遅延素子の個数 M は，生成行列 $G(D)$ に含まれる D の多項式の最高次数に等しいことから，$M = 2$ となる．このとき，遅延素子の状態数は $2^2 (= 2^M)$ 通りであり，
$$S_{00} = (00) \quad S_{10} = (10) \quad S_{01} = (01) \quad S_{11} = (11)$$
の4通りとなる．図14.13，図14.14に結果のみを示す．

14.4 最尤復号とは

最尤復号は，作家の創作活動にたとえることができるかもしれない（図14.15）．少し唐突な言い方をしてみたが，たとえば誤り訂正は，"似ている"，"らしい"，類義語の中から一番近そうなものを，文章表現として前後の文脈の流れに一番ふさわしいものを選び出すプロセスに似ており，作家が文章執筆するときの推敲，誤字，脱字など誤り検出，訂正をすべて含めて，最適な言い回しを見つけ出す手順と同様なものであろう．

一見，作家の創作活動と誤り訂正とは「似て非なる

もの」という感じがするが，突き詰めていけば同様な処理ともいえるのではないだろうか．

いま，図14.16の2元対称通信路で，二つの情報(A, B)を考え，Aという情報（通報）に対しては$w_A = (0\ 1\ 0)$，Bという通報に対しては$w_B = (1\ 0\ 1)$と符号語を割り当て，このいずれかのビット列を送信するものとしよう．

たとえば，$y = (1\ 1\ 1)$が受信された場合を考えてみると，仮にAという情報であればw_Aとyを比較して1ビット目と3ビット目に誤りがあることになるし，Bという情報であればw_Bとyとを比較して2ビット目が誤りとなる．このとき，符号語w_Aを送信してビット列$y = (1\ 1\ 1)$が受信される確率は，送信符号の$(0\ 1\ 0)$に対する受信したビット列$(1\ 1\ 1)$が生起する条件付き確率に等しく，

$$P(y \mid w_A) = (1-p)p^2 \quad \cdots\cdots (29)$$

と表される．同様に，符号語w_Bを送信してビット列$y = (1\ 1\ 1)$が受信される確率は，送信符号の$(1\ 0\ 1)$に対する受信したビット列$(1\ 1\ 1)$が生起する条件付き確率に等しく，

$$P(y \mid w_B) = (1-p)^2 p \quad \cdots\cdots (30)$$

となる．一例として誤り確率$p = 10^{-3}$の場合，式(29)と式(30)の値はそれぞれ，

$$\left.\begin{array}{l} P(y \mid w_A) \doteqdot 10^{-6} \\ P(y \mid w_B) \doteqdot 10^{-3} \end{array}\right\} \quad \cdots\cdots (31)$$

であり，誤ったビットの個数が少ない後者のほうがはるかに確率が高い（この例では約1,000倍）．つまり，起こる確率が高ければ高いほど，送信語と受信語の似ている度合いが大きく，誤ったビットの個数が少ないわけで，誤り訂正の基本的な考え方を示唆しているといえる．

こうした条件付き確率をすべてのビット列の中で最大になるものを効率よく抽出して，得られた最大の条件付き確率を有するビット列を正しい情報として復元する方法が最尤復号法であり，その代表格が**ビタビ復号法**（あるいは，**ビタビアルゴリズム**）と呼ばれるものなのである．

別な言い方をすれば，ハミング距離が最小のものをいかに効率よく求めるかという問題に帰着される．

このように，ある信号を受信して，受信した信号から想起される正しい信号（情報，符号語）となる確率を計算し，復号誤り確率が最も小さくなるように復号する方法が最尤復号である．ただし，ブロック符号の場合には計算量が非常に多くなるため，実用的ではないことが知られており，過去の符号系列の影響を受けて逐次的に定まる畳み込み符号などで利用されることが多い．

14.5 ビタビ復号法

まずは，具体例を用いてビタビ復号化の流れを説明しておくことにする．いま，図14.7の符号回路で生成される畳み込み符号を例に3番目のビットが誤った場合，すなわち，

元の情報	1	1	0	1	0
正しい畳み込み符号	11	1̲0	01	11	01
		↓誤りビット			
誤りを含む符号	11	0̲0	01	11	01

を考え，このトレリス表現を図14.17に示す．この例では，$N = 5$ブロックで終結（遅延素子の状態がすべて0になること），すなわちS_0の状態にするために元の情報の最後に遅延素子の個数（この例では，図14.7より1個）に相当する数だけの0を付加する必要があることから，0を1個最後に付けている．

復号する際には，$N = 5$ブロックで終結することを知っているので，4番目の情報ブロックに0（実線で示したもの）に入力されて状態S_0に終結するトレリス表現から受信系列にもっとも近い，すなわち正しいとみなせる確率が高い受信系列（パスに相当）を選び出す作業がビタビ復号法そのものといえる．

最初に，時刻2における各状態(S_0, S_1)に，それぞれ二つの異なるパスが合流していることがわかるので，それぞれの状態について受信系列とのハミング距離を比較して，距離の小さいほうを正しいとみなせる

図14.15　作家の最尤復号作法？

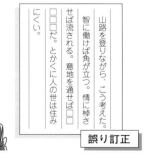

図14.16　2元対称通信路

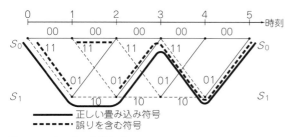

図14.17 トレリス表現とパス

確率が高いと考えて「生き残りパス」として残し，大きいほうのパスは除去する．

状態 S_0 に合流するパスは，

(0 0　0 0)
(1 1　0 1)

の二つがあり，受信系列(1 1　0 0)とのハミング距離（異なるビットの個数に一致）を計算する．前者との間のハミング距離は2，後者との間は1となるので，距離の小さいほうのパス(1 1　0 0)を残し，大きいほうのパス(0 0　0 0)を除去する．

このことは，パス(1 1　0 1 …)より(0 0　0 0 …)のパスが受信系列に近くなることはありえないことを意味している．そこで，時刻2の状態 S_0 の位置に生き残りパスのハミング距離を○の中に書き込む形で①と表し，除去したパスには△印を付けておくことにする（図14.18）．なお，ハミング距離が等しい場合は合流するパスのうち，いずれを残してもよい．

同様に，状態 S_1 に合流するパスは，

(0 0　1 1)
(1 1　1 0)

の二つがあり，受信系列(1 1　0 0)と前者との間のハミング距離は4，後者との間は1となるので，距離の小さいほうのパス(1 1　1 0)を残して状態 S_1 の位置に生き残りパスのハミング距離を①と書き込み，大きいほうのパス(0 0　1 1)を除去する（図14.19）．

続いて，時刻3についても同様に時刻2までの結果を考慮し，各状態 S_0 と S_1 に至る二つの異なるパスのうち，それぞれの状態について受信系列とのハミング距離を比較して，距離の小さいほうを生き残りパスとする．

具体的には，まず状態 S_0 に合流するパスは，

(1 1　0 1　0 0)
(1 1　1 0　0 1)

の二つがあり，受信系列(1 1　0 0　0 1)と前者との間のハミング距離は2，後者との間は1となるので，距離の小さいほうのパス(1 1　1 0　0 1)を残して状態 S_0 の位置に生き残りパスのハミング距離を①と書き込み，大きいほうのパス(1 1　0 1　0 0)を除去する（図14.20）．このとき，時刻0にさかのぼってまで

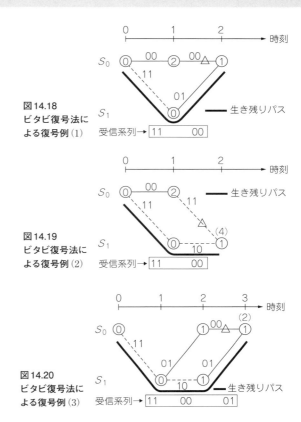

図14.18 ビタビ復号法による復号例(1)

図14.19 ビタビ復号法による復号例(2)

図14.20 ビタビ復号法による復号例(3)

ハミング距離を求める必要はなく，簡略計算を用いることができる．

たとえば，状態 S_0 に合流するパス(1 1　0 1　0 0)と受信系列(1 1　0 0　0 1)との距離を求める場合は，一つ前までの時刻，この例では時刻2までの生き残りパス(1 1　0 1)と受信系列(1 1　0 0)の間の距離を表す時刻2の状態 S_0 の○の中に書いてある1と，時刻3で状態に入るパスのブロック(0 0)と受信ブロック(0 1)のハミング距離1を加算し，$1+1=2$〔図14.20中には(2)と記す〕と計算される．

こうしたハミング距離を求める計算をする際に，各状態の○の中に書いてある数値が役立つ．

同様に，状態 S_1 に合流するパスは，

(1 1　0 1　1 1)
(1 1　1 0　1 0)

の二つがあり，受信系列(1 1　0 0　0 1)と前者との間のハミング距離は2，後者との間は3となるので，距離の小さいほうのパス(1 1　0 1　1 1)を残して状態 S_1 の位置に生き残りパスのハミング距離を②と書き込み，大きいほうのパス(1 1　1 0　1 0)を除去する（図14.21）．

以下，同様の計算を繰り返していき，最後まで生き残り，時刻5で終結状態 S_0 にたどり着くパスが，受信系列にもっとも近い，もっともよく似た符号系列であ

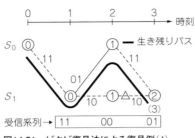

図14.21 ビタビ復号法による復号例(4)

ると考えられる．図14.22ではこのハミング距離が最小の値を有するパスを太線で示してあり，このパスに対応する情報系列(11010)が復号される．

ビタビ復号法の全体的な処理過程は，以上のような手順で行われる．

例題5

図14.7の符号回路で生成された符号の受信系列が，
(11 10 11 11 01)
であるとき，ビタビ復号法を用いて送信された正しい情報を推定せよ．

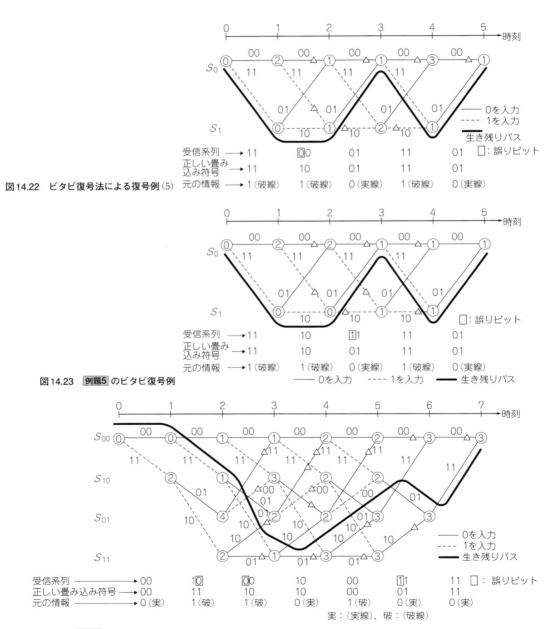

図14.22 ビタビ復号法による復号例(5)

図14.23 例題5 のビタビ復号例

図14.24 例題6 のビタビ復号例

[解答5]

トレリス表現を用いてビタビ復号法を行った結果を図14.23に示す．よって，受信系列から得られるハミング距離が最小の符号系列は，

(11 10 01 11 01)

となる．この符号系列は図14.7の符号回路で生成されることから，情報系列は，

(1 1 0 1 0)

であり，正しく復号されていることが理解される．

[例題6]

例題4の畳み込み符号を考え，その受信系列が，

(00 10 00 10 00 11 11)

であるとき，ビタビ復号法を用いて，送信された正しい情報を推定せよ．

[解答6]

まず，符号系列は $N = 7$ ブロックであり，系列の最後の2ブロック分は遅延素子の状態をすべて0に終結するためのビット列になることに注意する．つまり，$N = 7$ ブロックで終結することが既知であることから，5，6番目の情報ブロックが0 0の状態 S_{00} に連なるパスの中から受信系列にもっとも近いパスを見つけ出せばよい（図14.24）．

第15章 誤り訂正符号のまとめ

第14章までは，放送，コンピュータ，移動体通信，衛星放送などの幅広い分野で利用されている誤り訂正符号として，「ハミング符号」，「巡回符号」，「BCH符号」，「リードソロモン（RS）符号」，「畳み込み符号」などを取り上げ，符号化と復号化のしくみについて説明した．その際，"学び直しのための実用情報数学"ということで，なるべく難しい数式を使わずに，わかりやすい説明を心がけてきた．しかしながら，符号設計の研究開発に携わるエンジニアは，どうしても複雑な数式や計算に対面しなければならないのも事実である．

本章では，第3部『誤り訂正符号』を中心とする符号理論を理解していくうえで最低限必要となる，情報数学，専門用語について総括する．

15.1 誤り訂正／検出符号の基礎

誤り訂正／検出符号は，衛星通信やディジタルテレビジョン放送，音声や画像の記録メディア（たとえば，磁気ディスク，CD，DVD，Blu-ray Disc）などにおける情報データの誤りを訂正・検出できる符号のことである．

● 誤りを検出するための工夫

いま，5個の文字データ（ア，イ，ウ，エ，オ）に対して，

文字データ		符号
ア	→	（10000）
イ	→	（01000）
ウ	→	（00100）
エ	→	（00010）
オ	→	（00001）

のように符号を割り当てたとしよう．この場合，1箇所だけ1，0が誤ったときには常に誤りを検出することができる．たとえば，（10001）とか（00000）などの符号が得られた場合には，誤りが起きていることは容易にわかるわけで，このことを符号理論の立場からいうと，これはまさしく「誤り検出符号」ということになる．つまり，5ビット中に含まれる1の個数が1個以外のものは「ありえない」ということに基づき，「ありえない」ビット列を受け取ったならば誤りありと判断することで，誤りを検出することができるわけである．

● 誤りを訂正するための工夫

いま，1ビットのデータを5回繰り返す形，すなわち，

データ		符号
0	→	（00000）
1	→	（11111）

と符号を割り当てたとする．この場合，たとえば（00101）のビット列が得られたときには，（00101）は符号として「ありえない」ビット列であることから，まずは誤りが発生したことがわかる．さらに，正しいビット列が（00000）であるのか，あるいは（11111）であるのかを判断する場合，ほとんどの人はおそらく（00000）と推定して正しいデータは0であったと判断するであろう．このときの判断基準は，（00101）は0が3個，1が2個であるので，どちらかといえば（00000）に「よく似ている」からであろう．つまり，得られたビット列（00101）の3番目と5番目に誤りがあると判断して，元のビット列は（00000）「らしい」と推定するからである．

この場合，3番目と5番目の誤りを訂正できることになるわけで，得られたビット列を，ありうるビット列（符号）の中からもっとも「らしい」（あるいは「似ている」）ものを選び出すことによって誤り訂正が実現されている．

● 通信系（あるいは記録系）のモデル

まず，符号理論における通信系のモデルを図15.1に，記録系のモデルを図15.2に示す．通信という言葉は，本来相手に情報を送るという意味で用いられるが，ここでは広義で情報を記録することも含めて考えることにし，以下では図15.1の通信系のモデルに基づいて説明する．

① 情報源

符号理論の対象となる情報はディジタル化されたものであり，音声信号，画像信号，コンピュータなどの

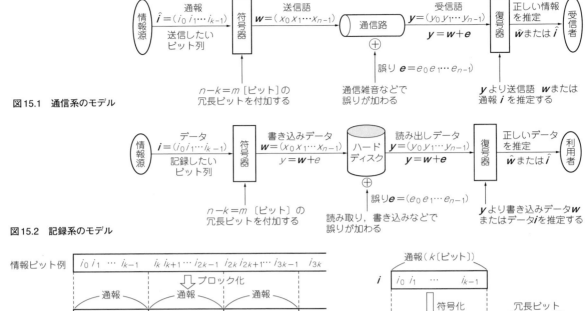

図15.1 通信系のモデル

図15.2 記録系のモデル

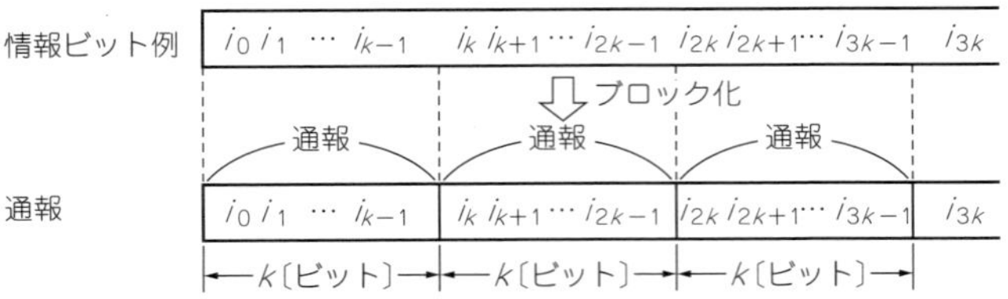

図15.3 情報ビット列と通報（ブロック

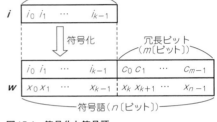

図15.4 符号化と符号語

ディジタルデータであろう．これらの多様な情報の発生源や，それをディジタルデータに変換する部分などを含めて情報源という．ディジタル化された情報は0，1の2種類の記号（数字）を用いてビット列（0，1が複数個並んだもの）として表されていることが多い．

図15.1に示すモデルの情報源からは，送信する情報として0，1のビット列（情報ビット列）が生起される．生起された情報ビット列をkビットごとのブロックに区切って，符号器に入力する．ここで，区切られた各ブロックは「通報」と呼ばれ，以下では，

$$i = (i_0 \; i_1 \cdots \; i_{k-1}) \quad \cdots\cdots\cdots\cdots (1)$$

と表すことにする（図15.3）．

② 符号器（符号回路）

符号器（エンコーダ：encoder）では，kビットの通報iにビット列を付加したものとして，nビット（$n > k$）のビット列が出力される．ここで，$m = n - k$ビットの余分のビット列は「冗長ビット」と呼ばれ，mは「冗長ビット数」，nは「符号長」，kは「情報ビット数」という．このような符号変換の機能は「符号化」といい，符号器から出力されるnビットのビット列は「符号語」と呼ばれ，以下では，

$$w = (x_0 \; x_1 \cdots \; x_{n-1}) \quad \cdots\cdots\cdots\cdots (2)$$

と表すことにする（図15.4）．なお，ある特定の通報iを考察の対象とするとき，通信路に送り出された符号語wを「送信語」という．実際に符号を送信したり，記録したりするときには，送信語の各ビットの値x_i（0か1）に応じて，たとえば0の場合はパルス信号なし，'1'の場合はパルス信号あり，といったぐあいに具体的な信号波形として送り出されることになる．

● 符号化率R

符号長nビット，情報ビット数kビットの符号は(n, k)符号と呼ばれ，符号長に対する情報ビット数の比率Rとして，

$$R = \frac{k}{n} \quad \cdots\cdots\cdots\cdots (3)$$

が定義され，これを「符号化率」という．符号化率Rは符号の実質的な情報伝送量に関係し，符号の能率を表す指標であり，

$$0 < R < 1 \quad \cdots\cdots\cdots\cdots (4)$$

の値をとりうる．したがって，符号化率Rは大きい（1に近い）ほど望ましいということになる．

③ 通信路

通信路では，nビットの送信語$w = (x_0 \; x_1 \cdots \; x_{n-1})$が入力されると，通信処理（記録系のモデルではデータの読み書きに相当する処理）が行われ，nビットの受信語y，すなわち，

$$y = (y_0 \ y_1 \ \cdots \ y_{n-1}) \cdots\cdots\cdots\cdots\cdots (5)$$

が出力される．このとき，通信処理の過程では雑音などの影響がなければ送信語wと同じビット列が誤りなく出力されることになり，

$$y = w \quad (y_i = x_i \quad ; i = 0, 1, 2, \cdots, n-1) \cdots (6)$$

と表される．ところが，通常は雑音などにより，ある確率で送信語wの各ビットの0と1が反転して出力されることになる．これは，誤りが通信路で発生したことを意味する．この誤りの発生を，通信路において送信語の各ビットに誤りが加わったとして，

$$y = w + e \quad (y_i = x_i + e_i \quad ; i = 0, 1, 2, \cdots, n-1) \cdots\cdots (7)$$

と表される．ここで，各ビットの誤りがe_iであり，

$$\begin{cases} e_i = 1 \text{の場合} \rightarrow \text{誤りなし} \\ e_i = 0 \text{の場合} \rightarrow \text{誤り発生} \end{cases} \cdots\cdots (8)$$

という意味をもつことになり，受信語全体に対して，

$$e = (e_0 \ e_1 \ \cdots \ e_{n-1}) \cdots\cdots\cdots\cdots\cdots (9)$$

と表され，「誤りパターン」と呼ばれる．

④ 復号器（復号回路）

復号器（デコーダ：decoder）では，誤りを含んだnビットの受信語yをもとに，いずれの符号語が送信されたのかを推定して，送信語wの推定値$\hat{w}$，または通報iの推定値$\hat{i}$を出力する．この処理を行う際に，「あ・りえない」符号語であるかどうか（誤り検出），もっとも「ら・しい」符号語は何であるのか（誤り訂正）を行い，正しい送信がなされた情報を得るのである．

[例題1]
いま，2ビットで構成される通報を考えることにする．各通報中の1の個数が偶数なら，冗長ビットとして左から数えて3番目のビットとして0を付加し，奇数ならば1を付加することにより，符号語を作ることにしよう．すべての符号語，ならびに符号化率Rを求めよ．

[解答1]
通報iは，$(0\ 0)$，$(0\ 1)$，$(1\ 0)$，$(1\ 1)$の4通りである．

符号語wは通報iに対応して，題意より，
$(0\ 0\ 0)$，$(0\ 1\ 1)$，$(1\ 0\ 1)$，$(1\ 1\ 0)$

となる．この符号は，符号長$n=3$，情報ビット数$k=2$の$(3, 2)$符号であり，符号化率Rは式(3)より，

$$R = 2/3 \fallingdotseq 0.67$$

と計算される．この符号においては各符号語に含まれる1の個数が偶数になっており，奇数のものはありえない．よって，受信語中の1の個数が偶数かどうかを調べることで1ビットの誤りは検出可能であり，これは「単一パリティ検査符号」と呼ばれる．

[例題2]
いま，送信語$w = (1\ 1\ 0\ 1)$を送って，$y = (1\ 0\ 0\ 0)$が受信されたとするとき，このときの誤りパターンeを求めよ．

[解答2]
式(7)より，誤りパターンeは，

$$e = y - w \cdots\cdots\cdots\cdots\cdots\cdots\cdots (10)$$

で求められる．このとき，式(7)や式(10)の計算はビットごとにmod 2で行われる．

● mod 2の計算

mod 2の加算と乗算の計算規則を以下に示す．

〔加算〕 $0 + 0 = 0$, $0 + 1 = 1$, $1 + 0 = 1$, $1 + 1 = 0$
$$\cdots\cdots\cdots\cdots\cdots (11)$$

〔乗算〕 $0 \cdot 0 = 0$, $0 \cdot 1 = 0$, $1 \cdot 0 = 0$, $1 \cdot 1 = 1$
$$\cdots\cdots\cdots\cdots\cdots (12)$$

この中で，$1 + 1 = 0$となる加算が通常の加算した結果と異なっていることに注意してほしい．つまり，$1 + 1 = 0$の加算は，通常の減算$1 - 1 = 0$という計算に相当することがわかるので，

$$-1 = +1 \cdots\cdots\cdots\cdots\cdots\cdots\cdots (13)$$

であり，加算（+）と減算（−）が同じ結果をもたらす演算であることが理解される．別の見方として，計算規則を論理演算に置き換えてみると，

式(11)の〔加算〕= 排他的論理和（XOR）
式(12)の〔乗算〕= 論理積（AND）

である．

以上のmod 2の計算規則および式(13)を考慮して式(10)より，

$$e = y - w = y + w \cdots\cdots\cdots\cdots\cdots\cdots (14)$$

となり，題意の送信語と受信語を代入して以下のようにエラー（誤り）パターンeを求めることができる．

$$\begin{array}{r} y = (1\ 0\ 0\ 0) \\ +)\ w = (1\ 1\ 0\ 1) \\ \hline e = (0\ 1\ 0\ 1) \end{array}$$

よって，誤りパターンeの1のビットが誤りビットであるので，左から2番目と4番目のビットが誤っていることがわかる．

15.2 誤りの種類

情報を，ケーブルを介してやりとりしたり，記録して読み書きする際に発生する誤りは，以下のように大別される（図15.5）．

● ランダム誤り

送信した各ビットごとに独立に発生する誤りのことである．たとえば，通信や放送における伝送路雑音や各種の装置回路中の熱雑音，あるいは磁気記録の媒体ノイズなどの雑音による誤りは「ランダム誤り」となる．ランダム誤りの通信路は，図15.6(a)，(b)のようにモデル化される．左側の0と1が通信路に入力さ

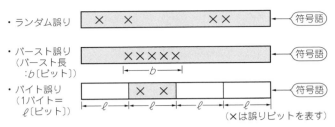

図15.5 誤りの分類

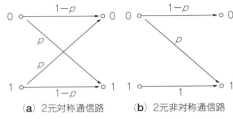

図15.6 通信路モデル

れる送信語 w の各ビット x_i を表し，右側が通信路から出力される受信語 y の各ビット y_i を表す．

図15.6(a) は，2元対称通信路（binary symmetric channel：BSC）と呼ばれ，0 または 1 のいずれを送信したときも同じ確率 $1-p$ で正しく受信され，確率 p で 0 は 1 に，1 は 0 に誤って受信される．この確率 p はビット誤り率といい，

$$0 \leq p < \frac{1}{2} \quad\cdots\cdots\cdots\cdots\cdots\cdots\cdots (15)$$

である．

2元対称通信路の一つを拡張したものが，**図15.6**(b) に示す2元非対称通信路（binary asymmetric channel：BAC）で，1 は常に（確率が1）正しく受信されるが，0 は確率 p で誤って 1 に受信される通信路モデルである．このBACは半導体メモリや，ある種の光磁気記録のモデルとして用いられている．

● **バースト誤り**

部分的に集中して連続的に発生する誤りのことである（図15.5）．通信路の断線や，光ディスクのキズやゴミ，磁気記録の磁性体の欠陥は**バースト誤り**を引き起こす．

なお，バースト誤りにおいて，最初に発生した誤りビットから最後の誤りビットまでの長さのことを**バースト長**という．

● **バイト誤り**

送信語を ℓ ビットごとの小ブロック（バイトと呼ぶ）に分割して，各バイト（1バイト＝ℓ ビットであり，$\ell = 8$ とは限らない）に対して，それぞれ別々の信号波形（2^ℓ 種類）を割り当てる場合を考える．このとき，バイトごとに発生する誤りのことを**バイト誤り**と呼ぶ．このようなバイトごとに情報を取り扱う場合，$q = 2^\ell$ として，

$$0, 1, 2, \cdots, (q-1)$$

までの q 種類の記号（数字）が通信路に入力され，q 種類の記号が出力されると考えればよい．

したがって，各記号を符号長 ℓ ビットごとのビット列で見れば，記号ごとに発生する誤りは ℓ ビット単位のバースト誤りとみなすことができる．なお，q 種類の記号で通報および符号語を表した符号は，「q 元符号」という．とくに，0 と 1 のビット列で表される通常の符号は，「2元符号」ということになる．

15.3 符号の種類

以下に，よく知られている代表的な符号をまとめておく．

● **誤り制御符号**

誤り訂正符号と誤り検出符号を総称した言い方であり，それぞれ通信路で発生した誤りを訂正することを目的に，あるいは検出することを目的にして，通報に適切な冗長性を付加したものである．この二つの信号に本質的な差異はなく，通信系における符号の使われ方に違いがあり，以下の3種類の方式に大別されよう．いずれにしても，まずは受信側で誤りの有無を確認する（誤り検出）処理から始まる．

1) FEC (Forward Error Correction) 方式

誤り制御符号が本来有する，誤り検出および誤り訂正能力を最大限に利用した方式である．ただし，復号器では非常に複雑な処理を行う必要がある．

2) ARQ (Automatic Repeat reQuest) 方式

受信側では単に誤りの有無を検出するだけにとどめておいて，誤りがあった場合に限って送信側にデータの再送を要求する方式である．復号器は簡単で済むが，誤り率の高い通信路では再送要求の繰り返しとなり，通信効率が低くなる．

3) 誤り修正方式

誤りを検出した後，データのもつ性質を利用して前後の正常なデータから誤ったデータの正しい値を推定する方式である．この方式は，前後のデータ間に何らかの相互関係があることが必要で，音声とか画像などの特殊なデータに限られる．

● **ランダム／バースト／バイト誤り訂正符号**

通信路における誤りを大きく分類すると，ランダム誤り，バースト誤り，バイト誤りになることは前述した．これらの誤りのどれを対象として訂正するかによって用いられる符号はランダム誤り訂正符号，バー

スト誤り訂正符号，バイト誤り訂正符号と呼ばれる．

つまり，通信路で発生しやすい誤りの性質に合った符号を適切に選択する必要があるわけで，式(3)の符号化率Rが大きく，しかも誤り訂正能力の高い符号が望ましい．

● ブロック符号／畳み込み符号

ブロック符号は，ブロック単位で独立に通報に対する符号語が決まるものである．これに対して，過去のブロックの影響も受けて現時点での符号語が逐次的に決まるものが畳み込み符号である．

なお，ブロック符号の代表的なものとして，**巡回符号**が知られている．

15.4 ハミング距離と誤り訂正／検出能力

誤り訂正が，ありうるビット列（符号）の中からもっとも「らしい」（あるいは「似ている」）ものを選び出すことによって実現されるが，この「らしい」という主観量を近似的に表すものとして，ハミング距離がある．

● ハミング距離

いま，二つのビット列を，
$$u = (u_0 \ u_1 \ \cdots \ u_{n-1})$$
$$v = (v_0 \ v_1 \ \cdots \ v_{n-1})$$
とするとき，対応する位置のビットの値が異なっている箇所の総数をハミング距離という．これを$d(u, v)$で表し，以下のように定義される．以下では，ハミング距離を略して単に距離ということもある．

$$d(u, v) = \sum_{i=0}^{n-1}(u_i + v_i) \cdots\cdots\cdots (16)$$

ただし，記号'+'は式(11)の排他的論理和を表す．

例題3

いま，受信語y，符号語w_1, w_2を，
$$\begin{cases} y = (1\ 1\ 0\ 1) \\ w_1 = (1\ 1\ 1\ 1) \\ w_2 = (0\ 1\ 1\ 0) \end{cases}$$
とするとき，以下の諸量を求めよ．ただし，2元対称通信路を考えるものとする（エレメント誤り率$p = 0.001$）．

① 受信語と符号語のハミング距離
② 受信語の符号語に対する条件付き確率

解答3

① 式(16)に基づき，計算する．yとw_1は1箇所，yとw_2は3箇所が異なっていることから，
$$d(y, w_1) = 1, \ d(y, w_2) = 3$$

② yとw_1は1ビット異なり，残りの3ビットは同じであるから，条件付き確率は，$1 - p = 1 - 0.001 = 0.999$

$\doteqdot 1$とみなせば，
$$P(y|w_1) = (1-p)^3 p \doteqdot 10^{-3} \cdots\cdots (17)$$
となる．同様に，yとw_2は3ビット異なり，残りの1ビットは同じであるから，
$$P(y|w_2) = (1-p)p^3 \doteqdot p^3 \doteqdot 10^{-9} \cdots\cdots (18)$$
となる．

ここで，式(17)と式(18)のpのべき乗の指数として，ハミング距離$d(y, w_1) = 1$, $d(y, w_2) = 3$が現れていることに着目してもらいたい．つまり，距離が小さいほど条件付き確率が大きく，ありうるビット列（符号）の中からもっとも「らしい」ビット列であることが理解される．このようなハミング距離が一番近い符号語に復号する考え方は，「**最小距離復号法**」とよばれ，**最尤復号法**（条件付き確率が最大のものを推定する方法）である．

● 最小距離

nビットのビット列（2^n種類）の中から，符号語として使用されているM種類の符号語w_1, w_2, $\cdots$, w_Mに対して，相互に異なる符号語間のハミング距離を求め，その最小値を最小距離といい，$d_{\min}$と表す．

$$d_{\min} = \min_{\substack{i \neq j \\ i, j = 1, 2, \cdots, M}} \{d(w_i, w_j)\} \cdots\cdots (19)$$

例題4

いま，符号長$n = 5$，符号数$M = 3$の符号例として，
$$w_1 = (0\ 0\ 1\ 1\ 1)$$
$$w_2 = (1\ 1\ 0\ 0\ 1)$$
$$w_3 = (1\ 1\ 1\ 1\ 0)$$
を考える．この符号例の最小距離を求めよ．

解答4

w_1, w_2, w_3符号語の相互間の距離を求めれば，
$$d(w_1, w_2) = 4, \ d(w_1, w_3) = 3, \ d(w_2, w_3) = 3$$
となるので，この符号の最小距離は，
$$d_{\min} = 3 \cdots\cdots\cdots\cdots (20)$$
となる．

それでは，例題4の符号を例に，誤り訂正／検出の原理について説明しておくことにしよう（図15.7）．図15.7の例では，符号長$n = 5$ビットのビット列を○で表し，その中の3個の符号語（w_1, w_2, w_3）を■で表している．また，各符号語のまわりの小さい円は各符号語から距離が1以下にあるビット列を集めたもので，以下では半径1の円と呼ぶことにする．なお，半径がrの円であれば，距離がr以下のビット列を集めたものを表す．

たとえば，符号語w_1が送信語として送り出され，通信路で1箇所（1ビット）の誤りが起きて受信語$y = (0\ 0\ 0\ 1\ 1)$が受け取られたときの様子を考えてみよう．つまり，$w_1 = (0\ 0\ 1\ 1\ 1)$が，以下の5種類の1ビット誤りを含むビット列のいずれかになる．

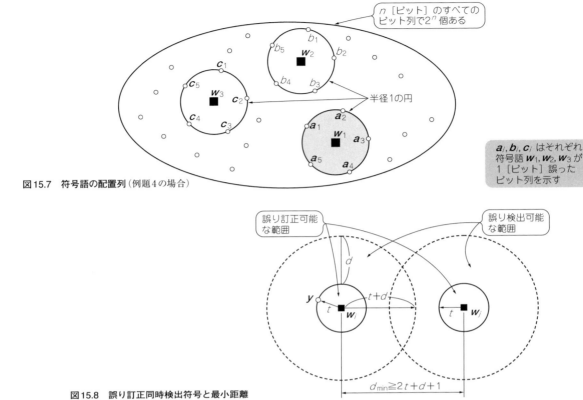

図15.7 符号語の配置列（例題4の場合）

図15.8 誤り訂正同時検出符号と最小距離

$a_1 = (1\ 0\ 1\ 1\ 1)$, $a_2 = (0\ 1\ 1\ 1\ 1)$, $a_3 = (0\ 0\ 0\ 1\ 1)$, $a_4 = (0\ 0\ 1\ 0\ 1)$, $a_5 = (0\ 0\ 1\ 1\ 0)$

このとき，送信語 w_1 と1ビットの誤りを含むビット列 a_i（$i = 1, 2, \cdots, 5$）とのハミング距離は，いずれも $d(w_1, a_i) = 1$ である．したがって，受信語 y は符号語 w_1 を中心とする半径1の円に含まれるわけで，1ビットの誤りを含むビット列 a_i（$i = 1, 2, \cdots, 5$）のいずれかであることになる．この y は，この円（アミカケ部分）にのみ含まれ，他の符号語 w_2, w_3 を中心とする半径1の円には含まれていない．言い換えれば，y は w_1 からは距離1以下，他の符号語 w_2, w_3 からは距離2以上であり，受信語 y に一番近い符号語は w_1 ということになる．この一番近い符号語に復号すれば，この受信語 y に含まれる1ビットの誤りは訂正されるのである．

このように，1個の誤りを訂正したいときに使うべき符号の距離は3以上離れていなければならない．また，1個の誤りを検出するだけで訂正する必要のないときは，距離は2だけ離れていれば十分であることもわかる．ここで，d 個以下の誤りのことを d 重誤りと表し，以下のようにまとめられる．

ハミング距離	誤り訂正/検出能力
1	通常の2進符号
2	1重誤り検出
3	1重誤り訂正/2重誤り検出
4	1重誤り訂正/3重誤り検出
⋮	⋮
$2r$	$(r-1)$ 重誤り訂正/$(2r-1)$ 重誤り検出
$2r+1$	r 重誤り訂正/$2r$ 重誤り検出

以上のことに基づき，「t 重までの誤りは訂正し，同時にそれ以上の $(t+d)$ 重までの誤りを検出することができるような誤り訂正同時検出符号」の最小距離 $d_{\min}$ は，

$$d_{\min} \geq 2t + d + 1 \quad \cdots\cdots\cdots\cdots\cdots\cdots\cdots (21)$$

の関係を満たす必要があることが知られている（図15.8）．このように，誤り訂正符号と誤り検出符号は本質的な差異はなく，最小距離を訂正能力と検出能力にどのように割り当てるかの違いだけにある．この誤り訂正/検出能力は，最小距離 $d_{\min}$ が大きいほど高くできる．

例題5

最小距離 $d_{\min} = 5$ を有する誤り制御符号の誤り訂正/検出能力を示せ．

解答5

式(21)より，次の3通りの誤り制御符号を構成できる．
① $t=2$, $d=0$より，2重誤り訂正
② $t=1$, $d=2$より，$t+d=3$となり，1重誤り訂正かつ3重誤り検出
③ $t=0$, $d=4$より，$t+d=4$となり，4重誤り検出

15.5 巡回符号と多項式計算

巡回符号で用いられる，符号多項式の基本数学についてまとめておく．

● **符号多項式**

符号多項式とは，符号語を多項式で表現したものをいう．たとえば，符号長nビットの符号語w，すなわち，
$$w = (c_0 \ c_1 \ \cdots \ c_{n-1}) \ (c_i = 0 \text{または} 1) \cdots\cdots (22)$$
は，$(n-1)$次の多項式で表される．
$$W(x) = c_0 + c_1 x + \cdots + c_{n-1} x^{n-1} \cdots\cdots (23)$$

● **生成多項式**

一般に，式(23)で表される全体で2^n個あることになるが，これらの多項式のうち，m次の多項式$G(x)$
$$G(x) = g_0 + g_1 x + \cdots + g_m x^m \cdots\cdots (24)$$
で割り切れるものだけを符号語として採用することを考える．ここで，$G(x)$は生成多項式と呼ばれ，$G(x)$で割り切れる符号多項式$W(x)$の種類は2^{n-m}個となり，
$$W(x) = G(x) I(x) \cdots\cdots (25)$$
なる関係が成立する．$I(x)$は$(n-m-1)$次以下の多項式で，全体で2^{n-m}個あり，それぞれが異なる符号多項式$W(x)$に一対一に対応することになる．つまり，生成多項式で割り切れる〔式(25)を満たす〕ところの$(n-1)$次の多項式$W(x)$は，総数として2^{n-m}個あるということになる．以下では，
$$k = n - m \cdots\cdots (26)$$
として表すことにすれば，$I(x)$は$(k-1)$次以下の任意の多項式であり，この$I(x)$を式(1)の通報に対応させて，
$$I(x) = i_0 + i_1 x + \cdots + i_{k-1} x^{k-1} \cdots\cdots (27)$$
とし，$(i_0 \ i_1 \ \cdots \ i_{k-1})$の$k$ビット分の通報ビットとして選べば，符号長$n$ビットで情報ビット数が$k$ビットの$(n, k)$符号を構成できることになる．とくに生成多項式$G(x)$が多項式$(x^n - 1)$の因数になっているとき，生成多項式$G(x)$を用いて作成される符号語は，巡回符号とよばれる．

● **符号多項式に関する演算**

多項式の演算は，mod 2の演算規則にしたがうわけで，基本的には式(11)と式(12)の計算規則を，係数の計算に際して適用すればよい．

● **多項式の加減算（和，差の計算）**
$$ax^k \pm bx^k = (a \pm b) x^k \cdots\cdots (28)$$
$$-ax^k = ax^k \cdots\cdots (29)$$

● **多項式の乗除算（積，商の計算）**
$$ax^m \cdot bx^n = (a \cdot b) x^{m+n} \cdots\cdots (30)$$

例題6

以下の計算結果を示せ．
① $(x) + (1 + x + x^2)$, ② $(x) - (1 + x + x^2)$
③ $(1 + x + x^3 + x^4)$ の因数分解
④ $(x^4 - 1) \div (x^2 + x + 1)$ の商と余り
⑤ $(1 + x)(1 + x + x^2)$

解答6

① $x + 1 + x + x^2 = 1 + 2x + x^2 = 1 + \underbrace{(x+x)}_{0} + x^2 = 1 + x^2$

2元符号として表して，以下のように計算してもよい．
$$(0 \ 1 \ 0) + (1 \ 1 \ 1) = (0+1 \ \ 1+1 \ \ 0+1) = (1 \ 0 \ 1)$$

② $x - 1 - x - x^2 = x + 1 + x + x^2 = 1 + x^2$

③ $1 + x + x^3 + x^4 = (1+x) + x^3(1+x) = (1+x)(1+x^3)$

④ $(x^4 - 1) \div (x^2 + x + 1) = (x^4 + 1) \div (x^2 + x + 1)$ と変形して，以下のように計算する．

$$\begin{array}{r}
x^2 + x \quad \cdots (商) \\
x^2 + x + 1 \overline{) x^4 + 1} \\
\underline{x^4 + x^3 + x^2 } \\
x^3 + x^2 \\
\underline{x^3 + x^2 + x} \\
x + 1 \cdots (余り)
\end{array}$$

⑤ $(1+x)(1+x+x^2) = 1 + \underbrace{2x}_{0} + \underbrace{2x^2}_{0} + x^3 = 1 + x^3$

15.6 ガロア体 GF(2)

これまでの説明は，0と1の2元符号を中心として説明してきた．この2元符号の世界は，しばしばGF(2)と表される．ここで，GF(2)上では，加減乗除の四則演算が自由に行える．

一般的に，q種類の数字（これを元という）に対して四則演算が自由に行えるものとして，「ガロア体」GF(q)の世界を紹介しておこう．ここで，qは素数であり，体（"たい"と読む）は四則演算が自由に行える元の集まりとその規則という意味であり，ガロア体は有限個の種類の元の集まりの体である．ここでいう"ガロア"は，フランスの著名な数学者E.Galoisに由来するものである．

GF(q) 上では，元$(0, 1, 2, \cdots, q)$に対して，mod qの計算（モジュラ演算とかモジュロ演算，qを法とする演算ともいう）を用いる．このmod qの演算は，通常の加算，乗算を行い，計算した結果がq以上

表15.1　5を法とする算法

(a) 加算

+	0	1	2	3	4
0	0	1	2	3	4
1	1	2	3	4	0
2	2	3	4	0	1
3	3	4	0	1	2
4	4	0	1	2	3

(b) 乗算

·	0	1	2	3	4
0	0	0	0	0	0
1	0	1	2	3	4
2	0	2	4	1	3
3	0	3	1	4	2
4	0	4	3	2	1

表15.2　ガロア拡大体〔GF(23)の場合〕

べき乗表現	ベクトル表現				多項式表現		
0	0	0	0	0			
$\alpha^0(=1)$	1	0	0	1			
$\alpha^1(=\alpha)$	0	1	0		x		
α^2	0	0	1				x^2
α^3	1	1	0	1	$+$	x	
α^4	0	1	1			x	$+ x^2$
α^5	1	1	1	1	$+$	x	$+ x^2$
α^6	1	0	1	1			$+ x^2$

($\alpha^7=1$, αは$\alpha^3+\alpha+1=0$の根, mod x^3+x+1)

になったときは，qで割り算して得られる「余り」を結果とする算法である．

例題7

GF(5)上で，次の計算結果を求めよ．
① $3+4$　② $3-4$　③ $3\cdot 4$　④ $4\div 3$

解答7

GF(5)上での加算，乗算を**表15.1**に示す．

① $3+4=7$，7を5で割った余りは2．
よって，$3+4=2$

② $3-4=-1$，-1に5を加えて4．よって，$3-4=4$

③ $3\cdot 4=12$，12を5で割った余りは2．
よって，$3\cdot 4=2$

④ **表15.1**(b)より，乗算の結果が1になるところに着目することにより，
$$3\cdot 2=1 \quad \mod 5$$
であることから，3の逆数($1/3$)は2となる．よって，
$$4\div 3=4\cdot(1/3)=4\cdot 2=8$$
となり，さらに8を5で割った余りが3なので，
$$4\div 3=3$$
となる．

15.7　ガロア拡大体 GF(2^p)

ガロア体GF(q)では数字（スカラー）を扱ってきたが，より誤り訂正能力の高い符号を構成するには，数字の組み合わせたもの（ベクトル）に対して自由に加減乗除の四則演算が行える必要がある．こうした特徴を有するものとして，$q=2^p$個の元からなるGF(2^p)が知られている．このとき，GF(2^p)はGF(2)の「拡大体」，逆にGF(2)はGF(2^p)の「基礎体」と呼ばれる．

GF(2^p)では，2^p個の元があり，それらの元の間では自由に四則演算が行われる．たとえば，GF(2^3)上の元は，
$$0, 1, x, x^2, 1+x, x+x^2, 1+x^2, 1+x+x^2$$
であり，$8(=2^3)$種類となる（**表15.2**）．

表15.2の中のべき表示は，一般的に，
$$0, 1, \alpha, \alpha^2, \cdots, \alpha^{q-2} \quad \text{ただし，} q=2^p \quad \cdots\cdots(31)$$
四則演算の際に利用すると便利であるが，いずれの表現方法による計算にも慣れておいてもらいたい．こ

こで，元の個数を表す$q=2^p$はガロア体の位数という．なお，このαは，
$$\alpha^{q-1}=1 \quad \cdots\cdots(32)$$
となるような元であり，原始元と呼ばれる．また，普通の数の計算と同様に$\alpha^0=1$である．

表15.2における多項式表示においては，生成多項式$G(x)$で割り算した余りを求めて，得られた余りをべき表示α^iに対応づける．

この算法を，
$$\mod G(x) \quad \cdots\cdots(33)$$
と表し，$G(x)$を法多項式とする算法という．つまり，式(33)のように，αとxは同一のものと考えてよい．このαを法多項式$G(x)$に代入すると，
$$G(\alpha)=0 \quad \cdots\cdots(34)$$
となるので，αは$G(x)$の根である．また，原始元αを根にもつ多項式のことは原始多項式と呼ばれる．

例題8

GF(2^3)上で，原始多項式$G(x)=x^3+x+1$を法とし，原始元をαとするとき，以下の計算結果を求めよ．
① $\alpha^6\cdot\alpha^3$　② $(1+x^2)(1+x)$　③ $\alpha^3+\alpha^4$

解答8

べき指数の計算が，$\mod(q-1)$で行われることを利用する〔式(32)より明らか〕．ここでは，$q-1=2^3-1=7$であり，$\alpha^7=1$となる．

① $\alpha^6\cdot\alpha^3=\alpha^{6+3}=\alpha^9$，べき指数の9を7で割った余りが2であることから，$\alpha^9=\underbrace{\alpha^7}_{1}\cdot\alpha^2=\alpha^2$，すなわち$\alpha^9=\alpha^{9\mod 7}=\alpha^2$となる．

② $(1+x^2)(1+x)=1+x+x^2+x^3=\underbrace{(1+x+x^3)}_{0}+x^2=x^2\Leftrightarrow\alpha^2$

ここで，**表15.2**より，$1+x^2\Leftrightarrow\alpha^6$，$1+x\Leftrightarrow\alpha^3$であることから，
①の計算結果に一致することも確かめられる．

③ **表15.2**より，$1+x\Leftrightarrow\alpha^3$，$x+x^2\Leftrightarrow\alpha^4$であり，**例題6**の①を参考にして，以下のように計算される．
$$\alpha^3+\alpha^4\Leftrightarrow 1+x+x+x^2=1+x^2\Leftrightarrow\alpha^6$$

表15.3　(3,2)符号

通報 i	符号語 w
00	000
01	011
10	101
11	110

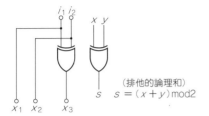

図15.9　パリティ符号の符号器

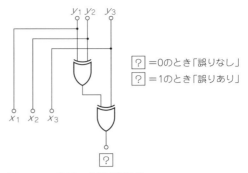

?=0のとき「誤りなし」
?=1のとき「誤りあり」

図15.10　パリティ符号の復号器

15.8　簡単な線形符号

いま，mod 2の計算のもとで，次の方程式を考えてみよう．

$$x_1 + x_2 + x_3 = 0 \quad \cdots\cdots (35)$$

この方程式は，$x_k(k=1, 2, 3)$ についての線形方程式であり，情報ビット列（通報に相当）の $i = (i_1\ i_2)$ の値 i_k を $(x_1\ x_2)$ の x_k とし，さらに式(35)の方程式を満たすように冗長ビット x_3 を定める．こうして得られるビット列 $(x_1\ x_2\ x_3)$ は符号長3ビットの符号語 w になり，パリティ符号に相当する．たとえば，$i = (0\ 1)$ に対しては，

$$0 + 1 + 1 = 0 \quad \cdots\cdots (36)$$

となるので，符号語 $w = (0\ 1\ 1)$ が得られる．$(0\ 0)$ から $(1\ 1)$ までの4通りの通報 i に対する符号語を表15.3に示す．

つまり，冗長ビット x_3 は，式(35)の両辺に x_3 を mod 2で加えることにより，

$$x_1 + x_2 + \underbrace{x_3 + x_3}_{0} = \underbrace{0 + x_3}_{x_3} \quad \cdots\cdots (37)$$

という関係から，

$$x_3 = x_1 + x_2 \quad \cdots\cdots (38)$$

で求められる．通報 i から送信語 w は式(38)から明らかなように，$i = (i_1\ i_2)$ の排他的論理和として，図15.9 の符号器で生成される．

また，復号器での誤り検出は，受信語 $y = (y_1\ y_2\ y_3)$ について式(35)と同じ方程式で行う．

$$y_1 + y_2 + y_3 = \boxed{?} \quad \cdots\cdots (39)$$

たとえば，$y = (0\ 1\ 1)$ であれば ? は0となり，式(35)を満たす符号語なので，誤りなしと確認できる．$y = (1\ 1\ 1)$ であれば ? は1となり，符号語ではない

ことがわかるので誤りがあると判断する．なお，式(39)を計算する復号器は，排他的論理和を用いて図15.10で実現される．

このようにして得られる符号語は単一パリティチェック符号であり，方程式が式(35)の一つだけでなく，複数個の線形方程式からなる連立方程式の形をとるようにすれば，誤り訂正可能な符号，たとえばハミング符号を構成することができる．

15.9　線形符号の行列表現

いま，三つの線形方程式，すなわち，

$$\left.\begin{array}{l} x_2 + x_3 + x_4 + x_5 = 0 \\ x_1 + x_3 + x_4 + x_6 = 0 \\ x_1 + x_2 + x_4 + x_7 = 0 \end{array}\right\} \quad \cdots\cdots (40)$$

で表される線形連立方程式を考える．式(40)において各 x_k の係数を3行7列に並べたものを，

$$H = \underbrace{\begin{bmatrix} 0 & 1 & 1 & 1 \\ 1 & 0 & 1 & 1 \\ 1 & 1 & 0 & 1 \end{bmatrix}}_{P} \underbrace{\begin{bmatrix} 1 & 0 & 0 \\ 0 & 1 & 0 \\ 0 & 0 & 1 \end{bmatrix}}_{E_3} \quad \cdots\cdots (41)$$

ただし，E_3 は3行3列（添字の3に相当）の単位行列（対角線の要素のみ1で，他はすべて0となる行列）を表す

としよう（行列 H をパリティ検査行列という）．また，符号語 $w = (x_1\ x_2\ \cdots\ x_7)$ を縦に並べ替えたものは w の転置と呼ばれ，

$$w^T = \begin{bmatrix} x_1 \\ x_2 \\ \vdots \\ x_7 \end{bmatrix} \quad \cdots\cdots (42)$$

で表す．すると，式(40)の線形連立方程式は，

$$Hw^T = \mathbf{0} \quad \cdots\cdots (43)$$

と表される．なお，右辺の $\mathbf{0}$ はすべての要素が0の列ベクトル，すなわち，

$$\mathbf{0} = \begin{bmatrix} 0 \\ 0 \\ 0 \end{bmatrix} \quad \cdots\cdots\cdots\cdots\cdots\cdots\cdots\cdots\cdots\cdots (44)$$

である.

　式(40)のパリティ検査行列Hで与えられる線形符号の符号語$\mathbf{w} = (x_1 \; x_2 \; \cdots \; x_7)$の先頭4ビット$(x_1 \; x_2 \; x_3 \; x_4)$を通報$\mathbf{i} = (i_1 \; i_2 \; i_3 \; i_4)$とする.

$$\left.\begin{array}{l} x_1 = i_1 \\ x_2 = i_2 \\ x_3 = i_3 \\ x_4 = i_4 \end{array}\right\} \quad \cdots\cdots\cdots\cdots\cdots\cdots\cdots\cdots (45)$$

ここで,式(45)を行列の形で表すと,

$$(x_1 \; x_2 \; x_3 \; x_4) = (i_1 \; i_2 \; i_3 \; i_4) \begin{bmatrix} 1 & 0 & 0 & 0 \\ 0 & 1 & 0 & 0 \\ 0 & 0 & 1 & 0 \\ 0 & 0 & 0 & 1 \end{bmatrix} \cdots\cdots (46)$$

となる.

　また,式(37)と同様の考え方により,式(39)の関係から符号語の後半3ビット$(x_5 \; x_6 \; x_7)$を,

$$\left.\begin{array}{l} x_5 = i_2 + i_3 + i_4 \\ x_6 = i_1 + i_3 + i_4 \\ x_7 = i_1 + i_2 + i_4 \end{array}\right\} \cdots\cdots\cdots\cdots (47)$$

に基づき,mod 2で計算して符号語とすれば,見事にハミング符号が得られるのである.式(47)の検査ビット列を通報$\mathbf{i}$と式(41)での行列Pを使って書くと,次式となる.

$$\begin{bmatrix} x_5 \\ x_6 \\ x_7 \end{bmatrix} = \begin{bmatrix} 0 & 1 & 1 & 1 \\ 1 & 0 & 1 & 1 \\ 1 & 1 & 0 & 1 \end{bmatrix} \begin{bmatrix} i_1 \\ i_2 \\ i_3 \\ i_4 \end{bmatrix} = P\mathbf{i}^T \cdots\cdots\cdots (48)$$

ここで,式(48)の検査ビット列$\mathbf{p} = (x_5 \; x_6 \; x_7)$と表すと,

$$\mathbf{p} = (x_5 \; x_6 \; x_7) = (i_1 \; i_2 \; i_3 \; i_4) \begin{bmatrix} 0 & 1 & 1 \\ 1 & 0 & 1 \\ 1 & 1 & 0 \\ 1 & 1 & 1 \end{bmatrix} \cdots (49)$$

$$= \mathbf{i} P^T \cdots\cdots\cdots\cdots\cdots\cdots\cdots\cdots\cdots\cdots\cdots (50)$$

ただし,P^Tは行列Pの行と列を入れ替えたもので,Pの転置行列という.

となる.この符号のように,通報ビット列$(x_1 \; x_2 \; x_3 \; x_4)$と検査ビット列$(x_5 \; x_6 \; x_7)$の位置が明確に区別される符号は組織符号と呼ばれる.一般的に,m行n列のパリティ検査行列Hを有する符号(説明した符号は,$m = 3$, $n = 7$に相当)では,$k = n - m$ビットを通報ビット列とし,mビットを検査ビット列とする.符号長nビットの符号語が作られる.

　以上の結果に基づいて式(46)と式(49)をまとめ,通報$\mathbf{i} = (i_1 \; i_2 \; i_3 \; i_4)$と符号語$\mathbf{w} = (x_1 \; x_2 \cdots x_7)$との関係を行列の形で示すと,式(51)のようになる.

$$\mathbf{w} = (i_1 \; i_2 \; i_3 \; i_4) \begin{bmatrix} 1 & 0 & 0 & 0 & 0 & 1 & 1 \\ 0 & 1 & 0 & 0 & 1 & 0 & 1 \\ 0 & 0 & 1 & 0 & 1 & 1 & 0 \\ 0 & 0 & 0 & 1 & 1 & 1 & 1 \end{bmatrix} \cdots (51)$$

式(51)の行列をGとおけば,符号語$\mathbf{w}$は,

$$\mathbf{w} = \mathbf{i}G \cdots\cdots\cdots\cdots\cdots\cdots\cdots\cdots\cdots\cdots\cdots (52)$$

ただし,

$$G = \begin{bmatrix} 1 & 0 & 0 & 0 & 0 & 1 & 1 \\ 0 & 1 & 0 & 0 & 1 & 0 & 1 \\ 0 & 0 & 1 & 0 & 1 & 1 & 0 \\ 0 & 0 & 0 & 1 & 1 & 1 & 1 \end{bmatrix} \cdots\cdots\cdots (53)$$

となり,この行列Gは生成行列と呼ばれる.このとき,生成行列Gとパリティ検査行列Hとの間には,

$$HG^T = \mathbf{0} \cdots\cdots\cdots\cdots\cdots\cdots\cdots\cdots\cdots\cdots (54)$$

の関係があり,

$$G = [E_4 \; P^T] \cdots\cdots\cdots\cdots\cdots\cdots\cdots\cdots\cdots (55)$$

と表される.また,式(53)の行ベクトルをそれぞれ,

$\mathbf{g}_1 = (1 \; 0 \; 0 \; 0 \; 0 \; 1 \; 1)$
$\mathbf{g}_2 = (0 \; 1 \; 0 \; 0 \; 1 \; 0 \; 1)$
$\mathbf{g}_3 = (0 \; 0 \; 1 \; 0 \; 1 \; 1 \; 0)$
$\mathbf{g}_4 = (0 \; 0 \; 0 \; 1 \; 1 \; 1 \; 1)$

とおけば,

$$G = \begin{bmatrix} \mathbf{g}_1 \\ \mathbf{g}_2 \\ \mathbf{g}_3 \\ \mathbf{g}_4 \end{bmatrix} \cdots\cdots\cdots\cdots\cdots\cdots\cdots\cdots\cdots (56)$$

と表せる.よって,式(52)を書き直せば,符号語$\mathbf{w}$は行ベクトル$\mathbf{g}_1$, $\mathbf{g}_2$, $\mathbf{g}_3$, $\mathbf{g}_4$の線形結合として,

$$\mathbf{w} = i_1 \mathbf{g}_1 + i_2 \mathbf{g}_2 + i_3 \mathbf{g}_3 + i_4 \mathbf{g}_4 \cdots\cdots\cdots (57)$$

なる関係が導かれる.右辺は,線形独立なベクトル$\mathbf{g}_1$, $\mathbf{g}_2$, $\mathbf{g}_3$, $\mathbf{g}_4$をそれぞれ通報の各ビット$(i_1 \; i_2 \; i_3 \; i_4)$に対応させて総和をとったものに等しい.

例題9

　式(56)において,生成行列Gの行ベクトル$\mathbf{g}_1$, $\mathbf{g}_2$, $\mathbf{g}_3$, $\mathbf{g}_4$がいずれも符号語になることを示せ.

解答9

　符号語に対しては式(43)の関係が成り立つので,$\mathbf{w}$に$\mathbf{g}_1$, $\mathbf{g}_2$, $\mathbf{g}_3$, $\mathbf{g}_4$をそれぞれ代入して0になることを示せばよい.以下に一例を示しておく.

$$H\mathbf{g}_1 = \begin{bmatrix} 0 & 1 & 1 & 1 & 1 & 0 & 0 \\ 1 & 0 & 1 & 1 & 0 & 1 & 0 \\ 1 & 1 & 0 & 1 & 0 & 0 & 1 \end{bmatrix} \begin{bmatrix} 1 \\ 0 \\ 0 \\ 0 \\ 0 \\ 1 \\ 1 \end{bmatrix} = \begin{bmatrix} 0 \\ 0 \\ 0 \end{bmatrix}$$

15.10 線形符号の復号化（シンドローム）

式 (39) の ? に相当するものはシンドロームと呼ばれ，受信語 $y = (y_1\ y_2\ \cdots\ y_7)$ に誤りが含まれているかどうかをチェックするためのパラメータである．つまり，シンドロームは受信語 y に対し，パリティ検査行列 H を用いて，

$$s = Hy^T \quad\cdots\cdots (58)$$

で計算される．

いま，受信語 y には送信語 w に誤りパターン $e = (e_1\ e_2\ \cdots\ e_7)$ が含まれるので，

$$y = w + e \quad\cdots\cdots (59)$$

である．したがって，送信語 w に対しては式 (43) が成り立つことを考慮すれば，シンドローム s は，

$$s = Hy^T = H(w+e)^T = H(w^T + e^T) = \underbrace{Hw^T}_{0} + He^T$$

$$= He^T \quad\cdots\cdots (60)$$

となり，送信語 w には無関係で，誤りパターン e のみで決まることが理解される．

それでは，シンドロームに基づく誤り検出／訂正の手順について，以下にまとめておくことにしよう．

● 誤り検出の手順

誤り検出のみを行うのであれば，受信語 y が符号語 w であるかどうかを判定すれば十分なわけで，式 (58) のシンドローム s が 0 かどうかを調べればよい．つまり，復号器では受信語に対して式 (58) を計算し，$s \neq 0$ のときに誤りが発生したと判断すればよい．

● 誤り訂正の手順

1 ビットの誤りが生じた場合を考えてみることにする．たとえば，ℓ ビット目が誤ったとすると，このときの誤りパターンは，

$$e_\ell = (0 \cdots 0\ \underset{\ell\text{ビット目}}{1}\ 0 \cdots 0) \quad\cdots\cdots (61)$$

であり，シンドロームは次式 (62) となり，パリティ検査行列 H の ℓ 列目の列ベクトル h_ℓ に等しい．

$$s = He_\ell = \begin{bmatrix} 0 & 1 & 1 & 1 & 1 & 0 & 0 \\ 1 & 0 & 1 & 1 & 0 & 1 & 0 \\ 1 & 1 & 0 & 1 & 0 & 0 & 1 \end{bmatrix} \overset{(y_1\ y_2\ y_3\ y_4\ y_5\ y_6\ y_7)}{\begin{bmatrix} 0 \\ \vdots \\ 0 \\ 1 \\ 0 \\ \vdots \\ 0 \end{bmatrix}} = h_\ell \quad\cdots\cdots (62)$$

この符号においては，H の列ベクトル h_1, h_2, $\cdots$, h_7 はすべて異なり，しかも $h_\ell \neq 0$ である．このようなシンドロームのもつ性質をもとに，シンドロームと誤りパターン（誤り発生の位置）との関係を表 15.4 のように整理しておくことにより，すべての単一誤りを訂正できる仕組みを実現することができる（図 15.11）．

以下に，図 15.11 に基づき，復号器での誤り訂正処理を簡単に説明しておく．

① 受信語 y からシンドローム s を計算する．
② $s \neq 0$ であれば，誤りなしと判定する．
③ $s \neq 0$ であれば，シンドロームに対応する誤りパターンを表 15.5 より探し出す．仮に，s が誤りパターン e_ℓ に対応するシンドローム s_ℓ に同じであれば，誤り e_ℓ が発生したものとする．
④ 送信語の推定値 $\hat{w}$ を求める．

表15.4 シンドロームと誤りパターン〔式(62)より〕

シンドローム			誤りパターン						
s_1	s_2	s_3	e_1	e_2	e_3	e_4	e_5	e_6	e_7
0	0	0	0	0	0	0	0	0	0
0	1	1	1	0	0	0	0	0	0
1	0	1	0	1	0	0	0	0	0
1	1	0	0	0	1	0	0	0	0
1	1	1	0	0	0	1	0	0	0
1	0	0	0	0	0	0	1	0	0
0	1	0	0	0	0	0	0	1	0
0	0	1	0	0	0	0	0	0	1

（1 は誤り発生位置を示す）

表15.5 シンドロームと誤りパターン（例題10）

シンドローム			誤りパターン						
s_1	s_2	s_3	e_1	e_2	e_3	e_4	e_5	e_6	e_7
0	0	0	0	0	0	0	0	0	0
0	0	1	1	0	0	0	0	0	0
0	1	0	0	1	0	0	0	0	0
0	1	1	0	0	1	0	0	0	0
1	0	0	0	0	0	1	0	0	0
1	0	1	0	0	0	0	1	0	0
1	1	0	0	0	0	0	0	1	0
1	1	1	0	0	0	0	0	0	1

（1 は誤り発生位置を示す）

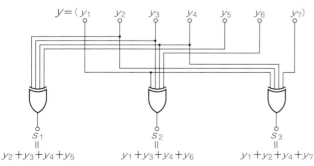

図15.11 シンドローム計算回路〔式(60)より〕

$$\hat{w} = y - e_\ell \quad \cdots\cdots\cdots\cdots\cdots\cdots (63)$$

⑤ シンドローム s がどの誤りパターン e_i にも当てはまらないときには，誤りの発生を検出するのみとする．

例題10

いま，パリティ検査行列 H を，

$$H = \begin{bmatrix} 0 & 0 & 0 & 1 & 1 & 1 & 1 \\ 0 & 1 & 1 & 0 & 0 & 1 & 1 \\ 1 & 0 & 1 & 0 & 1 & 0 & 1 \end{bmatrix} \cdots\cdots (64)$$

とするとき，シンドロームと誤り発生の位置との対応関係を調べよ．また，$y = (0\,1\,1\,0\,0\,0\,1)$ が受信されたときのシンドロームを求め，正しい符号語を推定せよ．

解答10

表15.4と同様な考え方に基づき，表15.5が得られる．この結果から，シンドローム $s = (s_1\ s_2\ s_3)$ を2進数とみなして，

$$\ell = s_1 \times 2^2 + s_2 \times 2^1 + s_3 \times 2^0 \cdots\cdots (65)$$

で得られる数字の表す位置のビットが誤り発生ということになる．

受信語に対して式(58)のシンドロームを計算すると，

$$s = Hy^T = \begin{bmatrix} 0 & 0 & 0 & 1 & 1 & 1 & 1 \\ 0 & 1 & 1 & 0 & 0 & 1 & 1 \\ 1 & 0 & 1 & 0 & 1 & 0 & 1 \end{bmatrix} \begin{bmatrix} 0 \\ 1 \\ 1 \\ 0 \\ 0 \\ 0 \\ 1 \end{bmatrix} = \begin{bmatrix} 1 \\ 1 \\ 0 \end{bmatrix}$$

となり，式(65)より，

$$\ell = 1 \times 2^2 + 1 \times 2^1 + 0 \times 2^0 = 6$$

が得られる．よって，6ビット目が誤っていることがわかり，誤りパターン $e_6 = (0\,0\,0\,0\,0\,1\,0)$ が発生したと判断され，式(63)より，

$$\hat{w} = y - e_6 = (0\,1\,1\,0\,0\,1\,1)$$

と正しく復号される．

15.11 画像記録における誤り訂正／修整

まず，ディジタル画像VTRの基本構成の概略を図15.12に示す．テレビ信号はA-D変換器でディジタル信号に変換され，符号器で誤り訂正に必要な情報が付加される．さらに，変調器でディジタル符号が記録しやすい符号に変換された後，テープやディスクに書き込んで記録される．続いて，テープやディスクから読み出して再生された符号は，復調器で元のディジタル符号に変換された後，復号器で書き込み時や読み込み時に発生した符号誤りを訂正される．そして，得られた符号をD-A変換器で元のテレビ信号に戻すという一連の信号処理がディジタル画像VTRの全体像である．

ディジタル画像VTRでは，連続するバースト状の誤りの長さ（バースト長）が符号設計時の重要な要素になる．例として，テープやディスクで発生する符号誤りが再生画像に及ぼす影響（画質の劣化）を軽減するための代表的な手法を表15.6に示す．

● 誤り訂正による画質劣化の軽減対策

符号誤りの軽減は，誤り訂正符号により実現されるわけだが，現状のディジタル画像VTRではリードソロモン符号が主流である．

画像の1ブロック中の訂正可能な画素数などは，誤り訂正符号のパラメータによって決まるが，画像誤りの統計的な性質を考慮して，最適な符号を選択することが望ましく，たとえば通常二つの誤り訂正符号を2次元（垂直方向と水平方向）構成にして使用している（図15.13）．

図15.13では，画像データを2次元的に配列した後，まず垂直方向に演算して誤り訂正符号を付加し（外符

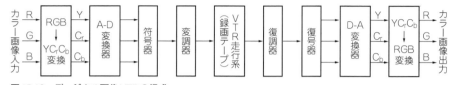

図15.12 ディジタル画像VTRの構成

表15.6 画像の劣化を軽減する各種の手法

軽減方法	基本手法
誤り訂正	2次元符号構成 シャフリング（バースト誤りのランダム化）
誤り修整	シャフリング（バースト誤りのランダム化） 画像の補完

図15.13 誤り訂正符号の構成例

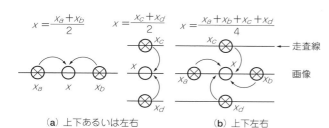

図15.14 誤り修正の画素補完例

号という），次に水平方向に演算して誤り訂正符号を付加する（内符号という）．このような構成の2次元符号では，2種の訂正符号を直交して配置することにより，内符号に沿って発生するバースト誤りを，外符号からみてランダム誤りとみなせるように工夫したことになる．こうしたバースト誤りをランダム化する工夫により，画質劣化を小範囲にとどめることができる．

さらに，ランダム化をより積極的に行うために，内符号と外符号の処理の間に画像メモリを用いてシャフリングとよばれる時間軸変換を挿入することもある．

● 誤り修整による画質劣化の軽減対策

誤り訂正符号を用いたとしても，その訂正能力を超える符号誤りが発生することがしばしば起こるのが常である．こうした場合に，威力を発揮するのが誤りを発生した画素の近傍の画素から補完して修整する方法で，誤り訂正符号の性能を補う意味で有効であり，画質劣化をかなり抑圧できる．

この修整技術は，基本的には誤りの個数を減少させているのではなく，人間の目をごまかして「誤りを目立たなくする」手法である．このためには，周辺の画像からどのようにして誤りが発生した位置の画素を合成するかが重要なポイントであり，上下左右の平均値などを利用して行われることが多い（**図15.14**）．

15.12 画像記録用リードソロモン符号器の設計

それでは，画像記録用としてのディジタル画像VTRでは，GF(2^8)上のリードソロモン符号（以後，RS符号と略記）が用いられていることにかんがみて，RS符号の符号化/復号化のしくみ，処理の流れを説明しておくことにしよう．

話をわかりやすくするために，拡大体GF(2^4)上のRS符号器および復号器の設計を例として取り上げることにする．

まずは，拡大体GF(2^4)の演算から始めよう（**15.7**を参照）．原始多項式$G(x) = x^4 + x + 1$の根をαとするとき，体では乗算が定義されるため，αのべき乗はすべてGF(2^4)の元となる．αのべき乗は，αが$x^4 + x$

表15.7 GF(2^4)の元

べき乗表現	多項式表現	ベクトル表現
0	0	0 0 0 0
$1 (= \alpha^0)$	1	1 0 0 0
α	α	0 1 0 0
α^2	α^2	0 0 1 0
α^3	α^3	0 0 0 1
α^4	$1 + \alpha$	1 1 0 0
α^5	$\alpha + \alpha^2$	0 1 1 0
α^6	$\alpha^2 + \alpha^3$	0 0 1 1
α^7	$1 + \alpha + \alpha^3$	1 1 0 1
α^8	$1 + \alpha^2$	1 0 1 0
α^9	$\alpha + \alpha^3$	0 1 0 1
α^{10}	$1 + \alpha + \alpha^2$	1 1 1 0
α^{11}	$\alpha + \alpha^2 + \alpha^3$	0 1 1 1
α^{12}	$1 + \alpha + \alpha^2 + \alpha^3$	1 1 1 1
α^{13}	$1 + \alpha^2 + \alpha^3$	1 0 1 1
α^{14}	$1 + \alpha^3$	1 0 0 1

($\alpha^{15} = 1$，αは$x^4 + x + 1 = 0$の根)

$+ 1 = 0$の根であること，すなわち$x = \alpha$を代入して$\alpha^4 + \alpha + 1 = 0$，すなわち，

$$\alpha^4 = \alpha + 1 \quad \cdots\cdots\cdots\cdots (66)$$

の関係を用いると，**表15.7**のようになる．$\alpha^{15} (= 1 = \alpha^0)$以降のべき乗はこの繰り返しである．

GF(2^4)の加算は，ベクトルの各成分をGF(2)上で加算することで定義され，たとえば$\alpha = (0100)$と$\alpha^3 = (0001)$の加算は，

$$\alpha + \alpha^3 = (0100) + (0001) = (0101) = \alpha^9$$

となる．また，拡大体GF(2^4)での乗算は元のべき数を加算し，これを15 ($= 2^4 - 1$)で割ったときの剰余で定義される．たとえば，α^{10}とα^{13}との乗算は，

$$\alpha^{10} \times \alpha^{13} = \alpha^{10+13} = \alpha^{23 \bmod 15} = \alpha^8$$

となる．減算と除算に関しては，それぞれ加算と乗算の逆元を用いて，加算と乗算の形で計算される．つまり，α^iの加算についての逆元は，

$$-\alpha^i = \alpha^i \quad \cdots\cdots\cdots\cdots (67)$$

であり，α^iの乗算についての逆元α^{-i}は，

$$\alpha^{15-(i \bmod 15)} \quad \cdots\cdots\cdots\cdots (68)$$

となる．**表15.8**に拡大体GF(2^4)の演算表を示す．

以上の拡大体における四則演算をもとに，t個のブロックを訂正するRS符号器を設計してみよう．最初に，t個のブロックを訂正するRS符号の生成多項式は，

$$G(x) = (x-1)(x-\alpha)(x-\alpha^2)\cdots(x-\alpha^{2t-1}) \quad \cdots (69)$$

で定義され，RS符号の各パラメータは次のとおりである．

符号長 ： $n \leq 2^4 - 1$
情報数 ： $k \leq n - 2t$
最小ハミング距離： $d_{min} \geq 2t + 1$

符号長nブロック，情報数kブロックのリードソロ

表 15.8 GF(2^4) の上の演算

(a) 加算　　　　　　　　　　　　　　　　　　　　(b) 乗算

($\alpha^4 + \alpha + 1 = 0$, $\alpha^{15} = 1$)

図 15.15　(8, 4) RS 符号の例

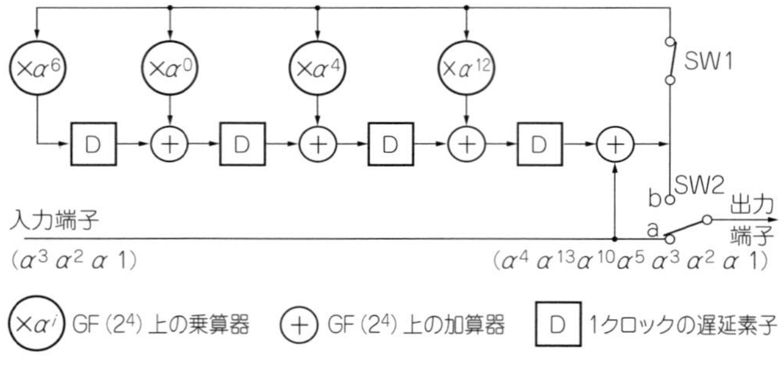

	(α^3)	(α^2)	(α)	(1)
通報	0001	0010	0100	1000

⇩ RS符号化（1［ブロック］＝4［ビット］）

	(α^4)	(α^{13})	(α^{10})	(α^5)	(α^3)	(α^2)	(α)	(1)
RS符号	1100	1011	1110	0110	0001	0010	0100	1000

検査ブロック　　　情報ブロック

図 15.16　(8, 4) RS 符号器の例

×α^i　GF(2^4) 上の乗算器　　＋　GF(2^4) 上の加算器　　D　1クロックの遅延素子

モン符号は，(n,k) RS 符号と呼ばれ，次の符号多項式 $F(x)$ で定義される．

$$F(x) = x^{n-k}I(x) + \left\{x^{2t}I(x) \mod G(x)\right\} \cdots (70)$$

ここで，$F(x)$ は符号多項式，$I(x)$ は情報多項式，｛ ｝の中は検査符号多項式を表す．

簡単な例として，2 ブロック ($t = 2$) の誤りを訂正可能な (8,4) RS 符号の符号化を行ってみよう．この符号の生成多項式は，式 (69) より，**表 15.7** と **表 15.8** を利用して，

$$\begin{aligned}
G(x) &= (x-1)(x-\alpha)(x-\alpha^2)(x-\alpha^3) \\
&= (x+1)(x+\alpha)(x+\alpha^2)(x+\alpha^3) \\
&= x^4 + (1+\alpha+\alpha^2+\alpha^3)x^3 \\
&\quad + (\alpha+\alpha^2+2\alpha^3+\alpha^4+\alpha^5)x^2 \\
&\quad + (\alpha^3+\alpha^4+\alpha^5+\alpha^6)x+\alpha^6 \\
&= x^4 + \alpha^{12}x^3 + \alpha^4 x^2 + x + \alpha^6 \cdots\cdots (71)
\end{aligned}$$

となる．たとえば，情報ブロック ($\alpha^3\ \alpha^2\ \alpha\ 1$) に対する符号多項式 $F(x)$ は式 (70) に基づき，

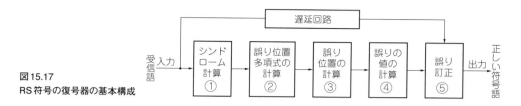

図15.17 RS符号の復号器の基本構成

$$\{x^4 I(x) \mod G(x)\}$$
$$= x^4 \left(\alpha^3 + \alpha^2 x + \alpha x^2 + x^3\right) \mod G(x)$$
$$= \alpha^4 + \alpha^{13} x + \alpha^{10} x^2 + \alpha^5 x^3 \cdots \cdots (72)$$

から,
$$F(x) = x^4\left(\alpha^3 + \alpha^2 x + \alpha x^2 + x^3\right)$$
$$+ \alpha^4 + \alpha^{13} x + \alpha^{10} x^2 + \alpha^5 x^3$$
$$= \underbrace{\alpha^4 + \alpha^{13} x + \alpha^{10} x^2 + \alpha^5 x^3}_{\text{検査ブロック}}$$
$$+ \underbrace{\alpha^3 x^4 + \alpha^2 x^5 + \alpha x^6 + x^7}_{\text{情報ブロック}} \cdots \cdots (73)$$

となる.よって,情報ブロックに対する符号語は,
$(\alpha^4\ \alpha^{13}\ \alpha^{10}\ \alpha^5\ \alpha^3\ \alpha^2\ \alpha\ 1)$
である(図15.15).

次に,符号器の構成について説明する.RS符号の符号化に必要な演算は,式(70)に示すように,$x^{2t} I(x)$ の生成多項式 $G(x)$ による除算であり,結果として得られる余りが検査ブロックとなる.

RS符号器の構成を図15.16に示す.この符号器の動作は,まずSW1を閉じて,SW2を端子aにつないで入力端子から情報データを順に入力する.続いてSW1を開いて,SW2を端子bにつなげば,出力端子からRS符号が順次出力される.

15.13 画像記録用リードソロモン復号器の設計

図15.17にRS符号の復号器の全体構成を示す.復号処理は,

① シンドロームの計算
② 誤り位置多項式の導出
③ 誤り位置の計算
④ 誤りの値の計算
⑤ 誤りの訂正

の順に行われる.以下,順に処理の内容を具体的に説明する.

いま,前述した(8,4)RS符号を考えることにし,8ブロックからなる符号語(0 0 0 0 0 0 0 0)を記録した後,誤って(α 0 0 α^5 0 0 0 0)と再生したものとしよう.この再生されたデータは受信語に相当するものであり,受信多項式 $Y(x)$ は,

$$Y(x) = \alpha + \alpha^5 x^3 \cdots \cdots (74)$$

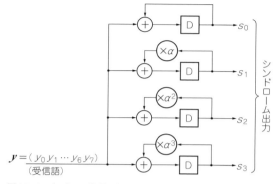

図15.18 (8,4) RS符号のシンドローム演算回路

となる.

① シンドロームの計算

シンドロームは式(74)に $\alpha^0 (=1)$, α, α^2, …, α^{2t-1} を代入して計算する(表15.7,表15.8参照).ここで t は誤り訂正可能なブロック数を表しており,対象とする(8,4)RS符号では $t=2$ である.よって,

$$\left.\begin{array}{l} s_0 = Y(\alpha^0) = Y(1) = \alpha + \alpha^5 = \alpha^2 \\ s_1 = Y(\alpha) = \alpha + \alpha^8 = \alpha + (1+\alpha^2) = \alpha^{10} \\ s_2 = Y(\alpha^2) = \alpha + \alpha^{11} = \alpha^6 \\ s_3 = Y(\alpha^3) = \alpha + \alpha^{14} = \alpha^7 \end{array}\right\} \cdots (75)$$

となる.式(75)のシンドロームは積和計算で行えるので,シンドローム演算回路は図15.18のように構成できる.

② 誤り位置多項式の導出

誤り位置多項式 $\sigma(x)$ は,誤り訂正のブロック数が2個の場合,式(75)のシンドロームを用いて次式で表せることが知られている.

$$\sigma(x) = \sigma_2 x^2 + \sigma_1 x + 1 \cdots \cdots (76)$$
ただし,
$$\sigma_1 = \frac{s_0 s_3 + s_1 s_2}{s_2^2 + s_1 s_3},\ \sigma_2 = \frac{s_1^2 + s_0 s_2}{s_2^2 + s_1 s_3}$$

式(76)を用いて,実際に誤り位置多項式を計算すると,

$$\sigma_1 = \frac{\alpha^9 + \alpha^{16}}{\alpha^{12} + \alpha^{17}} = \frac{\alpha^9 + \alpha}{\alpha^{12} + \alpha^2} = \frac{\alpha^3}{\alpha^7} = \alpha^{-4} = \alpha^{11}$$
$$\sigma_2 = \frac{\alpha^{20} + \alpha^8}{\alpha^{12} + \alpha^{17}} = \frac{\alpha^5 + \alpha^8}{\alpha^{12} + \alpha^2} = \frac{\alpha^4}{\alpha^7} = \alpha^{-3} = \alpha^{12}$$

より，式(77)が導かれる．
$$\sigma(x) = \alpha^{12}x^2 + \alpha^{11}x + 1 \quad \cdots\cdots\cdots\cdots (77)$$

③ 誤り位置の計算

誤り位置の計算は，誤り位置多項式にα^i ($i = 0, 1, 2, \cdots, n-1$；nは符号長)を順次代入していき，
$$\sigma(\alpha^i) = 0 \quad \cdots\cdots\cdots\cdots\cdots\cdots\cdots\cdots (78)$$
となるiを求めればよい(**チェン探索法**という)．この例では，$n=8$であるので8回計算することになる．

$$\begin{aligned}
\sigma(\alpha^0) &= \sigma(1) = \alpha^{12} + \alpha^{11} + 1 \\
&= (1 + \alpha + \alpha^2 + \alpha^3) + (\alpha + \alpha^2 + \alpha^3) + 1 = 0
\end{aligned}$$

$$\begin{aligned}
\sigma(\alpha^1) &= \alpha^{14} + \alpha^{12} + 1 \\
&= (1 + \alpha^3) + (1 + \alpha + \alpha^2 + \alpha^3) + 1 \\
&= 1 + \alpha + \alpha^2 \neq 0
\end{aligned}$$

$$\begin{aligned}
\sigma(\alpha^2) &= \alpha^{16} + \alpha^{13} + 1 = \alpha + \alpha^{13} + 1 \\
&= \alpha + (1 + \alpha^2 + \alpha^3) + 1 = \alpha + \alpha^2 + \alpha^3 \neq 0
\end{aligned}$$

$$\begin{aligned}
\sigma(\alpha^3) &= \alpha^{18} + \alpha^{14} + 1 = \alpha^3 + \alpha^{14} + 1 \\
&= \alpha^3 + (1 + \alpha^3) + 1 = 0
\end{aligned}$$

$$\sigma(\alpha^4) \neq 0,\ \sigma(\alpha^5) \neq 0,\ \sigma(\alpha^6) \neq 0,\ \sigma(\alpha^7) \neq 0$$

以上の結果より，誤り位置はα^0(ブロック0(x^0の位置))，α^3(ブロック3(x^3の位置))であることがわかる．

④ 誤りの値の計算

チェン探索法により求めた誤りの位置をi, j ($i<j$)とし，これに対応する誤りの値をe_i, e_jとするとき，誤り多項式$E(x)$は，
$$E(x) = e_i x^i + e_j x^j \quad \cdots\cdots\cdots\cdots (79)$$
となり，シンドロームs_0, s_1は次のように表される．
$$\left.\begin{aligned}
s_0 &= E(\alpha^0) = E(1) = e_i + e_j \\
s_1 &= E(\alpha^1) = E(\alpha) = \alpha^i e_i + \alpha^j e_j
\end{aligned}\right\}$$

この関係から，e_i, e_jはそれぞれ，
$$\left.\begin{aligned}
e_i &= \frac{\alpha^j s_0 + s_1}{\alpha^i + \alpha^j} \\
e_j &= e_i + s_0
\end{aligned}\right\} \quad \cdots\cdots\cdots (80)$$

で計算できる．③での計算結果から$i=0, j=3$として，誤りの値は，式(80)と式(76)より，
$$e_0 = \frac{\alpha^3 \alpha^2 + \alpha^{10}}{\alpha^0 + \alpha^3} = \frac{\alpha^5 + \alpha^{10}}{1 + \alpha^3} = \frac{1}{\alpha^{14}} = \alpha^{-14} = \alpha$$
$$\cdots\cdots\cdots (81)$$
$$e_3 = e_0 + s_0 = \alpha + \alpha^2 = \alpha^5 \quad \cdots\cdots\cdots (82)$$
と求められる．

⑤ 誤りの訂正

受信語の誤り位置(i, j)から，それに対応する誤りの値e_i, e_jを差し引けばよいわけで，この例では正しい符号多項式$C(x)$は，式(74)，式(79)，式(81)，式(82)から，二つのブロック誤りが訂正され，
$$\begin{aligned}
C(x) &= Y(x) - E(x) = (\alpha + \alpha^5 x^3) - (\alpha + \alpha^5 x^3) \\
&= 0 = (0\ 0\ 0\ 0\ 0\ 0\ 0\ 0)
\end{aligned}$$

となり，正しい符号語(0 0 0 0 0 0 0 0)を得られる．

第4部

暗号

　第3部では，誤り訂正符号を中心とする符号理論について解説してきたが，第4部では，新しいテーマとして「暗号」を取り上げることにする．

　暗号という言葉は，10年ほど前まではあまり耳慣れないものであった．しかし，ネットワーク化された情報化社会と呼ばれる現在においては，個人としての秘密やプライバシーの保護のために暗号はきわめて重要な地位を占めており，安全で信頼性の高い情報化社会の実現のために必要不可欠な基盤技術の一つとして位置づけられている．

　高度な情報ネットワーク社会に生きる私たちに安心を与えてくれる現代の暗号は必要不可欠で，かつて戦時中に特殊な組織でのみ使われていた古典的な暗号とは一線を画している．

　こうした現代暗号には，インターネット上で広く利用されているRSA暗号のほか，DES暗号など数多くの方式が提案されている．

　暗号の多くは複雑な計算を必要とするのに対し，RSA暗号やDES暗号のエッセンスは非常に単純かつ興味深い理論によって成り立っている．このからくりがどんなものなのかを知らないままでは，何だかもったいない気がする．

　第4部では**IoT**(Internet of Things)や**ICT**(Information and Communication Technology)に代表されるインターネット社会の基盤技術として，無意識のうちに利用している**"情報セキュリティ"**を取り上げ，RSA暗号やDES暗号を中心にわかりやすく解説する．

　暗号の基本は，RSA暗号に内包されている"数のマジック"の面白さ，DES暗号の単純な計算で"情報のでたらめにするマジック"をみなさんに感じてもらいたい．詳しい話はこの先を読んでいただくとして，ここまでの説明で興味が湧いた方はぜひとも気楽に読み進めていただきたい．

第16章 暗号とは何か？

本章では，暗号の導入として「暗号とは何か？」という話から始め，符号理論から暗号理論への橋渡しと同時に，暗号で用いられる用語を中心に解説する．

暗号は一般に情報セキュリティの中核技術で'守り'の技術として見られがちではあるが，昨今においては，社会・経済を活性化するための'攻め'の技術であることも知っておいてもらいたい．

16.1 暗号の役割

暗号は，かつて軍事や外交の機密文書の世界で使われていたためか，どうしても暗い過去を引きずっている感がぬぐいきれない．現在はどうかと言えば，暗号はもはや陰の存在ではなく，陽の当たる場所に出てきて堂々と表の世界を闊歩しているのである．

これまで，暗号がこれほどの脚光を浴びたことはなく，今では高度情報化社会の根幹をなすキー・テクノロジとして認知されている．過去の暗いイメージを払拭し，安号（あんごうと読ませる造語で，安心を与えるための符号といった意味合い）としての役割を果たすための技術が'暗号'であると言うこともできようか．

最近，携帯電話，電子メールなどのデータ通信の急速な進展につれ，みなさんの大切なデータを保護する，あるいは秘匿（秘密に）する必要性が日に日に高まっている．これまでは，紙幣であれば「透かし」マーク，手書き署名や実印（ハンコ）などが暗号の役割を担っていた．こうした，紙などの実体のある暗号が，電子化された情報ネットワーク社会においては仮想的なもの，'目に見えない'ものとなっているのである（図16.1）．

暗号の歴史は古く，バビロニア時代にさかのぼるが，ローマ時代の「シーザー暗号」，第2次世界大戦を中心に用いられた日本の「紫（パープル）暗号」などのように，古代から近代にかけては軍事・外交などの用途が中心であった．つまり，ある限定された組織内で重要な情報を秘密裏に伝達するという枠組みの中で使用された．

ところが，20世紀後半に至り，コンピュータと通信の発展が暗号の世界に一大変革をもたらし，その適用領域の急速な広がりを見たのである．産業界では企業の秘密を守り，自治体では住民のプライバシーを保護するというように，暗号は一般社会で日常的に用いられるようになってきた．

また，手書き署名や実印の印影もコンピュータ通信の中では，0と1の記号の並びに過ぎなくなってしまい，簡単にコピーされてしまうことにもなる．こうした本人確認や相手確認，あるいは文書に対する署名の機能（「**認証**」という）も暗号技術で実現される．

さらに，1990年代の後半あたりから，インターネットをはじめとするパソコン通信の普及とともに，その上で電子取引や電子決済が行われるようになると，暗号のもつ秘匿性に加えて，金額や文書の改ざん防止，相手確認などの認証がきわめて重要となり，暗号の果たす役割が再認識され始めた．最近では，認証時に秘

図16.1 暗号の役割

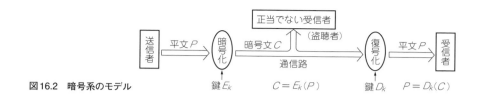

図16.2 暗号系のモデル

密情報のパスワードなどをそのままやり取りすると盗まれる危険性があるため，認証してもらうために必要な秘密情報を持っていることを，秘密情報自体は送受信することなく証明する方法も重要になっている（「**ゼロ知識対話証明**」という，19.1を参照）．

このように，インターネット時代の成熟にともない，ネットワーク上を多種多様な情報が飛び交うわけで，個人や情報を正しく認証し，安心できる信頼の基盤を構築するためのキー・テクノロジが暗号なのである．わかりやすく言うと，暗号は情報のセキュリティ（安全性）を確保するために不可欠な技術であり，情報の改ざん，破壊，盗聴などの好ましくない事態を防止するためのものなのである．

16.2 暗号系のモデル

暗号理論は情報理論の中の一分野であり，その基本的な理論は，かの有名なシャノンが構築し，情報理論の立場から見た暗号系のモデルを示している（図16.2）．

図16.2は抽象的なので，ここではもっとも簡単な'鬼退治'暗号（洒落た名前かも？）と名づけた例によって具体的に説明する．次に示す文字列は，ある勇者の名前を'鬼退治'暗号と呼ばれる方法によって暗号化したものである．

　　　ＮＰＮＰＵＢＳＰ（暗号文）

簡単とは言っても，容易に解読できるかといえばそうでもない．ただ勘のはたらく人なら「鬼退治」からの連想で，

　　　ＭＯＭＯＴＡＲＯ（平文，「桃太郎」という情報）

と言い当てられるかもしれない．この'鬼退治'暗号は，ＭをＮに，ＯをＰに，といった具合にアルファベットの各文字を1字ずつ後にずらしており，本来の正しい名称は「**シーザー暗号**」と言う．

図16.2では2種類の文，すなわち平文（「ひらぶん」と読む）と暗号文がある．

平文P：元の通報（そのまま読めて意味がわかる文）
暗号文C：暗号化された通報（意味不明の文）

'鬼退治'暗号の例では，ＭＯＭＯＴＡＲＯが平文，ＮＰＮＰＵＢＳＰが暗号文に該当する．

次に，送信側と受信側における基本的処理の概要をまとめておく．

図16.3 アルゴリズム

● 送信側（暗号化）

暗号化関数E_kは，平文Pを暗号文Cに変換する機能を有する．暗号化関数E_kは，暗号化関数系Eの膨大な集合の中から選んだ「鍵k」をもった一つの関数系を表す．'鬼退治'暗号では，《何文字かずらす》という手順が暗号化関数系Eに相当し，《実際にずらす文字数》が「鍵」となる．ここで，《何文字かずらす》という手順は「**暗号化アルゴリズム**」とも呼ばれる．

ここで，アルゴリズム（Algorithm）とは，ある種の目的を達成するための一般的な手法，算法のことをいう．野球で耳にすることが多い「勝利の方程式」という言い方も，意味としては「勝利のアルゴリズム」と言い換えられるものであろう（図16.3）．

この暗号化関数E_kの働きは，次式で表される．

$$C = E_k(P) \cdots\cdots\cdots\cdots\cdots\cdots\cdots\cdots\cdots\cdots (1)$$

容易に計算可能な暗号化関数

● 受信側（復号化）

復号化関数を用いて，暗号文Cを平文Pに変換する機能を有する．復号化関数D_kは暗号化関数E_kの逆関数E_k^{-1}（元に戻す関数）である．

$$D_k = E_k^{-1} \cdots\cdots\cdots\cdots\cdots\cdots\cdots\cdots\cdots\cdots (2)$$

'鬼退治'暗号では，《何文字か逆にずらす》という手順が復号化関数系Dに相当し，《実際にずらす文字数》が「鍵」となる．ここで，《何文字か逆にずらす》という手順は「**復号化アルゴリズム**」とも呼ばれる．この復号化関数D_kの働きは，式(1)および式(2)より，

$$D_k(C) = E_k^{-1}(C) = E_k^{-1}(E_k(P)) = P \cdots\cdots (3)$$

と表される．

このように暗号化されたデータを正当な受信者が受

信して，元のデータ（平文）に戻すことを復号という．また，正当な受信者でない人（盗聴者）が不法に暗号文を入手して平文を得ることは解読（アタック：attack，攻撃の意味）と呼ばれる．こうした盗聴者からの不法なアタックからデータを保護する機能が暗号には要求されることになるのである．

16.3 簡単な暗号例

● シーザー暗号

まずは，例を示す．たとえば，
　　MOMOTARO
を暗号化して，
　　PRPRWDUR
となったとしよう．暗号のアルゴリズムの種を明かせば，単にアルファベットを後ろへ3文字ずらしただけである．すなわち，
　　M→P
　　O→R
　　T→W
　　…
というように，ずらしている．アルファベットの後のほうの文字は前のほうに循環的にずらして，
　　X→A
　　Y→B
　　Z→C
のように暗号化する．

このように，「各文字を何文字かずらして暗号化する」手順は「シーザー暗号」を作成するアルゴリズムであり，暗号化の際の《何文字ずらしたか》という「鍵」情報が重要になる．このずらした文字数がわからなければ，たとえシーザー暗号を利用したということだけがわかったとしても，復号することはできないことになる．

つまり，このずらす文字数（鍵）を変えることによってさまざまな暗号文を作成することが可能になり，複数の人が同一の暗号方式を利用できるしくみが実現される．このように，利用した暗号方式自体が他人に知られてしまったとしても，鍵さえ知られなければ解読されることもなく，元の通報を知られてしまうことはない．

ただ，シーザー暗号の場合には，多くても26回の試行で鍵を割り出すことができる．まあ，言葉の遊びで言わせてもらえるなら「暗号化の鍵，暗号システムの鍵を握っている……」．

だから，もしもこの鍵が何兆個，何十兆個もあるとすれば，シーザー暗号でも安全と言えるかもしれない．

● 換字（かえじ）式暗号

これは，シーザー暗号のようにどの文字も一定の数だけずらすのではなく，各文字ごとにずらす数を変化させたものである．つまり，各文字を別の異なる文字に対応させた暗号といえる．たとえば，アルファベット26文字に対して，

$$\sigma = \begin{pmatrix} ABCDE\ FGHIJ\ KLMNO\ PQRST\ UVWXY \\ \downarrow \\ QWERT\ YUIOP\ ASDFG\ HJKLZ\ XCVBN \end{pmatrix} \quad \cdots(4)$$

のような置き換えを考えるわけで，この例では次のような暗号化ができる．
　　MOMOTARO　　（平文）
　　↓　置換規則 σ
　　DGDGZQKG　　（暗号文）

この暗号の場合，鍵は《各文字に対する置き換え方，つまり置換規則 σ》ということになる．

● 転置式暗号

前述の換字式暗号が，1文字ずつを置換規則 σ で暗号化するものであったのに対し，平文を長さn［文字］のブロックに区切り，各ブロックごとの文字の順序を置き換える方法である．

たとえば，簡単な例として，$n=4$［文字］で置換規則 τ を，

$$\tau = \begin{pmatrix} 1234 \\ \downarrow \\ 2413 \end{pmatrix} \quad \cdots(5)$$

とする．この置換規則 τ の意味するところは，
　　各ブロックの1番目の文字→2番目へ
　　　　　　2番目の文字→4番目へ
　　　　　　3番目の文字→1番目へ
　　　　　　4番目の文字→3番目へ
である．すると，
　　MOMOTARO　　（平文）
　　↓4文字ごとのブロックに分ける
　　MOMO　　　　TARO
　　↓置換 τ　　　↓置換 τ
　　MMOO　　　　RTOA　　（暗号文）
と暗号化される．

● 多表式暗号

これはシーザー暗号を拡張したもので，平文を長さn［文字］のブロックに区切り，各ブロックごとの文字のずらす数を変える方法である．

たとえば，簡単な例として，$n=4$［文字］でずらす数を，
　　各ブロックの　1番目の文字→2文字後にずらす
　　　　　　　　2番目の文字→5文字後にずらす

3番目の文字→3文字後にずらす
4番目の文字→1文字後にずらす

とする．すると，

MOMOTARO　（平文）
↓4文字ごとのブロックに分ける
MOMO　　　TARO
↓ずらし　　↓ずらし
OTPP　　　VFUP（暗号文）
②⑤③①　　②⑤③①（ずらす文字数）

と暗号化される．このとき，暗号文が同じ文字 'P' でも平文の文字が 'M' あるいは 'O' の場合がある．さらに，ずらす文字数（鍵）の系列②⑤③①②⑤③①……を乱数化することも考えられる．

このような暗号で秘密を守るには，「暗号化鍵と復号鍵を秘密するのはもちろんのこと，暗号化方式自体も秘密にしておかなければならない」という前提があり，秘密がバレてしまう可能性が高かったのである．

ところが，1970年代の半ばに登場した「共通鍵暗号」と「公開鍵暗号」が世間をあっと言わせたのである（詳細は，**第17章**と**第18章**を参照）．まず「共通鍵暗号」では暗号化アルゴリズム（鍵は秘密）を公開したし，続いて「公開鍵暗号」では「共通鍵暗号」の秘密鍵までも公開したので，大きな驚きをもって迎えられた．このような歴史的な出来事を境に，1970年代以前とそれ以後の暗号はそれぞれ，**古典暗号**，**現代暗号**と区別して呼ばれる．なお，換字式，転置式，多表式の各暗号は古典暗号に分類される．

例題1

次のシーザー暗号を復号せよ．ずらす数（鍵）は不明とする．

IGLRYPM

解答1

ずらす数を1～25まで変え，意味のある情報が得られるまで続ける．正解は，

KINTARO　（「金太郎」）

で，結果としては2文字後に（または24文字前に）ずらせばよい．

16.4 暗号の安全性

まず，暗号系で本質的に秘密にしなければならないものは，鍵だけであることを知っておいてもらいたい．

つまり，鍵がばれにくい，悪意をもった人が容易に鍵を手に入れられないような仕組みを組み込んだものが，暗号ということになる．

それでは，前述の簡単な暗号を例に，鍵を探り出すのにどれくらいの労力が必要なのかを算出してみることにしよう．

● シーザー暗号

シーザー暗号であることがわかれば，アルファベットで書かれた英文の場合，せいぜい26回程度（この数値は，《何文字かずらし》を表す鍵に相当する）である．暗号文を逆にずらしてみて，何らかの意味が通じる文が得られるかどうかを試してみると解読することができよう．

日本語漢字（仮に10,000字）であれば，10,000回の試行が必要ということになり，アルファベットに比べてかなり困難であることが理解される．

● 換字式暗号

式(4)からもわかるように，鍵の総数は置換の種類の数に一致することから，

$$26 \times 25 \times 24 \times \cdots \times 3 \times 2 \times 1 = 26! \fallingdotseq 4 \times 10^{26} \quad\cdots\cdots(6)$$

となる．

この鍵の数は天文学的な数値であることからして，正当な受信者でない人が総当たり的（虱は大嫌いだけど，しらみつぶし的）に全部を調べて鍵を探し出し，暗号文を解読するようなことは時間的に不可能であると言える．

このように原理的には可能ではあるが，解読に要する計算量が膨大で，世の中に存在する最高速のコンピュータをもってしても数十年や数百年，あるいはそれ以上の時間がかかる暗号は「実際上は解読不可能な暗号」とみなすことができ，「計算量的に安全な暗号」として位置づけられている．

● 転置式暗号

式(5)に示すように，1ブロックが4文字であることから，鍵の総数は，

$$4 \times 3 \times 2 \times 1 = 4! = 24 \quad\cdots\cdots\cdots\cdots\cdots\cdots\cdots(7)$$

となる．一般的に1ブロックをn文字としたときの鍵の総数は，

$$n \times (n-1) \times (n-2) \times \cdots 3 \times 2 \times 1 = n! \quad\cdots\cdots(8)$$

であり，nを大きくすることにより鍵の総数を大きくすることができ，暗号の安全性を高めることができる．とくに$n = 26$の場合は換字式暗号に一致する．

● 多表式暗号

総当たり的に鍵を探し出そうとすると，最初の文字が何文字ずらされているかわからないので26回試行し，さらにそれぞれに対して2文字目も26回の試行が必要となる．また3文字目，4文字目も同様である．そのため，鍵の総数は，

$$26 \times 26 \times 26 \times 26 \fallingdotseq 4.6 \times 10^5 \quad\cdots\cdots\cdots\cdots\cdots(9)$$

になる．この考え方を推し進め，平文をn文字ずつに区切って総当たり的に鍵を探し出そうとすると，最初

の文字を何文字ずらせばいいのかわからないので26回試行し，次の文字も26回，また次の文字も26回となるので，鍵の総数は，

$$\underbrace{26 \times 26 \times \cdots \times 26 \times 26}_{n個} = 26^n \quad \cdots\cdots\cdots\cdots (10)$$

となる．たとえば，$n = 10$ でも 26^{10}（$\fallingdotseq 4 \times 10^{13}$）で軽く10兆個を越えてしまい，ずらす文字を乱数化すれば，解読がより一層困難になる．

ところで正当な受信者ではない人，盗聴者といった類の人はどんな人かと想像してみるに，暗号を作っている専門家と同程度の能力をもっているとみなせることになろうか．つまり，暗号を解読するための必要な情報，すなわち，

1) 暗号化関数系 E に関する完全な知識
2) 平文 P についての統計的な性質（たとえば，英文におけるアルファベット文字の出現確率の偏り）
3) 大量の平文 P とそれに対する暗号文 C（暗号化の例文を大量にもっていること）

をもっている人でなければならないのである．

こうした盗聴者からのアタックにどれだけ耐えられるのか，という暗号の安全性を測る概念として，大きく2種類があげられる．

① 絶対安全な暗号

1回限りしか使わない乱数に基づく使い捨て鍵を用いた暗号で，再現することが不可能である．具体的には「バーナム暗号」と呼ばれるものを指し，平文 P に同じ長さの乱数の列を付加して暗号文 C を作り出す．次に，簡単な例を示しておくことにする．

まず，アルファベット文字を文字コード（数値）に対応づける（表16.1）．数値の加算は mod 26（26を法とする演算：26で割った余りを答とする）で行うものとする．

```
M  O  M  O  T  A  R  O   ← 平文
         ↓ 文字コードに対応づける
12 14 12 14 19  0 17 14
+  +  +  +  +  +  +  +
 9 20 15 23 27  2 15  8   ← 乱数列
 ↓  ↓  ↓  ↓  ↓  ↓  ↓  ↓     （1回だけ使う）
```

表16.1 アルファベット文字と文字コード

文字	コード	文字	コード	文字	コード
A	0	J	9	S	18
B	1	K	10	T	19
C	2	L	11	U	20
D	3	M	12	V	21
E	4	N	13	W	22
F	5	O	14	X	23
G	6	P	15	Y	24
H	7	Q	16	Z	25
I	8	R	17		

```
21  8  1 11 20  2  6 22   ← mod 26 の演算
         ↓ 文字コードに対応づける
 V  I  B  L  U  C  G  W   ← 暗号文
```

バーナム暗号は絶対に安全ではあるが，その犠牲として平文と同じ長さの鍵を必要とすることになり，情報伝送効率が悪い．たとえば，1,000文字からなる平文を送るとなれば，鍵も同じ1,000文字の長さとなる．

② 計算量的に安全な暗号

換字式暗号の説明を参照のこと．わかりやすく言えば，解読するのに要する計算量が膨大であり，当面は大丈夫であろうと考えられる暗号のことをいう．一般に，ビジネスなどに使用される商用暗号として用いられる．

例題2

バーナム暗号で暗号化した 'VIBLUCGW' から，鍵に該当する乱数列 (9, 20, 15, 23, 27, 2, 15, 8) を用いて，平文を復号せよ．

解答2

暗号文の各文字コードから対応する乱数列を減算し，得られた数値に対応する文字を表16.1より当てはめる．なお，減算した結果が負になるときは，26を加算すればよい．以下に，計算プロセスを示す．

```
 V  I  B  L  U  C  G  W   ← 暗号文
         ↓ 文字コードに対応づける
21  8  1 11 20  2  6 22   ← mod 26 の演算
 -  -  -  -  -  -  -  -
 9 20 15 23 27  2 15  8   ← 乱数列
 ↓  ↓  ↓  ↓  ↓  ↓  ↓  ↓
12 -12 -14 -12 -7  0 -9 14   （減算結果が負の値には26を加算）
 ↓  ↓  ↓  ↓  ↓  ↓  ↓  ↓
12 14 12 14 19  0 17 14
         ↓ 文字コードに対応づける
 M  O  M  O  T  A  R  O   ← 平文
```

16.5 暗号系の種類

暗号系の秘密を守るためのマジックは，鍵にあることを説明した．一般に，鍵と呼ばれるものには2通りの役目（暗号化する鍵，復号する鍵）があり，仮に暗号系を金庫に見立てて言えば，金庫を閉める鍵と開ける鍵の二つの鍵が存在することと同義である．この二つの鍵が同一であるかどうかによって，暗号系は，

1) 共通鍵暗号（共通秘密鍵暗号，対称鍵暗号）
2) 公開鍵暗号（個人秘密鍵暗号，非対称鍵暗号）

に大別される（図16.4）．以下，それらについておおざっぱな説明をしておこう．

● **共通鍵暗号系**

この暗号系は，

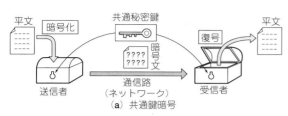 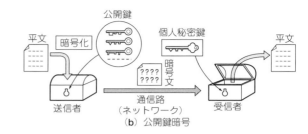

図16.4　共通鍵暗号と公開鍵暗号

　　暗号化鍵 E_k ＝ 復号鍵 D_k ………………(11)

であり，鍵を絶対に秘密にしておかなければならないことから，共通秘密鍵暗号と言い換えたほうがわかりやすい．

　この方式による代表的な暗号系として，米国のDES（Data Encryption Standard）暗号などが挙げられる．

　正確に言えば，DES暗号は共通鍵暗号であって，その暗号化アルゴリズムが公開されている方式であり，アルゴリズム公開型共通鍵暗号と呼ばれる．当然のことだが，暗号化の鍵は当事者同士の共通の約束事であり，送受信者のペアごとに秘密に鍵を設定する．したがって，暗号化できる人は，復号する（正当な受信者が元の平文に戻す，解読する）こともできる．

　共通鍵暗号では，送受信者のペアごとに別々の鍵を用意しておく必要があり，秘密鍵の管理の煩わしさに大きな問題点がある．たとえば，AさんがBさんに送信する（暗号化する）鍵と，同じAさんがCさんに送信する鍵とはまったく異なる．そのようなわけで，各送受信者は自分以外の鍵をもすべてもっていなければならない（図16.5）．

　いま，この暗号系の利用者が100人いるとすれば，全体で必要とされる鍵の総数は，100人の中から2人を選ぶ組み合わせであることから，

$$_{100}C_2 = \frac{100 \times 99}{2 \times 1} = 4950 個 \cdots\cdots(12)$$

となる．

　これだけでもかなり大きな数だが，利用者数が増えてくれば必要とされる鍵の総数は膨大になり，煩雑になる．しかも，鍵は安全性を確保するためには，ときどき変更する必要もあり，これにも大変な手間を要する．しかしながら，現実には通信する相手は大体限られているので，ここで述べた鍵の管理の煩わしさは多少は軽減される．

　なお，共通鍵暗号にはDES暗号の他にも，日本ではNTTのFEAL暗号，三菱電機のMISTY暗号などが知られ，商用ベースで利用されている．また，シャノンの暗号理論によれば，一般的に鍵は長ければ長いほど安全だが，暗号文は長ければ長いほど解読されやすいと言われている．

● 公開鍵暗号系

　この暗号系は，

　　暗号化鍵 E_k ≠ 復号鍵 D_k ………………(13)

であり，鍵が公開されている．

　鍵が公開されているのに秘密が保持されるという何とも不思議な暗号なのだが，もちろんすべての鍵が公開されているわけではない．

　つまり，暗号化鍵 E_k は公開し，復号鍵 D_k は秘密にする．わかりやすく言えば，あらかじめ暗号化鍵を公開して利用者すべてに配っておき，受信者は秘密にした自分専用の鍵で復号することになる．自分専用の秘密鍵を一つもつだけで，だれから来た通信であっても復号できるのである（利用者がどんなに増えようとも同じ）．共通鍵暗号に比べて格段に鍵の管理の煩わしさは軽減されることになる．

　このような公開鍵暗号の具体例として名が知られているのがRSA（Rivest - Shamir - Adleman）暗号で，リヴェスト，シャミア，アドルマンの3人の研究者の頭文字を連ねたものである．その他，ラビン暗号，エルガマル暗号なども公開鍵暗号の一種である．

　次に，公開鍵暗号系のブロック図を図16.6に示し，

図16.5　共通鍵暗号系のブロック図

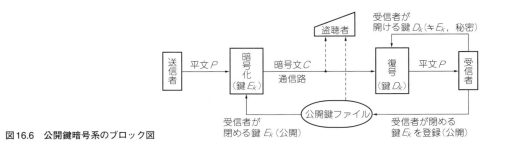

図16.6　公開鍵暗号系のブロック図

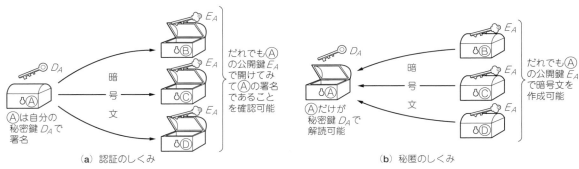

(a) 認証のしくみ　　　　　　　　(b) 秘匿のしくみ

図16.7　公開鍵暗号による認証と秘匿

送受信のしくみを以下に述べる．
① 送信者は受信者の暗号化鍵E_kが公開されている鍵のデータベースファイルを調べる
② 調べた暗号化鍵E_kを用いて，平文Pを暗号化して暗号文Cを送信する
③ 受信者は自分だけの秘密の復号鍵D_kで，受信した暗号文Cを復号して平文Pを得る

このように「暗号化鍵を公開しても暗号になる」という，いささかキツネにつままれたような暗号系を実現できた理由は，「個人が秘密鍵をもつ」ということにある．だから，公開鍵暗号という言い方は，個人秘密鍵暗号と言い換えたほうが適切でわかりやすい．

公開鍵暗号の機能として，これまでは送受信での内容の秘匿を中心に説明してきたが，それ以上に認証という機能が重要視されている（図16.7）．

わかりやすく言えば，銀行でのATM端末からキャッシュカードを利用してお金の出し入れをするときに，暗証番号（4けたの数字）で本人の確認を行っているが，この本人の確認が認証という機能にあたる．なお，公開鍵暗号を認証に利用する場合にも，秘密鍵は自分のみが使い，公開鍵は他の多数の利用者に使わせることになる．

このように，共通鍵暗号系が「1対1」の暗号であるのに対して，公開鍵暗号系が「1対多」の暗号であることは特筆すべきである．なぜなら，インターネットではだれでも情報を発信することかでき，しかもだれからでも情報を受信できる「1対多」に公開鍵暗号系の概念が符合しているからである．

第17章 公開鍵暗号——RSA暗号

第16章では，暗号系のモデル，暗号の種類（共通鍵暗号，公開鍵暗号）を中心に，暗号全般に関する基礎用語について概括した．

本章では，まず公開鍵暗号の代表格であるRSA暗号を例にとり，「鍵を第三者に公開しても秘密が保てる」という暗号の不思議なしくみを理解することを目標に，やさしい解説を試みる．整数演算がたびたび登場してくることになるが，整数の四則演算は小学校程度の算数（言い過ぎ？）なので，気楽な気持ちで読み進めていただきたい．

なお，わかりやすく説明したためにやや数学的な厳密性に欠けているところが多少なりともあろうと思われるので，実際にRSA暗号を利用する際しては，専門書や論文を参考にしていただきたい．

17.1 公開鍵の秘密

公開鍵は文字どおり，「秘密にすべき鍵を第三者に知らしめる」ことを前提にしているが，「鍵を公開して，なぜ秘密が保てるのか」といった素朴な疑問がわいてくる．その答を明快に述べるのはなかなか難しいが，簡単に言うとすれば，

「従来は1種類しか用意しなかった鍵を2種類用意しておき，一つを公開し，他の一つを秘密にすること」

という点にヒントが隠されている．公開鍵を利用した暗号システムは，以下のような形態をとる．

① まず，一人のユーザが，公開するもの（公開鍵）と秘密にするもの（秘密鍵）の，2種類の鍵を用意する
② 一つの鍵をすべてのユーザに公開し，どのユーザにもその公開鍵で自分宛ての暗号文を作成してもらう
③ 届いた暗号文を平文に戻す，つまり復号するときは，自分だけが知っている秘密鍵を使う

つまり，公開しているとは言っても，一つの鍵を公開しても秘密が守られるしくみであり，自分しか知らない秘密の鍵は持っているのである．もちろん，公開鍵と秘密鍵がまったく無関係に作られていては暗号文から平文を得ることはできないので，

図17.1　公開鍵暗号は二重構造

「公開鍵の中にマジックを組み込んでおき，そのマジックの種明かしをするのが秘密鍵」

とするのである．

この場合，暗号鍵が二重構造になっていると考えればわかりやすい（図17.1）．共通鍵暗号を一重構造と考えれば，公開鍵暗号は鍵が外から見えにくいようにカバーがされたものとみなすこともできるだろう．たとえて言えば，アンパンのあんこが秘密鍵，パンの部分が公開鍵であって，パンの中のあんこがどんな味なのかは食べてみないとわからない，という感じだろうか．

17.2 RSA暗号で使う数学（整数論）

さて，複雑な計算ができれば暗号のもつ秘匿性を高めることにつながっていくわけだから，暗号に用いる数としては，＋，－，×，÷という，いわゆる加減乗除の四則演算が自由にできる性質をもっておくことが望ましい．この四則演算が成立する数の世界は，「体（たい）」と呼ばれる．とくに，限られた整数のみで四則演算が自由にできる数の世界を「有限体」といい，暗号を取り扱ううえでもっとも重要な数体系である（12.1を参照）．

● マジック・プロトコル

では，いよいよ公開鍵暗号の代表例としてRSA暗号を例に，マジック・プロトコルのしくみを具体的な数値例で説明していくことにする．

「鍵を公開しても秘密が守れるのはなぜだろう？ どうして？ RSA暗号のどこに，どんな秘密の仕掛けがあるんだろう」という疑問にざっくりとお答えすることから始めよう．

第4部 暗号

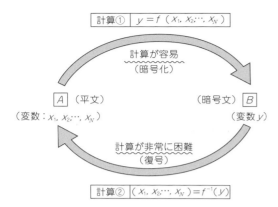

図17.2 一方向性関数と暗号マジック

結論は，「図17.2のように，ある方向（$A \to B$）の計算①はやさしいが，その逆の方向（$B \to A$）の計算②は非常に困難である」という性質，「往きはよいよい，帰りは怖い」という感じの**一方向性関数**に，RSA暗号の秘密の「からくり」（マジック・プロトコルと呼ばれる）が仕込んであるということだ．

たとえば，二つの素数（p, q）の積で表される大きなけた数の正整数に対して，

計算①：pとqが与えられたとき，積$y = p \times q$を計算する

計算②：積$y = p \times q$が与えられたとき，二つの素数pとqを算出する（素因数分解）

のように，素数の掛け算と，その逆の素因数分解の計算が一方向性関数の代表例である．

具体的数値例として，「25173451という8けたの整数が与えられて，これが二つの素数の積になっているが，二つの素数はそれぞれいくらか？」と聞かれて，おそらく即座に答えられる人はほとんど皆無だろう．実は，

「$25173451 = 4673 \times 5387$」

（4673も5387のいずれも素数）

に分解されるのだが，こうした素因数分解の難しさを利用して作られた暗号がRSA暗号であり，鍵を公開しても秘密が守られるという「公開鍵暗号」の不思議なマジックの種になっている．

なお，10進表示で4けた以下の素数を知りたい方は，

URL　https://mathtrain.jp/primetable

を覗いてみていただきたい．

● **オイラー関数$\varphi(N)$を使う**

もう一つ，RSA暗号のマジックの仕掛けを作り出す数学にオイラー関数$\varphi(N)$と呼ばれるものがあり，次のような性質をもつことが知られている．

「ある整数Nが，二つの素数pとqの積，すなわち，

$$N = pq \quad \cdots\cdots (1)$$

表17.1　mod 15の乗算（$a \times b$）

a\b	0	1	2	3	4	5	6	7	8	9	10	11	12	13	14
0	0	0	0	0	0	0	0	0	0	0	0	0	0	0	0
1	0	①	2	3	4	5	6	7	8	9	10	11	12	13	14
2	0	2	4	6	8	10	12	14	①	3	5	7	9	11	13
3	0	3	6	9	12	0	3	6	9	12	0	3	6	9	12
4	0	4	8	12	①	5	9	13	2	6	10	14	3	7	11
5	0	5	10	0	5	10	0	5	10	0	5	10	0	5	10
6	0	6	12	3	9	0	6	12	3	9	0	6	12	3	9
7	0	7	14	6	13	5	12	4	11	3	10	2	9	①	8
8	0	8	①	9	2	10	3	11	4	12	5	13	6	14	7
9	0	9	3	12	6	0	9	3	12	6	0	9	3	12	6
10	0	10	5	0	10	5	0	10	5	0	10	5	0	10	5
11	0	11	7	3	14	10	6	2	13	9	5	①	12	8	4
12	0	12	9	6	3	0	12	9	6	3	0	12	9	6	3
13	0	13	11	9	7	5	3	①	14	12	10	8	6	4	2
14	0	14	13	12	11	10	9	8	7	6	5	4	3	2	①

□の場所が乗算の逆元の存在を示す．
1（1の逆元は1），2（2の逆元は8，$2 \times 8 = 16 = 1$），4（4の逆元は4，$4 \times 4 = 16 = 1$），7（7の逆元は13，$7 \times 13 = 91 = 1$），8（8の逆元は2），11（11の逆元は11，$11 \times 11 = 121 = 1$），13（13の逆元は7），14（14の逆元は14，$14 \times 14 = 196 = 1$）

となる場合，ある数Nより小さくてNと約数をもたない数の個数を$\varphi(N)$で表すとき，

$$\varphi(N) = (p-1)(q-1) \quad \cdots\cdots (2)$$

となる」

たとえば，$N = 3 \times 5$，$p = 3$，$q = 5$の場合に，mod 15による乗算結果は表17.1のようになる．

表17.1より，$N = 15$より小さくて15と共通因数をもたない（公約数が1で，「互いに素」の関係ともいう）正整数kは，$\{1, 2, 4, 7, 8, 11, 13, 14\}$の8個であり，①で示す「被乗数（$a$）×乗数（$b$）」が相当する．8個という個数は，式(2)のオイラー関数φ，すなわち，

$$\varphi(6) = (p-1)(q-1) = (3-1) \times (5-1) = 8$$

に等しい．

いま，べき乗算として，

$$a^b = \underbrace{a \times a \times \cdots \times a}_{b 個} \pmod{N} \quad \cdots\cdots (3)$$

を定義する．これをaのb乗といい，bをべき指数と称する．mod 15の15個の元$P \in \{0, 1, 2, 3, \cdots, 13, 14\}$について，べき乗の表を作成すると表17.2が得られる．表作成の計算例として，試しに，

$$13^{10} \pmod{15}$$

を求めてみよう．

以下に計算の流れを示すが，電卓程度があればスムーズに算出できる．まず，

$$13^2 = 169 = 11 \times 15 + 4 = 4 \pmod{15}$$

であり，

$$13^{10} = (13^2)^5 = (4)^5 = 1024 = 68 \times 15 + 4 \pmod{15}$$

表17.2 mod 15のべき乗算 (a^b)

a \ b	a^1	a^2	a^3	a^4	a^5	a^6	a^7	a^8	a^9	a^{10}	a^{11}	a^{12}	a^{13}	a^{14}
	1	2	3	4	5	6	7	8	9	10	11	12	13	14
0	0	0	0	0	0	0	0	0	0	0	0	0	0	0
1	1	1	1	①	1	1	1	①	1	1	1	①	1	1
2	2	4	8	①	2	4	8	①	2	4	8	①	2	4
3	3	9	12	6	3	9	12	6	3	9	12	6	3	9
4	4	①	4	①	4	①	4	①	4	①	4	①	4	①
5	5	10	5	10	5	10	5	10	5	10	5	10	5	10
6	6	6	6	6	6	6	6	6	6	6	6	6	6	6
7	7	4	13	①	7	4	13	①	7	4	13	①	7	4
8	8	4	2	①	8	4	2	①	8	4	2	①	8	4
9	9	6	9	6	9	6	9	6	9	6	9	6	9	6
10	10	10	10	10	10	10	10	10	10	10	10	10	10	10
11	11	1	11	①	11	1	11	①	11	1	11	①	11	1
12	12	9	3	6	12	9	3	6	12	9	3	6	12	9
13	13	4	7	①	13	4	7	①	13	4	7	①	13	4
14	14	1	14	①	14	1	14	①	14	1	14	①	14	1

「4の周期で繰り返し」
[○の場所が基数$N = 15$と「互いに素」な正整数aの値に一致する]

が得られる．なお，13を2乗してわざわざ169にするのは，15より大きい数を作り出して余りの計算を簡略化して求めるためである．基本的には，「15より大きい部分を余りに置き換えて小さくして計算するやり方」で電卓でも容易に計算できるので試してみよう．また，プログラムの得意な人は一度パソコンで挑戦してみてほしい．

さて，「互いに素」な8個の正整数$k = \{1, 2, 4, 7, 8, 11, 13, 14\}$はいずれも4乗すると1になり，$a^4$の列を見れば納得できる（①で示す）．不思議な感じがするのだが，この性質がRSA暗号の「からくり」と密接に関係する．

このとき，4乗を表す「べき指数$L = 4$」は$2(= p - 1 = 3 - 1)$と$4(= q - 1 = 5 - 1)$の最小公倍数に一致する．一般的には，正整数nに対して，

$$k^{nL} = 1 \pmod{N} \cdots\cdots(4)$$

という関係が成立する．

さらに，べき指数4に1を加えた値$5(= 4 + 1)$でべき乗すると，

$0^5 = 0, \quad 1^5 = 1, \quad 2^5 = 2, \quad 3^5 = 3, \quad 4^5 = 4,$
$5^5 = 5, \quad 6^5 = 6, \quad 7^5 = 7, \quad 8^5 = 8, \quad 9^5 = 9,$
$10^5 = 10, \quad 11^5 = 11, \quad 12^5 = 12, \quad 13^5 = 13, \quad 14^5 = 14$
$\cdots\cdots(5)$

となり，15個の元$P \in \{0, 1, 2, 3, \cdots, 13, 14\}$それ自身の値になることがわかる．表17.2の$a^5$，$a^9$，$a^{13}$の列（アミカケ部分）を見てもらうと，一般的に$L$の倍数に1を加えた値（$nL + 1$，$n$は正整数）をべき指数としてべき乗すると，個のすべての元$P \in \{0, 1, 2, 3, \cdots, N - 1\}$それ自身の値になるのである．すなわち，

$$P^{nL + 1} = P \pmod{N} \cdots\cdots(6)$$

で表される関係が成立する．実は，こうした性質がRSA暗号の鍵のペア（暗号化鍵e，復号鍵d）を与えることになるのである．

一例として秘密裏に伝えたい平文を$(2, 13, 5)$とし，友人から自分に送ってもらうことを想定し，公開する鍵を適当に7としてみよう（ただし，実際は適当にはとれず，多少の制約がある）．そして「鍵を7とし，15を法として暗号化して送ってくれ」と友人に依頼するわけだ．よって，公開する情報はモジュロ演算の基数$N = 15$と公開鍵$e = 7$の二つである．友人は平文$(2, 13, 5)$を言われたとおりに，表17.2のa^7の列に基づき，

$2^7 \pmod{15} = 8, \quad 13^7 \pmod{15} = 7, \quad 5^7 \pmod{15} = 5$

として，暗号文$(8, 7, 5)$を送り出すわけだ．

こんどは，受け取った暗号文$(8, 7, 5)$を復号して平文に戻す処理に取りかかることになる．それには，公開した鍵$e = 7$のペアになる復号するための秘密の鍵dを求めて，その数だけ暗号文をべき乗すれば元の平文に戻せるはずである．

前述のように$N = 15$を法とするとき，式(6)より$L = 4$の倍数に1を加えた値$(4n + 1)$でべき乗すると元に戻るわけだから，$e = 7$という鍵で暗号化したなら（既に7乗されているので），任意のすべての元$P \in \{0, 1, 2, 3, \cdots, 14\}$の7乗した値$P^7$[表17.2の$a^7$の列に相当する]をさらにある数$d$（復号鍵，正整数）でべき乗することを考える．このとき，

$$(P^7)^d = P^{7d} = P^{(4n + 1)} \quad n\text{は任意の正整数}\cdots\cdots(7)$$

で表される関係が成立しなければならない．よって，

$$7d = 4n + 1$$

の関係を満たす正整数dを見いだせばよいわけだから，

$$d = \frac{4n + 1}{7} \quad n\text{は任意の正整数}\cdots\cdots(8)$$

が得られ，正整数eの乗算に対する逆元，すなわち，

$$d = e^{-1} \pmod{4} \cdots\cdots(9)$$

となるのである．このような復号鍵としては，式(8)より$n = 5$のときに$d = 3$となるので，この3が暗号化鍵$e = 7$で作成した暗号文を解読するための復号鍵dになるというぐあいだ[$ed = 7 \times 3 = 21 \pmod{4} = 1$で，表17.2の$a^3$の列に相当する]．

さっそく確認のために，受け取った暗号文$(8, 7, 5)$を秘密の復号鍵$d = 3$で復号してみよう．15を法とするモジュロ演算なので，表17.2のa^3の列に基づき，

$8^3 \pmod{15} = 2, \quad 7^3 \pmod{15} = 13, \quad 5^3 \pmod{15} = 5$

となり，復号結果は$(2, 13, 5)$で最初の平文に一致して見事に復号できるのである．鍵を公開しても，確かに秘密が守れるらしいことが実感できるではないだろうか．思わず「おっ，お見ごと！」というほかない．

ここで，なぜオイラー関数$\varphi(N)$が重要なのかを説明しておくと，

『$N = pq$ のとき，オイラー関数 $\varphi(N)$ の値を導くためには，二つの素数 p と q の値があらかじめわかっていなければならない』

からである．この二つの素数 p と q を導くこと（素因数分解すること）の困難さを利用することで RSA 暗号を構成する．

[例題1]

いま，$N = 5 \times 7$ とするとき，各問に答えよ．
① オイラー関数 $\varphi(N)$ を求めよ．
② N より小さくて N と「互いに素」である整数すべて示せ．
③ ②で得られた整数の中での最大値を k で表すとき，
   $k^{\varphi(N)} \pmod{N}$
   の値を計算せよ．

[解答1]

① 式 (2) より，$\varphi(35) = 4 \times 6 = 24$．
② 35 との約数が 1 だけのものを列挙すればよい．
   $\{1, 2, 3, 4, 6, 8, 9, 11, 12, 13, 16, 17, 18,$
   $19, 22, 23, 24, 26, 27, 29, 31, 32, 33, 34\}$ の
   24 個で，①の結果に一致することが確かめられる．
③ 最大値 $k = 34$ であることから，
   $34^{24} \pmod{35}$
   を計算する．以下に計算の流れを示す．まず，
   $34^2 \pmod{35} = 1156 \pmod{35}$
   $\qquad\qquad\qquad = 33 \times 35 + 1 = 1$
   となり，
   $34^{24} = (34^2)^{12} = (1)^{12} = 1 \pmod{35}$ ……(10)
   が得られる．

17.3 RSA 暗号の鍵作成

まず，平文を構成する文字列に対応する整数を，
$\qquad P \pmod{N}$ ……(11)
で表すとき，この P を暗号化するための暗号化鍵（e：正整数，N）を用意し，これらの鍵を公開して，
$\qquad C = E_e(P) = P^e \pmod{N}$ ……(12)
で暗号文に対応する整数 C を求める．ここで，$P^e \pmod{N}$ は，P を e 乗したもの，すなわち，
$\qquad P^e = \underbrace{P \times P \times \cdots \times P}_{e\text{個}}$ ……(13)
を正整数 N で割ったときの余りである．

逆に，暗号文 C を平文 P に復号するには，非公開の復号鍵（d：正整数）を用いて，
$\qquad P = D_d(C) = C^d \pmod{N}$ ……(14)
とする．$C^d \pmod{N}$ は C を d 乗したもの，すなわち，
$\qquad C^d = \underbrace{C \times C \times \cdots \times C}_{d\text{個}}$ ……(15)
を正整数 N で割ったときの余りであり，P も C も 0 〜 $(N-1)$ の値をとる整数である．

表 17.3 「フェルマーの小定理」の例（$p = 5$ の場合）　すべて①となる

a＼b	1	2	3	4
1	1	1	1	①
2	2	4	3	①
3	3	4	2	①
4	4	1	4	①

（$a^b \pmod 5$）

フェルマーの小定理
ある素数を p とするとき，
$\{1, 2, \cdots, (p-1)\}$ のすべての整数 a に対して，
『$a^{p-1} = 1 \pmod p$』
なる関係が成立する．

RSA 暗号の生成は，暗号化鍵と復号鍵をどのように見つけ出すかが最大のポイントなので，その手順を以下に示す．

[ステップ1]
十分に大きな二つの異なる素数を p, q を任意に選ぶ（$N = pq$）．

[ステップ2]
式 (2) を利用して，オイラー関数 $\varphi(N)$ を求めておく．

[ステップ3]
$(p-1)$ と $(q-1)$ の最小公倍数 L を計算する．
$\qquad L = \mathrm{LCM}(p-1, q-1)$ ……(16)

[ステップ4]
式 (16) の最小公倍数 L と「互いに素」で，N より小さい任意の正整数 e ($2^e > N$ を満たす) を選ぶ．ここで，[ステップ3] で求めた最小公倍数 L に対しては，N と「互いに素」となる P について，正整数 n とし，
$\qquad P^{nL} = 1 \pmod{N}$ ……(17)
という関係が成立することも知っておいてほしい．式 (17) は，数学史上の難題として知られている「フェルマーの定理」の簡単バージョンである「**フェルマーの小定理**」を利用して，導き出せる（**表 17.3**）．

[ステップ5]
正整数 e に対して，次式を満たす正整数 d を求める．
$\qquad ed = 1 \pmod{L}$ ……(18)
ただし，d は整数 e の乗算に対する逆元であり，
$\qquad d = e^{-1} \pmod{L}$ ……(19)
$\qquad \max[p, q] < d < N$ ……(20)
となるように選ばれる．なお，$\max[p, q]$ は p と q の大きいほうの値を表す．

以上の [ステップ1] 〜 [ステップ5] を経て，以下の二つの鍵を得ることができる．

$\begin{cases} \text{公開鍵 } (N, e) & \to \text{ 暗号化鍵} \cdots\cdots\text{(21)} \\ \text{秘密鍵 } (d) & \to \text{ 復号鍵} \cdots\cdots\text{(22)} \end{cases}$

[例題2]
いま，二つの素数をそれぞれ $p = 5$, $q = 11$ とするとき，公開鍵と秘密鍵を求めよ．

解答2

[ステップ1] より，$N = pq = 5 \times 11 = 55$
[ステップ2] より，$\varphi(55) = (5-1) \times (11-1) = 40$
[ステップ3] より，$L = \mathrm{LCM}(4, 10) = 20$
[ステップ4] より，$L = 20$と「互いに素」の整数eは，
$$\{1, 3, 7, 9, 11, 13, 17, 19, \cdots, 49, 51, 53\}$$
となる．

この20という，オイラー関数$\varphi(55)$の約数でもある整数がRSA暗号の決め手となる．つまり，20を導き出すには，55が5と11の積に分解できることを知っている必要があり，秘密鍵が公開鍵から割り出されずに済むことの理由になる．このことがRSA暗号マジックの基本概念である．

[ステップ5] より，mod 20（モジュロ20）の演算で，たとえば$e = 17$の乗算に対する逆元は，
$$221 \div 20 = 11 \text{ 余り } 1$$
であることから，
$$17 \times 13 = 1 \pmod{20}$$
なる関係を導き出すことができ，$d = 13$となる．
以上の結果から，以下のように鍵が計算される．
$$\begin{cases} 公開鍵（N = 55, e = 17） \to 暗号化鍵 \cdots\cdots(23) \\ 秘密鍵（d = 13, L = 20） \to 復号鍵 \cdots\cdots(24) \end{cases}$$
なお，[ステップ5]で得られる，残りのeに対するdは，式(20)を考慮して，たとえば，
$$(e = 33, d = 17), (e = 49, d = 29)$$
となる．

17.4 RSA暗号文の生成

ここでは，RSA暗号の公開鍵を用いて，暗号文を生成する処理手順を説明する．具体例として，式(23)の暗号化鍵$e = 17$により，アルファベット文字から成る平文（GOLF）を暗号化する様子を以下に示す．

[ステップ1]
まず，表17.4の文字コード表をもとに，文字に整数を割り当てる．

G	O	L	F
↓	↓	↓	↓
32	40	37	31

[ステップ2]
整数を2進数データ（6ビット）に変換する．

32	40	37	31
↓	↓	↓	↓
100000	101000	100101	011111

[ステップ3]
2進数データを，$(N-1)$以下の非負整数で表す．ただし，この例では$N = 55$なので，$N - 1 = 55 - 1 = 54$となることから，5ビットごとに区切ることにする．つまり，5ビットで表せる最大値は31で，54以下なので条件を満たす．もちろん，3ビットでも4ビットでもよいのだが，区切るビット数が大きいほど暗号化効率がよくなるという性質がある．

$$100000 \quad 101000 \quad 100101 \quad 011111$$
$$\downarrow$$
$$10000 \quad 01010 \quad 00100 \quad 10101 \quad 1111\boxed{0}$$

ここで，$\boxed{0}$は5ビットに区切ったときに不足したビットで，便宜上0とする．

[ステップ4]
2進数データを10進数に直す．

10000	01010	00100	10101	1111$\boxed{0}$
↓	↓	↓	↓	↓
16	10	4	21	30

[ステップ5]
式(23)の公開されている暗号化鍵（$N = 55, e = 17$）を用いて式(12)を計算する．具体的には，10進数のデータを17乗して55で割ったときの余りを求め，暗号データとする．したがって，
$$16^{17} \pmod{55}, \quad 10^{17} \pmod{55}, \quad 4^{17} \pmod{55},$$
$$21^{17} \pmod{55}, \quad 30^{17} \pmod{55}$$
を計算することにより，暗号データが得られることになる．たとえば，16に対しては，
$$16^2 = 256 = 36 \pmod{55} \cdots\cdots\cdots\cdots\cdots(25)$$
$$36^2 = 1296 = 31 \pmod{55} \cdots\cdots\cdots\cdots\cdots(26)$$
$$31^2 = 961 = 26 \pmod{55} \cdots\cdots\cdots\cdots\cdots(27)$$
$$26^2 = 676 = 16 \pmod{55} \cdots\cdots\cdots\cdots\cdots(28)$$
となる関係が成立することから，式(25)～式(28)を順に適用して，
$$16^{17} = 16^2 \times 16^2 \times 16^2 \times 16^2 \times 16^2 \times 16^2 \times 16^2 \times 16^2 \times 16$$

表17.4 文字コード

文字	コード	文字	コード	文字	コード
a	0	s	18	K	36
b	1	t	19	L	37
c	2	u	20	M	38
d	3	v	21	N	39
e	4	w	22	O	40
f	5	x	23	P	41
g	6	y	24	Q	42
h	7	z	25	R	43
i	8	A	26	S	44
j	9	B	27	T	45
k	10	C	28	U	46
l	11	D	29	V	47
m	12	E	30	W	48
n	13	F	31	X	49
o	14	G	32	Y	50
p	15	H	33	Z	51
q	16	I	34	⋮	52
r	17	J	35	⋮	53
				空白	54

$$= 36 \times 36 \times 36 \times 36 \times 36 \times 36 \times 36 \times 36 \times 16$$
$$= 36^2 \times 36^2 \times 36^2 \times 36^2 \times 16$$
$$= 31 \times 31 \times 31 \times 31 \times 16$$
$$= 31^2 \times 31^2 \times 16$$
$$= 26 \times 26 \times 16 = 26^2 \times 16 = 16 \times 16 = 16^2$$
$$= 36 \pmod{55} \quad \cdots\cdots\cdots\cdots\cdots\cdots (29)$$

例題3

残りの暗号化データ,$10^{17} \pmod{55}$,$4^{17} \pmod{55}$,$21^{17} \pmod{55}$,$30^{17} \pmod{55}$ を求めよ.

解答3

以下に,最終結果のみを示す.
$10^{17} \pmod{55} = 10$,$4^{17} \pmod{55} = 49$,
$21^{17} \pmod{55} = 21$,$30^{17} \pmod{55} = 35$
よって,暗号化データは,
36,10,49,21,35
となる.

17.5 RSA暗号文の復号

次に,RSA暗号の秘密鍵を用いて,暗号文から平文に復号する処理手順を説明する.具体例として,式(24)の復号鍵$d = 13$により,アルファベット文字から成る平文に復号する様子を次に示す.

[ステップ1]

式(24)の秘密の復号鍵($d = 13$,$L = 20$)を用いて,式(14)を計算する.具体的には10進数のデータを13乗して55で割ったときの余りを求めて平文データとする.したがって,

$36^{13} \pmod{55}$,$10^{13} \pmod{55}$,$49^{13} \pmod{55}$,
$21^{13} \pmod{55}$,$35^{13} \pmod{55}$

を計算することにより,平文データが得られることになる.たとえば,36に対しては,式(25)〜式(28)を適用することにより,

$$36^{13} = 36^2 \times 36^2 \times 36^2 \times 36^2 \times 36^2 \times 36^2 \times 36$$
$$= 31 \times 31 \times 31 \times 31 \times 31 \times 31 \times 36$$
$$= 31^2 \times 31^2 \times 31^2 \times 36$$
$$= 26 \times 26 \times 26 \times 36$$
$$= 26^2 \times 26 \times 36$$
$$= 16 \times 26 \times 36 = 14976 \pmod{55}$$
$$= 16 \quad \cdots\cdots\cdots\cdots\cdots\cdots\cdots\cdots (30)$$

例題3で求めた残りの暗号データ{10,49,21,35}についても同様の計算を行い,その結果を以下に示す.

$10^{13} \pmod{55} = 10$,$49^{13} \pmod{55} = 4$,
$21^{13} \pmod{55} = 21$,$35^{13} \pmod{55} = 30$

よって,平文データは,
16,10,4,21,30
となる.

[ステップ2]

平文データとして得られた10進数を2進数に直す.

16	10	4	21	30
↓	↓	↓	↓	↓
10000	01010	00100	10101	11110

[ステップ3]

表17.4の文字コードに対応づけるため,2進数データを6ビットごとに区切り直す.

10000　01010　00100　10101　1111[0]
↓
100000　101000　100101　011111

ただし,[0]は6ビットに区切ったときに過剰なビットになるので削除する.

[ステップ4]

2進数データ(6ビット)を整数に変換する.

100000	101000	100101	011111
↓	↓	↓	↓
32	40	37	31

[ステップ5]

まず,**表17.4**の文字コード表をもとに,整数データを文字に置き換える.

32	40	37	31
↓	↓	↓	↓
G	O	L	F

このように,RSA暗号では,

$$D_d(E_e(P)) = P \pmod{N} \quad \cdots\cdots\cdots\cdots (31)$$
$$E_e(D_d(P)) = P \pmod{N} \quad \cdots\cdots\cdots\cdots (32)$$

の関係が成立しているが,これは以下のような理由による.式(31),式(32)は,式(12)と式(14)より,

$$D_d(E_e(P)) = (E_e(P))^d = (P^e)^d = P^{ed} \pmod{N} \cdots (33)$$
$$E_e(D_d(P)) = (D_d(P))^e = (P^d)^e = P^{ed} \pmod{N} \cdots (34)$$

となる関係が導かれる.また,式(18)よりある正整数nが存在して〔Lは式(16)の最小公倍数〕,

$$ed = nL + 1 = 1 \pmod{L} \quad \cdots\cdots\cdots\cdots (35)$$

という関係が成立する.よって,式(17)を考慮することにより,Nと互いに素のすべての整数Pに対して,

$$P^{ed} = P^{nL+1} = \underbrace{P^{nL}}_{1} \times P = P \pmod{N} \cdots\cdots (36)$$

となる.

なお,詳しい証明は省略するが,式(36)の関係は,$0 \sim (N-1)$のすべての整数Pに対して,

$$P^{ed} = P \pmod{N} \quad \cdots\cdots\cdots\cdots\cdots\cdots (37)$$

が成立する.

以上の考察により,RSA暗号で平文を暗号化し,得られた暗号文から復号して平文を求めることができることのしくみを理解することができよう(**図17.3**).

17.6 RSA暗号による秘匿処理

これまでRSA暗号による鍵生成,暗号文の作成,平文への復号についての処理を順に説明してきた.こ

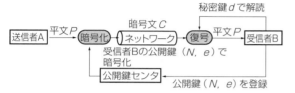

図17.3　RSA暗号のしくみ（$N=55$）

〔式（1）〕　$N=55=5\times11$　（二つの素数の積）
〔式（1）〕　$p=5,\ q=11$
〔式（2）〕　オイラー関数 $\varphi(55)=(p-1)(q-1)=(5-1)\times(11-1)=40$
〔式（16）〕　$(p-1)$ と $(q-1)$ の最小公倍数 L
　　　　　　　$L=\mathrm{LCM}((5-1),(11-1))$
　　　　　　　　$=\mathrm{LCM}(4,10)=20$
〔式（17）〕　1〜54（$=55-1=N-1$）のうち，$N(=55)$ と互いに素のすべての整数 P に対して，
　　　　　　　$P^{20}=1\pmod{55}$
〔式（23）〕　暗号化鍵（公開鍵）　$e=17$
〔式（24）〕　復号鍵（秘密鍵）　$d=13$
〔式（35）〕　$ed=17\times13=221=11\times20+1=1\pmod{20}$
〔式（37）〕　$P=0\sim54$ のすべての整数に対して，
　　　　　　　$P^{ed}=P^{17\times13}=P\pmod{55}$

図17.4　公開鍵暗号を用いた秘匿処理システムの構成

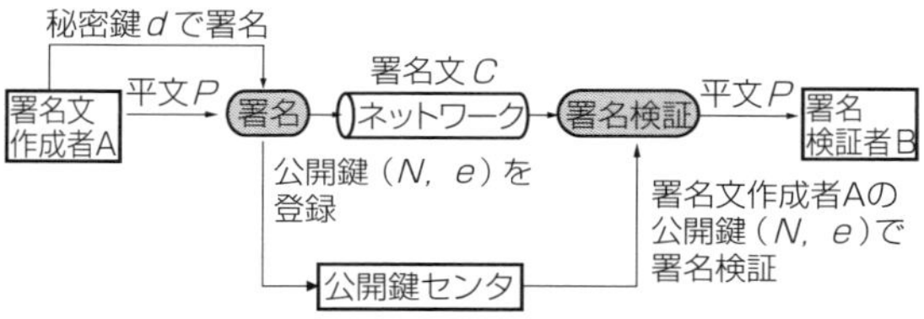

図17.5　公開鍵暗号を用いた認証処理システムの構成

れらの各処理は，公開鍵暗号を用いた形の秘匿処理をするためのものであり，そのシステム構成を図17.4に示す．

図17.4では，以下のような手続きを踏むことになる．
① 受信者Bは，秘密にする復号鍵 d と公開にする暗号化鍵 e を用意する．公開鍵 e は，信頼性のおける第三者機関である公開鍵センタに公開登録しておき，秘密鍵 d のみ秘密保管する．
② 送信者Aは，送りたい平文 P を受信者Bが公開している公開鍵 e を公開鍵センタから手に入れて暗号文 C を作成する．
③ 受信者Bは，届いた暗号文 C から自分だけが知っている秘密鍵 d で復号する（平文に戻す）．

17.7　RSA暗号による認証（署名）処理

まず，入力である署名が付された平文を構成する文字列に対応する整数を，
$$P\pmod{N} \quad\cdots\cdots(38)$$
で表すとき，この P を暗号化するための正整数の暗号化鍵（d）を用意し，この鍵を秘密にして，
$$C=E_d(P)=P^d\pmod{N} \quad\cdots\cdots(39)$$
で暗号文に対応する整数 C を求める．

逆に，暗号文 C を平文 P に復号するには，公開されている復号鍵（e：正整数）を用いて，
$$P=D_e(C)=C^e\pmod{N} \quad\cdots\cdots(40)$$
とする．つまり，秘匿処理の場合には暗号化鍵として用いたものを認証処理では復号鍵として利用するのである．秘匿と認証とは逆の関係にあることをしっかり理解しておいてほしい．

前述の説明に基づき，公開鍵暗号を用いた形のディジタル認証（あるいはディジタル署名）処理をするためのシステム構成を図17.5に示す．

図17.5では，以下のような手続きを踏むことになる．
① 署名文作成者Aは，秘密にする署名用の鍵 d と公開にする署名検証用の鍵 e を用意する．公開鍵 e は信頼性のおける第三者機関である公開鍵センタに公開登録しておき，秘密鍵 d のみ秘密保管する．
② 署名文作成者Aは，署名を付したい文書やデータおよび氏名，通し番号（取引番号），タイムスタンプ（日時）などが入った平文 P を，自分だけが知っている秘密鍵 d により暗号文 C を作成する．
③ 署名検証者Bは，届いた暗号文 C から，署名文作成者Aが公開している公開鍵 e を公開鍵センタから手に入れ，平文 P に戻した後，署名を確認する．

このように，認証は秘匿の逆の処理になるわけで，まず秘密にした鍵（復号鍵に相当）d で暗号化し，暗号文を受け取ったら公開されている鍵（暗号化鍵に相当）e で読み取るわけである．

例題4

いま，認証してもらいたいデータを，
　CQ
とするとき，暗号化鍵（$N=55$，$e=17$），復号鍵（$d=13$）を用いて認証の手順を示せ．

解答4

以下に，手順を示しておく．［ステップ1］〜［ステップ5］は署名文作成者Aの処理，［ステップ6］〜［ステップ10］は署名検証者Bの処理に相当する．

［ステップ1］

まず，**表17.4**の文字コード表をもとに整数を割り当てる．

C　　Q
↓　　↓
28　　42

［ステップ2］

整数を2進数データ（6ビット）に変換する．

28　　　　42
↓　　　　↓
011100　　101010

［ステップ3］

2進数データを，$54 (= 55 - 1 = N - 1)$ 以下の非負整数で表すために，5ビットごとに区切る．なお，5ビットに足りないときは0を付加する（⓪で示す）．

011100　　101010
↓
01110　　01010　　10⓪⓪⓪

［ステップ4］

2進数データを10進数に直す．

01110　　01010　　10000
↓　　　　↓　　　　↓
14　　　10　　　　32

［ステップ5］

署名文作成者Aだけが知っている秘密の暗号化鍵 ($d = 13$) を用いて式 (39) を計算する．具体的には，10進数のデータを13乗して55で割ったときの余りを求め，暗号データとする．したがって，

$14^{13} \pmod{55}$，$10^{13} \pmod{55}$，$32^{13} \pmod{55}$

を計算することにより，暗号データが得られることになる．たとえば，32に対しては，$32^2 = 34 \pmod{55}$，$34^2 = 1 \pmod{55}$ なので，次のように計算される．

$$32^{13} = 32^2 \times 32^2 \times 32^2 \times 32^2 \times 32^2 \times 32^2 \times 32$$
$$= 34 \times 34 \times 34 \times 34 \times 34 \times 34 \times 32$$
$$= 34^2 \times 34^2 \times 34^2 \times 32$$
$$= 1 \times 1 \times 1 \times 32$$
$$= 32 \pmod{55}$$

以下，同様の計算から，

$14^{13} \pmod{55} = 49$，$10^{13} \pmod{55} = 10$

であり，署名部分の暗号化データは，

49，10，32

となる．

［ステップ6］

公開されている暗号化鍵 ($N = 55$, $e = 17$) を用いて，署名検証者Bは式 (40) を計算する．具体的には，10進数のデータを17乗して55で割ったときの余りを求め，平文データとする．したがって，

$49^{17} \pmod{55}$，$10^{17} \pmod{55}$，$32^{17} \pmod{55}$

を計算することにより，平文データが得られることになる．以下に計算結果のみを示しておくので，確かめてほしい．

$49^{17} \pmod{55} = 14$，$10^{17} \pmod{55} = 10$，
$32^{17} \pmod{55} = 32$

よって，平文データは，

14，10，32

となる．

［ステップ7］

平文データとして得られた10進数を2進数に直す．

14　　　10　　　32
↓　　　↓　　　↓
01110　01010　10000

［ステップ8］

表17.4の文字コードに対応づけるため，2進数データを6ビットごとに区切り直す．なお，6ビットに区切ったときに過剰なビット（⓪で示す）は削除する．

01110　01010　10⓪⓪⓪
↓
011100　　101010

［ステップ9］

2進数データ（6ビット）を整数に変換する．

011100　　101010
↓　　　　↓
28　　　　42

［ステップ10］

よって，**表17.4**の文字コード表をもとに，整数データを文字に置き換える．

28　　42
↓　　↓
C　　Q

以上の処理により，めでたくCQの認証が行えたということになる．めでたし，めでたし．

第18章 共通鍵暗号——DES暗号

第17章では，公開鍵暗号方式の一例である「RSA暗号」について高校で習う程度の数学の知識を前提に，秘匿処理や認証（署名）処理の具体的な暗号化，復号化手順を示すことで，公開鍵のもつ不思議さを説明した．

本章では，公開鍵暗号に対向するものと位置づけられる，共通鍵暗号の代表格である「DES（Data Encription Standard）暗号」を取り上げることにする．まずは，簡易版DES暗号を示し，具体的な数値例とともに，DES暗号文の生成と復号（解読），鍵の生成の処理内容についてわかりやすく解説する．

第17章のRSA暗号と同様に，DES暗号の簡易版を用いて処理の流れを示すので，ぜひともDES暗号をざくっと体感してもらいたい．

なお，実際とはやや異なる部分もあろうが，わかりやすい例示という意味で，ご容赦いただきたい．

さらに，1ブロックを8ビットにした「簡易」DES暗号の内容を踏まえ，実際に使用されている1ブロックが64ビットのDES暗号の一般的構成，DES暗号アルゴリズムを活用した連鎖式ブロック暗号，ストリーム暗号についても解説する．

18.1 共通鍵の秘密

共通鍵暗号とは，みなさんが常識的にイメージしている暗号方式で，「暗号文の送信者と受信者が同一の鍵を共有する（共通鍵）」形式の暗号を意味している．このように「鍵を共通にする」という考え方は暗号の常識であり，古代から近代まで共通鍵以外に暗号の基本型があると考えた人はおそらくいなかったのではないだろうか．そうして高度なディジタル情報化社会を迎えて，第17章で説明した公開鍵暗号という新型の暗号が生まれたというわけである．

共通鍵暗号としては，シーザー暗号（16.3を参照）が古くから知られているが，現代ではアルゴリズム公開型の共通鍵暗号の代表格として，米国のDES暗号，また日本のNTTによるFEAL（Fast Data Encipherment Algorithm）暗号，三菱電機によるKASUMI暗号などがある．このうち，DES暗号の歴史は古く，

1977年に一般コンピュータ用標準暗号として制定されたものであり，現在は米国内だけでなく，文字どおり標準暗号として一般商用を含めて世界的に使用され，確固たる地位を築いている．

DES暗号は，あいまいさがない完全な規約をもち，鍵の解読に必要な時間や処理量などによって安全性の水準が明示できることに最大の特徴がある．また，DES暗号の安全性が'鍵の秘匿性'にのみ依存し，'アルゴリズム'に依存しないことなども大きな特徴である．暗号化アルゴリズムとしては，16段にわたり「転置」と「換字」を繰り返す混合方式の一つである．

本論に入る前に，一般論として共通鍵暗号の基本テクニックを整理しておこう（「転置」と「換字」の考え方については，16.3を参照）．

● XOR（排他的論理和）演算

コンピュータ内部の'1'と'0'で表される2値データとして，$A = (10100110)$ と $B = (11110101)$ に対して，XOR演算は，

$A \oplus B = (01010011)$

となる．続いて，$(A \oplus B) \oplus B$ を計算すると，

$(A \oplus B) \oplus B = (01010011) \oplus B = (10100110) = A$

となるので，元のAがすぐに算出できる．ここで，Aを暗号化したい平文P，Bを暗号化と復号（解読）の共通鍵 $E_k (= D_k)$ と考えれば，暗号化と復号がXOR演算だけで実現できることがわかる（図18.1）．

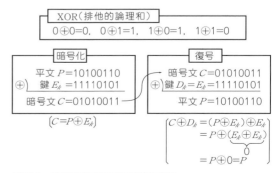

図18.1 共通鍵暗号のXOR演算処理例

第4部　暗号

● 換字処理

換字式暗号で行う処理と同じ．古典暗号では1文字単位の置換や1文字を複数の文字に対応づけるといった処理を行うのに対し，1ビット単位に着目して換字する．

● 転置処理

転置式暗号で行う処理と同じ．古典暗号では換字処理と同様に1文字単位で転置するのに対し，たとえば16バイト（1バイトは8ビット）程度のブロック単位で入れ替える．

● XOR，換字，転置の組み合わせ

このように共通鍵暗号の基礎は，たったこれだけである．「ええっ!?　これでは古典暗号と変わらないじゃないか？」と思われるかもしれないが，まさしく，そうなのだ．共通鍵暗号は古典暗号のテクニックの組み合わせである．もちろん数学的な背景や，さまざまな知見によりXOR演算，換字処理，転置処理が実行されるが，これら三つだけの処理の組み合わせで実現されていることに変わりはない．

それでは，DES暗号の簡略版を示し，具体的な数値例とともに，DES暗号文の生成と復号（解読）を試みてみよう．ぜひとも，手を動かしてDES暗号を実感してもらいたい．なお，実際とはやや異なる部分もあるが，わかりやすい例示という意味で，ご容赦いただくことにして，詳細は専門書や論文に委ねたい．

まず前提として，DES暗号では，2進データを取り扱うわけなので，文章にせよ数字にせよ，秘密にしておきたい（暗号化したい）文は2進数表示，'0'と'1'のデータ系列に変換しておく必要がある．

ここでは，DES暗号（本来であれば簡易DES暗号と称すべきだが）として，表18.1に示す16文字（1文字は意味のない'捨字'）のみを用いることにし，1文字を4ビットの2進コードに対応づけたものに変換して，暗号化したい文を'0'と'1'の系列（平文）で表すことにする．

18.2　DES暗号文の生成

DES暗号では2進数からなるデータを取り扱うが，一般性を損なうことなく，簡略版として8ビットを1ブロックとし，2段構成のDES暗号を考え，そのしくみにフォーカスしてわかりやすく説明することにしよう．

DES暗号の生成は，暗号化と鍵生成の二つの処理に基づいて行われる（図18.2）．まず最初に，図18.2に示すように，暗号化したい平文を表18.1により'0'と'1'の系列に変換する．8ビットは，まず初期転置（IP）によってランダム化される．どのようにランダ

表18.1　文字と2進コード

文字	2進コード	文字	2進コード
A	0000	I	1000
B	0001	J	1001
C	0010	K	1010
D	0011	L	1011
E	0100	M	1100
F	0101	N	1101
G	0110	O	1110
H	0111	(捨字)	1111

表18.2　初期転置（IP）

入力ビット位置 j	1	2	3	4	5	6	7	8
出力ビット位置 k	5	1	6	2	7	3	8	4

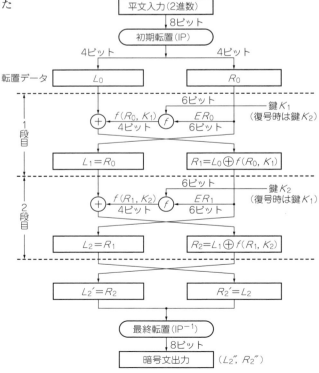

図18.2　簡易版DES暗号の生成手順

表18.3 初期転置（表18.2の別表現）

出力ビット位置 k	1	2	3	4	5	6	7	8
入力ビット位置 j	2	4	6	8	1	3	5	7

表18.4 最終転置（IP^{-1}）

入力ビット位置 j	1	2	3	4	5	6	7	8
出力ビット位置 k	2	4	6	8	1	3	5	7

表18.5 拡大転置（E）

出力ビット位置 k	1	2	3	4	5	6
入力ビット位置 j	3	4	1	2	3	4

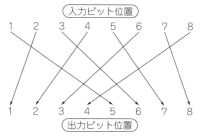

図18.3 初期転置（IP）

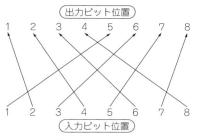

図18.4 初期転置（表18.2の別表現）

ム化されるのか，表18.2に示す．

表18.2は，8ビットずつにブロック化された平文入力に対して，たとえば入力の第1ビットは初期転置で出力の第5ビットに転置されることを意味する（図18.3）．以下，左から右へという順に入力の第2ビットは出力の第1ビットに……と置換する．

また，表18.2は出力のビット順に並べた形式として，表18.3のように書かれることもある．表18.3では，初期転置された出力の第1ビットには入力の第2ビットがくる，出力の第2ビットには入力の第4ビット目がくる，……というぐあいである（図18.4）．

初期転置（IP）されたビット列（2進データ）は，図18.2中の2段の暗号を生成する処理の後，最終転置（表18.4）によって元の入力のビット位置に戻されることになる．すなわち，表18.2と表18.4とを連続した形で表現してみると，たとえば，表18.2で入力の第5ビットは第7ビットとして出力される．さらに，その第7ビットは表18.4より第5ビットとなり，元の第5ビットの位置に戻ってくることがわかる（図18.5）．

ここで，これから具体的に説明していく過程で必要となるDES暗号で用いる二つの鍵は，
$$K_1 = (1\ 1\ 0\ 0\ 0\ 1),\ K_2 = (1\ 1\ 1\ 0\ 0\ 0) \cdots\cdots(1)$$
とする（鍵の生成については後述，18.4を参照）．

いま，1文字を4ビットで表すことにし，'MC'という文字を簡易DES暗号化してみることにしよう．表18.1より，'MC'は2進数データとして，
$$'MC' \to 1\ 1\ 0\ 0\ 0\ 0\ 1\ 0$$
と表される．以下，DES暗号の生成の流れについて，具体例で説明していくので，一つずつ丁寧に計算し，理解を深めていってもらいたい．

[ステップ1]

初期転置（IP）として，表18.2に基づき，平文（1 1 0 0 0 0 1 0）= 'MC'の転置出力データを作成する（図18.6）．

[ステップ2]

[ステップ1]で得られた転置出力データを，上位4ビット（左側）L_0と下位4ビット（右側）R_0に分割する．

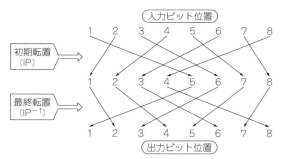

図18.5 初期転置と最終転置の組み合わせ

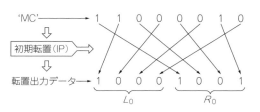

図18.6 平文の初期転置（IP）による出力データ

図18.6より以下のようになる．
$$L_0 = (1\ 0\ 0\ 0) \cdots\cdots\cdots\cdots\cdots\cdots\cdots(2)$$
$$R_0 = (1\ 0\ 0\ 1) \cdots\cdots\cdots\cdots\cdots\cdots\cdots(3)$$

[ステップ3]

表18.5に基づき，式(3)の＿で示す第3ビットと第4ビットを重複させて，R_0を拡大転置する（4ビットを6ビットにビットを増やして，ビット位置を変える）．
$$ER_0 = (0\ 1\ 1\ 0\ 0\ 1) \cdots\cdots\cdots\cdots\cdots(4)$$

[ステップ4]

鍵$K_1 = (1\ 1\ 0\ 0\ 0\ 1)$と，式(4)の拡大転置したER_0

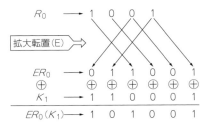

図18.7 [ステップ4]の計算の流れ

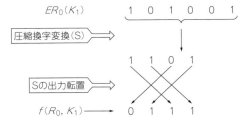

図18.8 [ステップ5]の計算の流れ

表18.6 圧縮換字変換 S

行番号＼列番号	0	1	2	3	4	5	6	7	8	9	10	11	12	13	14	15
0	14	4	13	1	2	15	11	8	3	10	6	12	5	9	0	7
1	0	15	7	④	14	2	13	1	10	6	⑫	11	9	5	3	8
2	4	1	14	8	⬜13	6	2	11	15	12	9	7	3	10	5	0
3	15	12	8	2	⚠	9	1	7	5	11	3	14	10	0	6	13

表18.7 Sの出力転置

入力ビット位置 j	1	2	3	4
出力ビット位置 k	3	4	1	2

との排他的論理和（⊕）を計算する（**図18.7**）．

$$ER_0(K_1) = K_1 \oplus ER_0 \quad \cdots\cdots(5)$$
$$= (110001) \oplus (011001)$$
$$= (101000) \quad \cdots\cdots(6)$$

[ステップ5]

表18.6に基づき，式(6)のデータ $ER_0(K_1)$ を圧縮換字変換する（6ビットからビットを減らして4ビットにし，換字を選ぶ）．**表18.6**には，行番号0, 1, 2, 3で表示された4種類の換字表としての乱数が用意されている．このとき，式(6)の6ビットのうち最初のビット（最左端で第1ビット）と最後のビット（最右端で第6ビット）の2ビットが指示する値により，換字表の種類を指定する．そして，残りの4ビットが指示する値により，列番号（0～15）の一つを決定し，換字を選択する．

たとえば，式(6)の ($\underline{1}\,0\,1\,0\,0\,\underline{0}$)$_2$ に対しては，換字表の種類を表す行番号として ($\underline{1}\,\underline{0}$)$_2 = (2)_{10}$ 行目を選び，次に列番号として＿＿で示す ($0\,1\,0\,0$)$_2 = (4)_{10}$ 列目の交差する値 $(13)_{10}$ を選択した後（**表18.6**の□で囲む位置），2進数に変換して ($1\,1\,0\,1$)$_2$ を得る．さらに，得られた ($1\,1\,0\,1$)$_2$ を**表18.7**に基づいて転置処理すると，

$$(1\,1\,0\,1) \to (0\,1\,1\,1)$$

となる（**図18.8**）．以上の一連の処理計算が圧縮換字・転置変換であり，この変換を非線形関数 f として，

$$f(R_0, K_1) = (0\,1\,1\,1) \quad \cdots\cdots(7)$$

と表すことにする．

[ステップ6]

図18.2より，1段目の出力として上位4ビット（左側）L_1 と下位4ビット（右側）R_1 を，次式により求める〔式(2)，式(3)，式(7)を利用〕．

$$L_1 = R_0 = (1\,0\,0\,1) \quad \cdots\cdots(8)$$

$$R_1 = L_0 \oplus f(R_0, K_1) \quad \cdots\cdots(9)$$
$$= (1\,0\,0\,0) \oplus (0\,1\,1\,1) = (1\,1\,1\,1) \quad \cdots\cdots(10)$$

以下，同様に[ステップ3]～[ステップ6]を反復して計算することにより，DES暗号を生成することができる．計算プロセスをまとめておくので，各自で手計算により確認してもらいたい．

[ステップ7]

表18.5に基づき，式(10)の＿＿で示すビットを重複させて R_1 を拡大転置する．

$$ER_1 = (1\,1\,1\,1\,1\,1) \quad \cdots\cdots(11)$$

[ステップ8]

鍵 $K_2 = (1\,1\,1\,0\,0\,0)$ と，式(11)の拡大転置した ER_1 との排他的論理和（⊕）を計算する．

$$ER_1(K_2) = K_2 \oplus ER_1 \quad \cdots\cdots(12)$$
$$= (111000) \oplus (111111)$$
$$= (000111) \quad \cdots\cdots(13)$$

[ステップ9]

式(13)の ($\underline{0}\,0\,1\,1\,\underline{1}$)$_2$ に対しては，行番号として ($\underline{0}\,\underline{1}$)$_2 = (1)_{10}$ 行目を選び，次に列番号として ($0\,0\,1\,1$)$_2 = (3)_{10}$ 列目の交差する値 $(4)_{10}$ を選択した後（**表18.6**の○で囲った位置），2進数に変換して ($0\,1\,0\,0$)$_2$ を得る．さらに，**表18.7**により，

$$(0\,1\,0\,0) \to (0\,0\,0\,1) \quad \cdots\cdots(14)$$

となり，最終的に，

$$f(R_1, K_2) = (0\,0\,0\,1) \quad \cdots\cdots(15)$$

と表される．

[ステップ10]

図18.2の2段目の出力として，上位4ビット（左側）L_2 と下位4ビット（右側）R_2 は，式(8)，式(10)，式(15)より，

$$L_2 = R_1 = (1\,1\,1\,1) \quad \cdots\cdots(16)$$

$$R_2 = L_1 \oplus f(R_1, K_2) \quad \cdots\cdots(17)$$

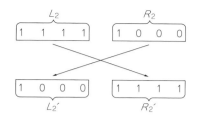

図18.9 ［ステップ11］の計算の流れ

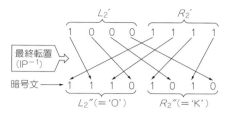

図18.10 最終転置（IP⁻¹）による暗号文の出力

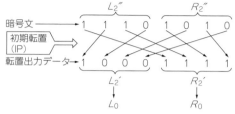

図18.11 暗号文の初期転置（IP）による出力データ

$= (1\ 0\ 0\ 1) \oplus (0\ 0\ 0\ 1) = (1\ 0\ 0\ 0)$ ………(18)

と求められる．

［ステップ11］

図18.2より，最終段では，上位ビットL_2と下位ビットR_2を入れ換える（図18.9）．

$L_2' = R_2 = (1\ 0\ 0\ 0)$ ……………………………(19)
$R_2' = L_2 = (1\ 1\ 1\ 1)$ ……………………………(20)

［ステップ12］

図18.8の2進データを，表18.4（最終転置）に基づいて転置出力データを作成する（図18.10）．こうして得られた8ビットの出力データが，DES暗号文になるのである．

$L_2'' = (1\ 1\ 1\ 0 = \text{'O'})$ ……………………………(21)
$R_2'' = (1\ 0\ 1\ 0 = \text{'K'})$ ……………………………(22)

18.3 DES暗号文の復号

今度は，図18.10のDES暗号文を平文に戻してみることにしよう．復号の手順は，図18.2の生成の手順をそのまま適用することができる．ただし，DES暗号文の生成時には，鍵K_1，K_2の順で利用したが，復号時にはこの順序を逆にして，第1段では鍵K_2を，第2段ではK_1という順にする．まず最初に，式(21)，式(22)のデータに対して，［ステップ1］の初期転置（IP）から開始する．

［ステップ1］

初期転置（IP）として，表18.2に基づき暗号文（1 1 1 0 1 0 1 0）の転置出力データを作成する（図18.11）．

［ステップ2］

［ステップ1］で得られた転置出力データを，上位4ビット（左側）L_0と下位4ビット（右側）R_0に分割する（図18.11）．

$L_0 = (1\ 0\ 0\ 0)(= L_2')$ ……………………………(23)
$R_0 = (1\ 1\ \underline{1}\ 1)(= R_2')$ ……………………………(24)

［ステップ3］

表18.5に基づき，式(24)の＿＿で示す第3ビットと第4ビットを重複させて，R_0を拡大転置する．

$ER_0 = (\underline{1}\ 1\ 1\ 1\ 1\ \underline{1})$ ……………………………(25)

［ステップ4］

鍵$K_2 = (1\ 1\ 1\ 0\ 0\ 0)$と，式(25)の拡大転置したER_0との排他的論理和（⊕）を計算する．

$ER_0(K_2) = K_2 \oplus ER_0$ ……………………………(26)
$= (1\ 1\ 1\ 0\ 0\ 0) \oplus (1\ 1\ 1\ 1\ 1\ 1)$
$= (0\ 0\ 0\ 1\ 1\ 1)$ ……………………………(27)

［ステップ5］

表18.6に基づき，式(27)を圧縮換字変換する．式(27)の$(\underline{0}\ 0\ 0\ 1\ \underline{1})_2$に対しては，換字表の種類を表す行番号として$(\underline{0}\ \underline{1})_2 = (1)_{10}$行目を選び，次に列番号として＿＿で示す$(0\ 1\ 1)_2 = (3)_{10}$列目の交差する値$(4)_{10}$を選択した後（表18.6の○で囲む位置），2進数に変換して$(0\ 1\ 0\ 0)_2$を得る．さらに，得られた$(0\ 1\ 0\ 0)_2$は表18.7により，

$(0\ 1\ 0\ 0) \rightarrow (0\ 0\ 0\ 1)$

となり，最終的に，

$f(R_0, K_2) = (0\ 0\ 0\ 1)$ ……………………………(28)

と表される．

［ステップ6］

図18.2より，1段目の出力として上位4ビット（左側）L_1と下位4ビット（右側）R_1を，次式により求める〔式(23)，式(24)，式(28)を利用〕．

$L_1 = R_0 = (1\ 1\ 1\ 1)$ ……………………………(29)
$R_1 = L_0 \oplus f(R_0, K_2)$ ……………………………(30)
$= (1\ 0\ 0\ 0) \oplus (0\ 0\ 0\ 1) = (1\ 0\ 0\ \underline{1})$ ………(31)

以下，同様に［ステップ3］〜［ステップ6］を反復して計算する．

［ステップ7］

表18.5に基づき，式(31)の＿＿で示すビットを重複させてR_1を拡大転置する．

$ER_1 = (\underline{0}\ 1\ 1\ 0\ 0\ \underline{1})$ ……………………………(32)

［ステップ8］

鍵$K_1 = (1\ 1\ 0\ 0\ 0\ 1)$と，式(32)の拡大転置したER_1との排他的論理和（⊕）を計算する．

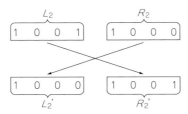

図18.12 ［ステップ11］の計算の流れ

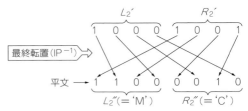

図18.13 ［ステップ12］の計算の流れ

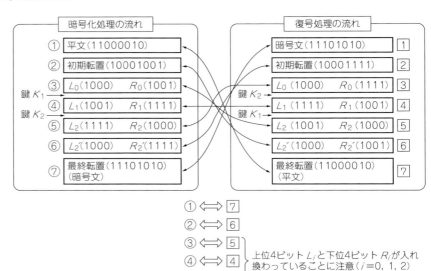

図18.14
暗号化処理と復号処理との対応

$$ER_1(K_1) = K_1 \oplus ER_1 \cdots\cdots\cdots\cdots\cdots (33)$$
$$= (1\ 1\ 0\ 0\ 0\ 1) \oplus (0\ 1\ 1\ 0\ 0\ 1)$$
$$= (1\ 0\ 1\ 0\ 0\ 0) \cdots\cdots\cdots\cdots\cdots (34)$$

［ステップ9］

式(34)の($\boxed{1}$ 0 1 0 0 $\boxed{0}$)$_2$に対しては，行番号として($\boxed{1}\ \boxed{0}$)$_2$ = (2)$_{10}$行目を選び，次に列番号として(0 1 0 0)$_2$ = (4)$_{10}$列目の交差する値(13)$_{10}$を選択した後（**表18.6**の□で囲った位置），2進数に変換して(1 1 0 1)$_2$を得る．さらに**表18.7**により，

$$(1\ 1\ 0\ 1) \rightarrow (0\ 1\ 1\ 1) \cdots\cdots\cdots\cdots\cdots (35)$$

となり，最終的に，

$$f(R_1,\ K_1) = (0\ 1\ 1\ 1) \cdots\cdots\cdots\cdots\cdots (36)$$

と表される．

［ステップ10］

図18.2の2段目の出力として，上位4ビット（左側）L_2と下位4ビット（右側）R_2は，式(29)，式(31)，式(36)より，

$$L_2 = R_1 = (1\ 0\ 0\ 1) \cdots\cdots\cdots\cdots\cdots (37)$$
$$R_2 = L_1 \oplus f(R_1,\ K_1) \cdots\cdots\cdots\cdots\cdots (38)$$
$$= (1\ 1\ 1\ 1) \oplus (0\ 1\ 1\ 1) = (1\ 0\ 0\ 0) \cdots (39)$$

と求められる．

［ステップ11］

図18.2より，最終段では上位ビットL_2と下位ビットR_2を入れ換える（**図18.12**）．

$$L_2' = R_2 = (1\ 0\ 0\ 0) \cdots\cdots\cdots\cdots\cdots (40)$$
$$R_2' = L_2 = (1\ 0\ 0\ 1) \cdots\cdots\cdots\cdots\cdots (41)$$

［ステップ12］

図18.12の2進データを，**表18.4**（最終転置）に基づき，転置出力データを作成する（**図18.13**）．こうして得られた8ビットの出力データが平文に相当し，式(42)と式(43)の2進コードはそれぞれ**表18.1**より'M'，'C'という文字であることから，めでたくDES暗号が解読できたということになる．

$$L_2'' = (1\ 1\ 0\ 0) = \text{'M'} \cdots\cdots\cdots\cdots\cdots (42)$$
$$R_2'' = (0\ 0\ 1\ 0) = \text{'C'} \cdots\cdots\cdots\cdots\cdots (43)$$

以上のことから，DES暗号の復号処理を生成処理と対比させてみると，復号処理の流れをまったく逆にたどることにより，復号処理を実行していることが確認できよう（**図18.14**）．

表18.8 選択転置（PC-1）

入力ビット位置 j	1	2	3	4	5	6	7	8
出力ビット位置 k	8	7	1	3	6	2	5	4
	上位4ビット C_0				下位4ビット D_0			

表18.9 左シフトのビット数

段数	1	2
シフトビット数	1	2

表18.10 圧縮転置（PC-2）

出力ビット位置 k	1	2	3	4	5	6
入力ビット位置 j	7	5	1	8	6	2

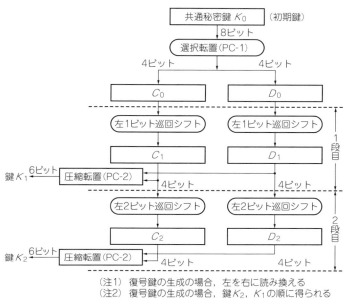

図18.15 暗号化鍵の生成手順

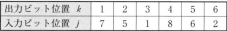
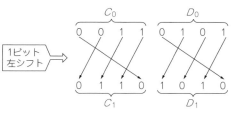

図18.17 左巡回シフトによる処理［ステップ2］

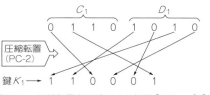

図18.18 圧縮転置（PC-2）による処理［ステップ3］

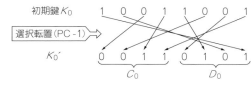

図18.16 選択転置（PC-1）

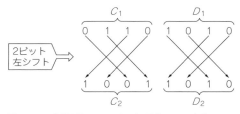

図18.19 左巡回シフトによる処理［ステップ4］

18.4 DES暗号の鍵生成

DES暗号の生成と復号の処理の流れを理解してもらえたところで，次にDES暗号の鍵を握る'共通鍵'（前述の例のK_1とK_2を生成するためのもので，秘密にしておく鍵）について説明する．

● 暗号化鍵の生成

いま，8ビットの共通鍵（初期鍵）K_0を，たとえば，
$$K_0 = (1\ 0\ 0\ 1\ 1\ 0\ 0\ 1) \quad \cdots\cdots(44)$$
として，まず図18.2の1段目の鍵K_1と2段目の鍵K_2を暗号化鍵として生成する手順を紹介する（図18.15）．
［ステップ1］
式(44)の共通鍵（秘密鍵）K_0を，表18.8に基づき，選択転置変換すると，
$$K_0' = (0\ 0\ 1\ 1\ 0\ 1\ 0\ 1) \quad \cdots\cdots(45)$$

が得られる（図18.16）．ここで，式(45)の鍵K_0'を，上位ビット4ビットと下位4ビットに分けて，それぞれC_0とD_0，すなわち，
$$C_0 = (0\ 0\ 1\ 1) \quad \cdots\cdots(46)$$
$$D_0 = (0\ 1\ 0\ 1) \quad \cdots\cdots(47)$$
と表す．
［ステップ2］
表18.9より，1段目の左シフトのビット数は1ビットなので，C_0とD_0の各ビットを1ビット左へ巡回シフトし，その結果をC_1とD_1と表す（図18.17）．
$$C_1 = (0\ 1\ 1\ 0) \quad \cdots\cdots(48)$$
$$D_1 = (1\ 0\ 1\ 0) \quad \cdots\cdots(49)$$
［ステップ3］
表18.10に基づき，C_1とD_1全体［式(48)，式(49)］を8ビットから6ビットに圧縮転置変換して，1段目

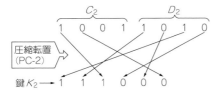

図18.20 圧縮転置（PC-2）による処理［ステップ5］

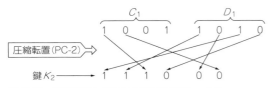

図18.22 圧縮転置（PC-2）による処理［ステップ3］

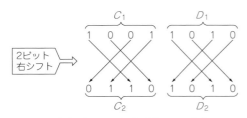

図18.23 右巡回シフトによる処理［ステップ4］

表18.11 右シフトのビット数

段数	1	2
シフトビット数	1	2

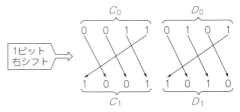

図18.21 右巡回シフトによる処理［ステップ2］

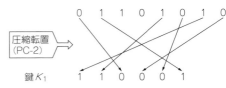

図18.24 圧縮転置（PC-2）による処理［ステップ5］

の暗号化鍵K_1が得られる（**図18.18**）．

$$K_1 = (1\ 1\ 0\ 0\ 0\ 1) \cdots\cdots\cdots\cdots\cdots\cdots\cdots (50)$$

以下，同様に［ステップ2］〜［ステップ3］を反復して計算することにより，次々と暗号化鍵を得ることができる．計算プロセスをまとめておくので，じっくり計算して確認してもらいたい．

［ステップ4］

表18.9より，2段目の左シフトのビット数は2ビットなので，C_1とD_1の各ビットを2ビット左へ巡回シフトし，その結果をC_2とD_2と表す（**図18.19**）．

$$C_2 = (1\ 0\ 0\ 1) \cdots\cdots\cdots\cdots\cdots\cdots\cdots (51)$$
$$D_2 = (1\ 0\ 1\ 0) \cdots\cdots\cdots\cdots\cdots\cdots\cdots (52)$$

［ステップ5］

表18.10に基づき，C_2とD_2全体〔式(51)，式(52)〕を8ビットから6ビットに圧縮転置変換して，2段目の暗号化鍵K_2が得られる（**図18.20**）．

$$K_2 = (1\ 1\ 1\ 0\ 0\ 0) \cdots\cdots\cdots\cdots\cdots\cdots\cdots (53)$$

● 復号鍵の生成

暗号化鍵は式(44)の共通鍵（初期鍵）$K_0 = (1\ 0\ 0\ 1\ 1\ 0\ 0\ 1)$を元にして，$K_1$，$K_2$の順に生成された．逆に，暗号文を解読して平文に戻すための復号鍵は，共通鍵K_0を基にしてK_2，K_1の順に生成される必要がある．

このとき，**図18.15**と同じ処理手順で生成するとなれば，暗号化鍵の生成では左に巡回シフトしていた処理を，復号鍵の生成では右に巡回シフトする処理に置き換えることで容易に実現される．以下，復号鍵を得る手順をまとめておく．

［ステップ1］

式(44)の共通鍵（秘密鍵）K_0を，**表18.8**（選択転置）に基づき，ランダム化する．

$$K_0' = (0\ 0\ 1\ 1\ 0\ 1\ 0\ 1) \cdots\cdots\cdots\cdots\cdots (54)$$
$$C_0 = (0\ 0\ 1\ 1) \cdots\cdots\cdots\cdots\cdots\cdots\cdots (55)$$
$$D_0 = (0\ 1\ 0\ 1) \cdots\cdots\cdots\cdots\cdots\cdots\cdots (56)$$

［ステップ2］

表18.11より，1段目の右シフトのビット数は1ビットなので，C_0とD_0の各ビットを1ビット右へ巡回シフトし，その結果をC_1とD_1と表す（**図18.21**）．

$$C_1 = (1\ 0\ 0\ 1) \cdots\cdots\cdots\cdots\cdots\cdots\cdots (57)$$
$$D_1 = (1\ 0\ 1\ 0) \cdots\cdots\cdots\cdots\cdots\cdots\cdots (58)$$

［ステップ3］

表18.10に基づき，C_1とD_1全体〔式(57)，式(58)〕を8ビットから6ビットに圧縮転置変換して，1段目の復号鍵$\hat{K}_1$が得られる（**図18.22**）．

$$\hat{K}_1 = (1\ 1\ 1\ 0\ 0\ 0)\ (=暗号化鍵の K_2) \cdots (59)$$

［ステップ4］

表18.11より，2段目の右シフトのビット数は2ビットなので，C_1とD_1の各ビットを2ビット右へ巡回シフトし，その結果をC_2，D_2と表す（**図18.23**）．

$$C_2 = (0\ 1\ 1\ 0) \cdots\cdots\cdots\cdots\cdots\cdots\cdots (60)$$
$$D_2 = (1\ 0\ 1\ 0) \cdots\cdots\cdots\cdots\cdots\cdots\cdots (61)$$

［ステップ5］

表18.10に基づき，C_2とD_2全体〔式(60)，式(61)〕を8ビットから6ビットに圧縮転置変換して，2段目の復号鍵$\hat{K}_2$が得られる（**図18.24**）．

$$\hat{K}_2 = (1\ 1\ 0\ 0\ 0\ 1)\ (=暗号化鍵の K_1) \cdots (62)$$

第18章 共通鍵暗号——DES暗号

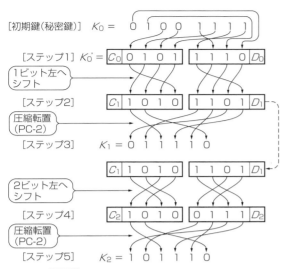

図18.25 例題1の計算の流れ

以上の結果から，復号鍵〔式(59)，式(62)〕と暗号化鍵〔式(50)，式(53)〕との対比から，暗号化鍵とは逆の順序で得られていることが理解できる．

例題1

いま，共通鍵 K_0 を $(0\,1\,0\,0\,1\,1\,1\,1)$ とするとき，DES暗号化の各段で使用する鍵 K_1，K_2 を生成せよ．

解答1

以下，暗号化鍵の生成時の計算結果を示しておく（図18.25）ので，各自検証のこと．なお，復号鍵は暗号化鍵とは逆の順序で使用することに注意してもらいたい．

[初期鍵]　　$K_0 = (0\,1\,0\,0\,1\,1\,1\,1)$
[ステップ1]　$K_0' = (0\,1\,0\,1\,1\,1\,1\,0)$
　　　　　　$C_0 = (0\,1\,0\,1)$, $D_0 = (1\,1\,1\,0)$
[ステップ2]　$C_1 = (1\,0\,1\,0)$, $D_1 = (1\,1\,0\,1)$
[ステップ3]　$K_1 = (0\,1\,1\,1\,1\,0)$
[ステップ4]　$C_2 = (1\,0\,1\,0)$, $D_2 = (0\,1\,1\,1)$
[ステップ5]　$K_2 = (1\,0\,1\,1\,1\,0)$

例題2

「H」という1文字のDES暗号を，例題1の鍵を用いて求めよ〔ヒント：DES暗号はブロック暗号なので，表18.1での意味のない'捨字'（2進コード'1111'）を利用する〕．

解答2

ヒントにも書いたように，DES暗号ではブロックが2文字に満たない場合は〈捨字〉を挿入して処理を行う（パディング処理）．よって平文'H〈捨字〉'の2進データは，

　　'H〈捨字〉' → $(0\,1\,1\,1\,1\,1\,1\,1)$

と表される．以下に計算経過を示す（図18.26）．
[平文]　　　　　$(0\,1\,1\,1\,1\,1\,1\,1)$

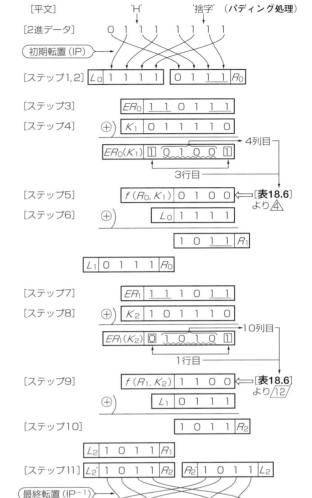

図18.26 例題2の計算の流れ

[ステップ1]　$(1\,1\,1\,1\,0\,1\,1\,1)$：'H〈捨字〉'の転置出力データ
[ステップ2]　$L_0 = (1\,1\,1\,1)$, $R_0 = (0\,1\,1\,1)$
[ステップ3]　$ER_0 = (\underline{1}\,1\,0\,1\,1\,\underline{1})$
[ステップ4]　$ER_0(K_1) = K_1 \oplus ER_0 = (\boxed{1}\,0\,1\,0\,0\,\boxed{1})$
[ステップ5]　$f(R_0, K_1) = (0\,1\,0\,0)$
[ステップ6]　$L_1 = R_0 = (0\,1\,1\,1)$
　　　　　　$R_1 = L_0 \oplus f(R_0, K_1) = (1\,0\,\underline{1}\,\underline{1})$
[ステップ7]　$ER_1 = (\underline{1}\,1\,1\,0\,1\,\underline{1})$
[ステップ8]　$ER_1(K_2) = K_2 \oplus ER_1 = (\boxed{0}\,1\,0\,1\,0\,\boxed{1})$
[ステップ9]　$f(R_1, K_2) = (1\,1\,0\,0)$
[ステップ10]　$L_2 = R_1 = (1\,0\,1\,1)$
　　　　　　$R_2 = L_1 \oplus f(R_1, K_2) = (1\,0\,1\,1)$
[ステップ11]　$L_2' = R_2 = (1\,0\,1\,1)$, $R_2' = L_2 = (1\,0\,1\,1)$

[ステップ12] $L_2'' = (1\,1\,0\,0)$, $R_2'' = (1\,1\,1\,1)$
[暗号文]　　$(\underbrace{1\,1\,0\,0}_{L_2''}\underbrace{1\,1\,1\,1}_{R_2''})$
　　　　　　　　＝　　＝
　　　　　　　'M'　'捨字'

例題3
　例題1の鍵を用いて，**例題2**の暗号文を解読し復号せよ．

解答3
　以下に計算経過を示す（**図18.27**）．
[暗号文]　　　$(1\,1\,0\,0\,1\,1\,1\,1)$
[ステップ1]　$(1\,0\,1\,1\,1\,0\,1\,1)$
[ステップ2]　$L_0 = (1\,0\,1\,1)$, $R_0 = (1\,0\,\underline{1\,1})$
[ステップ3]　$ER_0 = (\underline{1}\,1\,1\,0\,\underline{1\,1})$

[ステップ4]　$ER_0(K_2) = K_2 \oplus ER_0 = (\boxed{0}\,1\,0\,1\,0\,\boxed{1})$
[ステップ5]　$f(R_0, K_2) = (1\,1\,0\,0)$
[ステップ6]　$L_1 = R_0 = (1\,0\,1\,1)$
　　　　　　　$R_1 = L_0 \oplus f(R_0, K_2) = (0\,1\,\underline{1\,1})$
[ステップ7]　$ER_1 = (\underline{1}\,1\,0\,1\,\underline{1\,1})$
[ステップ8]　$ER_1(K_1) = K_1 \oplus ER_1 = (\boxed{1}\,0\,1\,0\,0\,\boxed{1})$
[ステップ9]　$f(R_1, K_1) = (0\,1\,0\,0)$
[ステップ10]　$L_2 = R_1 = (0\,1\,1\,1)$
　　　　　　　$R_2 = L_1 \oplus f(R_1, K_1) = (1\,1\,1\,1)$
[ステップ11]　$L_2' = R_2 = (1\,1\,1\,1)$, $R_2' = L_2 = (0\,1\,1\,1)$
[ステップ12]　$L_2'' = (0\,1\,1\,1)$, $R_2'' = (1\,1\,1\,1)$
[平文]　　　　$(\underbrace{0\,1\,1\,1}_{L_2''}\underbrace{1\,1\,1\,1}_{R_2''})$
　　　　　　　　＝　　＝
　　　　　　　'H'　'(捨字)'

　以上の結果より，'H'と'(捨字)'の2文字であることが導かれ，簡易DES暗号の解読に成功するわけである．

18.5 DES暗号の基本構成

　DES暗号は，平文，暗号文，鍵のいずれもが64ビットを1ブロックとする「ブロック暗号」である．ただし，鍵は64ビットのうち8ビットをパリティ・チェックに使用しているため，実質は56（= 64 - 8）ビットとなる．
　まず，DES暗号は2進数からなる入力データ（平文）を64ビットずつに区切って1ブロックとする．1文字を8ビットで換算すれば1ブロックで8文字をまとめて暗号化することができるというわけである．**図18.28**にDES暗号の基本構成を示し，暗号化手順の概

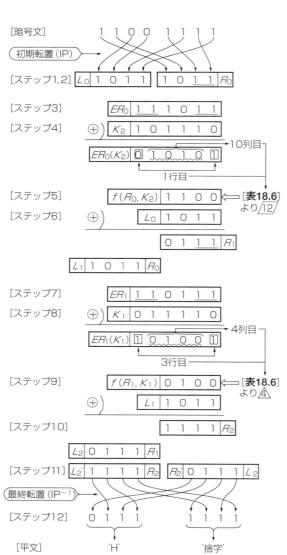

図18.27　**例題3**の計算の流れ

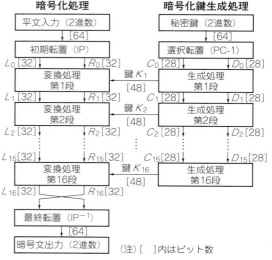

図18.28　DES暗号の基本構成（暗号化手順）

表18.12　初期転置(IP)

出力ビット	入力ビット							
1～8	58	50	42	34	26	18	10	2
9～16	60	52	44	36	28	20	12	4
17～24	62	54	46	38	30	22	14	6
25～32	64	56	48	40	32	24	16	8
33～40	57	49	41	33	25	17	9	1
41～48	59	51	43	35	27	19	11	3
49～56	61	53	45	37	29	21	13	5
57～64	63	55	47	39	31	23	15	7

表18.13　最終転置(IP^{-1})

出力ビット	入力ビット							
1～8	40	8	48	16	56	24	64	32
9～16	39	7	47	15	55	23	63	31
17～24	38	6	46	14	54	22	62	30
25～32	37	5	45	13	53	21	61	29
33～40	36	4	44	12	52	20	60	28
41～48	35	3	43	11	51	19	59	27
49～56	34	2	42	10	50	18	58	26
57～64	33	1	41	9	49	17	57	25

表18.14　拡大転置(E)

出力ビット	入力ビット					
1～6	32	1	2	3	4	5
7～12	4	5	6	7	8	9
13～18	8	9	10	11	12	13
19～24	12	13	14	15	16	17
25～30	16	17	18	19	20	21
31～36	20	21	22	23	24	25
37～42	24	25	26	27	28	29
43～48	28	29	30	31	32	1

要を述べておく(詳細は後述，18.6～18.9参照).

● 暗号化処理

① 初期転置(IP)とビット分割

まず，64ビットの入力データをビット単位に転置する．この初期転置(IP)により，平文の隣り合った各ビットがほぼ32ビット離れるようにビットの入れ換えが行われる．続けて，入れ換えられた64ビットの2進データを，上位(左側)32ビットと下位(右側)の32ビットの二つに分割する．ここで，上位32ビットをL_0，下位32ビットをR_0と表すことにする．

② 暗号化の変換処理(16段の同一処理の繰り返し)

n段目(n回目の暗号化処理)の変換処理では，前段から入力される上位32ビットのL_{n-1}と下位32ビットのR_{n-1}に対して，鍵生成処理によって得られるn段目の鍵(48ビット)K_nを作用させることにより，転置と換字処理を行う．その結果として得られた上位32ビットをL_n，下位32ビットをR_nとして出力し，次段への入力とするものである．

③ 最終転置(IP^{-1})

最後に，最終段である16段目の出力L_{16}とR_{16}とを入れ換え，初期転置(IP)の逆転置である最終転置(IP^{-1})により各ビットを置換することで，暗号文が得られる．

● 鍵の生成処理

① 選択置換(PC-1)とビット分割

64ビットの鍵のうち，8ビットのパリティ・ビットを取り除く処理を行うのと同時に，残りの56ビットについて各ビットの入れ換えが行われる．続いて，入れ換えられた56ビットの2進データを上位(左側)28ビットと下位(右側)の28ビットの二つに分割する．ここで，上位28ビットをC_0，下位28ビットをD_0と表すことにする．

② 鍵生成の変換処理(16段の同一処理の繰り返し)

n段目(n回目の鍵生成処理)の変換処理では，前段から入力される上位28ビットのC_{n-1}と下位28ビットのD_{n-1}に対して，ビットシフト処理を行う．その結果得られた上位28ビットをC_n，下位28ビットをD_nと

し，次段への入力とする．

そして，C_nとD_nをまとめた56ビットのデータに対し，各ビットの入れ換えと選択処理(PC-2)とを同時に行うことで，48ビットの鍵K_nが生成される．

18.6　初期転置(IP)と最終転置(IP^{-1})

初期転置(IP)と最終転置(IP^{-1})を，それぞれ表18.12，表18.13に示す．各表は，出力の1～64ビット目の各ビットが入力のどのビットに等しいかを示している．たとえば，表18.12の初期転置(IP)では，出力の1ビット目と2ビット目が，それぞれ入力の58ビット目と50ビット目のデータに入る(置換される)ことになる．また，出力の18ビット目は入力の54ビット目から置換されるわけである．

初期転置では，入力から32ビット離してほぼ8ビット間隔で取り出したビットを順に並べて出力されるようになっており，入力の隣り合うビットは，ほぼ32ビット離れた位置に置換されることになる．たとえば，入力の1ビット目と2ビット目はそれぞれ出力の40ビット目，8ビット目に置換され，32(=40-8)ビット離れた位置になることが理解できる．

他方，最終転置(IP^{-1})は初期転置(IP)で置換されたデータの位置を元に戻すための働きを有する．たとえば，入力の1ビット目は表18.12より出力の40ビット目に置換され，続けて表18.13より入力の40ビット目は出力の1ビット目に戻ってくることを確認できる．つまり，

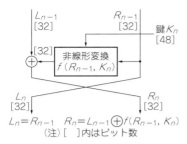

図18.29 DES暗号化における基本単位での処理

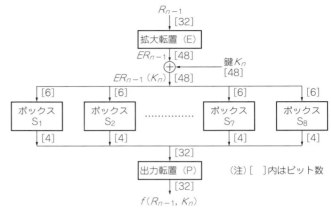

図18.30 非線形変換 $f(R_{n-1}, K_n)$ の処理

初期転置（IP）× 最終転置（IP^{-1}）
→ 元の位置に戻す ・・・・・・・・・・・・・・・・・・・・・・(63)
という処理が実行される．

18.7 DES暗号の基本単位と非線形変換 f

図18.28に示したDESの基本単位である16段の暗号化処理は，各段ともに図18.29に示す構造になっている．前段からの入力 (L_{n-1}, R_{n-1}) と次段への出力 (L_n, R_n) との間には，

$L_n = R_{n-1}$ ・・・・・・・・・・・・・・・・・・・・・・(64)
$R_n = L_{n-1} \oplus f(R_{n-1}, K_n)$ ・・・・・・・・・・・・・・(65)

という関係が成立する．ここで，⊕はビット単位の排他的論理和〔2を法とする加算，GF(2)上での加算〕を表す．

また，式(65)中の非線形変換 $f(R_{n-1}, K_n)$ は，図18.30に示す構造を有している．まず，非線形変換 f への入力 R_{n-1} は32ビットの2進データであり，**表18.14**

表18.15 圧縮換字変換（S）

Sボックス	行番号	列番号															
		0	1	2	3	4	5	6	7	8	9	10	11	12	13	14	15
S_1	0	14	4	13	1	2	15	11	8	3	10	6	12	5	9	0	7
	1	0	15	7	4	14	2	13	1	10	6	12	11	9	5	3	8
	2	4	1	14	8	13	6	②	11	15	12	9	7	3	10	5	0
	3	15	12	8	2	4	9	1	7	5	11	3	14	10	0	6	13
S_2	0	15	1	8	14	6	11	3	4	9	7	2	13	12	0	5	10
	1	3	13	4	7	15	2	8	14	12	0	1	10	6	9	11	5
	2	0	14	7	11	10	4	13	1	5	8	12	6	9	3	2	15
	3	13	8	10	1	3	15	4	2	11	6	7	12	0	5	14	9
S_3	0	10	0	9	14	6	3	15	5	1	13	12	7	11	4	2	8
	1	13	7	0	9	3	4	6	10	2	8	5	14	12	11	15	1
	2	13	6	4	9	8	15	3	0	11	1	2	12	5	10	14	7
	3	1	10	13	0	6	9	8	7	4	15	14	3	11	5	2	12
S_4	0	7	13	14	3	0	6	9	10	1	2	8	5	11	12	4	15
	1	13	8	11	5	6	15	0	3	4	7	2	12	1	10	14	9
	2	10	6	9	0	12	11	7	13	15	1	3	14	5	2	8	4
	3	3	15	0	6	10	1	13	8	9	4	5	11	12	7	2	14
S_5	0	2	12	4	1	7	10	11	6	8	5	3	15	13	0	14	9
	1	14	11	2	12	4	7	13	1	5	0	15	10	3	9	8	6
	2	4	2	1	11	10	13	7	8	15	9	12	5	6	3	0	14
	3	11	8	12	7	1	14	2	13	6	15	0	9	10	4	5	3
S_6	0	12	1	10	15	9	2	6	8	0	13	3	4	14	7	5	11
	1	10	15	4	2	7	12	9	5	6	1	13	14	0	11	3	8
	2	9	14	15	5	2	8	12	3	7	0	4	10	1	13	11	6
	3	4	3	2	12	9	5	15	10	11	14	1	7	6	0	8	13
S_7	0	4	11	2	14	15	0	8	13	3	12	9	7	5	10	6	1
	1	13	0	11	7	4	9	1	10	14	3	5	12	2	15	8	6
	2	1	4	11	13	12	3	7	14	10	15	6	8	0	5	9	2
	3	6	11	13	8	1	4	10	7	9	5	0	15	14	2	3	12
S_8	0	13	2	8	4	6	15	11	1	10	9	3	14	5	0	12	7
	1	1	15	13	8	10	3	7	4	12	5	6	11	0	14	9	2
	2	7	11	4	1	9	12	14	2	0	6	10	13	15	3	5	8
	3	2	1	14	7	4	10	8	13	15	12	9	0	3	5	6	11

の拡大転置（E）により，48ビットのデータER_{n-1}に拡大される（つまり，16ビットは重複して使用される）．

次に，48ビットのデータER_{n-1}と48ビットの鍵K_nをビット単位で計算して得られる排他的論理和ER_{n-1}，すなわち，

$$ER_{n-1}(K_n) = K_n \oplus ER_{n-1} \cdots\cdots\cdots\cdots(66)$$

を計算した後，6ビット単位の8個に分割して，それぞれを左から右へ順に$S_1 \sim S_8$のSボックスに入力する．各Sボックスでは，**表18.15**に基づき，6ビットの入力を4ビットの出力に圧縮換字変換（S）が実行され，非線形変換が行われる．

ここで，**図18.30**における各Sボックスの非線形変換fの具体的な計算について説明しておく．各Sボックスに入力される6ビットの2進データを左から右へ順に，

$$(b_5 \quad b_4 \quad b_3 \quad b_2 \quad b_1 \quad b_0)$$

と表すとき，2桁の2進数$(b_5 \quad b_0)$に対応する整数（0, 1, 2, 3）が**表18.15**の各Sボックスの行番号を指定し，4桁の2進数$(b_4 \quad b_3 \quad b_2 \quad b_1)$に対応する整数（0, 1, 2, …, 15）が，**表18.15**の各Sボックスの列番号を指定する．

さらに，行番号と列番号で指定されたところに記されている整数値を4ビットの2進数で表示した値を，各Sボックスの出力とするのが非線形変換fに相当する．たとえば，S_1ボックスに入力される2進データが（①0110⓪）$_2$のときは，行番号（①⓪）$_2$ = $(2)_{10}$行目，列番号（0110）$_2$ = $(6)_{10}$列目となり，第2行第6列に記されている整数値2〔**表18.15**中の○印で囲った数値，すなわち，2進数表示して（0010）$_2$と表される〕が非線形変換fの出力となる．

最後に，得られた4ビットの出力の8個分を合わせて32ビットの2進データに再合成する．さらに，**表18.16**に示す出力転置（P）によりビット位置が入れ換えられ，式(65)の$f(R_{n-1}, K_n)$が計算されるわけである．

18.8 鍵の生成

鍵は8ビットごとに，1ビットがパリティ・チェック用に使用されているので，8の倍数である8, 16, 24, 32, 40, 48, 56, 64ビット目のデータは除き，**表18.17**の選択転置（PC-1）に基づいて入れ換えを行う．**表18.17**では，入力ビットをほぼ8ビット間隔で取り出して出力ビットを作成しており，入力の隣り合うビットはほぼ8ビット離れた位置に置換，ランダム化される．

図18.28に示した鍵生成の基本単位である16段の処理は，各段ともに**図18.31**に示す構造になっている．n段目（n回目の暗号化処理）の鍵生成では，前段から入力される56ビットのうち上位28ビットのC_{n-1}と下

表18.16 出力転置（P）

出力ビット	入力ビット			
1～4	16	7	20	21
5～8	29	12	28	17
9～12	1	15	23	26
13～16	5	18	31	10
17～20	2	8	24	14
21～24	32	27	3	9
25～28	19	13	30	6
29～32	22	11	4	25

表18.17 選択転置（PC-1）

出力ビット		入力ビット						
上位 C_0	1～7	57	49	41	33	25	17	9
	8～14	1	58	50	42	34	26	18
	15～21	10	2	59	51	43	35	27
	22～28	19	11	3	60	52	44	36
下位 D_0	1～7	63	55	47	39	31	23	15
	8～14	7	62	54	46	38	30	22
	15～21	14	6	61	53	45	37	29
	22～28	21	13	5	28	20	12	4

表18.18 (C_n, D_n)の左巡回シフトビット数（暗号化）

段数	1	2	3	4	5	6	7	8	9	10	11	12	13	14	15	16
ビット数	1	1	2	2	2	2	2	2	1	2	2	2	2	2	2	1

表18.19 圧縮転置（PC-2）

出力ビット	入力ビット					
1～6	14	17	11	24	1	5
7～12	3	28	15	6	21	10
13～18	23	19	12	4	26	8
19～24	16	7	27	20	13	2
25～30	41	52	31	37	47	55
31～36	30	40	51	45	33	48
37～42	44	49	39	56	34	53
43～48	46	42	50	36	29	32

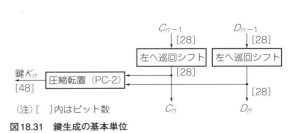

（注）[ ]内はビット数

図18.31 鍵生成の基本単位

位28ビットのD_{n-1}に対して，それぞれ左に巡回シフト処理を行う．その結果得られた上位28ビットをC_n，下位28ビットをD_nとし，次段への入力とする．

シフトするビット数は，**表18.18**に示すように1または2ビットである．続けて，C_nとD_nをまとめた56ビットのデータに対して，**表18.19**の圧縮転置（PC-2）に基づき，各ビットの入れ換えと圧縮処理とを同時に行うことで48ビットの鍵K_nが生成される．

18.9 DES暗号の復号（インボルーション）

式(64)，式(65)のDES暗号の基本変換を逆に解いて，(L_{n-1}, R_{n-1})を(L_n, R_n)で表すと，

$$R_{n-1} = L_n \cdots\cdots(67)$$
$$L_{n-1} = R_n \oplus f(R_{n-1}, K_n) \cdots\cdots(68)$$
$$= R_n \oplus f(L_n, K_n) \cdots\cdots(69)$$

となる．式(67)は，式(64)の左辺と右辺の入れ換えである．また，式(65)の両辺に$f(R_{n-1}, K_n)$を加算すると，

$$R_n \oplus f(R_{n-1}, K_n) = L_{n-1} \oplus \underbrace{f(R_{n-1}, K_n) \oplus f(R_{n-1}, K_n)}_{= 0}$$

が得られ，左辺と右辺を入れ換えることで式(68)となり，さらに式(67)を代入すると式(69)が導かれる．

ところで，式(64)，式(65)と，式(67)，式(69)とを比較すると，

$$R \Leftrightarrow L$$

のように，RとLとの入れ換えを行えば，暗号文を解読して元に戻せることが容易に推測される．

つまり，(R_n, L_n)から(R_{n-1}, L_{n-1})を求める処理は，(L_{n-1}, R_{n-1})から(L_n, R_n)を求める処理と同じ構造になっていることもわかる．言い換えれば，**図18.29**に示したDES暗号の変換処理を用いて，(L_n, R_n)から(L_{n-1}, R_{n-1})が得られることを意味することに気がつく（**図18.32**）．

図18.32より，**図18.29**の変換処理で，(L_{n-1}, R_{n-1})から(L_n, R_n)を得た後，L_nとR_nを交換して，再び**図18.29**の変換処理を行うと，元の(L_{n-1}, R_{n-1})の復元（暗号の解読）ができることになる．このように，同じ変換処理を2度繰り返すことで元のデータが復号できるような変換は**インボルーション**と呼ばれる．この変換の性質から，暗号化と復号の二つの異なる処理が同じ装置（アルゴリズム）を用いて実現できるというわけである．

実際，**図18.28**のDES暗号の基本構成（暗号化）を用いて復号するとなれば，**図18.33**のDES暗号の基本構成（復号）となる．

このとき，**図18.28**の暗号化における最後の最終転置（IP^{-1}）と復号の初期転置（IP）が対になって，式(63)より打ち消される．

また，暗号化の16段目の後で，L_{16}とR_{16}とが入れ換えられているため，**図18.33**の復号における第1段目の復号鍵がK_{16}になっているので，第1段目の復号処理で(R_{15}, L_{15})が復元できる．同様に，第2段目以降で使用される復号鍵が，$K_{15}, K_{14}, \cdots, K_2, K_1$となっていることから，順に$(R_{14}, L_{14})$，$(R_{13}, L_{13})$，$\cdots$，$(R_1, L_1)$，$(R_0, L_0)$が復元されるのである．最後に，復号の最終転置（$\text{IP}^{-1}$）と暗号化の初期転置（IP）とが打ち消しあい，平文が復元される．

よって，**図18.28**のDES暗号の基本構成（暗号化）を利用して復号するには，**図18.33**より復号鍵が暗号化とは逆の順序，すなわち，

$$K_{16}, K_{15}, \cdots, K_2, K_1$$

の順に生成されなければならないことが理解される．

このような順での復号鍵の生成は，暗号化の際，**図18.28**の鍵生成では左に巡回シフトしていたものを，

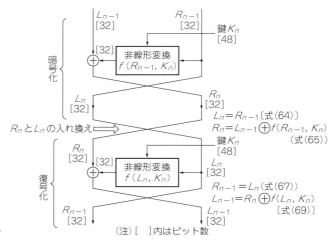

図18.32 DES暗号のインボルーション

表18.20 (C_n, D_n) の右巡回シフトビット数（復号化）

段数	1	2	3	4	5	6	7	8	9	10	11	12	13	14	15	16
ビット数	1	1	2	2	2	2	2	2	1	2	2	2	2	2	2	1

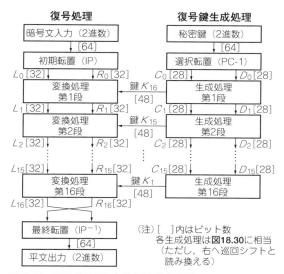

図18.33 DES暗号の基本構成（復号化手順）

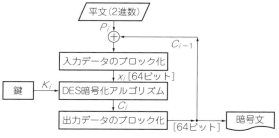

図18.34 連鎖式ブロック暗号

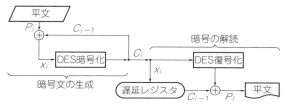

図18.35 連鎖式ブロック暗号化／復号化処理

復号では右への巡回シフトに変えることによって容易に実現できる．ここで，復号時に用いる各段の右巡回シフトするビット数を表18.20に示す．

18.10 連鎖式ブロック暗号

DES暗号では，64ビットを1ブロックとして暗号化するため，平文がブロック単位で同じデータの場合，たとえ暗号化したとしてもブロック単位で同じ暗号文が生成される可能性がある．

そのため，同一の平文でも異なる暗号文が出力されるように工夫した形として，連鎖式暗号の考え方をDES暗号に導入した連鎖式ブロック暗号が知られている．具体的には，平文をブロックに分けて組み立てるとき，入力データか出力データの一部をブロック単位にフィードバックし，平文のもつブロック間の連接情報をより拡散させることで暗号強度を増大させる．

図18.34の連鎖式ブロック暗号は，一つ前の暗号文ブロック C_{i-1} と次の平文ブロック P_i との排他的論理和，すなわち，

$$x_i = C_{i-1} \oplus P_i \quad \cdots\cdots\cdots\cdots\cdots(70)$$

で計算される出力 x_i を，DES暗号の入力（2進データ）とする方式である．ただし，最初のブロックにおいてはフィードバックする暗号出力 C_0 がないので，初期値としてあらかじめ設定しておく必要がある．

このとき，出力暗号ブロック C_i は，

$$C_i = \text{DES}(x_i) = \text{DES}(C_{i-1} \oplus P_i) \quad \cdots(71)$$

となって暗号化される．ここで，DES( ) はDES暗号化（図18.28に相当）を表す．

次に，平文に戻す復号処理では，出力暗号ブロック C_i が得られたとき，

$$x_i = \text{DES}^{-1}(C_i) \quad \cdots\cdots\cdots\cdots\cdots(72)$$

を用いてDES暗号の復号ブロック x_i を求める．ここで，DES^{-1}( ) はDES復号（図18.33に相当）を表す．

よって，式(70)の両辺に C_{i-1} を加算すると，

$$x_i \oplus C_{i-1} = \underbrace{C_{i-1} \oplus C_{i-1}}_{= 0} \oplus P_i$$

となり，左辺と右辺を入れ換えれば，式(72)を考慮して，

$$\begin{aligned}P_i &= x_i \oplus C_{i-1} \\ &= \text{DES}^{-1}(C_i) \oplus C_{i-1} \quad \cdots\cdots\cdots\cdots(73)\end{aligned}$$

と導かれる．つまり，一つ前の暗号ブロック C_{i-1} と現在の暗号ブロック C_i をDES復号したブロック x_i [=DES$^{-1}(C_i)$] との排他的論理和を計算すれば，暗号を解読して平文を得ることができるわけである．このような連鎖式ブロック暗号の暗号化，復号の処理の流れを図18.35に示す．

なお，この方式によれば，あるブロックの暗号文にエラーが発生すると，その影響が次の暗号ブロックの出力データまでの1ブロックに及ぶことも理解される．

18.11 ストリーム暗号

ストリーム暗号の基本は「乱数」にあり，ということで，シーザー暗号を例にとって基本的な考え方を説明してみよう（16.3を参照）．

シーザー暗号は，「平文の各文字を一定の文字数だけずらす」という手法であるが，すべての文字に対してずらす文字数が一定なので，簡単に解読されてしまう．ずらす文字数を次々に変えれば解読は難しくなることは明白だが，たとえば1文字目は6文字ずらす，2文字目は5文字ずらす，3文字目は4文字ずらす，というような規則的な変化では，すぐにパターンを見破られてしまい，解読されてしまう．それなら，ずらす文字数を乱数（ランダム）化すればよいことに気づくであろう．

いま，サイコロを振って，ランダムにずらす文字数を決めれば，1～6の間で6通りのランダムに変化する乱数列が得られる．こうして得られる「乱数列をずらす文字数として，平文を暗号化する手法」がストリーム暗号とイメージするとわかりやすい．

もちろん，復号時もまったく同じ順にサイコロの目を出さなければ暗号文を正しく復号できないわけだが…．こんなふうにサイコロの目を自由に操れる人がいるだろうか？　まあ，いるとすれば「いかさま師」ぐらいかも？

実際のストリーム暗号もほぼ同じやり方で，乱数列を次々に発生させ，平文（バイト，ビットなど）に次々と掛け合わせること（専門的にはXOR「排他的論理和」演算）によって暗号化する．暗号化/復号処理が非常に単純なので，処理速度が速いという特徴がある．

ところで，ストリーム暗号の仕掛け人「いかさま師」

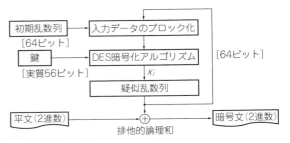

図18.36　ストリーム暗号の構成例

の役目を担うのが，「擬似乱数発生器」と呼ばれる処理で，ある条件を同じにすることにより，いつでも同じ乱数列を出すことができる．

ここで言う「ある条件」のことを，乱数のシード（種）と呼び，乱数発生の初期値とする．乱数のシードを変えることにより，生成される乱数列（ずらす文字数に相当）も変わってくるが，逆に言えば，同じシードを指定すれば，同じ乱数列を何度でも再現できるという「いかさま師」そのものなのである．したがって，シードを鍵に見立てれば，暗号化時と復号時で同じ鍵（シード）を指定することにより，共通鍵による暗号が実現される．

なお，発生器というと専用のハードウェアを思い浮かべるかもしれないが，プログラムによるソフトウェア処理でも実現されている．

そこでDES暗号のアルゴリズムを用いて周期の非常に長い擬似乱数系列を発生させることにより，この擬似乱数系列を暗号化鍵として利用することを考える．つまり，平文の2進データと擬似乱数系列との排他的論理和をとるだけで，ストリーム形式の暗号文が得られるのである（図18.36）．

第19章 暗号応用──ゼロ知識対話証明，認証，ディジタル署名

第18章では，実際に使用されている1ブロックが64ビットのDES暗号の一般的構成，DES暗号アルゴリズムを活用した連鎖式ブロック暗号，ストリーム暗号を例示した．

本章では，暗号数学の今後の展開をにらみながら，ゼロ知識対話証明，個人の認証，ディジタル署名，ブロックチェーンなどについて，基本的な考え方を中心にわかりやすく説明する．

19.1 ゼロ（零）知識対話証明

'ゼロ知識対話証明'という言葉から，みなさんはどんなことを想像されるであろうか？ おそらくは，多くの方々が「知識がゼロでも（何も知らなくても），何らかの事柄を証明する（暗号の話なのだから，個人の認証を行う）ことができる」という意味なのかな，というイメージがおぼろげながら湧くのではなかろうか．わかりやすく言えば，

『自分の秘密情報（たとえば，パスワードなど）を漏らさずに（ゼロ知識），相手に自分がその秘密を持っているという事実だけを信じてもらう（証明）という数理マジック』

がゼロ知識対話証明と呼ばれるものである（図19.1）．

最近のカード社会では，クレジットカードを使って国際電話をかけた人が，その番号を電話機に入力するところを何者かに望遠鏡で覗き見されてパスワードがばれたり，デパートで買い物代金のカード支払いのときにカード情報をすべて読み取られてしまい，多額の料金を請求されるといった'なりすまし'事件も多発しているようである．

このように，本人確認のために，その人（カード）の秘密が外に漏れてしまうことには，大いなる危険がつきまとうことになる．そこで，秘密については一切漏らさず（ゼロ知識），本人の確認（カードの真正性）を相手に認めてもらう（証明）方法が必要不可欠になってくるのである．

こうした要求に応える方法として，1985年にGoldwasser, Micali, Rackoffにより，'ゼロ知識対話証明'という概念が示された．

ゼロ知識対話証明は，自分の持っているカードの真正性を相手（カード会社）に証明する方法である．その際，カード自体の秘密（パスワードで，たとえば10進数で100桁以上の乱数）に関する情報は一切漏らさない．このような，

『秘密の乱数は教えないけれど，自分を証明するための乱数を持っていることは信じてほしい』

という，虫のいい話がゼロ知識対話証明なのである．こんな虫のいい話が，厳密な暗号数学の理論をもとに，何とも信じがたいことなのではあるけれど，実現できるのである．その実現方法について，準備段階と実行段階とに分けて説明することにしよう．

● 準備段階

ゼロ知識対話証明における数理マジックの仕かけのためには，まずは信頼すべきセンタ（検証者）を設けることが必要である．例を挙げて説明しよう．

① 全ユーザに公開する合成数Nの設定

センタは二つの素数（p, q）を用意し，さらに積をとって合成数N，すなわち，

$$N = pq \quad \cdots\cdots\cdots\cdots\cdots\cdots(1)$$

をセンタの秘密とする．実際は，100桁程度の巨大な素数を利用するわけだが，ここでは簡単な例として，2桁の素数13（$= p$）と19（$= q$）を用いることにする．これら二つの素数の積Nは，

$$N = 13 \times 19 = 247$$

の3桁の合成数である．この合成数Nは，全ユーザに公開する．ただし，実用システムでは，合成数$N = pq$

図19.1 ゼロ知識対話証明とは？

を知ったとしても元の素数pとqに分解することが，どのようなスーパコンピュータを用いたとしても難しい程度に大きな桁数を有する素数を用意する．

② 各ユーザのIDをセンタに登録

IDとは，IDentificationの略で，各ユーザが公開している数値（公開鍵に相当）であり，その人と1対1の対応がとれている，つまり各ユーザを識別できる公開された数値であり，ここではIDと称することにする．

各ユーザは，これをセンタに登録することになる．たとえば，ここではユーザAのIDをID_Aで表すことにする．

③ センタによる各ユーザの秘密鍵の計算と通知

センタは各ユーザからの登録されたIDをもとに，そのIDの平方根を計算する．

実数における平方根の計算は，だれでも計算できるわけだが，整数の世界では合成数Nの二つの素数pとqを知っている場合のみ，その平方根が容易に求められるという性質があることが知られている．この平方根を計算する難しさを利用して，ゼロ知識対話証明の仕掛けが作られている．

いまの場合，センタだけが素数13と19を知っているので，各ユーザから登録されたIDの平方根を計算できるというわけである（秘密が漏れない）．仮にID_A（ユーザAのID）を101としよう．このとき，その平方根は71となる．

$\sqrt{101} \pmod{247} = 71$

逆に，71を2乗したものは，

$71^2 \pmod{247} = 101$

となるというわけである．この71がユーザAの秘密鍵S_Aであり，秘密裏にユーザAに届けられる．実用上は100桁以上の数字が使われるので，Aが覚えられる数ではない．一般的には，ユーザAのID（ID_A）と秘密鍵S_Aとの間には，

$\sqrt{ID_A} \pmod{N} = S_A$ ……………………(2)

$(S_A)^2 \pmod{N} = ID_A$ ……………………(3)

という関係が成立している．

なお，秘密鍵S_Aの目的は，ユーザAその人自身の確認ではなく，Aが所持するカードの真正性を確かめることにあるわけで，Aが銀行でのキャッシュカード

の暗証番号のように記憶しておく必要もないのである．その他のユーザに対しても同様の手順で各々の秘密鍵が配られる（図19.2）．

● **実行段階（証明手順）**

いま，ユーザAがユーザBに対して，自分が正真正銘のAである（自分が所持しているカードが本物である）ことを証明したいとして，その証明手順を以下に示す．

[**ステップ1**] ユーザAからユーザBへの証明依頼（その1）

まず，ユーザAは適当に乱数r_Aを選んで2乗し，合成数Nで割って余りを求め，この余りy_A，すなわち，

$y_A = (r_A)^2 \pmod{N}$ ……………………(4)

をユーザBに送る．たとえば，ユーザAが乱数r_Aとして50を選んだとしよう．このとき，

$y_A = 50^2 = 2500$

$= 30 \pmod{247}$

であるから，30をユーザBに送る．

[**ステップ2**] ユーザAからユーザBへの証明依頼（その2）

次に，ユーザAは自分がセンタからもらった秘密鍵S_Aと[**ステップ1**]で選択した乱数r_Aとの積に対して合成数Nを法とする計算，すなわち，

$z_A = S_A r_A \pmod{N}$ ……………………(5)

を行ってユーザBに送る．先に乱数r_Aとして選んだ50を例について言えば，

$z_A = 71 \times 50 = 92 \pmod{247}$

をユーザBに送ることになる．

[**ステップ3**] ユーザBによるAの真正性の確認作業（その1）

まず，ユーザBはユーザAから[**ステップ2**]で送られてきたz_Aを2乗して合成数Nを法とする計算，すなわち，

$v_A = (z_A)^2 \pmod{N}$ ……………………(6)

$= (S_A r_A)^2 \pmod{N}$ ……………………(7)

を行う．いまの例では，$z_A = 92$であるから，

$v_A = 92^2 = 8464$

$= 66 \pmod{247}$

となる．

[**ステップ4**] ユーザBによるAの真正性の確認作業（その2）

さらに，ユーザBは[**ステップ3**]で求めたv_Aを[**ステップ1**]でユーザAから送られてきたy_Aで割った値，すなわち，

$w_A = \dfrac{v_A}{y_A} \pmod{N}$ ……………………(8)

$= v_A \times (y_A^{-1}) \pmod{N}$ ……………………(9)

を計算する．もちろん，すべての計算は合成数Nを法

図19.2 鍵の配布

とするモジュロ演算であり，y_A^{-1}はy_Aの逆数を表す．つまり，y_A^{-1}は，
$$y_A \times (y_A^{-1}) = 1 \pmod{N} \quad \cdots\cdots\cdots (10)$$
を満たす値である．いまの例では，$v_A = 66$，$y_A = 30$であり，$y_A^{-1} = 30^{-1} = 140$であることを考慮して計算すると，
$$\begin{aligned} w_A &= 66/30 \quad (\bmod\ 247) \\ &= 66 \times 30^{-1} \quad (\bmod\ 247) \\ &= 66 \times 140 \quad (\bmod\ 247) \\ &= 101 \end{aligned}$$
となり，なんと不思議なことにユーザAのID (ID_A) が現れてくるのである（お見事というしかないであろう）．

以上のステップでもって，送信者が本当のユーザAである場合には，ユーザBはユーザAの真正性を確認することができる（図19.3）．

ここで，なぜ[ステップ4]で101というユーザAのID (ID_A) が現れるかといえば，それはユーザAの秘密鍵S_Aの2乗したものがIDになっているからである．つまり，式(8)，式(4)，式(7)を考慮することにより，
$$\begin{aligned} w_A &= \frac{\{(\text{ユーザAの秘密鍵}\,S_A) \times (\text{乱数}\,r_A)\}^2}{(\text{乱数}\,r_A)^2} \quad \cdots (11) \\ &= \frac{(S_A r_A)^2}{(r_A)^2} = (S_A)^2 \quad \cdots\cdots\cdots\cdots (12) \\ &= ID_A \\ &= (\text{ユーザAのID}) \end{aligned}$$
という関係が成立しているからなのである．

例題1

図19.3において，公開されているユーザAのID_A (=101)とし，ユーザXがクラッカ気分でユーザAになりすまして不正に利用することを考えてみよう．もちろん，ユーザXはユーザAの秘密鍵S_Aのことは何も知らないとする．

ユーザXが，
$$e^2 = ID_A \times f \pmod{247} \quad \cdots\cdots\cdots (13)$$
の関係を満たすようにeとfを決め，はじめに[ステップ1]ではfを送り，続いて[ステップ2]ではeを送信するのである．それでは，式(13)を満たす例として，以下の①，②のそれぞれについて，[ステップ3]と[ステップ4]を実行し，ユーザAのID (=101)が得られることを示せ．

① $e = 25$，$f = 82$
② $e = 66$，$f = 4$

解答1

ユーザXが適当に作成したeとfは，それぞれ式(5)のz_Aと式(4)のy_Aに相当することを利用して，式(6)と式(9)を計算し，ユーザAの公開されているID (=101)が現れることを確かめればよい．いずれの計算も合成数N（この例では$N = 13 \times 19 = 247$）を法とするモジュロ演算である．

① [ステップ3] $v_A = e^2 = 25^2 = 131$

[ステップ4] $w_A = \dfrac{e^2}{f} = e^2 \times f^{-1} = v_A \times 82^{-1}$

ここで，$82^{-1} = 244 \pmod{247}$より，
$w_A = 131 \times 244 = 101$

② [ステップ3] $v_A = e^2 = 66^2 = 157$

[ステップ4] $w_A = \dfrac{e^2}{f} = e^2 \times f^{-1} = v_A \times 4^{-1}$

ここで，$4^{-1} = 62 \pmod{247}$より，
$w_A = 157 \times 62 = 101$

以上の①と②の結果から，ユーザXは秘密鍵S_Aと乱数r_Aの情報を知ることなく，ユーザAの公開しているID_A (=101) を作成して，ものの見事にユーザAになりすますことができ，不正なことを行えることになったのである（図19.4）．

このように，図19.3の検査を巧みにかいくぐるためには，公開されているユーザ個々のID情報から，式(13)を満たすようにすればよいのである．具体的には，ユーザAの秘密鍵S_Aを知らない不正なユーザXは，まずeを適当に定めて2乗し，それをID_Aで割ってf，すなわち，
$$f = \frac{e^2}{ID_A} \pmod{N} \quad \cdots\cdots\cdots\cdots (14)$$
を求めた後，なに食わぬ顔をして，はじめにfを送り，続けてeを送信することによってユーザAしか知らない乱数r_Aがたとえ得られないとしても，余裕でユーザBの検査をパスすることができるというわけである．

● **なりすましを防御する手段**

例題1で確認してもらったように，図19.4のゼロ知識対話証明をするシステムでは，'なりすまし' がいとも簡単にできてしまうという重大な欠陥があることが理解される．こうした 'なりすまし' を防ぐためには，ユーザAしか知りえない秘密情報の確認，ここでは乱数r_Aを知っているのかどうかを検証するため

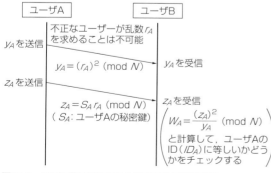

図19.3　ゼロ知識対話証明による真正性の確認手順

第4部 暗号

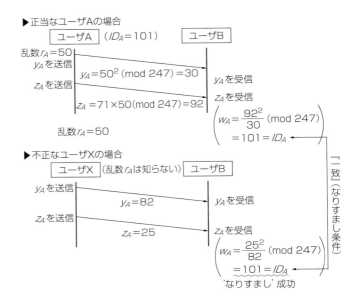

図19.4 'なりすまし'の例

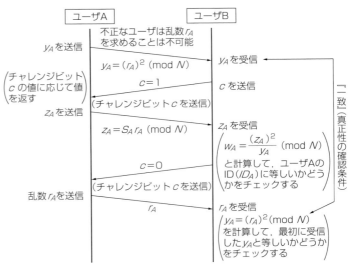

図19.5 'なりすまし'を防ぐ真正性の確認手順

に，もう一段手の込んだ手順が必要になる．

たとえば，**図19.5**のような手順にすることにより，ユーザBはユーザA（送信者）が証明手順を正直に実行しているかどうかをチェックする処理を行うことが可能になるのである．

それでは，'なりすまし'防止が実行されるようすを具体的な実行例を示し確認してもらうことにしよう．

まず，[**ステップ1**]に相当する処理として，ユーザAと不正なユーザXは以下のように y_A を計算し，ユーザBに送ることになる．

　[**ステップ1**] 送信者からユーザBへの
　　　　　　　証明依頼（その1）

▶ユーザAの場合

乱数 r_A を99として，式(4)より，
$$y_A = 99^2 = 9801$$
$$= 168 \,(\mathrm{mod}\ 247) \quad\cdots\cdots(15)$$
を送ることになる．

▶不正なユーザXの場合

式(13)を満たす e と f の値として，**解答1**の①の $e=25$, $f=82$ を用いることにすれば，
$$y_A = f = 82 \quad\cdots\cdots(16)$$
を送ることになる．

続いて，ユーザBから送信者に対して，チャレンジビット c を送り返すことにより，チャレンジビットに対するデータの送信を求めるのである．たとえば，最初は $c=1$ を与え，[**ステップ2**]に相当する処理とし

て，送信者に式(5)に相当するデータ z_A を要求するものである．

[ステップ2] 送信者からユーザBへの
            証明依頼（その2）

▶ユーザAの場合

乱数 r_A は99であり，式(5)より，
$$z_A = 71 \times 99 = 113 \pmod{247} \cdots\cdots(17)$$
を送ることになる．

▶不正なユーザXの場合

式(13)を満たす e の値は，解答1 の①の $e = 25$ としたので，
$$z_A = e = 25 \cdots\cdots(18)$$
を送ることになる．

次に，ユーザBが送信者の真正性を確認する作業を[ステップ3]，[ステップ4]で行う．

[ステップ3] ユーザBによる送信者の真正性の
            確認作業（その1）

▶ユーザAの場合

式(6)より，
$$v_A = 113^2 = 12769 = 172 \pmod{247} \cdots\cdots(19)$$
となる．

▶不正なユーザXの場合

式(6)より，
$$v_A = 25^2 = 625 = 131 \pmod{247} \cdots\cdots(20)$$
となる．

[ステップ4] ユーザBによる送信者の真正性の
            確認作業（その2）

▶ユーザAの場合

式(9)より，
$$w_A = 172 \times 168^{-1}$$
$$= 172 \times 25 = 101 \pmod{247} \cdots\cdots(21)$$
となる．

▶不正なユーザXの場合

式(6)より，
$$w_A = 131 \times 82^{-1}$$
$$= 131 \times 244 = 101 \pmod{247} \cdots\cdots(22)$$
となる．

よって，式(21)と式(22)から，ユーザAのID（= 101）となることが求められるので，不正なユーザXを含めて真正性が一応確認される．さらに，'なりすまし'をしていないかどうかを調べるために，ユーザBから送信者に対して，チャレンジビット $c = 0$ を送り返すことにより，送信者しか知りえない乱数 r_A の送信要求を出す．すると，送信者からは，以下のようにデータが送られてくるはずである．

▶ユーザAの場合

もちろん，正当なユーザなので，乱数として
$$r_A = 99 \cdots\cdots(23)$$
が送られてくるはずである．

▶不正ユーザXの場合

乱数は知ることができないので，適当な数値を送ることになるわけで，たとえば，
$$r_A = 80 \cdots\cdots(24)$$
を送ったことにしてみよう．偶然，正しい乱数を推測して送る可能性も考えられるが，何回か同様のデータの送受を試みることで，送信者がユーザAに間違いなく，不正なユーザでないことの確証をユーザBが取得できるわけである．

それでは，ユーザBが，式(23)と式(24)の送信者から送られてきた乱数 r_A をもとに，式(4)の y_A の計算を行い，最初に[ステップ1]で送られたデータ〔式(15)，式(16)〕と比較して一致しているかどうかをチェックしてみよう．その結果を以下に示す．

▶ユーザAの場合

$$y_A = 99^2 = 9801 = 168 \pmod{247}$$
となり，式(15)に一致しており，正当なユーザであることがわかる．

▶不正なユーザXの場合

$$y_A = 80^2 = 6400 = 225 \pmod{247}$$
となり，式(16)に一致していないので，不正なユーザであることがわかる．

このように同じデータになっていれば，正当な送信者しか知らない乱数 r_A を本当に知っているんだ，ということになり，'なりすまし'でないことを検証できるのである．

なお，詳細な説明は省略するが，図19.5に示す手順により，合成数 N からの素因数 p と q が露呈しない限りにおいては，ゼロ知識対話証明の持つべき機能として，以下の3点が保証される．

① 真正性

送信者が本当のユーザAであれば，ユーザBはそのことを確認できること．

② 健全性

不正なユーザXは，ユーザAに'なりすます'ことはできないこと．

③ ゼロ知識性

ユーザAは，外部に自分の秘密を一切漏らすことがないこと．

19.2 個人（相手）の認証

空港の出入国やビルの入り口では，身元を認証（検証）する手続きとして，パスポートや運転免許証などの提示を求められることがある．こうした認証手段は比較的偽造が簡単であることから，より偽造が困難なものへの高度化が期待されている．

たとえば，偽造が極めて難しいICカードなどの電子メディアを利用した認証システムも，そういった需

要によるものである．また，ネットワークを介して電子マネーを扱うエレクトロニック・コマース（EC）においては，銀行との取引業務やオンライン・ショッピングなどでは利用者の正当性を確認する相手認証は，暗号技術の中でももっとも基本的な技術の一つである．

さて，コンピュータ・ネットワーク・システムの利用に際して，正当な利用者であるかどうかのチェック対象は一般的には個人ということになるが，データベースやデータファイルへの直接アクセス時には，それらの情報内容に関する認証を行う必要がある．もともと認証は，対象となる人や情報が正当なものか否かを判定するための手段であって，識別と照合に大別される（表19.1）．

個人の識別や照合に際しては，あらかじめ個々の特徴となる情報を届け出ておき，利用する際に入力した特徴情報との一致／不一致をチェックすることで正当性を判定する．

たとえば，顔，指紋，網膜などの身体的な特徴を利用する方式であれば，特徴パターンの抽出などの処理が比較的困難であり，しかもハードウェアやソフトウェアも大きくなる傾向があるので，これまでは敬遠されてきた歴史があった．しかし最近では，指紋の特徴から認証するといったチップがパソコンに非常に安価（おおよそ1万円程度）で組み込むことができたり，網膜情報を用いた認証システムも実用化されている．

一般には，**表19.1**に示すように，システム・セキュリティの指標としての信頼性や安全性にはやや問題は残るものの，照合処理の容易さや正確さ，コストなどの面で優位性がある．ここで，信頼性が高いとは「正当なユーザが誤って排除される（システムを利用できない）」確率が小さいことを意味する．また，安全性が高いとは「不正なユーザが受け入れられる（利用できる）」確率が小さいことを意味する．

以下に，相手認証の代表例をいくつかまとめておくことにする．

● **使い捨てパスワード方式**

パスワード方式は，ユーザ（利用者）が秘密に保持するパスワードを，センタにアクセスして利用する際に送信することによって，ユーザの正当性を証明するものである．

この方式は現在広く普及している相手認証方式であり，簡便性やコストなどの観点からユーザに対する直接的な認証方式としては今後とも廃れることのない方式であろう．ただ，安全性を考慮すると単純なパスワード方式には問題もある．

① パスワードが漏れる（盗聴される）と，安全性が損なわれる．
② センタに登録されたパスワードを秘密裏に管理する必要がある．

これらの問題のうち，①に対する解決策としては使い捨てパスワード方式（使用時ごとに異なるパスワードが設定される），②に対してはUNIXで用いられているパスワード認証方式が知られている．

● **秘密鍵暗号に基づく方式**

人間が介在せずに，カード（たとえばクレジットカード）とセンタ間のカード認証のように，装置間で認証を行うときには，セキュリティ強度の観点から暗号手法を利用した方式が主流である．以下，ユーザが利用する装置を単にユーザと呼ぶ．

秘密鍵を利用する方式では，センタ（検証者）がユーザの秘密鍵を管理する必要があるという欠点はあるが，ある特定のシステム内に限定されたユーザの認証をするような利用形態においては現実的な解である．

以下に，ユーザとセンタが事前に秘密鍵暗号の鍵Kを共有しているとして，認証手順の一例を示す（**図19.6**）．

[ステップ1]
センタは乱数rを生成して，ユーザに送信する．
[ステップ2]
ユーザは乱数rを鍵Kを用いて暗号化したデータをセンタに送信する．
[ステップ3]
センタはユーザからの送信データが，乱数rが鍵Kで正しく暗号化したものかどうか（センタ側であらかじめ計算したものに一致しているかどうか）を確認し，一致していれば正当なユーザであると判定する．

● **公開鍵暗号を利用した方式**

秘密鍵暗号を利用する方式に比べて，不正なユーザに対する防御能力が高いものとして，公開鍵暗号を利用する方式がある．以下，ユーザは事前に自分の公開鍵を登録しておくものとして，代表的な認証手順の一例を示す（**図19.7**）．

[ステップ1]
センタは乱数rを生成して，ユーザの公開鍵を用い

表19.1 個人の確認手段と特徴

種類	例	信頼性	安全性	コスト
個人的，肉体的特徴情報によるもの	顔，指紋，網膜，声紋，サイン	大	大	大
付加的情報によるもの	印鑑，磁気カード，ICカード	中（紛失あり）	小（盗難あり）	中
個人的，知的情報によるもの	ID番号，パスワード，電話番号，生年月日	中（忘却あり）	中（盗難あり）	少

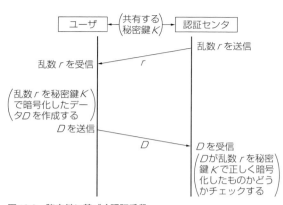

図19.6　秘密鍵に基づく認証手段

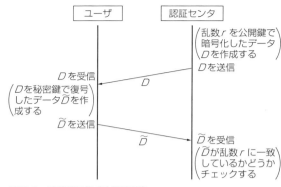

図19.7　公開鍵に基づく認証手段

て乱数rを暗号化したデータをユーザに送信する．

[ステップ2]

　ユーザは，自分だけが知る秘密鍵を用いて，センタから送られてきた暗号化データを復号し，復号されたデータをセンタに送り返す．

[ステップ3]

　センタは，ユーザからの送信データが[ステップ1]での乱数rに一致しているかどうかを検証し，一致していれば正当なユーザであると判定する．

● ゼロ知識対話証明を利用した方式

　ゼロ知識対話証明を利用した方式は，先に説明したように，

　　『ユーザは秘密情報（パスワードに相当する）を
　　　知っていることを，ゼロ知識対話証明という手
　　　法を用いてセンタに証明する』

ものである．この方式は，秘密情報を相手（もしくは盗聴者）に一切漏らすことがないために非常に安全である．

19.3　メッセージ認証

　ネットワーク社会の高度化に伴い，電子取引，電子メールなどの電子的な情報の一部が不正に削除されたり，改ざんされて重大な事態をもたらすことの懸念が拡大してきている．

　たとえば，現金決済データを送信するときの金額データが，かりに1ビット改ざんされただけでも大きな金額の違いとして現れるわけなので，非常に大きな問題である．

　こうした電子的な情報の正当性を保証する技術として，メッセージ認証とディジタル署名がある．

　メッセージ認証は，

　　『通信途中の第三者（たとえば，盗聴者）による
　　　データの改ざんや誤りを検出する技術』

である．他方，ディジタル署名は，

　　『単にデータの改ざんや誤りの検出だけでなく，
　　　そのデータに対して責任を持つ者（署名作成者
　　　という）を認証する技術』

である．

　さて，メッセージ認証は秘密鍵暗号を利用する方式であり，送信者と受信者が秘密鍵を共有することになる．したがって，公開鍵を使って不特定多数の人がデータの正当性を検証できるディジタル署名とは違い，特定のユーザ同士に限定された認証方式である．つまり，送信者と受信者との間での通信途中におけるデータの改ざんや誤りを検出するという目的で利用される．

　このようなメッセージ認証としては，DES暗号のCBCモードを利用した方式が有名であり，1970年代後半より銀行のオンラインシステムを中心に広く使われている．ここで，CBCはCipher Block Chainingの頭文字をとったもので，連鎖式ブロック暗号である（18.10を参照）．

19.4　ディジタル署名

　署名は，通常文書の内容や筆者を認証するための手段であり，これまでは肉筆（自筆による署名）や印鑑が用いられてきたが，電子的な情報（たとえば電子メールや電子書類）にそのまま適用することは困難である．そこで，こうした電子的な情報に対し，作成者の確認と情報内容の保証を行うために，ディジタル署名（電子署名，電子印鑑と呼ばれることもある）が必要となってくる．

　いま，送信者Aがディジタル署名したメッセージMを受信者Bに送ったとしよう．このとき，一般にディジタル署名がこの目的を果たすためには，以下の三つの条件が必要である．

① 受信者Bは，

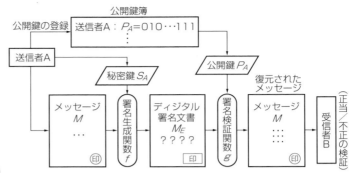

図19.8 ディジタル署名の手順（原理）

『メッセージMに書かれているディジタル署名（サイン）が送信者A自身のもの』
であることが確認できること．
② 受信者Bを含む他の第三者（盗聴者）が，
『送信者Aのサインを偽造できないこと』
が保証されていること．
③ 送信者Aと受信者Bとの間でトラブルが発生しても，
『送信者AがメッセージMを受信者Bに送ったという事実を，あとで否定できないこと』
が保証されていること．

したがって，これらの三つの条件を満たすサインを受信者Bが受け取ることで，送信者Aの認証（送信者A自身であることを確認すること）が行われる．また，②の条件によりデータの認証する役割を果たしていることもわかる．

それでは，ディジタル署名の手順を示しておく（図19.8）．

[**ステップ1**] 鍵生成，登録

送信者Aは，自分の秘密情報（秘密鍵）S_Aとそれに対応する公開情報（公開鍵）P_Aを作成し，自分の名前と一緒に公開簿（電話帳のようなもの）に登録しておく．ただし，公開情報P_Aから秘密情報S_Aが求められないものとする．

[**ステップ2**] 署名生成

メッセージMにサインしたいときは，自分の秘密鍵S_AとメッセージMより署名生成関数fを用いて送信者Aのサインがなされたデータ（電子印鑑が押された文書）M_Eを作成して，受信者（検証者）Bに送信する．

[**ステップ3**] 署名検証

電子印鑑が押された文書M_Eを受け取った受信者Bは，送信者Aの公開鍵P_Aを公開簿で調べ，受け取った文書M_Eを署名検証関数gを用いて復元し，送信者A自身が書いて出したものかどうかを確認する．

上記のようなディジタル署名の原理を実現するためには，公開鍵暗号を用いれば可能であり，RSA暗号はこの条件を満たしている．しかし，これまでに提案されている多くのディジタル署名方式は，ディジタル署名専用に作られたものが多い．たとえば，ESIGN，ElGamal，DSAなどが知られている．

第19章 暗号応用——ゼロ知識対話証明, 認証, ディジタル署名

Column 7 暗号の最新動向…仮想通貨(ビットコイン)とブロックチェーン

仮想通貨という言葉, 一度ぐらいは耳にしたことはあるが, よくわからない方が多いのではないかと思う.

一口で言い表すと,「金融機関のような信頼できる仲介者がいなくても, お金の自由な取引を可能にするしくみ」であり, その基盤技術としてブロックチェーンとよばれる暗号システムが知られている.

つまり, 信頼できる金融機関(サーバ)を介さなくてもユーザ(利用者)間どうしの信頼を保証するしくみを実現するもの. 分散型P2P(peer to peer)ネットワークを形成し, 全ユーザ間でトランザクション・ブロック(取引内容のこと, これ以降ブロックと略記)を共有し, ユーザ間で直接データをやり取りするシステムである.

その際, 各ブロックを順序付けしなければ二重支払い等の問題が発生しうることが容易に想像できる. こうした問題を排除するためには, ブロックを発生時刻に基づいて時系列に並べることが要請される. つまり, ブロックがチェーンのように一列に連なったデータ構造をもつ必要があり, ブロックチェーンの名前の由来になっている.

● ハッシュ関数とディジタル署名

ブロックチェーンは, 仮想通貨を作りあげるプロセスで, その基盤を支える技術として考案されたもの. 仮想通貨はパブリックに公開されており, 多くのユーザに利用されているにも関わらず, 2009年の稼働開始から現在に至るまで, 一度も停止することなく通貨の価値を提供し続けている. こうした堅牢なシステムを実現するブロックチェーンにとって欠かせない二つの暗号技術として, ハッシュ関数とディジタル署名がある.

みなさんが普段プログラミングをしていて, **MD5**(Message Digest Algorithm 5)や**SHA-256**(SHAは, Secure Hash Algorithmの頭文字の略)などを利用することも多いと推測されるが, これこそが一つ目の暗号技術としてのハッシュ関数である.

ハッシュ関数は入力されたデータの長さに関係なく, それぞれ決まった長さのハッシュ値を出力するもので, 入力データがたったの1文字でも異なっていればまったく異なるハッシュ値(かなり長めのデータ列)を出力するという特徴をもつ. この特徴を利用して作られるトランザクション・ブロックの

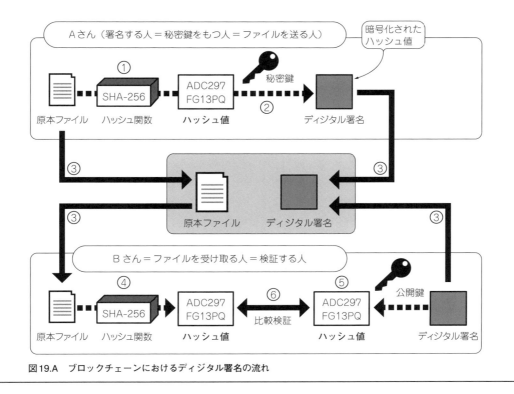

図19.A ブロックチェーンにおけるディジタル署名の流れ

Column 7　暗号の最新動向…仮想通貨（ビットコイン）とブロックチェーン（つづき）

ハッシュ値を，改ざんが行われていないことの立証に利用している．

送受信されるトランザクション・ブロックが本当に正当な送信者，および正当な受信者間でやり取りされていることを担保する必要性から，ディジタル署名と呼ばれるもう一つの暗号技術が使われる．

ディジタル署名では，ペア鍵（秘密鍵と公開鍵）を利用して，『署名生成』と『署名検証』を行う．ここで，秘密鍵は署名鍵ともよばれ，署名する人が保持するのに対して，公開鍵は検証鍵とも呼ばれ，だれでも入手可能な状態で公開することになる．一般的に，秘密鍵と公開鍵には次の特徴的な関係がある．

- 秘密鍵で暗号化したデータは，公開鍵でしか復号できない
- 公開鍵で暗号化したデータは，秘密鍵でしか復号できない

公開鍵による暗号化は，たとえば「ネットショッピングでクレジットカード情報を送る」，「ログイン・パスワードを送る」などのケースで利用される．

他方，秘密鍵による暗号化では，暗号化する人しか秘密鍵をもっていないということを利用して，「だれが暗号化したか」を証明する手段のディジタル署名に用いられる．

● ディジタル署名の流れ

一例として，Aさん（署名する人＝秘密鍵を持つ人）がBさん（検証する人＝公開鍵を持つ人）に文書を送るケースを考えてみよう．このようなケースでのディジタル署名の流れは次のようになる（図19.A）．

① Aさんが原本ファイルのハッシュ値を計算する
② 計算されたハッシュ値をAさんの秘密鍵によって暗号化し，これ（暗号化されたハッシュ値）を本人確認のディジタル署名とする
③ Aさんから，原本ファイルとディジタル署名を合わせてBさんに送信する
④ Bさんは，受信したファイル（原本ファイルとディジタル署名）からハッシュ値を計算する
⑤ Bさんは，受信したディジタル署名をAさんの秘密鍵に対応する公開鍵で復号し，ディジタル署名に対するハッシュ値を得る
⑥ Bさんは，④で復号した『受信したファイルのハッシュ値』と⑤で復号した『ディジタル署名のハッシュ値』を相互比較する
⑦ ④と⑤のハッシュ値が同一であれば，受信したファイルは確かにAさんが送ったものであり，改ざんなく受信できたことが保証される

このように，ディジタル署名ではハッシュ関数とペア鍵による署名を合わせて利用し，データ・ファイルの送信者の認証と内容の完全性（改ざんがないこと）の証明を同時に行っている．

ブロックチェーンにおいては，ハッシュ関数とディジタル署名を同時利用することにより，トランザクション・ブロックの正真性や合意形成に関するメッセージの発信元・内容の完全性の証明など，さまざまな用途に利用している．

索引

■数字■

- 2 out of 5 符号 ………………………………… 109
- 2元対称通信路 …………………………… 95, 166
- 2乗誤差 …………………………………………… 63
- 2進数 ……………………………………………… 70

■A〜Z■

- ADF ……………………………………………… 33
- AI ……………………………………………… 9, 16
- AND ……………………………………………… 71
- ARQ（Automatic Repeat reQuest）方式 …… 166
- BCH符号 ……………………………………… 133
- BCH符号の生成法 …………………………… 138
- BCH符号の復号化 …………………………… 140
- CBC …………………………………………… 217
- CRC符号 ……………………………………… 121
- CRC方式 ……………………………………… 131
- DES暗号の鍵生成 …………………………… 201
- DES暗号文の生成 …………………………… 196
- DES暗号文の復号 …………………………… 199
- DSA …………………………………………… 218
- ElGamal ……………………………………… 218
- ESIGN ………………………………………… 218
- FEC（Forward Error Correction）方式 …… 166
- FIRフィルタ …………………………………… 37
- GPU ……………………………………………… 19
- ICT …………………………………………… 9, 179
- IoT …………………………………………… 9, 179
- IT情報技術 …………………………………… 113
- LMS法 …………………………………………… 35
- MD5 …………………………………………… 219
- M系列符号 …………………………………… 122
- NOT ……………………………………………… 71
- OR ………………………………………………… 71
- ReLU関数 ……………………………………… 53
- RSA暗号 ………………………………… 133, 187, 188
- RSA暗号による認証 ………………………… 193
- RSA暗号の鍵作成 …………………………… 190
- RSA暗号文の生成 …………………………… 191
- RSA暗号文の復号 …………………………… 192
- RS符号 ………………………………………… 143
- RS符号の生成法 ……………………………… 148
- RS符号の復号化 ……………………………… 149
- SHA−256 ……………………………………… 219
- XOR ……………………………………………… 57
- XOR（排他的論理和）演算 …………………… 195

■あ・ア行■

- あいまいエントロピー ………………………… 93
- あいまい度 ……………………………………… 93
- 誤り検出 …………………………… 10, 107, 110, 114
- 誤り修正方式 ………………………………… 166
- 誤り制御符号 ………………………………… 166
- 誤り訂正 ………………………………… 10, 107
- 誤り訂正／検出符号 ………………………… 163
- 暗号 ……………………………………… 11, 73
- 暗号化アルゴリズム ………………………… 181
- 暗号化鍵の生成 ……………………………… 201
- イコライザ ……………………………………… 34
- 位数 …………………………………………… 134
- 一意復号可能 ………………………………… 106
- 一方向性関数 ………………………………… 188
- インターネット・セキュリティ ……………… 15
- インボリューション ………………………… 208
- エラーテーブル ……………………………… 117
- エラーパターン ……………………………… 117
- エントロピー …………………………… 81, 92
- オイラー関数 ………………………………… 188

■か・カ行■

- 回帰関数 ………………………………… 25, 42
- 回帰分析 ………………………………………… 25
- 換字（かえじ）式暗号 ………………………… 182
- 換字処理 ……………………………………… 196
- 学習率 …………………………………… 22, 38
- 拡大体 …………………………………… 135, 175
- 確率 ……………………………………………… 76
- 確率過程 ………………………………………… 77
- 仮想通貨 ……………………………………… 219
- 活性化関数 ……………………………………… 47
- 加法性 …………………………………………… 74
- ガロア拡大体 ………………………………… 170
- ガロア体 ………………………………… 134, 169
- 機械学習 ………………………………… 16, 18
- 既約多項式 …………………………………… 135
- 強化学習 ………………………………………… 19
- 教師あり学習 …………………………………… 41
- 共通鍵 ………………………………………… 195
- 共通鍵暗号系 ………………………………… 184
- 共分散 …………………………………………… 27
- 結合エントロピー ……………………………… 86
- 元 ………………………………………………… 15
- 検査符号多項式 ……………………………… 176
- 原始元 ………………………………………… 135
- 原始多項式 ……………………………… 135, 175
- 健全性 ………………………………………… 215
- 現代暗号 ……………………………………… 183
- 公開鍵 ………………………………………… 187
- 公開鍵暗号系 ………………………………… 185
- 拘束長 ………………………………………… 154
- 勾配降下法 ……………………………… 21, 43
- 誤差関数 ………………………………… 21, 43
- 誤差逆伝搬法 …………………………… 57, 67
- 故障率 …………………………………………… 76
- 古典暗号 ……………………………………… 183

索引

■さ・サ行■

最急降下法 …………………………………………… 21
最小距離 ……………………………………………… 167
最小2乗平均法 ……………………………………… 36
最小2乗法 …………………………………………… 24
最小多項式 …………………………………………… 135
最小値探索計算アルゴリズム ……………………… 20
最小ハミング距離 …………………………………… 175
最大周期系列符号 …………………………………… 122
最尤復号 ……………………………………………… 157
雑音 …………………………………………… 89, 106
雑音エントロピー …………………………………… 93
雑音源 ………………………………………………… 90
散布度 ………………………………………………… 93
シーザー暗号 ………………………………… 73, 181, 182
時間関数 ……………………………………………… 77
識別関数 …………………………………………… 42, 48
シグモイド関数 ……………………………………… 53
事後確率 ……………………………………………… 79
自己情報量 …………………………………………… 85
自己相関関数 ………………………………………… 28
システム同定 ………………………………………… 34
事前確率 ……………………………………………… 79
自然数 ………………………………………………… 74
実数 …………………………………………………… 74
自動学習 ……………………………………………… 33
時不変システム ……………………………………… 37
時変システム ………………………………………… 37
シャノンの限界 ……………………………………… 91
シャノン線図 ………………………………………… 77
シャノンの第1定理 ………………………………… 99
シャノンの符号化法 ………………………………… 100
受信機 ………………………………………………… 90
受信者 ………………………………………………… 90
巡回置換 ……………………………………………… 122
巡回符号 ……………………………………………… 121
巡回符号の多項式表現 ……………………………… 123
巡回符号の復号化回路 ……………………………… 130
巡回符号の符号化回路 ……………………………… 128
瞬時復号可能 ………………………………………… 106
条件付きエントロピー ……………………………… 86
条件付き情報量 ……………………………………… 85
冗長度 ………………………………………………… 84
情報 …………………………………………………… 94
情報誤り ……………………………………………… 10
情報源 ………………………………………………… 90
情報源符号化 ………………………………………… 100
情報数学 ……………………………………………… 9
情報セキュリティ …………………………………… 179
情報多項式 …………………………………………… 176
情報通信 ……………………………………………… 13
情報伝送速度 ………………………………………… 95
情報量 ………………………………………………… 74
情報理論 ……………………………………………… 10
剰余演算 ……………………………………………… 15
署名 …………………………………………………… 193
進化処理アルゴリズム ……………………………… 18
人工知能 …………………………………………… 9, 16
真正性 ………………………………………………… 215
深層学習 …………………………………………… 19, 57
シンドローム ……………………………… 117, 143, 173
真理値表 ……………………………………………… 71
数体系 ………………………………………………… 15
ステップ関数 ………………………………………… 47
ステップ・サイズ ………………………………… 22, 38
ストリーム暗号 ……………………………………… 210
ストレージ技術 ……………………………………… 19
整数 …………………………………………………… 74
生成多項式 ………………………………………… 124, 169
セキュリティ ………………………………………… 73
ゼロ知識性 …………………………………………… 215
ゼロ(零)知識対話証明 …………………………… 181, 211
遷移確率 ……………………………………………… 77
線形符号 …………………………………………… 118, 171
線形符号の復号化 …………………………………… 173
線形予測係数 ………………………………………… 29
相関関数 ……………………………………………… 27
相関計算 ……………………………………………… 14
相互エントロピー …………………………………… 86
相互情報量 …………………………………………… 85
相互相関 ……………………………………………… 26
相互相関関数 ………………………………………… 27
送信機 ………………………………………………… 90
組織符号 ……………………………………………… 115
損失関数 ……………………………………………… 43

■た・タ行■

体(たい) ………………………………………… 15, 187
ダイオード …………………………………………… 70
対称鍵暗号 …………………………………………… 184
対数 …………………………………………………… 75
多数決符号 …………………………………………… 109
多層パーセプトロン ………………………………… 57
畳み込み符号 ……………………………………… 153, 167
畳み込み符号の生成法 ……………………………… 155
多表式暗号 …………………………………………… 182
短縮化巡回符号 ……………………………………… 131
単純パーセプトロン ………………………………… 50
チェン探索法 ………………………………………… 178
通信誤り ……………………………………………… 92
通信エントロピー …………………………………… 92
通信モデル …………………………………………… 90
通信容量 …………………………………………… 95, 98
通信路 ………………………………………………… 90
使い捨てパスワード方式 …………………………… 216
ディープ・ラーニング …………………………… 16, 19, 57

ディジタル署名	217, 219
ディジタル信号処理	12, 33
定比率符号	109
データ圧縮	10, 110
データ・マイニング	15
適応フィルタ	33
デジらくだ	32
電気通信	89
電子頭脳	18
伝送路	90
転置式暗号	182
転置処理	196
等化器	34
同時確率	78
トランジスタ	70
トレリス表現	157

■な・ナ行■

なりすまし	213
ニュートン・ラフソン法	23
ニューラル・ネットワーク	50
ニューロン	50
認証	180, 215
ノイズ	89
ノイズ・キャンセラ	35
脳細胞	53

■は・ハ行■

バースト誤り	125, 166
バースト誤り訂正	144
バーナム暗号	184
バイアス	41
バイオメトリクス	13
排他的論理和	16
バイト誤り	166
バックプロパゲーション・アルゴリズム	57
パディング処理	203
ハフマンの符号化法	101
ハミング距離	108, 114, 167
ハミングの方法	115
ハミング符号	115
パリティ検査	114
パリティ・ビット	114
反応関数	24
反復計算	20
非対称鍵暗号	184
ビタビアルゴリズム	158
ビタビ復号法	158
ビッグ・データ	15
ビット	75
ビットコイン	219
秘匿	186
微分の連鎖律	23

秘密鍵	212
評価関数	21
復号化	10, 97, 105
復号化アルゴリズム	181
復号回路	165
復号鍵の生成	202
復号器	90, 165
符号化	10, 97, 105
符号回路	164
符号化効率	102
符号化/復号化の基本回路	126
符号化率	154, 164
符号関数	47
符号器	90, 164
符号多項式	123, 169, 176
符号理論	91
ブロックチェーン	219
ブロック符号	167
分散	26
分離関数	42
平均情報量	81
ベイズの定理	79
ボーゼンクラフト回路	154

■ま・マ行■

マジック・プロトコル	188
マルコフ過程	77
無線通信	90
メッセージ認証	217
モジュラ演算	74
モジュロ演算	15

■や・ヤ行■

有限体	15, 187
有線通信	90
有理数	74
予測器	34

■ら・ラ行■

ラズベリーパイ	17
ランダム誤り	165
リードソロモン復号器	177
リードソロモン符号	143
リードソロモン符号器	175
連鎖式ブロック暗号	209
ログ・データ	15
論理式	71
論理代数	72

■わ・ワ行■

ワイナー・アッシュ回路	153

〈著者略歴〉

三谷 政昭（みたに・まさあき）　　URL　http://digirakuda.org/

1951年　広島県尾道市（旧豊田郡）瀬戸田町に生れる
1974年　東京工業大学 工学部 電子工学科卒業
1979年　工学博士（東京工業大学）
現在　　東京電機大学 工学部 情報通信工学科教授
専門　　教育工学，ディジタル信号処理工学

主な著書
「やり直しのための工業数学」（CQ出版社）
「改訂新版 やり直しのための工業数学（信号処理＆解析編，情報通信編）」（CQ出版社）
「やり直しのための信号数学」（CQ出版社）
「やり直しのための通信数学」（CQ出版社）
「ディジタル・フィルタ理論＆設計入門」（CQ出版社）
「わかる電子回路入門の入門（Ⅰ）〜（Ⅳ）」（マイクロネット）
「わかるディジタル信号処理・入門編，基礎編，解析編」（マイクロネット）
「今日から使えるフーリエ変換」（講談社）
「やさしい信号処理〜基礎から応用まで」（講談社）
「マンガでわかる暗号」（オーム社）
「信号解析のための数学」（森北出版），など多数

- ●**本書記載の社名，製品名について** ── 本書に記載されている社名および製品名は，一般に開発メーカーの登録商標です．なお，本文中では ™，®，© の各表示を明記していません．
- ●**本書掲載記事の利用についてのご注意** ── 本書掲載記事は著作権法により保護され，また産業財産権が確立されている場合があります．したがって，記事として掲載された技術情報をもとに製品化をするには，著作権者および産業財産権者の許可が必要です．また，掲載された技術情報を利用することにより発生した損害などに関して，CQ出版社および著作権者ならびに産業財産権者は責任を負いかねますのでご了承ください．
- ●**本書に関するご質問について** ── 文章，数式などの記述上の不明点についてのご質問は，必ず往復はがきか返信用封筒を同封した封書でお願いいたします．ご質問は著者に回送し直接回答していただきますので，多少時間がかかります．また，本書の記載範囲を越えるご質問には応じられませんので，ご了承ください．
- ●**本書の複製等について** ── 本書のコピー，スキャン，デジタル化等の無断複製は著作権法上での例外を除き禁じられています．本書を代行業者等の第三者に依頼してスキャンやデジタル化することは，たとえ個人や家庭内の利用でも認められておりません．

JCOPY〈（社）出版者著作権管理機構〉
本書の全部または一部を無断で複写複製（コピー）することは，著作権法上での例外を除き，禁じられています．本書からの複製を希望される場合は，（社）出版者著作権管理機構（TEL：03-3513-6969）にご連絡ください．

学び直しのための実用情報数学

2019年 1月15日　初版発行　　　　　　　　　　　　　　　　　© 三谷政昭　2019
　　　　　　　　　　　　　　　　　　　　　　　　　　　　　（無断転載を禁じます）

著　　者　　三 谷 政 昭
発 行 人　　寺 前 裕 司
発 行 所　　ＣＱ出版株式会社
　　　　　　（〒112-8619）東京都文京区千石4-29-14
　　　　　　電話　編集　03-5395-2123
　　　　　　　　　販売　03-5395-2141
　　　　　　振替　00100-7-10665

ISBN978-4-7898-5000-1
定価はカバーに表示してあります
乱丁，落丁本はお取り替えします

編集担当　蒲生良治
DTP・印刷・製本　三晃印刷株式会社
Printed in Japan